风能与风力发电技术 第三版

王建录　赵　萍　林志民　刘万琨　编著

WIND ENERGY
AND WIND TURBINE
POWER TECHNOLOGY

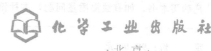
化学工业出版社
·北京·

本书介绍了有关风力发电的基本知识和技术，通俗地分析了风的形成、风的分类和风能定量评估。详细阐述了风轮机的基本工作原理、工程设计方法和风轮机优化设计；对风轮机的结构、空气动力学特性、安全运行、风力机发电系统及风轮机材料等，进行了说明和分析；同时论述了风力机设计要求、大型风力机设计和特殊用途用风力机（海上风力机、低温风力机、高原风力机和直接驱动式风力机）等。还对风轮机的一些特殊问题，例如变速/恒频技术、迎风调节、风轮叶片材料和制造、风电场优化分析、风资源对性能的影响等搜集了大量的数据资料供参考查询。

本书第三版除全部订正了和时间相关的数据外，又增加了风力机设计规范、5MW 以上的超大型风力机典型设计数据和垂直轴风力机等内容。使本书更全面、更具工程参考价值，对风电业各类从业人员更加适用。

本书适合于从事风电领域工作的工程师和设计技术人员阅读参考，也适合作为高等院校热动力专业的教学参考书。对想了解风能发电的读者也是一本极好的科普读物。

图书在版编目（CIP）数据

风能与风力发电技术/王建录等编著．—3版．北京：化学工业出版社，2015.12（2020.11重印）

ISBN 978-7-122-24904-3

Ⅰ.①风… Ⅱ.①王… Ⅲ.①风力发电 Ⅳ.①TM614

中国版本图书馆 CIP 数据核字（2015）第 187879 号

责任编辑：戴燕红 郑宇印　　　　　　　　　装帧设计：张　辉

责任校对：蒋　宇

出版发行：化学工业出版社（北京市东城区青年湖南街 13 号　邮政编码 100011）

印　　装：北京盛通数码印刷有限公司

787mm×1092mm　1/16　印张 23　字数 555 千字　2020 年 11 月北京第 3 版第 2 次印刷

购书咨询：010-64518888　　　　　　　　售后服务：010-64518899

网　　址：http://www.cip.com.cn

凡购买本书，如有缺损质量问题，本社销售中心负责调换。

定　　价：98.00 元

第三版序

国家高度重视新能源的开发，在"十二五风电发展规划"中，制订了快速推进风电，较大规模持续发展风电的总方针。到 2020 年，风电总装机容量将超过 2.5 亿千瓦，力争风电发电量在全国发电量中的比重超过 5%。

截止到 2014 年，全球开发的风电装机容量为 3.7 亿千瓦。其中，中国 1.15 亿千瓦，位居世界第一；美国 6590 万千瓦，位居第二；德国 3920 万千瓦，位居第三；西班牙 2300 万千瓦，位居第四；第五至第十位依次是印度、英国、加拿大、法国、意大利和巴西。

到 2020 年，中国计划在新疆、甘肃、内蒙古、吉林、河北、江苏 6 省（自治区），建立 7 个千万千瓦等级的风电基地。分别是新疆 2000 万千瓦；甘肃 3570 万千瓦；内蒙古 5000 万千瓦；吉林 2300 万千瓦；河北 1000 万千瓦，江苏 1000 万千瓦。

自 2006 年 1 月 1 日《中华人民共和国可再生能源法》正式实施以来，可再生能源的开发利用得到很大的发展。风能是可再生能源的重要发展方向。东方汽轮机厂是我国发电设备制造业的重点骨干企业，长期致力于各种发电设备的研制。开发了各型汽轮发电机组；F 级燃气-蒸汽联合循环发电机组；百万千瓦等级全转速、半转速核电机组。

东方汽轮机厂 2004 年开始研制风力发电机组，已成功研制出正常风况风电机，及低温型、高原型、耐盐雾型等特殊型风电机。截止到 2014 年，已累计制造各类风机 6000 台，投运 5200 台。

2006 年，为加快大型风电机组的研制，在收集大量资料的基础上，结合工厂 1.5MW 风电机研制经验，刘万琨等专家编著了《风能与风力发电技术》，由化学工业出版社出版发行。该书的出版加快了工厂的自主研发能力，对我国风电产业的发展起到了一定作用。本书技术性强，文字通畅，便于读者学习参考。在 2009 年第十届中国石油和化学工业优秀科技图书评比中，获得一等奖。

该书出版后承蒙读者厚爱，供不应求，两年内五次重印。2009 年，中国台湾五南图书出版股份公司对本书深感兴趣，购买版权，在中国台湾用繁体字出版发行。

应广大读者的需求，2010 年，化工出版社出版发行了该书的第二版，内容增加了约 1/3。

2015 年 3 月，为满足广大读者的愿望，化学工业出版社征得编著者的同意，决定出版发行本书的第三版。第三版内容又增加了约 1/4，使本书更全面、更新颖，收集的设计资料也更先进，还包括了正在发展的垂直轴风力发电机的相关内容。

在此，我再一次感谢化学工业出版社和参与本书第三版修订的编著者。希望广大业内人士互相学习、加强交流，共同推进我国风电产业的快速发展。

四川省经信委主任

（原东方汽轮机厂厂长）

陈新有

2015 年 6 月

第二版序

国家对新能源开发高度重视，在"新能源中长期规划"之后，又重新制定了"新能源振兴发展规划"。振兴规划规定，到 2020 年，新能源总投资将达 4.5 万亿元人民币，对风电发展也做了大幅度调整。到 2020 年，风电总装机规模从中长期规划的 2000 万千瓦提高至 1.5 亿千瓦，比中长期规划目标提高了 7.5 倍。

2008 年全球开发的风电总装机为 1.21 亿千瓦，美国总装机容量达到 2517 万千瓦，位居世界第一。德国总装机容量为 2390 万千瓦，位居世界第二。西班牙总装机容量为 1674 万千瓦，位居世界第三。中国总装机容量为 1221 万千瓦，位居世界第四。第五～十位顺次是印度、意大利、法国、英国、丹麦、葡萄牙。加拿大位居第十一位，日本位居第十三位。至 2010 年，中国风电总装机将达 3000 万千瓦，总装机容量将跃居世界第二位。

到 2010 年，在江苏、河北、内蒙古、甘肃和吉林将建立多个百万千瓦级的风电基地。到 2020 年，将在甘肃、内蒙古、河北、东北以及江苏沿海等地建立千万千瓦级的风电基地。

自 2006 年 1 月 1 日《中华人民共和国可再生能源法》实施以来，可再生能源的开发利用得到了很大的发展。风能是可再生能源的最重要组成部分，国家已把风力发电作为可再生能源的重要发展方向。东方汽轮机厂作为我国发电设备制造业的重点骨干企业，长期以来致力于发电设备的研究和制造，在成功研制大功率、高参数、各种冷却方式的火力发电机组，F 级燃气-蒸汽联合循环机组，百万千瓦等级全转速、半转速核电机组的基础上，又进入了大型风力发电设备的引进消化、研究和批量生产阶段。

为加快东汽大型风电机组的研制，以张志英、刘万琨同志为代表的一批专家，在收集大量资料的基础上，结合工厂 1500kW 风电机组技术的消化吸收，编辑出版了《风能与风力发电技术》。本书的出版，不仅加快了工厂的自主研发和技术进步，对我国风电产业的健康发展也起到一定的推动作用。本书技术性强，文字通畅，便于读者学习参考，在 2009 年第十届中国石油和化学工业优秀科技图书评比中荣获部级一等奖。

本书自 2007 年 1 月出版以来，蒙广大读者的厚爱，已多次重印。中国台湾出版商也深感兴趣，买去版权，已在中国台湾出版发行。鉴于风电装机和风力发电技术突飞猛进的发展，原版已不能满足广大读者的要求，为此决定修订的再版发行。

在此，我再一次感谢化学工业出版社和张志英、刘万琨等一批专家，希望大家共同推进我国风电产业快速发展。

陈新有

四川省德阳市市长
2010 年 1 月

第三版前言

太阳向宇宙空间辐射的总能量约 $3.75 \times 10^{23} \, kW$（3750 万万万亿千瓦），其中 20 亿分之一的能量到达地球的大气层。经大气层反射、吸收，最后有 $1.7 \times 10^{14} \, kW$（170 万亿千瓦）太阳能到达地球表面。到达地球表面的太阳辐射能量，只有约 2% 转化为风能。估计的全球风能总量约 $2.74 \times 10^9 \, MW$（2.74 万亿千瓦），其中可利用的风能为 $2 \times 10^{10} \, kW$（200 亿千瓦），比地球上可开发利用的水能总量还要大 10 倍。按目前太阳质量消耗率计，太阳能还可供地球使用约 50 亿年。可见，太阳能和风能是一种取之不尽、用之不竭的能源，又是可再生能源。

我国风能资源丰富。平均风功率密度为 $100 \, W/m^2$，风能资源总储量约 32 亿千瓦。可开发利用的陆上风能储量 2.53 亿千瓦，加上近海可开发利用的风能储量 7.5 亿千瓦，共计约 10 亿千瓦。截至 2014 年，我国风电新增装机 2340 万千瓦，累计装机达到 1.15 亿千瓦。约占全国电力总装机的 10%。

风力机是将风动能转换为机械功的一种动力机械，广义地说，风力机是以太阳为热源、以大气为工质的热能转换的叶片式热力发动机。风车是最早的一种风力机械，公元前 2 世纪在波斯，人们利用垂直轴风车碾米。

风力机用于发电的设想，最早始于 19 世纪末。1887 年，美国人 Brush 建造了第一台发电用风力机。到 1918 年，丹麦已拥有风力发电机 120 台，额定功率为 5～25kW 不等。

第一次世界大战后，飞机螺旋桨技术和近代气体动力学理论，为风轮叶片的设计创造了条件，出现了现代高速风力机。第二次世界大战前后，欧洲国家和美国相继建造了一批大型的风力发电机。1941 年，美国建造了一台双叶片、风轮直径达 53.3m 的风力发电机，风速 13.4m/s 时，输出功率达 1250kW。

1957 年，Juul 建造的风机，已初具现代风机雏形，风机由一个发电机和三个旋转叶片组成。

20 世纪 80 年代美国成功开发了 100kW、200kW、2000kW、2500kW、6200kW、7200kW6 种系列风力发电机组。

截至 2014 年，全球风电整机制造商按市场份额排名前十名中，第一是丹麦维斯塔斯，其次是德国西门子、美国通用电气（GE）、中国金风科技、德国 Enercon、印度 Suzlon、中国国电联合动力、西班牙歌美飒、中国明阳和中国远景能源。德国西门子在海上风电市场中处于绝对领先地位。

风力机的最主要部件——风轮机与汽轮机有很多相似点：例如都是叶片式机械、都基于机翼升力理论；影响性能的主要参数都是速度比，风力机叶尖速度比 λ，是叶尖圆周速度与风速之比，是风能机风能利用系数最重要的参数。汽轮机是速度比 $X\left(\dfrac{u}{c_0}\right)$，是叶片中径圆周速度 u 与级理想速度 c_0 之比，是决定级轮周效率最重要的参数；两种机械的特性都与叶型来流角度强相关，有正攻角工况、负攻角工况和失速工况、颤振工况等；还有动态共振特性等。正是这些共通点，由汽轮机制造厂来自主开发风力机是非常合适的。

然而，风力机由于是低能头转换机械，它又有很多与汽轮机不同的特点。例如风力机都是单级、叶片数目特别少，比如只有两片、三片、四片等，而汽轮机是多级（30～40 级）多叶片（每级 100～200 片）；风力机是低转速机械，转速只有 10～30 r/min，而汽轮机是高转速回转机械，有半转速机 1500r/min、1800r/min，和全转速机 3000r/min、3600r/min。因此，风力机一般有高增速比的齿轮箱（最近又开发了一种免齿轮箱直接驱动式风力机），而大型汽轮机一般都不用齿轮箱。

还有，风力机的叶片特别长，最长的已达到 50～80m，而汽轮机的叶片最短的 25mm，最长的也不过 1～2m；其他与汽轮机不同的有：风力机叶片用的是非金属材料，在露天运行，运行工况恶劣，宜远程遥控，不消耗燃料，不用锅炉等化学能转换设备等。因此，汽轮机厂要自主开发风力机，就首先要弄清这些不同点，专门立项研究。正是在这样的思考下，我们编著了此书，希望对自主开发风力机有所帮助。

本书共分 10 章，第 1 章是有关风与风能的基本知识；第 2～3 章是风力发电技术，重点是阐述与汽轮机发电技术不同的特点；第 4 章风力机设计规范，对风力机设计人员有特别的设计参考价值；第 5～6 章专门讲风轮机的工程设计方法和数值计算，是全书的重点；第 7 章分析典型大型风力机的设计技术，可供风力机设计人员参考，也是本书的重点，本章还增加了 5MW 以上超大型风力机设计部分；第 8 章介绍了风力机的发电系统，重点在于系统，介绍了它们与化石燃料汽轮机发电系统的不同。第 9 章简要介绍几种特殊用途的风力机，例如海上风力机、低温地区风力机、高原地区风力机和免齿轮箱直接驱动式风力机等。它们与一般风力机大同小异，只是根据使用地点环境不同，加入了一些特殊措施。本章就是在分析这些不同点的基础上，着重介绍这些措施。第 10 章介绍了垂直轴风力机的基本知识和设计原理，给出了垂直轴风力机的典型设计数据。

风轮机的优化设计和设计风速的确定问题放在第 5 章。本章抛砖引玉，希望得到专家们的指正。一些有关风力机的基础资料，例如风力等级、风力机技术国家标准等放在附录，供大家参考。

本书自 2007 年 1 月第一版第一次印刷以来，承蒙广大读者的厚爱，很快销售一空，5 次重印仍不能满足读者的要求。中国台湾出版商和读者也深感兴趣，购买了版权，已在中国台湾出版发行。2010 年，第二版出版发行。第二版的章节和内容都做了大的改动，删除了原书的第 8、第 9 两章；增加了第 6 章和第 8 章内容；增加的 "4.2 风力机设计要求" 一节，放在第 4 章（均是第二版序号）。第二版书承蒙读者厚爱，很快又销售一空。

根据风电市场需求，2015 年初，化学工业出版社决定再次修订本书，出版第三版。第三版增加了第 4 章：风力机设计规范；第 7 章增加了第 7.8 节、7.9 节和第 10 章：垂直轴风力机。全书内容增加约 1/4。特别是第 4 章：风力机设计规范，是风力机设计人员最好的设计参考资料。第 10 章：垂直轴风力机是有一定技术性的科普资料，为广大读者了解垂直轴风力机，提供了最基本的知识，也为想研究设计垂直轴风力机的读者，提供了一些必要的技术支持。第三版书将以最新的面目与读者见面，希望使读者对风力发电和风力机设计的最新技术有更加全面的了解。

东方电气风电有限公司研发生产风电机 10 余年，有自主研发叶片、发电机、控制系统及设备配套能力。有从 1MW 到 5.5MW 等多个序列的风电产品，运行的近 6000 余台风力发电机组分布国内陆地与近海。目前正在进行 10MW 海上风机的概念设计。2014 年东方风电与瑞典 SKAB 公司合作，成套出口欧洲市场 40 台 2.5MW 直驱式风力机发电机。东方风电还拥有世界上实验功率最大的全功率试验台，能实现 6MW 整机全功率拖动试验、电网模拟试验、零部件试验等。本书的很多设计理念、科研成果和资料等，都是编著者在东方风电供职时总结成文的。

编著者刘万琨是第三版的总策划，并编写了第 4 章、第 7.8、第 7.9 两节，以及第 10 章的部分内容。

本书的第三版又查阅了大量参考文献和网上资料，订正和更新了与时间相关的数据资料，并增加了许多最新资料。在此再次对文献作者致谢！

再次感谢参加第一版、第二版的编著者张志英、李银凤和帮助过本书编著的同事、朋友们。特别要感谢东方汽轮机有限公司档案馆原馆长、高级工程师侯春芳，是他提供了大量资料，并给予了诸多帮助，对编辑出版提供了很多具体指导。没有他们的帮助也就没有本书。

编著者

2015 年 6 月 30 日

第二版 前言

太阳的辐射总能量约 3.75×10^{26} W（3750 万万万亿千瓦），它不断向宇宙空间传播，其中 20 亿分之一的能量到达地球的大气层。经大气层反射、吸收，最后有 8×10^{13} 千瓦（80 万亿千瓦）太阳能到达地球表面。到达地球表面的太阳辐射能量约有 2% 转化为风能。估计全球风能总量约 2.74×10^{9} MW（2.74 万亿千瓦），其中可利用的风能为 2×10^{7} MW（200 亿千瓦），比地球上可开发利用的水能总量还要大 10 倍。按目前太阳质量消耗率计，太阳能可供地球用 6×10^{10}（600 亿）年。可见，太阳能和风能可以说是取之不尽、用之不竭的能量。

我国风能资源丰富，总储量为 32 亿千瓦。陆地上可开发利用的风能资源为 2.53 亿千瓦，加上近海的风能资源，全国可开发利用的总风能资源约 10 亿千瓦以上，居世界首位。

风力机是将风能转换为机械能的一种动力机械，广义地说，风力机是以太阳为热源、以大气为工质的热能转换的叶片式发动机。风车就是最早的一种风力机械，最早出现在波斯。

人类利用风能的历史可以追溯到公元前。公元前 2 世纪，古波斯人就利用垂直轴风车碾米。公元前数世纪，中国人就开始利用风力来提水灌溉、磨面、舂米，用风帆推动船舶等。欧洲第一台风力机出现在公元 1100 年左右，用于磨面和抽水。18 世纪末期，随着工业技术的发展，风车的结构和性能都有了很大提高，已能采用手控和机械式自控机构改变叶片桨距来调节风轮转速。

风力机用于发电的设想最早始于 19 世纪末。1887 年，美国人 Brush 建造了第一台发电用风力机，可为 350 盏白炽灯和 3 个发动机提供电力。到 1918 年，丹麦已拥有风力发电机120 台，额定功率为 5～25kW 不等。

第一次世界大战后，飞机螺旋桨技术和近代气体动力学理论为风轮叶片的设计创造了条件，出现了现代高速风力机。第二次世界大战前后，欧洲国家和美国相继建造了一批大型的风力发电机。1941 年，美国建造了一台双叶片、风轮直径达 53.3m 的风力发电机，风速为13.4m/s 时，输出功率达 1250kW。

1957 年，Juul 建造的风力机已初具现代风力机雏形，风力机由 1 个发电机和 3 个旋转叶片组成。

20 世纪 80 年代，美国成功开发了 100kW、200kW、2000kW、2500kW、6200kW、7200kW6 种风力发电机组。

目前世界最知名的风力机设备制造商有：丹麦 Vestas 风力系统公司、美国 GE 风能公司、德国 Enercon 公司、西班牙 Gamesa 公司、德国 Siemens 公司、印度 Suzlon 公司、丹麦 Bonus 公司、德国 Repower 公司、德国 Nordex 公司、日本 MHI 公司、西班牙 Made 公司、丹麦 NEG Micon 公司等。

本书共分 8 章，第 1 章是有关风与风能的基本知识；第 2～3 章是风力发电技术；

第 4～5 章专门讲风轮机的工程设计方法和数值计算；第 6 章分析典型大型风力机的设计技术，可供风力机设计参考；第 7 章介绍了风力机的发电系统，重点是系统，介绍它们与化石燃料汽轮机发电系统的不同；第 8 章简要介绍了几种特殊用途的风力机，例如海上风力机、低温地区风力机、高原地区风力机和免齿轮箱直接驱动式风力机等。它们与一般风力机大同小异，只是根据使用地点环境不同，加入一些特殊措施。本章就是在分析这些不同点的基础上着重介绍这些措施。

风轮机的优化设计和设计风速的确定问题放在第 4 章。抛砖引玉，希望得到专家们的指正。一些有关风力机的基础资料，例如风力等级、风力机技术国家标准等放在附录，供大家参考。

本书自 2007 年 1 月出版以来，承蒙广大读者的厚爱，很快销售一空，五次印刷还不能满足读者的要求。我国台湾出版商和读者也深感兴趣，买去了版权，已在中国台湾地区出版发行。本书修订版章节和内容都做了大的改动，将以最新的面目与读者见面，帮助读者对风力发电和风力机设计的最新技术有较全面地认识。

东方汽轮机厂是目前国内最大的风力机制造商之一，已完成 1500kW 风力机引进批量生产和投运，以及 1000kW、2000kW、2500kW、5000kW 等风力机设计，1000kW 已经树起样机，2500kW 风力机正在试制。2008 年产出 813 台 1500kW 风力机，2009 年产出 1500kW 风力机 1400 台。2008 年东汽的风力机产量位居全国前三。

本书的再版又查阅了大量参考文献，订正更新了与时间相关的数据资料，并增加了许多最新资料。在此再次对文献作者致谢！

再次感谢帮助过本书编著的同事、朋友们，没有他们的帮助也就没有本书。

编著者

2010 年 1 月 15 日

目　录

第1章 风与风能

风是人类最熟悉的一种自然现象，风无处不在。太阳辐射造成地球表面大气层受热不均，引起大气压力分布不均。在不均压力作用下，空气沿水平方向运动就形成风。风能是一种最具活力的可再生能源，它实质上是太阳能的转化形式，因此是取之不尽的。

世界风能总量为 2×10^{13} W，大约是世界总能耗的 3 倍。风能在时间和空间分布上有很强的地域性，要选择品位高的风电场场址，除了利用已有的气象资料外，还要利用流体力学原理，研究大气流动的规律。风电场场址直接关系到风力机的设计或风力机型的选择。

本章主要分析风的形成、风的种类、风能的定量描述方法和风的地域特征，以及风电场的优化选址方法。

1.1 风

1.1.1 风的形成

地球被一个数公里厚的空气层包围着，地球上的气候变化是由大气对流引起的。大气对流层相应的厚度约可达 12km，由于密度不同或气压不同造成空气对流运动。水平运动的空气就是风，空气流动形成的动能称为风能，风能是太阳能的一种转化形式。太阳辐射造成地球表面受热不均，引起大气层中压力分布不均，在不均压力作用下，空气沿水平方向运动就形成风。风的形成是空气流动的结果。

空气运动主要是由于地球上各纬度所接受的太阳辐射强度不同形成的。赤道和低纬度地区，太阳高度角大，日照时间长，太阳辐射强度大，地面和大气接受的热量多、温度较高；高纬度地区，太阳高度角小，日照时间短，地面和大气接受的热量少，温度低。这种高纬度与低纬度之间的温度差异，形成了南北之间的气压梯度，使空气做水平运动，风沿垂直于等压线的方向从高压向低压吹。地球自转，使空气水平运动发生偏向的力，称为地转偏向力。这种力使北半球气流向右偏转，南半球气流向左偏转，所以地球大气运动除受气压梯度力外，还要受地转偏向力的影响。大气真实运动是这两种力综合影响的结果。如图 1-1 所示。

地面上的风不仅受这两种力的支配，而且还受海洋、地形的影响。山坳和海峡能改变气流运动的方向，还能使风速增大；而丘陵、山地摩擦大，使风速减小；孤立山峰因海拔高而使风速增大。

由于地球自身产生的复合向心加速度的阻碍作用，也产生从高向低压区的对流。这种加速度由地球的自转产生，而且它在地球表面开始，垂直于运转方向，北半球向右，南半球向左。从卫星云图的旋涡云图可看出，气体对流是沿一个螺旋轨道旋转运行的。风在高空中，

1

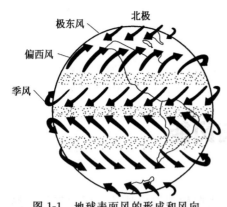

图 1-1　地球表面风的形成和风向

气压相等的线（等压线）相互平行，而近地层由于地表摩擦，风速下降，复合向心加速度的作用变得很小。地面上风向随着高度的变化大约是30°，地转风向左旋转。由于海面平滑，摩擦力小，方向的偏转也就小，降低到约10°。不同气压产生的对流，主要反映为地面偏转风。海面涡流图可以表示出其涡流较长，比陆地风速高，特别情况时出现涡流暴，达到极点而产生相当大的风速。

不仅这种高度空间上的对流产生可利用的风，而且由于地区受热不同，也产生地区风，典型的情况是山谷风。由于山谷与山脊受热不同，即加热与冷却速度不同，也会产生风。海平面与陆地之间的加热和冷却速度不同，也产生海陆风。

在有海陆差异的地区，海陆差异对气流运动也有影响。冬季，大陆比海洋冷，大陆气压比海洋高，风从大陆吹向海洋；夏季相反，大陆比海洋热，风从海洋吹向内陆。这种随季节转换的风，称为季风。

有海陆差异的地区，白昼时，大陆上的气流受热膨胀上升至高空流向海洋，到海洋上空冷却下沉，在近地层海洋上的气流吹向大陆，补偿大陆的上升气流，低层风从海洋吹向大陆，称为海风；夜间（冬季）时，情况相反，低层风从大陆吹向海洋，称为陆风。

在山区，由于热力原因引起的白天由谷地吹向平原或山坡，称为谷风；夜间由平原或山坡吹向谷地，称为山风。这是由于白天山坡受热快，温度高于山谷上方同高度的空气温度，坡地上的暖空气从山坡流向谷地上方，谷地的空气则沿着山坡向上补充流失的空气，这时由山谷吹向山坡的风，称为谷风。夜间，山坡因辐射冷却，其降温速度比同高度的空气较快，冷空气沿坡地向下流入山谷，称为山风。

局部地区，例如，在高山和深谷，白天，高山顶上空气受到阳光加热而上升，深谷中冷空气取而代之，因此，风由深谷吹向高山；夜晚，高山上空气散热较快，于是风由高山吹向深谷。如在沿海地区，白天由于陆地与海洋的温度差而形成海风吹向陆地；反之，晚上陆风吹向海上。

1.1.2　风向与风速

风向和风速是描述风特性的两个重要参数。风向是指风吹来的方向，如果风是从北方吹来，就称为北风；风从东方吹来，就称为东风。风速是表示风移动的速度，即单位时间空气流动所经过的距离。

风向和风速随时、随地都不同，风随时间的变化包括每日的变化和各季节的变化。季节不同，太阳和地球的相对位置就不同，地球上的季节性温差，形成风向和风速的季节性变化。我国大部分地区风的季节性变化情况是，春季最强，冬季次之，夏季最弱。当然也有部分地区例外，如沿海温州地区，夏季季风最强，春季季风最弱。

（1）风廓线和风切变律　风速随地面高度变化的曲线称为风廓线，变化规律称为风切变律。风随高度变化的经验公式很多，通常采用"对数公式"（对数风廓线）和"指数公式"（指数风廓线），见式（1-1）和式（1-2）。

对数风廓线
$$V(Z) = V(Z_r) \times \frac{\ln(Z/Z_0)}{\ln(Z_r/Z_0)} \tag{1-1}$$

指数风廓线
$$V(Z) = V(Z_r) \times \left(\frac{Z}{Z_r}\right)^n \tag{1-2}$$

式中，$V(Z)$ 为高度 Z 处风速；Z 为离地面高度；Z_r 为用于拟合风廓线的离地面标准高度；Z_0 为粗糙长度；n 为风切变指数，经验指数，它取决于大气稳定度和地面粗糙度，其值约为 $1/2 \sim 1/8$。

地球上风的方向和速度的时空分布随时都在变，非常复杂。

(2) 平均风速的分布 平均风速的分布是用数学概率分布来描述的。它有两种表达方式：一种是概率密度分布，可用来描述平均风速的概率分布；另一种是累积分布函数，可用来描述平均风速的累积分布。此处仅对累积分布函数进行说明，对分布函数求导，就能得出相应的概率密度函数。对于平均风速的累积分布，一般采用威布尔（Weibull）和瑞利（Rayeigh）分布。通常应用瑞利累积分布函数 $P_R(V_0)$ 和威布尔累积分布函数 $P_W(V_0)$。

威布尔累积分布函数：
$$P_W(V_0) = 1 - \exp[-(V_0/C)^k] \tag{1-3}$$

这里 k 和 C 分别为尺度参数和形状参数，$C = V_0/\Gamma(1+1/k)$

当 $k = 2$ 时，$C = 2/\sqrt{\pi}$ 时，即为瑞利累积分布函数：
$$P_R(V_0) = 1 - \exp[-\pi(V_0/2)^2] \tag{1-4}$$

式中，$P(V_0)$ 为累积概率函数，也即 $V < V_0$ 的概率；V_0 为风速（平均风速）；Γ 为伽马函数。

(3) 风力机设计要求的风况 风力机应设计成能安全承受相应等级定义的风况。风况的设计值需在设计文件中明确规定。

根据载荷和安全条件，风况可分为正常工作期间频繁出现的标准风况和一年或 50 年一遇的极端风况两种。在所有情况下，都要考虑平均气流与水平面夹角达 8°时的影响。

①正常风况

a. 风速概率分布特性。风场的风速分布对风力机的设计至关重要，它决定各级载荷出现的频率。对标准等级的风力机，计算设计载荷时，10min 平均风速按瑞利分布计算。此时轮毂中心高处风速分布的累计概率分布为：
$$P_R(V_{hub}) = 1 - \exp[-\pi(V_{hub}/2V_{ave})2] \tag{1-5}$$

b. 正常风廓线模型。风廓线 $V(Z)$ 表示平均风速随地高度 Z 变化的函数关系。对标准级风力机，正常风廓线函数按下式计算：
$$V(Z) = V_{hub}(Z/Z_{hub})^a \tag{1-6}$$

式中，指数 a 假定为 0.2。

c. 正常湍流模型。"风湍流"表示 10min 内平均风速的随机变化。标准级风力机风湍流值由随机风矢量场能谱强度 $S_1(f)$ 表示。湍流纵向分量能谱强度 $S_1(f)$ 由下式表示出：
$$S_1(f) = 0.05(\sigma_1)^2(\Lambda_1/V_{hub})^{-2/3}f^{-5/3} \tag{1-7}$$

式中，σ_1 为纵向风速分量标准偏差特性值，由下式给出：
$$\sigma_1 = I_{15}(15\text{m/s} + aV_{hub})/(a+1) \tag{1-8}$$

湍流尺度参数 Λ_1 由下式计算：

$$\Lambda_1 = \begin{cases} 0.7Z_{hub} & Z_{hub} < 30m \\ 21m & Z_{hub} \geqslant 30m \end{cases} \tag{1-9}$$

②极端风况　极端风况用于确定风力机的极端风载荷。这种风况包括由暴风造成的风速峰值及风向和风速的变化值。这种极端状况含有湍流潜在影响，在设计计算中仅考虑其中确定的因素。

a. 极端风速模型。50 年一遇和 1 年一遇极端风速 V_{e50} 和 V_{e1}，应根据参考风速 V_{ref} 确定。在标准级风力机的设计中，V_{e50} 和 V_{e1} 是高度 Z 的函数，分别用式（1-9）和（1-10）计算：

$$V_{e50}(Z) = 1.4V_{ref}(Z/Z_{hub})^{0.11} \tag{1-10}$$

$$V_{e1}(Z) = 0.75V_{e50}(Z) \tag{1-11}$$

式中，Z_{hub} 为轮毂中心高，假定与平均风向的短期偏离为 $\pm 15°$。

b. 极端工作阵风。标准级的风力机 N 年一遇轮毂高处阵风值 V_{gustN} 由式（1-12）给出：

$$V_{gustN} = \beta \left[\frac{\sigma_1}{1 + 0.1\left(\dfrac{D}{\Lambda_1}\right)} \right] \tag{1-12}$$

式中，σ_1 为标准偏差，由公式（1-8）计算；Λ_1 为湍流尺度参数，由公式（1-9）计算；D 为风轮直径；$\beta = 4.8$（一年一遇）；$\beta = 6.4$（50 年一遇）。

周期为 N 年一遇的风速由式（1-13）确定：

$$V(Z,t) = \begin{cases} V(Z) - 0.37V_{gustN}\sin(3\pi t/T)[1 - \cos(2\pi t/T)] & 0 \leqslant t \leqslant T \\ V(Z) & t < 0 \text{ 和 } t > T \end{cases} \tag{1-13}$$

式中，$V(Z)$ 由公式（1-6）进行计算；$T = 10.5s$，$N = 1$；$T = 14.0s$，$N = 50$。

c. 极端风向变化。N 年一遇极端风向变化值 θ_{eN} 用式（1-14）进行计算：

$$\theta_{eN}(t) = \pm \beta \arctan \left\{ \frac{\sigma_1}{V_{hub}\left[1 + 0.1\left(\dfrac{D}{\Lambda_1}\right)\right]} \right\} \tag{1-14}$$

式中，θ_{eN} 为限定在 $\pm 180°$ 范围内；Λ_1 为湍流尺度参数，由公式（1-9）计算；D 为风轮直径；$\beta = 4.8$，$N = 1$；$\beta = 6.4$，$N = 50$。

N 年一遇风向瞬时极端变化 $\theta_N(t)$ 由式（1-15）给出：

$$\theta_N(t) = \begin{cases} 0 & t < 0 \\ 0.5\theta_{eN}[1 - \cos(\pi t/T)] & 0 \leqslant t \leqslant T \\ \theta_{eN} & t > T \end{cases} \tag{1-15}$$

d. 极端风速切变。50 年一遇极端风速切变应用下列两种瞬时风速来计算。

a) 瞬时垂直切变

$$V(z,t) = \begin{cases} V_{hub}\left(\dfrac{Z}{Z_{hub}}\right)^\alpha + \left(\dfrac{Z - Z_{hub}}{D}\right)\left[2.5 + 0.2\beta\sigma_1\left(\dfrac{D}{\Lambda_1}\right)^{1/4}\right]\left[1 - \cos\left(\dfrac{2\pi t}{T}\right)\right] & 0 \leqslant t \leqslant T \\ V_{hub}\left(\dfrac{Z}{Z_{hub}}\right)^\alpha & t < 0 \text{ 和 } t > T \end{cases} \tag{1-16}$$

b) 瞬时水平切变

$$V(y,z,t) \begin{cases} V_{hub}\left(\dfrac{Z}{Z_{hub}}\right)^{\alpha} + \left(\dfrac{Y}{D}\right)\left[2.5+0.2\beta\sigma_1\left(\dfrac{D}{\Lambda_1}\right)^{1/4}\right]\left[1-\cos\left(\dfrac{2\pi t}{T}\right)\right] & 0 \leqslant t \leqslant T \\[4mm] V_{hub}\left(\dfrac{Z}{Z_{hub}}\right)^{\alpha} & t<0 \text{ 和 } t>T \end{cases}$$

$$(1\text{-}17)$$

式中，$\alpha=0.2$；$\beta=6.4$；$T=12s$；Λ_1 为湍流尺度参数，由公式（1-9）计算；D 为风轮直径；$t=0$，$\cdots$，$t=T/2$。

1.2　风能

1.2.1　21 世纪的最主要能源

地球上可供人类使用的化石燃料资源是极有限和不可再生的。据联合国能源署报告，按可开采储量预计，煤炭资源可供人类使用 200 年、天然气资源可用 50 年、石油资源可用 30 年。科学家预计，21 世纪的最主要能源将是核能、太阳能、风能、地热能、海洋能、氢能和可燃冰。

(1) 核能　核能发电（特别是核聚变能发电）是人类最现实和有希望的能源方式。核能是可裂变原子核（例如铀 235）在减速中子轰击下产生链式反应释放出来的能量（热反应堆发电站）。1kg 铀 235 裂变时放出的能量相当于 2000t 汽油或 2800t 标准煤的能量。但是天然铀中铀 235 的含量仅占 0.7%，其余 99.3% 为铀 238。而铀 238 为非裂变元素，不能直接作为热堆核燃料。因此，用热中子反应堆发电，地球上有的核燃料资源将不能供应很长时间。

快堆（增殖堆）可将一部分非裂变元素铀 238 转变为可裂变元素钚 239(^{239}Pu)。每消耗一定数量的可裂变原子核，会产生更多的可裂变原子核，此过程称为增殖，这种反应堆称为增殖反应堆。这种堆型中轰击原子核的中子不经减速，是高能快中子，所以又称为快中子增殖堆（快堆）。快中子增殖堆是扩大核燃料资源的最重要途径。

未来的核能源将主要依靠核聚变获得。聚变反应是较轻原子核（如氘）聚合成较重原子核的反应。将氢的同位素氘和氚加热到很高的温度（1×10^8K），使它们发生燃烧而聚合成较重的元素，可释放出巨大的能量。核聚变燃料氘可直接从海水中提取，1kg 海水中大约含有 0.03g 氘。地球上约有海水 1×10^{21}kg，氘含量达 1×10^{17}kg，可释放出能量 1×10^{31}J。海水中的氘的热核聚变能将可供人类使用几百亿年，而最终解决人类的用能问题。

(2) 地热能　地壳层（约厚 60km）的温度约为 500℃，地核（2900～6371km）中心温度可达约 5000℃，可见地球是一个巨大的热库。10km 以内的地壳表层的热量就有 125×10^{26}J，相当全世界储煤发热量的 2000 倍。如果人类能源全部用地下热能，则 4100 万年后地球温度也只降低 1℃。

地热资源指蕴藏在地层岩石和地热流中的热能，地热能是由地球的熔融岩浆和放射性物质的衰变产生的，地下水的深处循环和来自极深处的岩浆沁入到地壳后，把热量从地下深处带至近表层。地热能虽不是一种"可再生的"资源，但其储量极其巨大，是人类可长期依靠的能源方式。地热能的特点是品位低、分散，要大规模应用较困难。

(3) 太阳能　太阳是炙热的气体，直径 139×10^4km，是地球直径的 110 倍。太阳表面温度约 6000℃，中心温度为 $(800\sim4000)\times10^4$℃，压力约 2×10^{11}ata（1ata=98066.5Pa，

下同），在这样的高温高压条件下，太阳内部持续不断地进行数种热核聚变反应，最重要的是氢聚合成氦的核聚变反应，产生数百万度的高温。热核聚变反应产生的热量是太阳向宇宙空间辐射出巨大能量的源泉。这种聚变反应还可以维持数千亿年（宇宙从大爆炸逐渐扩展到今天的寿命不过 200 亿年）。可见，太阳是一个真正取之不尽、用之不竭的大能源。

地球距离太阳十分遥远，约 1.5×10^8 km，是地球直径的 11800 倍，实际上地球从太阳获得的能量只是太阳能极少的一部分。即使是这样，地球从太阳中获得的能量也是地球上其他各种能量总和的上万倍。中午 12 点，太阳能的平面辐射热流密度最大可达 940W/m²，量级与风能密度相当，经聚焦后的辐射热流密度可达 500kW/m²。

太阳能的利用有两种：①利用光-热效应，产生热水供热和产生蒸汽发电，太阳能发电有塔式水、液体钠双工质循环电站；②利用光-电效应，用硅电池可以直接由光能转换为电能。

在地面上利用太阳能要受大气层衰减的影响，还要受阴晴天、日出日落、地理位置等影响，利用率很低。一种设想是在高空卫星上建太阳能电站，能量转换效率要比地面高得多。在卫星电站上，太阳能通过光电池直接转换为电能，用微波技术将电能转换为微波，以集束形式把微波发射到地面接收站，接收站再将微波转换为电能。由许多卫星组成卫星站网，就能为人类提供源源不断的电力。这种设想要实用还要克服很多技术上的困难，是比较遥远的事。

地球上的能源，除了核能外，太阳能是各种能量（化石燃料能、生物质能、风能、水能、海洋能等）的来源，可见，太阳辐射能是人类最基本的能量来源。

（4）海洋能 地球表面海洋面积约占 71%。海洋能包括潮汐能、海流能、波浪能和温差能。海洋能是太阳能、太阳和月亮引力能产生的。世界潮汐能总量约 10 亿千瓦，储量不大，品位低、分散，供人类应用是有限的。

（5）氢能 氢是宇宙中普遍存在的元素，约占宇宙质量的 75%，主要以化合物的形态储存在水中。高效率制氢的基本途径是利用太阳能，太阳能制得的氢能将成为人类用之不竭的一种优质、干净燃料。

（6）可燃冰 是一种天然气水合物，是水和天然气在中高压和低温条件下混合时产生的晶体状物质。可燃冰在自然界分布非常广泛，海底以下 0～1500m 深的大陆架或北极等地的永久冻土带都有可能存在。资料显示，海底的天然气水合物可满足人类 1000 年的能源需要。

（7）风能 世界风能总量为 2×10^{13} W，大约是世界总能耗的 3 倍。如果风能的 1% 被利用，则可以减少世界 3% 的能源消耗；风能用于发电，可产生世界总电量的 8%～9%。

风能是一种无污染的可再生能源，它取之不尽，用之不竭，分布广泛。随着人类对生态环境的要求和能源的需要，风能的开发日益受到重视，风力发电将成为 21 世纪大规模开发的一种可再生清洁能源。

风能是一种最具活力的可再生能源，它实质上是太阳能的转化形式，因此可以认为是取之不尽的。风能的利用将可能改变人类长期依赖化石燃料和核燃料的局面。到 2002 年底，世界总的风力发电设备有 61000 台，总装机容量为 3200 万千瓦。风力发电技术在不断成熟，单机容量由 500～750kW 量级增大到 1000～2000kW 量级，目前已研制成功单机 5000kW 的风力机。

据预测，2002～2007 年的 5 年中，风力发电设备的总需求量为 5100 万千瓦，年均增长 11.2%。2002 年底，世界风电总装机为 3200 万千瓦，欧洲占 75%，美国占 15%，其余国占 10%。到 2007 年底，全世界风力发电总装机将达到 8300 万千瓦，其中 5800 万千瓦将装在欧洲，占总装机的 70%。到 2007 年后，预计年增长率还将加速，到 2012 年，其年增加装机容量可望达到 2400 万千瓦，总的风力发电能力将达到 $1.77 \times 10^8 \text{kW}$，占世界总电力市场的 2%。预计到 2020 年风力发电能力占世界总电力将可能达到 12%。

1.2.2　风能密度

风能可用"风能密度"来描述。空气在 1s 时间里以速度 V 流过单位面积产生的动能称为"风能密度"。

$$E = \frac{1}{2}\rho V^3 \tag{1-18}$$

风能密度与平均风速 V 的三次方成正比，平均风速为 10m/s 时，风能密度为 600W/m²；平均风速为 15m/s 时，风能密度为 2025W/m²。ρ 是空气的密度值，随气压、气温和湿度变化。

1.2.3　风能密度计算方法

可用直接计算法和概率计算法计算平均风能密度。

(1) 直接计算法　将某地一年（月）每天 24h 逐时测到的风速数据，按某间距（比如间隔为 1m/s）分成各等级风速，如 V_1(3m/s)，V_2(4m/s)，…，V_i($i+2$m/s)，然后将各等级风速在该年（月）出现的累积小时数 n_1，n_2，…，n_i，分别乘以相应各风速下的风能密度 $\left(n \times \frac{1}{2} \times \rho \times V_i^3\right)$，再将各等级风能密度相加之后除以年（月）总时数 N，即

$$E_{\text{平均}} = \frac{\sum 0.5 n_i \rho V_i^3}{N} \tag{1-19}$$

则可求出某地一年（月）的平均风能密度。

(2) 概率计算法　概率计算法就是通过某种概率分布函数拟合风速频率的分布，按积分公式计算得到平均风能密度。一般采用威布尔公式，其风速 V 的概率分布函数为

$$f(V) = \frac{K}{C}\left(\frac{V}{C}\right)^{K-1} \mathrm{e}^{-\left(\frac{V}{C}\right)^K} \tag{1-20}$$

式中，K 为形状参数；C 为尺度参数。

利用风速观测数据，通过最小二乘法、方差法和最大值法等三种方法可以确定 C、K 参数的值。将 C、K 值代入式(1-4)，计算出各等级风速的频率，然后求出各等级风速出现的累积时间，再按直接计算公式计算风能密度。另外，当 C、K 值确定后，也可以利用风能密度的直接计算公式推导出积分形式的公式。当风速 V 在其上、下限分别为 a、b 的区域内，f 为 V 的连续函数，则积分形式的风能密度计算公式为

$$\overline{E} = \frac{\rho}{2} \frac{\int_a^b \left[\frac{K}{C}\left(\frac{V}{C}\right)^{K-1} \mathrm{e}^{-\left(\frac{V}{C}\right)^K}\right] V^3 \mathrm{d}V}{\mathrm{e}^{-\left(\frac{a}{c}\right)^K} - \mathrm{e}^{-\left(\frac{b}{c}\right)^K}} \tag{1-21}$$

1.2.4　地球上风能资源分布

根据米里乔夫的估计，每年来自外层空间的辐射能为 $1.5 \times 10^{18} \text{kW} \cdot \text{h}$，其中的 2.5%，即 $3.8 \times 10^{16} \text{kW} \cdot \text{h}$ 的能量被大气吸收，产生大约 $4.3 \times 10^{12} \text{kW} \cdot \text{h}$ 的风能。这一能量是

1973 年全世界电厂 $1 \times 10^{10}\,kW$ 功率的约 400 倍。

　　风能利用是否经济取决于风力机轮毂中心高处最小年平均风速。这一界线值目前取在大约 5m/s，根据实际的利用情况，这一界线值可能高一些或低一些。由于风力机制造成本降低以及常规能源价格的提高，或者考虑生态环境，这一界线值有可能会下降。图 1-2 为全世界风速分布图。从图 1-2 可见，高风速从海面向陆地吹，由于地面的粗糙度，使风速逐步降低。在沿海地区，风能资源很丰富，向陆地不断延伸。相等的年平均风速随高度变化，其趋势总是向上移动。

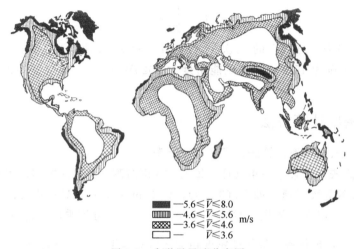

图 1-2　全世界风速分布图

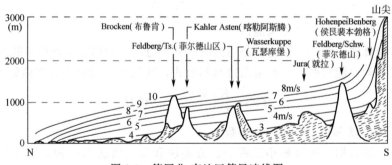

图 1-3　德国北-南地区等风速线图

　　德国北-南地区等风速线图见图 1-3，风能最好的地方是大西洋西海岸，特别是英国和爱尔兰地区，风更大一些。德国地区的较好风资源地区在北海岸，其次是中高山区的山上。

　　欧洲风能分布见图 1-4。

　　风能图是风力机选点最必需的风资源特性资料。图 1-4 是由 50 个气象站的数据得出的简图，主要是由蒲田风级表用误差修正法对风速的估计值。而且风能图上的风速值是在 10m 高处测得的数据，年平均风速不是每年相同的，但偏差不大。通过对不同气象站数据的计算得出，在某一个很长时间里的年平均风速的最大偏差，小风车时为 1m/s，大风车时为 1.3m/s，其中 50% 的气象站的这种误差在 0.2m/s 以下。图 1-5 是前西德 4m/s 以上风资源图。

图 1-4 欧洲风能分布图（等风速线图）

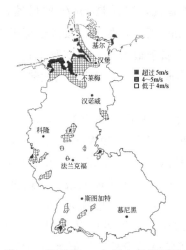

图 1-5 前西德 4m/s 以上风资源图

1.2.5 我国风能资源分区

我国风能资源可划分为如下几个区域。

(1) 最大风能资源区　东南沿海及其岛屿。这一地区，有效风能密度大于等于 $200W/m^2$ 的等值线平行于海岸线，沿海岛屿的风能密度在 $300W/m^2$ 以上，有效风力出现时间百分率达 $80\%\sim90\%$，大于等于 $3m/s$ 的风速全年出现时间约 $7000\sim8000h$，大于等于 $6m/s$ 的风速也有 $4000h$ 左右。但从这一地区向内陆，则丘陵连绵，冬半年强大冷空气南下，很难长驱直下，夏半年台风在离海岸 $50km$ 时风速便减小到 68%。所以，东南沿海仅在由海岸向内陆几十公里的地方有较大的风能，再向内陆则风能锐减。在不到 $100km$ 的地带，风能密度降至 $50W/m^2$ 以下，反为全国风能最小区。但在福建的台山、平潭和浙江的南麂、大陈、嵊泗等沿海岛屿上，风能却都很大。其中，台山风能密度为 $534.4W/m^2$，有效风力出现时间百分率为 90%，大于等于 $3m/s$ 的风速全年累积出现 $7905h$。换言之，平均每天大于等于 $3m/s$ 的风速有 $21.3h$，是我国平地上有记录的风能资源最大的地方之一。

(2) 次最大风能资源区　内蒙古和甘肃北部。这一地区终年在西风带控制之下，而且又是冷空气入侵首当其冲的地方，风能密度为 $200\sim300W/m^2$，有效风力出现时间百分率为 70% 左右，大于等于 $3m/s$ 的风速全年有 $5000h$ 以上，大于等于 $6m/s$ 的风速有 $2000h$ 以上，从北向南逐渐减少，但不像东南沿海梯度那么大。风能资源最大的虎勒盖地区，大于等于 $3m/s$ 和大于等于 $6m/s$ 的风速的累积时数分别可达 $7659h$ 和 $4095h$。这一地区的风能密度虽较东南沿海为小，但其分布范围较广，是我国连成一片的最大风能资源区。

(3) 大风能资源区　黑龙江和吉林东部以及辽东半岛沿海。风能密度在 $200W/m^2$ 以上，大于等于 $3m/s$ 和 $6m/s$ 的风速全年累积时数分别为 $5000\sim7000h$ 和 $3000h$。

(4) 较大风能资源区　青藏高原、三北地区的北部和沿海。这个地区（除去上述范围）风能密度在 $150\sim200W/m^2$ 之间，大于等于 $3m/s$ 的风速全年累积为 $4000\sim5000h$，大于等于 $6m/s$ 风速全年累积为 $3000h$ 以上。青藏高原大于等于 $3m/s$ 的风速全年累积可达 $6500h$，但由于青藏高原海拔高、空气密度较小，所以风能密度相对较小，在 $4000m$ 的高度，空气密度大致为地面的 67%。也就是说，同样是 $8m/s$ 的风速，在平地为 $313.6W/m^2$，而在 $4000m$ 的高度却只有 $209.3\,W/m^2$。所以，如果仅按大于等于 $3m/s$ 和大于等于 $6m/s$ 的风速的出现小时数计算，青藏高原应属于最大区，而实际上这里的风能却远较东南沿海岛屿为小。从三北北部到沿海，几乎连成一片，包围着我国大陆。大陆上的风能可利用区，也基本上同这一地区的界限相一致。

(5) 最小风能资源区　云贵川，甘肃、陕西南部，河南、湖南西部，福建、广东、广西的山区以及塔里木盆地。有效风能密度在 $50W/m^2$ 以下时，可利用的风力仅有 20% 左右，大于等于 $3m/s$ 的风速全年累积时数在 $2000h$ 以下，大于等于 $6m/s$ 的风速在 $150h$ 以下。在这一地区中，尤以四川盆地和西双版纳地区风能最小，这里全年静风频率在 60% 以上，如绵阳 67%、巴中为 60%、阿坝为 67%、恩施为 75%、德格为 63%、耿马孟定为 72%、景洪为 79%。大于等于 $3m/s$ 的风速全年累积仅 $300h$，大于等于 $6m/s$ 的风速仅 $20h$。所以，这一地区除高山顶和峡谷等特殊地形外，风能潜力很低，无利用价值。

(6) 可季节利用的风能资源区　(4) 和 (5) 地区以外的广大地区。有的在冬、春季可以利用，有的在夏、秋季可以利用。这些地区风能密度在 $50\sim100W/m^2$，可利用风力为 $30\%\sim40\%$，大于等于 $3m/s$ 的风速全年累积在 $2000\sim4000h$，大于等于 $6m/s$ 的风速在 $1000h$ 左右。

1.2.6　风能的三级区划指标体系

国家气象局发布的我国风能三级区划指标体系如下所示。

(1) 第一级区划指标

① 风能丰富区　主要考虑有效风能密度的大小和全年有效累积小时数。将年平均有效风能密度大于 $200W/m^2$、$3\sim20m/s$ 风速的年累积小时数大于 5000h 的划为风能丰富区，用"Ⅰ"表示。

② 风能较丰富区　将 $150\sim200W/m^2$、$3\sim20m/s$ 风速的年累积小时数在 $3000\sim5000h$ 的划为风能较丰富区，用"Ⅱ"表示。

③ 风能可利用区　将 $50\sim150W/m^2$、$3\sim20m/s$ 风速的年累积小时数在 $2000\sim3000h$ 的划为风能可利用区，用"Ⅲ"表示。

④ 风能贫乏区　将 $50W/m^2$ 以下、$3\sim20m/s$ 风速的年累积小时数在 2000h 以下的划为风能贫乏区，用"Ⅳ"表示。代表这四个区的罗马数字后面的英文字母表示各个地理区域。

(2) 第二级区划指标　主要考虑一年四季中各季风能密度和有效风力出现小时数的分配情况。利用 $1961\sim1970$ 年间每日 4 次定时观测的风速资料，先将 483 个站风速大于等于 $3m/s$ 的有效风速小时数点成年变化曲线。然后，将变化趋势一致的归在一起，作为一个区。再将各季有效风速累积小时数相加，按大小次序排列。这里，春季指 $3\sim5$ 月，夏季指 $6\sim8$ 月，秋季指 $9\sim11$ 月，冬季指 12 月、1 月、2 月。分别以 1、2、3、4 表示春、夏、秋、冬四季。如果春季有效风速（包括有效风能）出现小时数最多，冬季次多，则用"14"表示；如果秋季最多，夏季次多，则用"32"表示；其余依此类推。

(3) 第三级区划指标　风力机最大设计风速一般取当地最大风速。在此风速下，要求风力机能抵抗垂直于风的平面上所受到的压强。使风机保持稳定、安全，不致产生倾斜或被破坏。由于风力机寿命一般为 $20\sim30$ 年，为了安全，我们取 30 年一遇的最大风速值作为最大设计风速。根据我国建筑结构规范的规定，"以一般空旷平坦地面、离地 10m 高、30 年一遇、自记 10min 平均最大风速"作为进行计算的标准。计算了全国 700 多个气象台、站 30 年一遇的最大风速。按照风速将全国划分为 4 级：风速为 $35\sim40m/s$ 以上（瞬时风速为 $50\sim60m/s$）为特强最大设计风速，称特强压型；风速为 $30\sim35m/s$（瞬时风速为 $40\sim50m/s$）为强设计风速，称强压型；风速为 $25\sim30m/s$（瞬时风速为 $30\sim40m/s$）为中等最大设计风速，称中压型；风速为 $25m/s$ 以下为弱最大设计风速，称弱压型。4 个等级分别以字母 a、b、c、d 表示。

根据上述原则，可将全国风能资源划分为 4 个大区、30 个小区。

① Ⅰ区　风能丰富区。ⅠA34a-东南沿海及台湾岛屿和南海群岛秋冬特强压型。ⅠA21b-海南岛南部夏春强压型。ⅠA14b-山东、辽东沿海春冬强压型。ⅠB12b-内蒙古北部西端和锡林郭勒盟春夏强压型。ⅠB14b-内蒙古阴山到大兴安岭以北春冬强压型。ⅠC13b-c-松花江下游春秋强中压型。

② Ⅱ区　风能较丰富区。ⅡD34b-东南沿海（离海岸 $20\sim50km$）秋冬强压型。ⅡD14a-海南岛东部春冬特强压型。ⅡD14b-渤海沿海春冬强压型。ⅡD34a-台湾东部秋冬特强压型。ⅡE13b-东北平原春秋强压型。ⅡE14b-内蒙古南部春冬强压型。ⅡE12b-河西走廊及其邻近春夏强压型。ⅡE21b-新疆北部夏春强压型。ⅡF12b-青藏高原春夏强压型。

③ Ⅲ区　风能可利用区。ⅢG43b-福建沿海（离海岸 $50\sim100km$）和广东沿海冬秋强压

型。ⅢG14a-广西沿海及雷州半岛春冬特强压型。ⅢH13b-大小兴安岭山地春秋强压型。Ⅲ
I12c-辽河流域和苏北春夏中压型。ⅢI14c-黄河、长江中下游春冬中压型。ⅢI31c-湖南、湖
北和江西秋春中压型。ⅢI12c-西北五省的一部分以及青藏的东部和南部春夏中压型。Ⅲ
I14c-川西南和云贵的北部春冬中压型。

④ Ⅳ区　风能欠缺区。ⅣJ12d-四川、甘南、陕西、鄂西、湘西和贵北春夏弱压型。Ⅳ
J14d-南岭山地以北冬春弱压型。ⅣJ43d-南岭山地以南冬秋弱压型。ⅣJ14d-云贵南部春冬弱
压型。ⅣK14d-雅鲁藏布江河谷春冬弱压型。ⅣK12c-昌都地区春夏中压型。ⅣL12c-塔里木
盆地西部春夏中压型。

中国风能分区及占全国面积的百分比见表 1-1。

表 1-1　中国风能分区及占全国面积的百分比

风能指标	丰富区	较丰富区	可利用区	欠缺区
年有效风能密度/(W/m²)	>200	200～150	<150～50	<50
当量风速/(m/s)	6.91	6.91～6.28	<6.28～4.36	<4.36
≥3m/s 年累计小时数/h	>5000	5000～4000	<4000～2000	<2000
≥6m/s 年累计小时数/h	>2200	2200～1500	<1500～350	<350
占全国面积的百分比/%	8	18	50	24

我国风能潜力的估算如下：全国风能的理论可开发总量（R）为 32.26 亿千瓦；实际可
开发利用量（R'）估计为总量的 1/10，并考虑到风轮实际扫掠面积为计算气流正方形面积
的 0.785 倍 $\left[1\text{m 直径风轮面积为}\left(\dfrac{\pi}{4}\times 1^2 = 0.785\text{m}^2\right)\right]$，故实际可开发量为 $R' = 0.785\times R$
$\times\dfrac{1}{10} = 2.53$（亿千瓦）。

1.2.7　风资源描述的基本理论

由于风的脉动，对于风资源的描述，人们常常采用风速平均值，然后把这些平均值再进
行累加平均。气象上常采用 10min 的平均风速，在风能利用中主要也采用这一时间平均值，
用于风力机的功率计算以及经济性分析。

(1) 风廓线　由于地面的摩擦力，风速随地面高度的变化而变化，地面粗糙度越大，这
种变化就越大。不同粗糙度长度的风廓线见图 1-6。

粗糙度长度 z_0 是用来定义粗糙度的尺度，并用自然对数来描述风廓线

$$\frac{u_2}{u_1} = \frac{\ln(h_2 - d) - \ln z_0}{\ln(h_1 - d) - \ln z_0} \tag{1-22}$$

式中，u_2、u_1 是 h_2、h_1 高度上的风速；长度 d 是某一地面廓线的影响系数。当地面
上障碍物比较离散及有低矮植物时，d 选为零。在有很密的障碍物时，如森林、城市，d 应
采用障碍物高度的 70%～80% 估算。

风速是相对于风力机轮毂中心高的风速。近似公式计算的数据可以用到很高的高度（例
如 100m 以上）。表 1-2 所列的是各种粗糙度下的典型粗糙度长度。

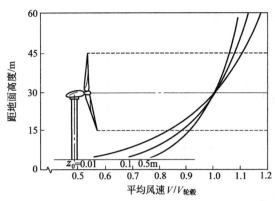

图 1-6　不同粗糙度长度的风廓线

表 1-2　典型粗糙度长度

表　面	粗糙度长度 z_0/m
水或冰	10^{-4}
低草	10^{-2}
高草或岩石表面	0.05
牧场	0.20
建筑物前	0.60
森林、城市	$1 \sim 5$

某一大的障碍影响，如房屋、仓库，应用下式来考虑粗糙度长度。

$$z_{OH} = \frac{1}{2} h \frac{A_S}{A_V} \tag{1-23}$$

式中　z_{OH}——增加的粗糙度长度；

　　　h——障碍物高度；

　　　A_S——障碍物相对风的垂直投影面积；

　　　A_V——障碍物的占地面积。

比如，20 个障碍物投影面积 $A_S = 400 \text{m}^2$，某一障碍物高度为 25m，在 1km^2 的面积上，分下来每一障碍物的面积 $A_V = \dfrac{1 \text{km}^2}{20} = 50000 \text{m}^2$，那么，增加的粗糙度长度为

$$z_{OH} = 0.5 \times 25 \text{m} \times \frac{400 \text{m}^2}{5000 \text{m}^2} = 0.1 \text{m}$$

当地面粗糙度为 0.05m 时，总的粗糙度长度为 $z_0 = 0.15 \text{m}$。

风廓线常用指数公式（Hellmann）表示

$$\frac{u_2}{u_1} = \left(\frac{h_2}{h_1} \right)^a \tag{1-24}$$

指数风廓线关系式是一种近似的表达式，其中幂指数 a 可由下式确定

$$a = \frac{1}{\ln(z/z_0)} \tag{1-25}$$

这一公式适用于风廓线系数 d 等于零时，且 z 是平均高度，在这一高度上常用这一等式。当粗糙度长度为 1m 时，且 10m 高度时，幂指数为 1/7。所以人们称它为 1/7 幂法则，它表达了真实的风廓线，尽管它还不够准确。

当然，最好在某些高度上测风最为合理，可以推算粗糙度长度 z_0，而且通过测定的风梯度试验，计算得到幂 a（粗糙度长度 z_0 可以通过测试某一高度的扰动来估算）。

（2）风频分布　设计一台风力机，安装地点的风资源很重要。年平均风速是最重要的数据，风频分布规律对于风资源评估也十分重要（图 1-7）。

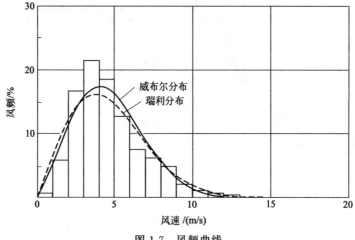

图 1-7　风频曲线

在风频分布理论计算时，常把风速的间隔定为 1m/s。风速在某一时间内的平均，按风速间隔的归属划区，落到哪一区间，哪一区间的累加值加 1。区间的风速由中值表示，测试结束时，再把各间隔出现的次数除以总次数，就是风频分布。这一方法也就是国际 IEA 组织推荐的所谓比恩法（bins）。

根据经验，可利用形状参数 C 和尺度参数 A 二参数的威布尔（weibull）分布来理论计算拟合描述风频分布规律。

$$f(V) = \frac{C}{A}\left(\frac{V}{A}\right)^{(C-1)} \mathrm{e}^{-\left(\frac{V}{A}\right)^{C}} \qquad (1\text{-}26)$$

通过式(1-10)，由 A、C 参数近似计算平均风速

$$V_{\mathrm{m}} = A\left(0.568 + \frac{0.434}{C}\right)^{\frac{1}{C}} \qquad (1\text{-}27)$$

形状参数 C 一般在 1～3 之间变化，当 $C=2$ 时的威布尔分布就变成了瑞利分布（Ray Leigh）

$$f(V) = \frac{\pi}{2}\left(\frac{V}{V_{\mathrm{m}}^{2}}\right) \mathrm{e}^{-\frac{\pi}{4}\left(\frac{V}{V_{\mathrm{m}}}\right)^{2}} \qquad (1\text{-}28)$$

尺度参数 A 与平均风速 V_{m} 的关系为

$$A = V_{\mathrm{m}}\left(\frac{2}{\sqrt{\pi}}\right) \qquad (1\text{-}29)$$

像高斯正态分布那样，瑞利分布的标准差根据瑞利分布的公式可得

$$\sigma_{\mathrm{V}} = V_{\mathrm{m}}\sqrt{2/\pi} \qquad (1\text{-}30)$$

正态分布中，3σ 以内的积分近似取 ≈ 0.99，也就是 99% 时间的平均风速落在 3σ 以内。且 $3\sigma_{\mathrm{V}} = 2.4\sigma_{\mathrm{m}}$，实际的风速分布适合瑞利分布。

当知道了年平均风速，可通过瑞利分布计算年能量产出。对于已测得的风频分布可用威布尔分布来拟合。威布尔参数 A、C 可用式(1-15)迭代法计算

$$nAC - \sum_{i=1}^{n}(V_i)V = 0 \qquad (1\text{-}31)$$

$$\frac{n}{C} + \frac{1}{V_m}\sqrt{\frac{1}{N-1}\sum_{i=1}^{n}(V_i - V_m)^2} = 0 \tag{1-32}$$

式中，n＝所有测验数据点，即 10min 的平均值；V_i＝第 i 个 10min 平均风速，集合 i＝1～n。

估计威布尔分布的 C、A 两参数有多种方法，常采用的方法还有几种：a. 最小二乘法；b. 平均风速 V 和标准差 S_i 法；c. 平均风速和最大风速估计法。采用的方法不同，估计出来的威布尔参数并不完全相同，因此用这些参数计算出来的风能量也会有差别。究竟采用哪一种方法，要看实际情况决定。

对不同高度的风频分布换算比较复杂。根据前面所讲风速可按风廓线指数关系换算，那么某一区间的风速也就可以在这一区间内换算，而间隔（bin 区间）的频次应除以换算系数，间隔宽度（bin 宽度）的量与频次的乘积保持不变。瑞利和威布尔的换算是完全不同的。威布尔分布尺度参数 A 的换算要比形状参数 C 的换算更为重要。C 的变化特别是粗糙度长度很小时，它的变化可忽略不计。而 A 与平均风速成比例变化，那么常需把 A 向不同高度上换算，而瑞利分布的换算则必须按平均风速进行新的计算。

评价一台风力机在现场的运行特性，除风速变化外，还有风向的变化情况，特别在有地形影响时（图 1-8）。

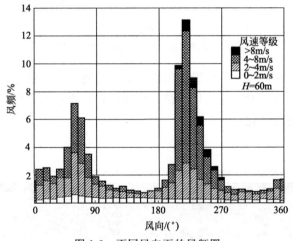

图 1-8　不同风向下的风频图

(3) 日变化及无风期（静风）　由于温度的变化，常引起风速的平均日变化（图 1-9）。如果知道了日变化，就可以与负荷变化曲线对比，看是否匹配，并在电力系统设计时加以考虑。

由图 1-9 表示的风速日变化可看出，夏天中午风速最大，它是由于空气热对流效应造成的。受近地层影响，白天由于地层风较大，空气受热对流对风速影响减弱。夜间近地层影响小，风速明显增强，在平原地区 100～150m 以上高空就出现类似的情况。

从风速日变化也可以看出无风期（静风）情况。无风指的是风力机切入风速以下的风速，切入风速的高低直接影响无风期的长短。图 1-10 是德国南部某地测试的累计静风时间，表示的是两个切入风速下测得的总的无风期。4.5m/s 的切入风速、4min 以上的无风期约占 45％ 的时间，而 512min 以上的无风期约占 13％。它明显地对应于白天风速最大，夜里风速最小的情况。

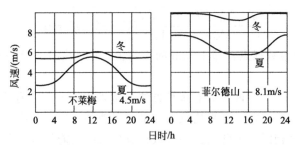

图 1-9 典型的夏季、冬季不同地点的风速日变化曲线

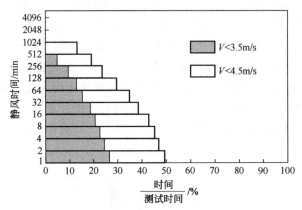

图 1-10 德国南部某地测试的累计静风时间

（4）紊流与阵风 平均风速是对瞬时风速的数字滤波，图 1-11 表示的是 8min 内风速风向随时间的瞬时变化过程。对于一台风力机，载荷计算、功率调节系统设计、偏航设计等都需要准确了解瞬时风速的变化。

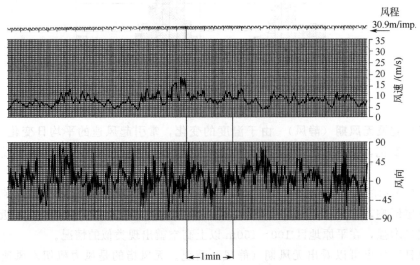

图 1-11 8min 内风速风向随时间的瞬时变化过程

对于紊流脉动变化，常用标准差与某一测试时间内的平均值的关系来计算。应有足够快的采样速度（最小 1Hz），从下式 n 个 V 值来计算

$$\frac{\sigma_V}{V_m} = \frac{1}{V_m}\sqrt{\frac{1}{N-1}\sum_{i=1}^{n}(V_i - V_m)^2} \tag{1-33}$$

典型的紊流特性是在平均风速的上下 10%～20% 内变化。

在一平均时间内，最大风速的估算用下面的理论公式表示

$$V_{max} = V_m\left(1 + \frac{3}{\ln(z/z_0)}\right) \tag{1-34}$$

式中　V_m——平均风速；

z——离地面某一高度的粗糙度长度；

z_0——地面粗糙度长度。

对于风速标准差可用近似值表示

$$\sigma = \frac{1}{\ln(z/z_0)} \tag{1-35}$$

图 1-12 是实际测试的情况，点表示的是瞬时的最大、最小风速及平均标准差 10min 平均值。是在丹麦的西海岸 20m 高度上测试的，包括约 1500 个 10min 平均风速值。

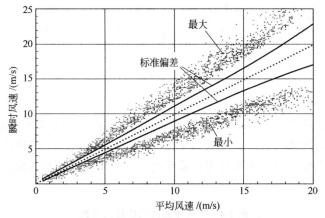

图 1-12　10min 平均风速值的最大、最小和标准差

一些资料给出了测到的最大风速。如德国北部最大风速，离地面 10m 高处为 44m/s。有的地区 10m 高峰值风速可达 44.4～62.5m/s。英国曾出现过 59m/s 的最大风速。在南极测到的最大风速为 94.5m/s。

风向变化也是很重要的，这里给出一个近似公式

$$\theta = \frac{145}{\ln(z/z_0)} \tag{1-36}$$

当 $z = 10m$，$z_0 = 1cm$ 时，风向变化约为 $\pm 21°$。

这一近似公式适于大风以及静态或中性层（指温度随高度的变化很小，约每增高100m，温度变化 10℃ 时），根据经验，对不同气候条件的平均变化情况也是适合的。

图 1-13 表示的是风向稳定性与风向频次的关系。当方位宽度为 40°（即 ±20°）时，12min 内 90% 的时间比较稳定。当方位宽度为 20°（即 ±10°）时，同样时间就只有 80% 的时间稳定了。

风力机对风系统设计时，对风的速度可以很慢，此时要求选择风力机允许对风误差很小。

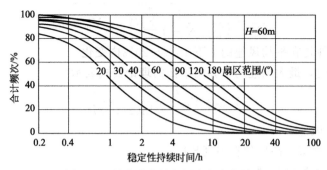

图 1-13 风向稳定性与风向频次的关系

风向变化也有突变的时候，例如在暴风雨前的风速风向突变。表 1-3 是表示这种突变的一些数据。这种情况出现的时间大约是 2 年次，所以风力机设计时，必须计算几分钟内 180°的风向突变及相应的风速突变。对风装置就必须相应设计，比如避免风力机反方向的转动。

表 1-3　风向随风速变化突变的情况

风速/(m/s)	风向变化/(°)	变化时间/min	风速/(m/s)	风向变化/(°)	变化时间/min
29.0	160	6	15.6	90	8
14.8	65	7	17.0	80	7
19.2	190	3	−7.2	130	1
15.2	190	1.5~2.0			

对于风速，不仅要考虑最大、最小数值的统计，还要考虑随时间的变化或阵风的变化。在气象学中，常用阵风系数来表示阵风的变化，即最大风速对于平均风速的比值，以及阵风时间来描述。阵风大小取决于平均时间、采样速率，采样频率、平滑性、风杯常数或预平均值等（表 1-4）。

表 1-4　不同平均时间的阵风系数

t/s	G	t/s	G	t/s	G
60	1.24	20	1.36	5	1.47
30	1.33	10	1.43	0.5	1.59

在风能计算中，阵风的考虑只限于风速的最大值，对于载荷计算和控制设计时，则主要考虑阵风随时间的变化过程。阵风系数必须在阵风之前确定下来，平均时间的长短取决于阵风的大小，阵风对风力机影响还考虑风力机的大小。

阵风系数用于对阵风变化过程的分析，风能梯度用来定义阵风能量的变化速率。图 1-14 表示丹麦海岸风速与所有阵风的风能梯度值的统计平均值关系。

典型阵风的延伸性要大于 10m，如图 1-14 所示，风能变化率的最大值要超过平均值。对于 19m/s 和 20m/s 平均风速的阵风，5000W/(m²·s) 的风能变化率，阵风系数为 1.4，加速度为 5.8m/s²，那么这个阵风的典型延伸性为 54m。这也就是说，25m 直径的风力机遇到这样的阵风，在 1s 内要把 2450kW 多余功率调节掉。

表 1-5 列出一些其他地方的阵风数据。图 1-15 表示的是在某一给定时间内的阵风变化情况。

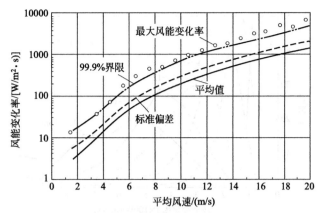

图 1-14 丹麦海岸风速与风能变化率

表 1-5 欧洲不同地点测得的极端阵风

编号	V_{10max} /(m/s)	$V_{开始}$ /(m/s)	V_{max} /(m/s)	阵风系数 (G_{V10})	阵风系数 (G)	WLG /[W/(m²·s)]	高度 /m	加速度 /(m/s²)	能量 /(kW·h)
1	15.5	12.2	23.4	1.5	1.9	3529	40	5.6	3.5
2	20.8	24.8	30.4	1.5	1.2	8591	29	5.6	2.1
3	20.7	21.9	29.6	1.4	1.4	5993	53	3.9	8.1
4	17.3	20.7	27.0	1.6	1.3	3624	69	3.1	19.4
5	18.5	23.6	32.8	1.8	1.4	14456	23	9.3	3.1
6	19.5	15.1	26.2	1.3	1.7	9331	26	11.1	2.2
7	13.5	14.5	18.7	1.4	1.3	2118	72	2.0	12.0

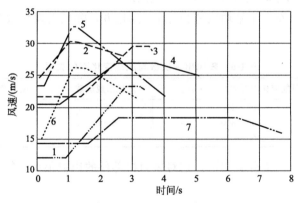

图 1-15 阵风随时间的变化过程（编号与表 1-5 一致）

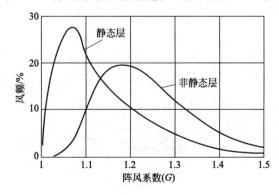

图 1-16 1s 和 1min 的阵风系数频率分布图

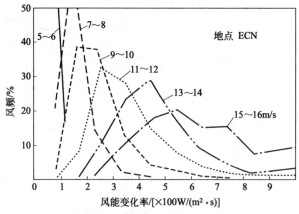

图 1-17　不同风速等级阵风的风能变化率的分布规律

还有一个要涉及的问题是阵风出现的频次。图 1-16 所示的是沿海测试的阵风系数频率分布，此图选取的是 1s 和 1min 平均值的阵风时间。从资料中可以看出，这一分布存在着很大的不相关性。这个曲线可以这样解释，如一天时间内（＝1440min）1min 平均时间周期，19％出现阵风系数超过 1.2 的风速主峰为 274 次。这种情况是由近地层热稳定性影响造成的。图 1-17 表示的是欧洲不同地区测得的典型实例以及荷兰 ECN 的风能变化率的分布规律，曲线给出的是所有阵风上升阶段所确定的 WLG 等级与总持续时间的相互关系。平均风速为 13～14m/s 上升，阵风为 15％的时间，风能变化率为 500～600W/(m² · s)，平均上升时间为 1.4s，相对应每小时出现 385 次这样大的阵风。

对于给定的瑞利分布，年平均风速为 6m/s 的地方，阵风出现次数与风能变化率的对应情况如表 1-6 所示。

表 1-6　阵风出现次数与风能变化率的关系

阵风出现次数	风能变化率/[W/(m² · s)]	阵风出现次数	风能变化率/[W/(m² · s)]
2.5×10^5	200～400	2000	1400～1600
3.7×10^5	600～800	1900	大于 1800
7500	1000～1200		

这样的阵风密度要仔细分析测试，它对风力机部件的影响很大，特别要注意避免材料的疲劳破坏。

阵风在某一时间内随高度变化的等值线如图 1-18 所示。高空中和阵风向下挤压，阵风沿空间延伸，可以从等值线中估算。图 1-18 是不同高度上的等风速线。

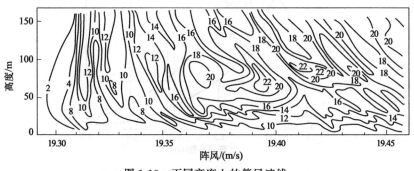

图 1-18　不同高度上的等风速线

紊流很大程度上取决于环境的粗糙度及地层稳定性，某一地点约 50～100 年的时间内，世纪阵风可达到 60m/s、±30°的风向变化。在寒流或暴风雨前，风速可能在 2～20s 内 2～3 倍地发生变化，同时风向在 90°～180°间变化，阵风范围可达 500m 的直径地区。

(5) 地面影响 障碍物和地形变化影响地面粗糙度，风速的平均扰动及风廓线等对风的结构都有很大的影响。这种影响有可能是好作用（如山谷风被加速），也有可能是坏作用（尾流，通过障碍物有很大的风扰动）。所以在风电选点时，要充分考虑这些因素。

① **障碍物影响** 一个障碍物（如树、房屋等）在它附近产生很强的涡流，然后逐渐在下风向远处减弱。产生涡流的延伸长度与相对于风的障碍物宽度有关。作为法则，宽度 b 与高度 z_H 的比值为

$$b/z_H \leqslant 5 \tag{1-37}$$

紊流区可达其高度的 20 倍，宽度比越小，减弱得越快。宽度越大，涡流区越长。极端情况 $b \gg z_H$，那么涡流区长度可达 35 倍的 z_H。

涡流区高度上的影响约为障碍物高度的 2 倍。当风力机叶片扫风最低点是 3 倍的 z_H 时，障碍物在高度上的影响可忽略。如风力机前有较多的障碍物，地面影响就必须加以考虑（图 1-19）。平均风速由于障碍物的多少和大小而相应变化，这种情况可以修正地面粗糙度 z_0。

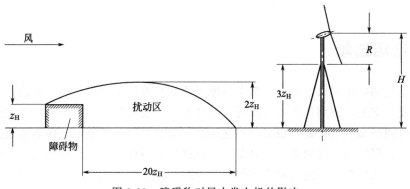

图 1-19 障碍物对风力发电机的影响

② **山区风** 很明显，当自然地形提高，风速可能提高很多。它不只是由于周围高度的变化，使风的流层向更高的地区流动，也由于挤压而产生加速作用。

计算机程序（如 WASP）可对多种复杂的地形进行分析计算。

对于来流，风速的提高可根据势能理论来估算。很长展宽的山脊，理想中风速的提高是山前风速的两倍。而圆形山包则可能只有 1.5 倍，这一点可用风图中流体力学和散射实验所适应的数学模型得以认证。

对于风廓线的指数律，指数 $a = 0.14$ 时，紊流特性的产生与三角形截面山脊的特性有关，应进行试验分析。图 1-20 表示的是这种试验结果。

在山前，通过山脊紊流提高，风速由于角度的不断增大，廓线向右推移，也就是说风速随高度变化不大。紊流变化很小，气流在紧贴山面流过，很快开始断裂，当斜度越过 1：3 时，紊流发生变化。

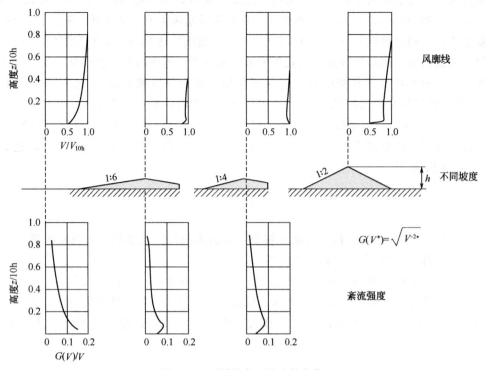

图 1-20　不同坡度上风速的变化

1.3　风电场选址

　　风电场选址的好坏对风力发电预期出力能否达到有着关键的作用。风能的供应受着多种自然因素的复杂支配，特别是大的气候背景及地形和海陆的影响。由于风能在空间分布上是分散的，在时间分布上它也是不稳定和不连续的，也就是说，风速对气候非常敏感，时有时无，时大时小。但风能在时间和空间分布上有很强的地域性，所以选择品位较高的地址，除了利用已有的气象资料外，还要利用流体力学原理，研究大气流动的规律，因为大气是一种流体，它具有流体的基本特性，所以首先选择有利的地形，进行分析筛选，判断可能建风电场的地点，再进行短期（至少 1 年）的观测。并结合电网、交通、居民点等因素进行社会和经济效益的计算。最后确定最佳风电场的地址。

　　风电场场址还直接关系到风力机的设计或风力机型选择。一般要在充分了解和评价特定场地的风特性后，再选择或设计相匹配的风力机。

1.3.1　风电场选址的技术原则

　　(1) 选址的基本方法　从风能公式 $\left(E=\dfrac{1}{2}\rho V_{\mathrm{W}}^{3}AC_{\mathrm{P}}\right)$ 可以看出，增加风轮扫掠面积 A 和提高来流风速 V_{W} 都可增大所获的风能。加长叶片可增大扫掠面积，但却带来设计与制造的复杂性，降低了经济效益。选择含能高的风电场提高来流风速 V_{W} 是经济可行的。

　　选址一般分预选和定点两个步骤。预选是从 $10\times10^{4}\mathrm{km}^{2}$ 的大面积上进行分析，筛选出 $1\times10^{4}\mathrm{km}^{2}$ 较合适的中尺度区域，再进行考察选出 $100\mathrm{km}^{2}$ 的小尺度区域，该区域满足在经验上看是可以利用的，且有一定的可用面积。然后收集气象资料，并设几个点观测风速。定点是在风速资料观测的基础上进行风能潜力的估计，作出可行性的评价，最后确定风力机的最佳布局。

大面积分析时，首先应粗略按可以形成较大风速的天气气候背景和气流具有加速效应的有利地形的地区，再按地形、电网、经济、技术、道路、环境和生活等特征综合调查。

对于短期现场的风速观测资料，应修正到长期风速资料，因为在观测的年份，可能是大风年或小风年，若不修正，有产生风能估计偏大或偏小的可能。修正方法采用以经验正交函数展开为基础的多元回归方法。

(2) 选址的技术标准

① 风能资源丰富区　反映风能资源丰富与否的主要指标有年平均风速、有效风能功率密度、有效风能利用小时数、容量系数等，这些要素越大，则风能越丰富。

根据我国风能资源的实际情况，风能资源丰富区定义为：年平均风速为 6 m/s 以上，年平均有效风能功率密度大于 $300\mathrm{W/m^2}$，风速为 3～25m/s 的小时数在 5000h 以上的地区。

② 容量系数较大地区　风力机容量系数是指，一个地点风力机实际能够得到的平均输出功率与风力机额定功率之比。容量系数越大，风力机实际输出功率越大。风电场选在容量系数大于 30％的地区，有较明显的经济效益。

③ 风向稳定地区　表示风向稳定可以利用风玫瑰图，其主导风向频率在 30％以上的地区可以认为是风向稳定地区。

④ 风速年变化较小地区　我国属季风气候，冬季风大，夏季风小。但是在我国北部和沿海，由于天气和海陆的关系，风速年变化较小，在最小的月份只有 4～5m/s。

⑤ 气象灾害较少地区　在沿海地区，选址要避开台风经常登陆的地点和雷暴易发生的地区。

⑥ 湍流强度小地区　湍流强度受大气稳定性和地面粗糙度的影响。所以在建风电场时，要避开上风方向地形有起伏和障碍物较大的地区。

1.3.2　风电场现场位置选择对策

知道了风能资源和风况勘测结果后，便可根据风电场选址的技术原则粗略地定点，然后分析地形特点，充分利用有利于加大风速的地形，再来确定风力机的安装位置。首先确定盛行风向，地形分类可以分为平坦地形和复杂地形。在平坦地形中，主要是地面粗糙度的影响；复杂地形除了地面粗糙度外，还要考虑地形特征。

(1) 地面粗糙度对风速的影响　描写大气低层风廓线时常用指数公式

$$\frac{U_\mathrm{n}}{U_1}=\left(\frac{z_\mathrm{n}}{z_1}\right)^a \tag{1-38}$$

式中，U_n 为在高度 z_n 的风速，U_1 为在高度 z_1 的已知风速，a 为指数。

根据武汉阳逻跨江铁塔风速梯度观测，大风时 a 为 0.16，平均风速时 a 为 0.19；广州电视塔观测的 a 为 0.22；上海电视塔观测的 a 为 0.33；南京跨江铁塔观测的 a 为 0.21；北京八达岭气象铁塔观测的 a 为 0.19；锡林浩特铁塔观测的 a 为 0.23。

我国常用的 a 值分为三类：a 分别为 0.12、0.16 和 0.20。按公式(1-9)计算如表 1-7。

表 1-7　不同高度的相对风速（与 10m 处风速的比值）

粗糙度 ＼ 离地面的高度/m	5	10	15	20	30	40	50	60	70	80	90	100
$a=0.12$	0.78	1.00	1.16	1.28	1.49	1.65	1.78	1.91	2.01	2.11	2.21	2.29
$a=0.16$	0.72	1.00	1.21	1.39	1.69	1.95	2.17	2.36	2.54	2.71	2.87	3.02
$a=0.20$	0.66	1.00	1.28	1.57	1.93	2.30	2.63	2.93	3.21	3.48	3.74	3.98

（2）障碍物的影响　气流流过障碍物时，在其下游会形成尾流扰动区。在尾流区不但降低风速，而且还有强的湍流，对风力机运行非常不利。因此，在选风电场时必须避开障碍物的尾流区。

Ⅰ区为稳定气流，即气流不受障碍物干扰的气流，其风速垂直变化呈指数关系。Ⅱ区为正压区，障碍物迎风面上由于气流的撞击作用而使静压高于大气压力，其风向与来向风相反。Ⅲ区为空气动力阴影区，气流遇上障碍物，在其后部形成绕流现象，即在该阴影区内空气循环流动而与周围大气进行少量交换。Ⅳ区为尾流区，是以稳定气流速度的 95% 的等速曲线为边界区域，尾流区的长度约为 17H（H 为障碍物高度）。所以，选风电场时，尽量避开障碍物至少在 10H 以上。

（3）地形的影响　当气流通过丘陵或山地时，会受到地形阻碍的影响。在山的向风面下部，风速减弱，且有上升气流；在山的顶部和两侧，流线加密，风速加强；在山的背风面，流线发散，风速急剧减弱，且有下沉气流。由于重力和惯性力作用，山脊的背风面气流往往成波状流动。

① 山地影响　山地对风速影响的水平距离，在向风面为山高的 5～10 倍，背风面为山高的 15 倍。山脊越高，坡度越缓，在背风面影响的距离就越远。背风面地形对风速影响的水平距离 L 大致是与山高 h 和山的平均坡度 α 半角余切的乘积成比例，即

$$L = h \cot \frac{\alpha}{2} \tag{1-39}$$

② 谷地风速的变化　封闭的谷地风速比平地小。长而平直的谷地，当风沿谷地吹时，其风速比平地加强，即产生狭管效应，风速增大；但当风垂直谷地吹时，风速亦较平地为小，类似封闭山谷。根据实际观测，封闭谷地（y_1）和峡谷山口（y_2）与平地风速（x）关系式为

$$y_1 = 0.712x + 1.10 \tag{1-40}$$

$$y_2 = 1.16x + 0.42 \tag{1-41}$$

③ 海拔高度对风速的影响　风速随着离地高度的抬升而增大。山顶风速随海拔高度的变化可用下式计算

$$\frac{U}{U_0} = 3.6 - 2.2 e^{-0.00113H} \tag{1-42}$$

$$\frac{U}{U_0} = 2 - e^{-0.01H} \tag{1-43}$$

式中，$\dfrac{U}{U_0}$ 为山顶与山麓风速比；H 为海拔高度。

1.4　风电场风能资源评估

1.4.1　风电场风能资源测量方法

1.4.1.1　测量位置和数量

(1) 测量位置

①所选测量位置的风况应基本代表该风场的风况。

②测量位置附近应无高大建筑物、树木等障碍物。与单个障碍物的距离应大于障碍物高度的 3 倍。与成排障碍物的距离应保持在障碍物最大高度的 10 倍以上。

③测量位置应选择在风场主风向的上风向位置。

(2) 测量位置数量　测量位置数量依风场地形复杂程度而定：对于地形较为平坦的风场，可选择一处安装测量设备；对于地形较为复杂的风场，应选择两处及以上安装测风设备。

1.4.1.2　测量参数

(1) 风速

①10min 平均风速（m/s）　每秒采样一次，自动计算和记录每 10min 的平均风速。

②小时平均风速（m/s）　通过 10min 平均风速值获取每小时的平均风速。

③极大风速（m/s）　每 3s 采样一次的风速最大值。

(2) 风向

①风向采样　与风速同步采集的该风速的风向。

②风向区域　所记录的风向都是某一风速在该区域的瞬时采样值。风向区域分为 16 等分时，每个扇形区域为 22.5°。

(3) 风速标准偏差

①以 10min 为时段，每秒采集和记录瞬时风速的标准偏差（m/s）。

②自动计算和记录每 10min 的风速标准偏差。

(4) 气温　现场采集风场的环境温度（℃），每小时采样一次并记录。日平均温度应是每日逐小时连续采样数据的平均值。

(5) 大气压　现场采集风场的大气压（kPa），每小时采样一次并记录。日平均大气压应是每日逐小时连续采样数据的平均值。

1.4.1.3　测量仪器

(1) 测风仪

①风速传感器　测量范围为 0～60m/s；误差范围为 ±0.5 m/s（3～30m/s）；工作环境气温为 −40～50℃；响应特性距离常数为 5m。

②风向传感器　测量范围为 0°～360°；精确度为 ±2.5；工作环境温度为 −40～50℃。

③数据采集器　具有测量参数的采集、计算和记录的功能。在现场可直接从外部观察到采集的数据，有在现场或室内下载数据的功能。能完整地保存不低于 3 个月采集的数据量。

(2) 大气温度计　测量范围为 −40～50℃；精确度为 ±1℃。

(3) 大气压力计　测量范围为 60～108kPa；精确度为 ±3%。

1.4.1.4　测量设备安装

(1) 测风塔

①测风塔可选择桁架型结构或立杆拉线型等不同形式，要便于测风仪器的维修。沿海地区测风塔结构要能承受 30 年一遇的最大风载的冲击，表面应防盐雾腐蚀。

②何种结构形式的测风塔在当地 30 年一遇风载时都不应由于其基础（包括地脚螺栓、地锚、拉线等）承载能力不足造成塔倾斜或倒塌。

③风场测风塔高度不应低于风力机轮毂中心高度；风场多处安装测风塔时，高度按 10m 的整数倍选择。至少有一处测风塔的高度不低于风力机轮毂中心高度。

④测风塔顶部应有避雷装置，接地电阻不应大于 4Ω。

测风塔位于飞机航线下方时，应根据航空部门的要求，决定是否安装航空信号灯。

(2) 测风仪　测风仪包括风速传感器、风向传感器和数据采集器三部分。

①测风仪数量

a. 只在一处安装测风塔时，测风塔上应安装三层风速、风向传感器。其中两层应选择在 10m 高度和风力机轮毂中心高度处，另一层可选择 10m 的整数倍高度安装。

b. 风场安装两处及以上测风塔时，应有一套风速、风向传感器安装在 10m 高度处。另一套风速、风向传感器应固定在风力机轮毂中心高度处。其余的风速、风向传感器可固定在测风塔 10m 的整数倍高度处。

②风速、风向传感器安装

a. 风速、风向传感器应固定在桁架式结构测风塔直径的 3 倍以上，圆管型结构测风塔直径的 6 倍以上的牢固横梁处，迎主风向安装（横梁与主风向成 90°）并进行水平校正。

b. 应有一处迎主风向对称安装两套风速、风向传感器。

c. 风向标应根据当地磁偏角修正，按实际"北"定向安装。

③数据采集器

a. 野外安装数据采集器时，安装盒应固定在测风塔上离地 1.5m 处，也可安装在现场的临时建筑物内。

b. 安装盒应防水、防冻、防腐和防沙尘。

c. 数据采集器安装在远离测风现场的建筑物内时，应保证传输数据的准确性。

(3) 大气温度计、大气压力计　大气温度计、压力计可随测风塔安装，也可安装在距测风塔中心 30m 以内、离地高度 1.2m 的百叶箱内。

1.4.1.5　测量数据收集

①现场测量应连续进行不应少于一年。

②现场采集的测量数据完整率应在 98% 以上。

③采集测量数据可采用遥控、现场或室内下载的方法。数据采集器的芯片或存储器脱离现场不得超过 1h。

④采集数据的时间间隔最长不宜超过一个月。

⑤下载的测量数据应作为原始资料正本保存，用复制件进行数据整理。

1.4.1.6　测量数据整理

不得对现场采集的原始数据进行任何的删改或增减。应对原始数据进行初判，看其是否在合理的范围内。数据合理范围见表 1-8，数据相关性见表 1-9，数据变化趋势见表 1-10。

表 1-8 数据合理范围

主要参数	合理范围
平均风速	0m/s≤小时平均风速<40m/s
风向	0°≤小时平均值<360°
平均气压（海平面）	94kPa≤小时平均值≤106kPa

表 1-9 数据相关性

主要参数	合理相关性
50m/30m 高度小时平均风速差值/(m/s)	<2.0
50m/10m 高度小时平均风速差值/(m/s)	<4.0
50m/30m 高度风向差值/(°)	<22.5

表 1-10 数据变化趋势

主要参数	合理变化趋势
1h 平均风速变化/(m/s)	<6
1h 平均气温变化/℃	<5
3h 平均气压变化/kPa	<1

数据整理过程中，发现数据缺漏和失真时应立即与现场测风人员联系，检查测风设备，及时检修或更换设备。对缺漏和失真数据应查明原因并补缺。

整理数据时序依：每日 0～23 时；每月 1～28 日或（29 日、30 日、31 日）；年为 1～12 月。

风速标准偏差（σ）以 10min 为基准进行计算与记录。其计算公式为：

$$\sigma = \sqrt{\frac{1}{600}\sum_{i=1}^{600}(V_i - V)^2} \tag{1-44}$$

式中，V_i 为 10min 内每一秒的采样风速，m/s；V 为 10min 的平均风速，m/s。

1.4.2 风电场风能资源评估方法

本节规定了评估风能资源应收集的气象数据、测风数据的处理及主要参数的计算方法。还描述了风功率密度的分级、评估风能资源的参考判据、风能资源评估报告的内容和格式。

1.4.2.1 测风数据要求

(1) 风场附近的气象站、海洋站等长期观测站的测风数据 应收集长期观测站以下数据：

a. 有代表性的连续 30 年的逐年平均风速和各月平均风速；

b. 与风场测站同期的逐小时风速和风向数据；

c. 累年平均气温和气压数据；

d. 建站以来记录到的最大风速、极大风速及其发生的时间和风向、极端气温、每年出现雷暴日数、积冰日数、冻土深度、积雪深度和侵蚀条件（沙尘、盐雾）等。

(2) 风场测风数据 应按照 GB/T 18709 的规定进行测风，获取风场的风速、风向、气温、气压和标准偏差的实测时间序列数据，极大风速及其风向。

1.4.2.2 测风数据处理

测风数据处理包括对数据的验证、订正，并计算评估风能资源所需要的参数。

(1) 数据验证　数据验证是检查风场测风获得的原始数据，对其完整性和合理性进行判断，检验出不合理的数据和缺测的数据。经过处理，整理出至少连续一年完整的风场逐小时测风数据。

①完整性检验

a. 数量　数据数量应等于预期记录的数据数量。

b. 时间顺序　数据的时间顺序应符合预期的开始、结束时间，中间应连续。

②不合理数据和缺测数据的处理

a. 检验后列出所有不合理的数据和缺测的数据及其发生的时间。

b. 对不合理数据再次进行判别，挑出符合实际情况的有效数据，回归原始数据组。

c. 将备用的或可供参考的传感器同期记录数据经过分析处理，替换已确认为无效的数据或填补缺测的数据。

③计算测风有效数据的完整率，有效数据完整率应达到90%。有效数据完整率按下式计算：

$$有效数据完整率 = \frac{应测数目-缺测数目-无效数据数目}{应测数目} \times 100\% \tag{1-45}$$

式中，应测数目为测量期间小时数数目；缺测数目为没有记录到的小时平均值数目；无效数据数目为确认为不合理的小时平均值数目。

④验证结果　经过各种检验，剔除掉无效数据，替换上有效数据，整理出至少连续一年的风场实测逐小时风速风向数据，计算这套数据的有效数据完整率。

(2) 数据订正　数据订正是根据风场附近长期测站的观测数据，将验证后的风场测风数据订正为一套反映风场长期平均水平的代表性数据。即风场测风高度上代表年的逐小时风速、风向数据。

具备以下条件的当地长期观测站才可将风场短期数据订正为长期数据：

a. 同期测风结果的相关性较好；b. 具有30年以上规范的测风记录；c. 与风场具有相似的地形条件；d. 距离风场比较近。

(3) 数据处理　数据处理是将订正后的数据处理成评估风场风能资源所需要的各种参数，包括不同时段的平均风速和风功率密度、风速频率分布和风能频率分布、风向频率和风能密度方向分布、风切变指数和湍流强度等。

①平均风速和风功率密度　月平均、年平均、各月同一钟点（每日0点～23点）平均、全年同一钟点平均。设定时段的平均风功率密度表达式为：

$$D_{wp} = \frac{1}{2n}\sum_{i=1}^{n}\rho V_i^3 \tag{1-46}$$

式中，D_{wp}为平均风功率密度，W/m^2；n为设定时段的记录数；ρ为空气密度，kg/m^3；V_i^3为第i记录的风速（m/s）值立方。

②风速和风能频率分布　以1m/s为一个风速区间，统计每个风速区间内风速和风能出现的频率。每个风速区间的数字代表中间值，如5m/s风速区间为4.6～5.5m/s。

③风向频率及风能密度方向分布　计算出在代表16个方位的扇区内风向出现的频率和风能密度方向分布。风能密度方向分布为全年各扇区的风能密度与全方位总风能密度的百分比。风能密度的表达式为：

$$D_{WE} = \frac{1}{2}\sum_{j=1}^{m}\rho V_j^3 t_j \tag{1-47}$$

式中，D_{WE} 为风能密度，$W \cdot h/m^2$；m 为风速区间数目；ρ 为空气密度，kg/m^3；V_j^3 为第 j 风速区间的风速（m/s）值立方；t_j 为某扇区或全方位第 j 风速区间风速发生的时间，h。

④风切变指数　推荐用幂定律拟合风切变幂律公式和风切变指数的计算如下。

风切变幂律公式为：

$$V_2 = V_1 \left(\frac{Z_2}{Z_1} \right)^a \tag{1-48}$$

式中，a 为风切变指数；V_2 为高度 Z_2 处的风速，m/s；V_1 为高度 Z_1 处的风速，m/s。

风切变指数 a 用下式计算：

$$a = \frac{\lg(V_2/V_1)}{\lg(Z_2/Z_1)} \tag{1-49}$$

式中，V_2 与 V_1 用实测风速值。

如果没有不同高度的实测风速数据，风切变指数 a 取 1/7 作为近似值。

⑤风能资源评估中采用的湍流指标是水平风速的标准偏差，再根据相同时段的平均风速计算出湍流强度（I_T）。逐小时湍流强度是以 1h 内最大的 10min 湍流强度作为该小时的代表值。

10min 湍流强度由下式计算：

$$I_T = \frac{\sigma}{V} \tag{1-50}$$

式中，I_T 为湍流强度；σ 为 10min 风速标准偏差，m/s；V 为 10min 平均风速，m/s。

1.4.2.3　风能资源评估判据

(1) 编制风况图表　将处理好的各种风况参数绘制成曲线图形，主要分为年风况类图和月风况类图两大类。

①年风况类图　包括全年的风速和风功率日变化曲线图，风速和风功率的年变化曲线图，全年的风速和风能频率分布直方图，全年的风向和风能玫瑰图。

②月风况类图　包括各月的风速和风功率日变化曲线图，各月的风向和风能玫瑰图。

③相关长期观测站风况　与风场测风塔同期的风速年变化直方图和连续 20～30 年的风速年际变化直方图。

(2) 风能资源评估判据

①风功率密度判据　风功率密度蕴含风速、风速分布和空气密度的影响，是风场风能资源的综合指标。风功率密度等级见表 1-11。

表 1-11　风功率密度等级表

风功率密度等级	10m 高度		30m 高度		50m 高度		用于并网风力发电
	风功率密度 /(W/m²)	年平均风速参考值 /(m/s)	风功率密度 /(W/m²)	年平均风速参考值 /(m/s)	风功率密度 /(W/m²)	年平均风速参考值 /(m/s)	
1	<100	4.4	<160	5.1	<200	5.6	
2	100～150	5.1	160～240	5.9	200～300	6.4	
3	150～200	5.6	240～320	6.5	300～400	7.0	较好
4	200～250	6.0	320～400	7.0	400～500	7.5	好

风功率密度等级	10m 高度		30m 高度		50m 高度		用于并网风力发电
	风功率密度/(W/m²)	年平均风速参考值/(m/s)	风功率密度/(W/m²)	年平均风速参考值/(m/s)	风功率密度/(W/m²)	年平均风速参考值/(m/s)	
5	250～300	6.4	400～480	7.4	500～600	8.0	很好
6	300～400	7.0	480～640	8.2	600～800	8.8	很好
7	400～1000	9.4	640～1600	11.0	800～2000	11.9	很好

注：1. 不同高度的年平均风速参考值是按风切变指数为 1/7 推算的。

2. 与风功率密度上限值对应的年平均风速参考值按海平面标准大气压及风速频率符合瑞利分布的情况推算。

②风向频率及风能密度方向分布判据　风电场内机组位置的排列取决于风能密度方向分布和地形的影响。在风能玫瑰图上，最好有一个明显的主导风向或两个方向接近相反的主风向。山区主风向与山脊走向垂直为最好。

③风速的日变化和年变化判据　对比各月的风速（或风功率密度）日变化曲线图和全年的风速（或风功率密度）日变化曲线图与同期的电网日负荷曲线；风速（或风功率密度）年变化曲线图与同期的电网年负荷曲线对比，两者相一致或接近的部分越多越好。

④湍流强度判据　I_T 值不大于 0.10，表示湍流相对较小。中等程度湍流的 I_T 值为 0.10～0.25，更高的 I_T 值表明湍流过大。

⑤其他气象因素判据　特殊的大气条件要对风力机提出特殊的要求，会增加成本和运行的困难。如最大风速超过 40m/s 或极大风速超过 60m/s；气温低于零下 20℃；积雪、积冰、雷暴、盐雾或沙尘多发地区等都要求对风力机特殊设计。

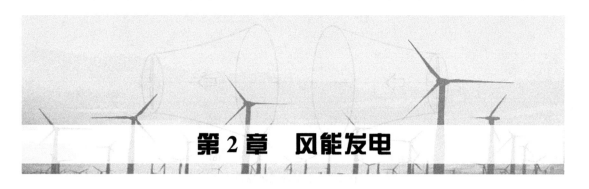

第2章　风能发电

风能利用就是将风的动能转换为机械能，再转换成其他能量形式。风能利用有很多种形式，最直接的用途是风车磨坊、风车提水、风车供热，但最主要的用途是风能发电。风的动能通过风轮机转换成机械能，再带动发电机发电，转换成电能。风轮机有多种形式，大体可分为水平轴式风力机和垂直轴式风力机。

本章主要介绍发电用风力机的各种形式、风能发电的基本原理和主要设备。

2.1　风力机的型式

风力机的种类和式样虽然很多，但按风轮结构和其在气流中的位置，大体可分为两大类：

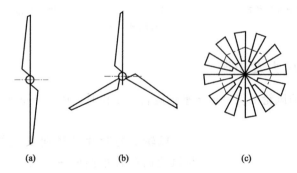

(a)　　　　　　　　(b)　　　　　　　　(c)

图 2-1　水平轴式翼式风轮机桨叶

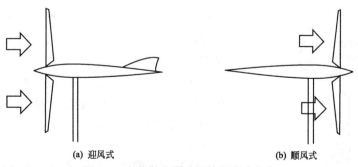

(a) 迎风式　　　　　　　　　(b) 顺风式

图 2-2　水平轴式翼式风轮机桨叶方案

水平轴式风力机和垂直轴式风力机。

水平轴式风轮机有双叶、三叶、多叶式，顺风式和迎风式，扩散器式和集中器式(图 2-1～图 2-3)。

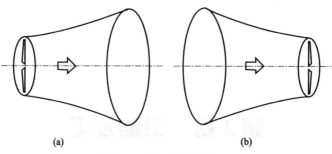

图 2-3　水平轴式风轮机

垂直轴式风轮机有 S 形单叶片式、S 形多叶片式、Darrieus 透平、太阳能风力透平、偏导器式（图 2-4）。目前主要用水平轴式风轮机。

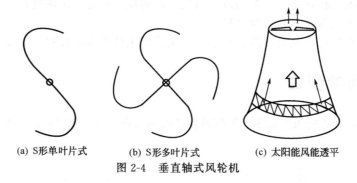

(a) S形单叶片式　　　　(b) S形多叶片式　　　　(c) 太阳能风能透平

图 2-4　垂直轴式风轮机

2.1.1　水平轴式风力发电装置

水平轴式风力机的风轮围绕一根水平轴旋转，工作时，风轮的旋转平面与风向垂直，如图 2-5 所示。

图 2-5　水平轴式风力机

风轮上的叶片是径向安置的，垂直于旋转轴，与风轮的旋转平面成一角度 ϕ（安装角）。风轮叶片数目的多少视风力机的用途而定，用于风力发电的大型风力机叶片数一般取 1～4 片（大多为 2 片或 3 片），而用于风力提水的小型、微型风力机叶片数一般取 12～24 片。这是与风轮的高速特性数 λ 曲线有关。

叶片数多的风力机通常称为低速风力机，它在低速运行时，有较高的风能利用系数和较大的转矩。它的启动力矩大，启动风速低，因而适用于提水。

叶片数少的风力机通常称为高速风力机，它在高速运行时有较高的风能利用系数，但启动风速较高。由于其叶片数很少，在输出同样功率的条件下，比低速风轮要轻得多，因此适用于发电。

水平轴式风力机随风轮与塔架相对位置的不同而

有逆风向式与顺风向式两种。风轮在塔架的前面迎风旋转，叫做逆风向风力机；风轮安装在塔架的下风位置则称为顺风向风力机。逆风向风力机必须有某种调向装置来保持风轮总是迎风向，而顺风向风力机则能够自动对准风向，不需要调向装置。缺点是顺风向风力机的部分空气先通过塔架，后吹向风轮，塔架会干扰流向叶片的空气流，造成塔影效应，使风力机性能降低。

水平轴式风力发电机的塔架主要分为管柱型和桁架型两类。管柱型塔架可用木杆、大型钢管和混凝土管柱。小型风力机塔架为了增加抗风压弯矩的能力，可以用缆线来加强；中、大型风力机塔架为了运输方便，可以将钢管分成几段。一般圆柱形塔架对风的阻力较小，特别是对于顺风向风力机，产生紊流的影响要比桁架式塔架小。桁架式塔架常用于中、小型风力机上，其优点是造价不高，运输也方便，但这种塔架会对顺风向风力机的桨叶片产生很大的紊流，影响经济性。

2.1.2　垂直轴式风力机

垂直轴式风力机的风轮围绕一个垂直轴旋转，如图 2-6 所示。其主要优点是可以接受来自任何方向的风，因而当风向改变时，无需对风。由于不需要调向装置，它们的结构设计得以简化。垂直轴式风力机的另一个突出优点是齿轮箱和发电机可以安装在地面上，运行维修简便。

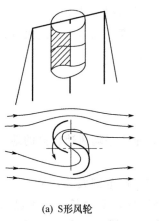 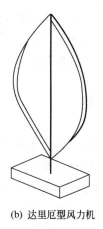

(a) S形风轮　　　　　　　　　　　(b) 达里厄型风力机

图 2-6　垂直轴式风力机

垂直轴式风力机可有两个主要类别，一类是利用空气动力的阻力做功，典型的结构是 S 形风轮。它由两个轴线错开的半圆柱形叶片组成，其优点是启动转矩较大，缺点是由于围绕着风轮产生不对称气流，从而对它产生侧向推力。对于较大型的风力机，因为受偏转与安全极限应力的限制，采用这种结构形式比较困难。S 形风力机风能利用系数低于高速垂直轴式风力机或水平轴式风力机，在风轮尺寸、质量和成本一定的情况下，提供的功率较低，因而不宜用于发电。

另一类是利用翼形的升力做功，最典型的是达里厄（Darrieus）型风力机。它是法国人 Darrieus 1925 年发明的，1931 年取得专利权。当时这种风力机并没有受到注意，直到 20 世纪 70 年代石油危机后，才得到加拿大国家科学研究委员会和美国圣地亚国家实验室的重视，进行了大量的研究。现在是水平轴式风力机的主要竞争者。

达里厄风力机有多种形式，如图 2-7 所示的 H 形、△形、菱形、Y 形和 Φ 形等。基本上是直叶片和弯叶片两种，以 H 形风轮和 Φ 形风轮为典型。叶片具翼形剖面，空气绕叶片流动产生的合力形成转矩。

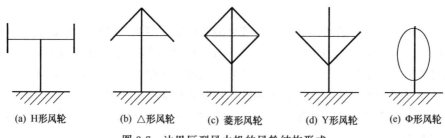

(a) H形风轮　　(b) △形风轮　　(c) 菱形风轮　　(d) Y形风轮　　(e) Φ形风轮

图 2-7　达里厄型风力机的风轮结构形式

H 形风轮结构简单，但这种结构造成的离心力使叶片在其连接点处产生严重的弯曲应力。另外，直叶片需要采用横杆或拉索支撑，这些支撑将产生气动阻力，降低效率。

Φ 形风轮所采用的弯叶片只承受张力，不承受离心力载荷，从而使弯曲应力减至最小。由于材料可承受的张力比弯曲应力要强，所以对于相同的总强度，Φ 形叶片比较轻，运行速度比直叶片高。但 Φ 形叶片不便采用变桨距方法实现自启动和控制转速。另外，对于高度和直径相同的风轮，Φ 形转子比 H 形转子的扫掠面积要小一些。

目前，主要的两种类型发电风力机中，水平轴式高速风力机占绝大多数，国外还提出了一些新概念型的风能转换装置，还在研究试验阶段。

2.2　风能发电

风能是一种取之不尽、无处不在的清洁能源，全年平均风速较高的地区，都可建风力发电场。风能发电有两种方式。

(1) 小型家用分散型风力发电装置　工作风速适应范围大，几米/秒～十几米/秒，可工作于各种恶劣的气候环境，能防沙、防水，维修简便，寿命长，技术已成熟，美国 Jacobs 公司生产的 2.5～3.0kW 的家用风力发电机组已在世界各地运行，德国、瑞典、法国也生产这种小型风力发电装置。

(2) 并网的大型风力发电装置　功率在 100kW 以上的风力机一般称为大型风力机。目前运行的最大风力机是德国 Repower 公司的 5MW 机组。

风力发电装置主要包括风轮机、传动变速装置、发电机控制系统、偏航系统、润滑系统、变距系统和塔架等，见图 2-8。

风力机发电成本取决于效率、容量和年平均风速。年平均风速为 4.5m/s 的风力机发电成本为年平均风速 11m/s 的风力机发电成本的 3 倍。风速越高、发电成本越低；容量越大，发电成本越低，但都比火力发电成本高。

发电设备的投资也与风轮大小密切相关，风轮直径越大，投资就越低，越经济；风速越高投资也越低，越经济，见图 2-9。

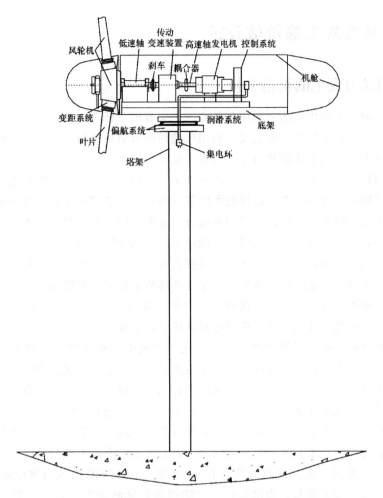

图 2-8 典型大型水平轴风力机

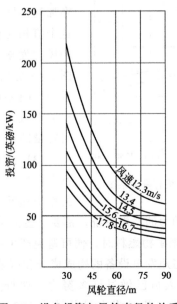

图 2-9 设备投资与风轮直径的关系

2.3 并网风力发电的价值分析

2.3.1 并网风力发电的价值分析

风能的价值取决于应用风能和利用其他能源来完成同一任务所要付出代价的差异。从经济效益角度来理解，这个价值可被定义为利用风能时所节省的燃料费、容量费和排放费。从社会效益角度来考虑，这个价值相当于所节省的纯社会费用。

（1）节省燃料 当风能加入到某一发电系统中后，由于风力发电提供的电能，发电系统中其他发电装置则可少发一些电，这样就可以节省燃料。节省多少矿物燃料和哪一种矿物燃料，现在和将来都将取决于发电设备的构成成分，也取决于发电装置的性能，特别是发电装置的热耗率。不利的是，风能的引入将有可能使燃烧矿物性燃料的发电设备在低负荷状态下运行，从而导致热耗较高，甚至有可能导致某些设备在近乎于它的最低负荷点运行。节省燃料的多少还取决于风力发电的普及水平，为了计算燃料消耗的节省情况，必须把发电系统当作是一个整体来分析。荷兰已完成了这种综合分析，分析指出，在以后的 10 年里，由于风力发电能力的增加和更有效的矿物燃料发电站的建立，将降低单位发电的燃料消耗。

（2）容量的节省 鉴于风速的多变性，因此风力发电常被认为是一种无容量价值的能源。但实际上风力发电对整个发电系统可靠性的贡献并不是零，现实生活中存在着这样的可能，即有时得不到常规发电设备，但却有可能得到风力发电系统。当然，得到风力发电装置的可能性少于得到常规发电装置的可能性，但它表明风力发电有一定的容量储备。这种容量储备可以被计算出来，方法是利用统计学方法分析整个系统的可靠性和计算出有风机和没有风机的发电系统的最小的必需的常规发电能力。研究人员已弄清了各种风力发电系统的风力容量储备。以荷兰为例，通过计算表明，在 2000 年，1000MW 的风力发电能力可以取代 165～186MW 的常规发电容量，也就是说，它的相对容量储备为 16.5%～18.4%。对于其他国家，这个指标介于极小值和 80% 之间。在加利福尼亚的某些地区（如索拉诺县），这个值相对较高，这些地区的能耗与现实的风力发电能力之间具有很好的相关性。图 2-10 是相对容量储备值与装机容量的关系图。图 2-10 清楚地显示出，如果风力发电的普及水平（装机容量）增加，则其相对容量储备值将降低。

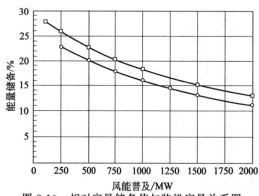

图 2-10 相对容量储备值与装机容量关系图

（3）减少废物排放 风机正常工作时，不会向空气、土壤排放废物。矿物性燃料的燃烧过程则要产生大量的废气和废物，因此几乎所有的以矿物燃料为动力的发电系统，都要产生大量的排放物。这意味着利用风机每发出 1GW·h 的电能节省下来矿物燃料时，便可避免产生相当大量的污染排放物。

排放量的减少程度取决于当地发电设备的构成成分和所采取的减少排放物的措施。为了计算出所减少的排放量，研究人员已做过许多努力，如丹麦的风机可使污染减少 60%。1989 年，丹麦的 2800 台风力发电机总发电量估计为 500 GW·h，这相当于减少了大约

40000t 的污染排放物（主要是二氧化碳）。荷兰的两项研究结果还估算了 2000 年计划的发电系统中，因风力发电所减少的排放量（表 2-1）。

从表 2-1 可以明显看出，每吉瓦·小时（GW·h）所减少的排放物并不是常数，很大程度上取决于发电装置的组成成分和每个装置的假设排放量。在荷兰，至少有一半的电力是由烧天然气的设备发出的，它造成的污染低于燃煤发电设备。荷兰计划将减少二氧化硫和 NO_x 排放量的技术应用到 2000 年几乎所有的发电设备上。因此表 2-1 中荷兰的数字远远低于 1989 年丹麦的同类数字。

表 2-1　煤电、风电排放比较

排放物成分	1989 年丹麦的燃煤发电站 /[t/(GW·h)]	2000 年荷兰的全部发电系统 /[t/(GW·h)]
二氧化硫	5～8	0.25～0.40
氮的氧化物	3～6	0.8～1.1
二氧化碳	750～1250	650～700
粉尘	0.4～0.9	
炉灰渣	40～70	

国际上目前普遍关注全球气候变化和环境污染问题，在这种环境的影响下，预计在以后几年，以矿物燃料为动力的发电厂所产生的排放物将会减少。其结果是因风力发电所减少的单位排放量届时也将减少。

（4）节省的燃料、容量、运转、维修和排放费用　根据节省的燃料、容量和排放物的多少，可以计算出利用风能所节省的费用，由此便给出了风能的利用价值指标。一般情况下，往往只分析节省的燃料费和能力费用，但减少的排放物也可以转换成节省的费用。在一些研究中，节省的这些费用是通过研究因酸雨和日益增强的温室效应对动植物、材料和人类造成的损害估计出来的。在其他研究中，则是通过评估将燃烧矿物燃料的发电厂的排放量降低到引进风力发电后的排放标准所需的技术改造费来计算所节约的排放费。图 2-11 所示的情况是荷兰利用后一种方法所算排放费、容量费和燃料费逐年变化的结果。

图 2-11 的结果只适用于荷兰，因为节省经费的多少很大程度上要取决于该地区发电设备的构成情况及每种发电设备的性能、燃料费和容量费。从图 2-11 中可以清

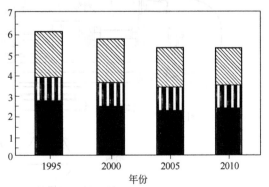

图 2-11　排放费、容量费和燃料费的逐年变化

楚地看出，随着时间的推移，因利用风能而节省的费用呈逐渐下降趋势。造成这种情况的因素是多方面的，节省的容量费下降是由于这期间风能利用得到了普及。节省的燃料费下降是因为发电设备的构成成分得到了改进，越来越多的发电站采用煤炭作燃料和采用效率更高的发电设备。

2.3.2　风电项目可行性研究

我国风力资源丰富，年均 6m/s 风速的时间可达 4000h，每平方米的风能可达到 300W，具备可开发利用的价值。每一公里的海岸线可开发能源达到 1 万千瓦。我国 6000km 的海岸线，可开发利用达到 6000 万千瓦，是长江三峡水电站的 4 倍。

一个 3000W 的风力发电机的可行性分析表明，它的投资回报期约为 3～4 年。项目可行性分析时，投资者应先搜集本地区的气象原始资料，如年平均风速，6m/s 风速的年小时数等。因为一般以 6m/s 为设计标准，如果本地区 6m/s 风速只有 2000h，就不宜选取 3000W 的风机，那样资金利用率低。如果本地区 4m/s 风速有 4000h，则应选取 1000W 的风机，叶片选取 6.8m 长，风力功率与风速的 3 次方成正比。同时安装几台 800～4000W 风机，每台要相距 20～30m，支架安装高度大约使风叶顶径离地最少 4～5m。塔越高风越大，风机功率越大，但塔高造价高，可能不如多加一台风力发电机更经济。要通过可行性分析得出合理的结论。

由于风力变化无常，所以风力发电机要求自动化程度很高。采用微电脑控制系统控制风力发电机的转速、电机的电流和自动对风向、自动调整叶片角度，测量电网电压频率，经电脑计算判断自动投入并网。在小风、无风及电网电机异常时自动切除。

2.4　风力发电装置

水平轴式风力发电装置主要由以下几部分组成：风轮、停车制动器、传动机构（增速箱）、发电机、机座、塔架、调速器或限速器、调向器等，如图 2-12 所示。

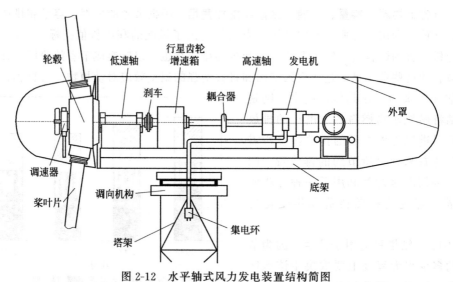

图 2-12　水平轴式风力发电装置结构简图

2.4.1　风轮

风力机也是一种流体涡轮机械，与别的流体涡轮机械如燃气轮机、汽轮机的主要区别是风轮。高速风力机的风轮叶片特别少，一般由 2～3 个叶片和轮毂组成。风轮叶片的功能与燃气轮机、汽轮机的叶片功能相同，是将风的动能转换为机械能并带动发电机发电。

风力机叶片的典型构造如图 2-13 所示。

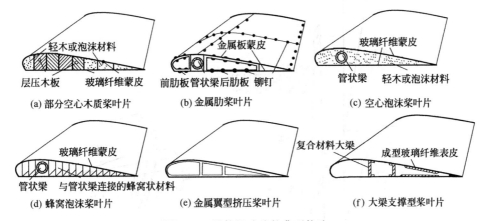

图 2-13　风轮机叶片的典型构造

小型风力机叶片常用整块优质木材加工制成，表面涂上保护漆，根部通过金属接头用螺栓与轮毂相连。有的采用玻璃纤维或其他复合材料作蒙皮，效果更好。

大、中型风力机叶片如果用木质时，不用整块木料制作，而是用很多纵向木条胶接在一起，以便于选用优质木料，保证质量。为减轻质量，有些木质叶片在翼型后缘部分填塞质地很轻的泡沫塑料，表面用玻璃纤维作蒙皮 ［图 2-13(a) ］。采用泡沫塑料的优点不仅可以减轻质量，而且能使翼型重心前移（重心设计在近前缘 1/4 弦长处为最佳）。这样可以减少叶片转动时的有害振动，这点对于大、中型风力机叶片特别重要。为了减轻叶片的质量，有的叶片用一根金属管作为受力梁，以蜂窝结构、泡沫塑料或轻木材作中间填充物，外面再包上一层玻璃纤维 ［图 2-13(b)、(c)、(d) ］。为了降低成本，有些中型风力机的叶片采用金属挤压件，或者利用玻璃纤维或环氧树脂挤压成型 ［图 2-11(e) ］，这种方式无法挤压成变宽度、变厚度的扭曲叶片，难以得到高的风能利用率。现代大型风力机常采用图 2-13 (f) 的结构，表皮是复合材料玻璃纤维，中间两根大梁是复合材料，中间夹层是轻质泡沫材料。上下层表皮分别成型，然后与大梁粘接。

除了小型风力机的叶片部分采用木质材料外，大、中型风力机的叶片都采用玻璃纤维或高强度的复合材料。

风力机叶片都要装在轮毂上，通过轮毂与主轴连接，并将叶片力传到风力机驱动的对象（发电机、磨机或水车等）。同时轮毂也实现叶片桨距角控制，故需有足够的强度。有些风力机采用定桨距角叶片结构，可以简化结构、提高寿命和降低成本。典型风轮叶片及风力机叶型迭合图见图 2-14。

2.4.2　调速器和限速装置

用调速器和限速装置实现风力机在不同风速时，转速恒定和不超过某一最高转速限值。当风速过高时，这些装置还可用来限制功率，并减小作用在叶片上的力。调速器和限速装置有三类：偏航式、气动阻力式和变桨距角式。

(1) 偏航式　小型风力机的叶片一般固定在轮毂上，不能改变桨距角。为了避免在超过设计风速太多的强风时，风轮超速甚至吹毁叶片，常采用使整个风轮水平或垂直转角的办

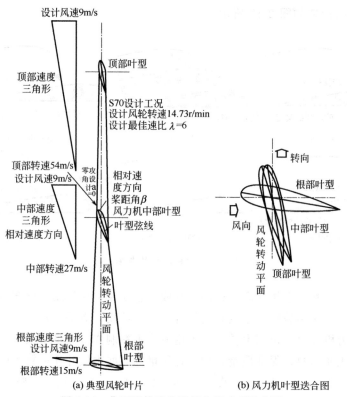

(a) 典型风轮叶片   (b) 风力机叶型迭合图

图 2-14   典型风轮叶片及风力机叶型迭合图

法，以便偏离风向，达到超速保护的目的。这种装置的关键是把风轮轴设计成偏离轴心一个水平或垂直的距离，从而产生一个偏心距。相对的一侧安装一副弹簧，一端系在与风轮成一体的偏转体上，另一端固定在机座底盘或尾杆上。预调弹簧力，使在设计风速内风轮偏转力矩小于或等于弹簧力矩。当风速超过设计风速时，风轮偏转力矩大于弹簧力矩，使风轮向偏心距一侧水平或垂直旋转，直到风轮受的力矩与弹簧力矩相平衡。在遇到强风时，可使风轮转到与风向相平行，以达到风轮停转。

（2）气动阻力式   将减速板铰接在叶片端部，与弹簧相连。在正常情况下，减速板保持在与风轮轴同心的位置；当风轮超速时，减速板因所受的离心力对铰接轴的力矩大于弹簧张力的力矩，从而绕轴转动成为扰流器，增加风轮阻力，起到减速作用。风速降低后，它们又回到原来位置。利用空气动力制动的另一种结构，是将叶片端部（约为叶片总面积的 1/10）设计成可绕径向轴转动的活动部件。正常运行时，叶尖与其他部分方向一致，正常做功。当风轮超速时，叶尖可绕控制轴转 60°或 90°，从而产生空气阻力，对风轮起制动作用。叶尖的旋转可利用螺旋槽和弹簧机构来完成，也可由伺服电动机驱动。

（3）变桨距角式   采用变桨距角除可控制转速外，还可减小转子和驱动链中各部件的压力，并允许风力机在很大的风速下还能运行，因而应用相当广泛。在中、小型风力机中，采用离心调速方式比较普遍，利用桨叶或安装在风轮上的配重所受的离心力来进行控制。风轮转速增加时，旋转配重或桨叶的离心力随之增加并压缩弹簧，使叶片的桨距角改变，从而使受到的风力减小，以降低转速。当离心力等于弹簧张力时，即达到平衡位置。在大型风力机中，常采用电子控制的液压机构来控制叶片的桨距。例如，美国 MOD20 型风力发电机利用两个装在轮毂上的液压调节器来控制转动主齿轮，带动叶片根部的斜齿轮来进行桨距角调节；美国 MOD21 型风力发电机则采用液压调节器推动连接叶片根部的连杆来转动叶片。这种叶片桨距角控制还可改善风力机的启动特性、发电机联网前的速度调节（减少联网时的冲击电流）、按发电机额定功率来限制转子气动功率以及在事故情况下（电网故障、转子超速、振动等）使风力发电机组安全停车等。

2.4.3　调向装置

风力机可设计成顺风向和逆风向两种形式，一般大多为逆风向式。顺风向风力机的风轮能自然地对准风向，因此一般不需要进行调向控制（对大型的顺风向风力机，为减轻结构上的振动，往往也有采用对风控制系统的）。逆风向风力机则必须采用调向装置，常用的有以下几种。

(1) 尾舵调向　主要用于小型风力发电装置。它的优点是能自然地对准风向，不需要特殊控制。尾舵面积 A' 与风轮扫掠面积 A 之间应符合下列关系

$$A' = 0.16A\frac{e}{l} \tag{2-1}$$

式中，e 为转向轴与风轮旋转平面间的距离；l 为尾舵中心到转向轴的距离（图 2-15）。

尾舵调向装置结构笨重，因此很少用于中型以上的风力机。

(2) 侧风轮调向　在机舱的侧面安装一个小风轮，其旋转轴与风轮主轴垂直。如果主风轮没有对准风向，则侧风轮会被风吹动，产生偏向力，通过蜗轮蜗杆机构使主风轮转到对准风向为止。

(3) 风向跟踪装置调向　对大型风力发电机组，一般采用电动机驱动的风向跟踪装置来调向。整个偏航系统由电动机及减速机构、偏航调节系统和扭

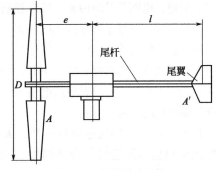

图 2-15　尾舵调向原理

缆保护装置等部分组成。偏航调节系统包括风向标和偏航系统调节软件。风向标对应每一个风向都有一个相应的脉冲输出信号，通过偏航系统软件确定其偏航方向和偏航角度，然后将偏航信号放大传送给电动机，通过减速机构转动风力机平台，直到对准风向为止。如机舱在同一方向偏航超过 3 圈以上时，则扭缆保护装置动作，执行解缆。当回到中心位置时解缆停止。

2.4.4　传动机构

风力机的传动机构一般包括低速轴、高速轴、增速齿轮箱、联轴节和制动器等（图 2-12）。但不是每一种风力机都必须具备所有这些环节，有些风力机的轮毂直接连接到齿轮箱上，就不需要低速传动轴。也有一些风力机（特别是小型风力机）设计成无齿轮箱的，风轮直接驱动发电机。

风力机所采用的齿轮箱一般都是增速的，大致可以分为两类，即定轴线齿轮传动和行星齿轮传动。定轴线齿轮传动结构简单，维护容易，造价低廉。行星齿轮传动具有传动比大、体积小、质量小、承载能力大、工作平稳和在某些情况下效率高等优点，缺点是结构相对较复杂，造价较高。

2.4.5 塔架

风力机的塔架除了要支撑风力机的质量外，还要承受吹向风力机和塔架的风压，以及风力机运行中的动载荷。它的刚度和风力机的振动特性有密切关系，特别对大、中型风力机的影响更大。

2.5 大中型风电场设计

2.5.1 风力资源评估所需的基本资料

风是风力发电的源动力，风况资料是风力发电场设计的第一要素。设计规程对风况资料要求也很高，规定一般应收集有关气象站风速风向 30 年的系列资料，风电场场址实测的风速风向资料应至少连续 1 年。

为了满足规范要求，风力资源普查时，首先以风能资源区划为依据，配以 1：10000～1：50000 的地形图。拟定若干个风电场，收集有关气象台、站或港口、哨所 30 年以上实测的多年平均风速、风向和常规气象实测资料。一般要求年平均风速在 6m/s 以上，经实地踏勘，综合地形、地质、交通、电网等其他因素，提出近期工程场址位置。在有代表性的候选风电场位置上，安装若干台测风仪，其数量应根据风电场大小和地形复杂程度来定。对较复杂的地形，每 3～5 台风力机应布置 1 根测风杆，同一测风杆在不同高度可安装 1～3 台测风仪；对平坦的地形，可布置得稀一些。测风仪安装高度一般为 10m、30m 或 40m，前者为气象站测风仪的标准高度，后者为风力机轮毂的大致高度，以查明风电场风况的时空分布情况。实测 1 年以上，就具备了进行可行性研究所需的风况资料。

风况资料与其他气象资料一样，大小有随机性。为避免风能计算时出现大的偏差，风电场实测资料应与附近气象台站同期实测资料进行相关分析，以修正并完善风电场的测风资料，使短期资料有代表性。值得注意的是，由于风的方向性，在进行风速相关分析时，应分不同方向进行风速相关。相关方程一般可以下式表示

$$Y = C_1 X + C_2 X^2 \tag{2-2}$$

或
$$Y = C_1 (X + C_2)^{C_3} + C_4 \tag{2-3}$$

2.5.2 风力发电场址的选择

风力发电场场址的选择必须从以下几方面综合考虑。

(1) 年平均风速较大 从经济角度考虑，即使在经济较发达，常规能源缺乏的东部沿海地区，建议拟建风电场的年平均风速应大于 6m/s（滨海地区）和 5.8m/s（山区）。在这样的风况条件下，如选用单机容量 500～600kW 级风力发电机，等效年利用小时数有 2000～2600h，上网电价达到 0.80～1.00 元/(kW·h)，项目就具有良好的经济效益和社会效益。

各地实测风速资料表明，在同一地区，高山山脊的风速明显大于平原和低丘陵地区。以临海市括苍山为例，临海市气象站海拔高度约为 30m，年平均风速仅 2.3m/s，其西侧 30km 的括苍山气象站，主峰海拔为 1382m，由于山坡的加速效应，年平均风速高达 6.3m/s。外海的风速又大大高于内陆和滨海地区。以浙江省玉环县为例，该县为半岛，位于

本岛的坎门气象站测的年平均风速为 5.4m/s，其东部 3km 的鸡山岛，年平均风速为 6.3m/s，再往东 15km 的披山岛，年平均风速高达 8.7m/s。

（2）风电场场地开阔，地质条件好，四面临风　风电场场地开阔，不仅便于大规模开发，还便于运输、安装和管理，减少配套工程投资，形成规模效益。地基基础最好为岩石、密实的土壤或黏土，地下水位低，地震强度小。风电场四面临风，无陡壁，山坡坡度最好小于 30°，紊流度小。

（3）交通运输方便　单机容量为 500～600kW 级的风力机，最重运输件为主机机舱，重约 21t。主机装入 13m 长的集装箱后，需打开顶盖；最长件为风力机叶片，长约 19～21m，运叶片的 13m 集装箱也要打开后盖板。故运输风力机的公路应达到三、四级标准。海岛上安装风力机则要有装卸风力机的码头，或适合于登陆艇登陆的港湾，岛上还应有建设四级公路的良好条件。

（4）并网条件良好　首先，要求风电场离电网近，一般应小于 20km。因为离电网近，不但可降低并网投资，减少线损，而且易满足压降要求。

其次，由于风力发电出力有较大的随机性，电网应有足够的容量，以免因风电场并网出力随机变化，或停机解列对电网产生破坏作用。一般来说，风电场总容量不宜大于电网总容量的 5%，否则应采取特殊措施，满足电网稳定要求。

（5）不利气象和环境条件影响小　风电场尽可能选在不利气象和环境条件影响小的地方。如因自然条件限制，不得不选在气象和环境条件不利的地点建风电场时，要十分重视不利气象和环境条件对风电场正常运行可能产生的危害。

在海岛上建风电场，要特别重视台风侵袭。要求风力机叶片、塔架、基础均有足够的强度和抗倾覆能力；盐雾有强腐蚀性，要求风力机和塔架等金属结构有可靠的防腐措施。

在高山上建风电场，要特别重视高山严寒地区冰冻、雷暴、高湿度等不利气象条件，对风电场正常运行可能产生的影响。风力机常规测风仪中的风杯如被冻结成冰球，导致测风数据不准，将影响风力机正常发电；如风标被冻结则将影响风力机主动偏航；叶片表面结冰，也会影响风力机发电量；架空线因"雾凇"结冰，电线负重增加，可能导致电线断裂，影响电力送出，应加密杆距；高湿度对电器设备的绝缘不利，应提出严格的要求；多雷地区要加强防雷接地措施等。

在空气污染严重的地区，叶片表面结尘，影响风力机出力；沙暴地区，风沙磨损作用，使叶片表面出现凹凸不平的坑洞，也会影响风力机出力。

这些不利的气象和环境条件，在风电场场址选择时都应给予重视，综合考虑各种影响因素。

（6）土地征用和环境保护　建设风电场的地区一般气候条件较差，以荒山荒地为主。有些地方种植有防风林、灌木或旱地作物等。风电场单位千瓦的土地征用面积仅 2～3m²/kW，与中小型火电站相当，一般来说，土地征用较方便，但如果拟建的风电场有军事基地或国家重要设施，则应尽量避开。

风力发电是无污染的可再生新能源，国家支持大力开发，但有些环保问题还应考虑，如风力机的噪声可能会对附近 300m 范围内的居民产生影响，选址时应尽量避开居民区；如要新修山地公路，设计中应注意挖填平衡，防止水土流失；风力机旋转可能会对候鸟产生影响，选址时应尽量避开候鸟迁移路线和栖息地等。

2.5.3　风力发电机组选型和布置

(1) 单机容量选择　风电场工程经验表明，对于平坦地形，在技术可行、价格合理的条件下，单机容量越大，越有利于充分利用土地，越经济。表 2-2 列举了某风电场单机容量经济性比较。

由表 2-2 可见，在相同装机容量条件下，单机容量越大，机组安装的轮毂高度越高，发电量越大，而分项投资和总投资均降低，效益越好。

并网运行的风电场应选用适合本风电场风况、运输、吊装等条件，商业运行 1 年以上，技术上成熟，单机容量和生产批量较大，质优价廉的风力发电机组。

表 2-2　某风电场单机容量经济性比较

序　号	项　　　目	方案 1	方案 2
1	单机容量/kW	300	600
2	风力机台数/台	18	9
3	装机容量/kW	5400	5400
4	设计年供电量/$\times 10^4$kW·h	1302	1330
5	工程静态投资/万元	7125	6028
5.1	机电设备及安装工程/万元	6255	5240
5.2	建筑工程/万元	297	256
5.3	临时工程/万元	43	34
5.4	其他费用/万元	390	371
5.5	基本预备费/万元	140	118
6	单位电度静态投资/[元/(kW·h)]	5.47	4.53

由于风力发电机市场前景被一些发达国家一致看好，风力机技术随高科技进步发展很快。以风力机生产大国丹麦的内外销情况为例，20 世纪 80 年代初期，主要生产单机容量为 50kW 左右的风力机；20 世纪 80 年代中期，主要生产单机容量为 100kW 左右的风力机；20 世纪 80 年代末～90 年代初，主要生产单机容量为 150～450kW 的风力机。从 1995 年起，已大批量生产单机容量为 500～600kW 的风力机。

近几年来，世界各个风力机主要生产厂商还相继开发了单机容量为 750～1500kW 的风力机，并陆续投入了试运行。

(2) 机型选择　在单机容量为 300～600kW 的风力机中，具有代表性的为水平轴、上风向、三叶片、计算机自动控制、达到无人值守水平的机型。

功率调节方式分为定桨距失速调节和变桨距调节两类。两种功率调节方式比较见表 2-3。

表 2-3　两种功率调节方式比较

项　目	定　桨　距		变　桨　距
	无气动刹车	有气动刹车	
功率调节	失速调节	失速调节	变桨距
刹车方式	盘式刹车	气动刹车	气动刹车
第一节	低速轴	可转动叶尖	全顺桨
第二节	高速轴	高速轴	高速轴

续表

项　目	定　桨　距		变　桨　距
	无气动刹车	有气动刹车	
安全保障	失效安全	失效安全	失效安全
优点	结构最简单 运行可靠性高 维护简单		结构受力最小 主机及塔架质量轻 运输及吊装难度小 高风速时风力机满出力
缺点	刹车时结构受力大 机械刹车盘庞大 机舱、塔架重 运输及吊装难度大 基础大、成本高		变桨距液压系统结构复杂,故障率稍高 要求运行、管理人员素质高

定桨距风力机有的机型采用可变极异步发电机（4/6 极），其转速可根据风速大小自动切换。因其切入风速小，低风速时效率也较高，故对平均风速较小，风频曲线靠左的风电场有较好的适用性。

变桨距风力机能主动以全顺桨方式来减少转轮所承受的风压力，具有结构轻巧和良好的高风速性能等优点，是兆瓦级风力发电机发展的方向。

2.5.4　风力发电机布置和风能计算

(1) 风力发电机布置　风力发电机布置要综合考虑地形、地质、运输、安装和联网等条件。

① 应根据风电场风向玫瑰图和风能密度玫瑰图显示的盛行风向、年平均风速等条件确定主导风向，风力机排列应与主导风向垂直。对平坦、开阔的场地，风力机可布置成单列型、双列型和多列型。多列布置时应呈"梅花型"，以尽量减少风力机之间尾流的影响。

② 多种布置方案计算表明，当风电场平均风速为 6.0~7.0m/s 时，单列型风力机的列距约为 $3D$（D 为风轮直径）；双列型布置的行距约为 $6D$，列距约为 $4.5D$；多列型布置的行列距约为 $7D$。风电场平均风速越大，布置风力机的间距可以越小。

③ 在复杂地形条件下，风力机定位要特别慎重，设计难度也大。一般应选择在四面临风的山脊上，也可布置在迎风坡上，同时必须注意复杂地形条件下可能存在的紊流情况。

④ 风经风力发电机组转轮后，将部分动能转化为机械能，排气尾流区的风速减小约 1/3，尾流流态也受扰动，尤以叶尖部位扰动最大。故前后排风力发电机之间应有 $5D$ 以上的间隔，由周围自由空气来补充被前排风力机所吸收的动能，并恢复均匀的流场。也就是说，前排风力机是后排风力机的障碍物，应用 WAsP 软件或其他方法可计算风力机间尾流的相互影响，优化布置方案。

⑤ 风力机最优布置方案需经多方案经济比较确定。

(2) 风能计算　目前，风能计算方法以风频曲线法计算精度较高，应用广泛。该方法将实测或其他方法得到的每天 24h、共 1~5 年的风速资料按其风速大小进行分段统计，可求出风频曲线。

研究表明，风速分布一般符合瑞利（Rayleigh）分布或威布尔（Weibull）分布规律，尤以双参数的威布尔分布应用最广，其表达式为

$$P(X) = (K/C)(X/C)^{K-1} \exp[-(X/C)^K] \tag{2-4}$$

式中，K 为形状参数，$K>0$；C 为尺度参数，$C>0$。

如用最小二乘法将风频曲线拟合成双参数的威布尔曲线，求出参数 K、C 值，可很方便地表达风速分布规律，并据此进行理论分析计算。

在初选风力机机型后，依据其功率曲线和轮毂高度处的风频曲线，可求出该台机的年发电量。

风速是地理位置的三维函数，为简化计算，以风力机轮毂中心的风速来代表整个扫风面积上的平均风速。但是要将测风点的风况精确地转换成每台风力机轮毂中心的风况，仍是十分困难的，尤其是在复杂的地形条件下。目前设计中普遍采用丹麦国家实验室（RISΦ）开发的风资源分析及应用程序（Wind Atlas Analysis and Application Program），简称 WAsP。其基本步骤为：

① 分 12 个扇区，把具有时间连续性测量的气象数据转换成风速直方图；

② 输入风电场地形图，输入测风点的位置、高度、周围地表粗糙度和附近障碍物；

③ 将各扇区的每级风速从附近障碍物、粗糙度不均匀和地形影响中还原，求出这个扇区地表固有的风况数据；

④ 根据测风仪所在地的风况，按上述步骤逆向运算，求出指定风力机位置轮毂中心的风频曲线，结合预选风力机的功率曲线，可求出该台机的年发电量；

⑤ 把全场预定风力机的位置、统一的轮毂高度和功率曲线都一起输入程序，用 PARK 模块进行逐台风力机和全场发电量估算。

计算时将每一台风力机作为其他风力机的障碍物，求出每台机各个扇区的年发电量和影响系数，从中可分析各个方向相邻的风力机对本机的影响程度，据此调整风力机布置方案，经反复迭代，得到较理想的布置方案。

必须指出，任何软件都是以特定的数学模型为基础的。实践证明，在复杂地形条件下，由于许多边界条件限制，WAsP 程序计算的成果只能作参考。为了慎重，风电场建设前，需尽可能多地在预选风力机位置安装测风仪，实测风况数据，作为选址的主要依据。

2.5.5　风力发电机基础

(1) 基础荷载　在陆地上建造风电场，风力机的基础一般为现浇钢筋混凝土独立基础。其型式主要取决于风电场工程地质条件、风力机机型和安装高度、设计安全风速等。表 2-4 列出了几种风力机的基础荷载。

表 2-4　几种风力机的基础荷载

制造厂	单机容量/kW	转轮直径/m	正压力/kN	剪力/kN	弯矩/(kN·m)	扭矩/(kN·m)	气动刹车方式
Bonus	300	31~33	315	207	5449	—	可转动叶尖
Nordtank	300	31	285	220	7300	150	可转动叶尖
Bonus	450	37	466	311	8722	—	可转动叶尖
Nordtank	500	37	450	298	9400	280	可转动叶尖
Vestas	500	39	510	377	10424	364	全顺桨
Notdtank	500	41	600	370	13000	570	可转动叶尖
Vestas	600	42	625	452	17921	390	全顺桨

（2）地质勘探　基础设计前，必须做整个风电场工程地质和水文地质条件详细踏勘，对风力机基础进行重点的地质勘探工作。

①在岩石地基上，应查明基础覆盖层厚度、地层岩性、地质构造、岩石单轴抗压强度及其允许承载能力。

②在砂壤土或黏土地基上，应查明土层厚度、土壤的级配、干容重、砂壤土的内摩擦角、黏土的黏结力、地下水埋藏深度，允许承载能力等。

③在海相沉积的海涂、湖泊、沙滩等地下水位高、结构松散的软土地基上建设风电场，由于软土具有强度低、压缩性大等不利的工程特性，故对这种地基土质进行详细的地质勘探工作尤为重要。一般应查明土层埋深、含水量、容重、空隙比、液限、塑限、塑性指数、渗透系数、压缩系数、黏结力、摩擦角等。

应选择适宜的基础形式，作细致的地基计算，并在建筑物施工时采取相应的工程措施。

（3）结构形式　根据基础不同的地质条件，从结构形式上常可分为实体重力式基础和框架式基础。

①实体重力式基础主要适用于地质条件良好的岩石、结构密实的砂壤土和黏土地基。因其基础浅、结构简单、施工方便、质量易控制、造价低，应用最广泛。从平面上看，实体重力式基础可进一步分为四边形、六边形和圆锥形。后面两种抗震性能好，但施工难度稍大于前者，主要适用于有抗震要求的地区。

②框架式基础由桩台和桩基群组成，主要适用于工程地质条件差、软土覆盖层很深的地基上。框架式基础按桩基在土中传力作用分为端承桩和摩擦桩。端承桩主要靠桩尖处硬土层支承，桩侧摩擦阻力很小，可以忽略不计；摩擦桩的桩端未达硬土层，桩的荷载主要靠桩身与土的摩擦力来支承。实际的桩基是既有摩擦力又有桩端支承力共同作用的半支承桩。框架式基础比实体重力式基础施工难度大、造价高、工期长，在同等风况条件下，应优先选择地质条件良好的风电场。

2.5.6　风力发电场的经济效益和社会效益评价

（1）工程投资和经济效益　大中型风电场工程投资中，风力机设备约占总投资的 70%。随着风力机制造技术的不断进步，单机容量不断增大，每度电的成本在逐年下降。近几年来，风力机市场被国际大公司、大财团一致看好，竞争十分激烈，风力机价格以每年约 3%～5% 的速度降价。华东勘测设计院设计的几个风电场，在不考虑风力机进口关税前，单位度电静态投资约 4.0 元/(kW·h)，单位千瓦静态投资约 10000～11000 元，度电成本电价约 0.42 元/(kW·h)，还贷期上网电价约 0.80 元/(kW·h)，可以与水电、核电和考虑脱硫设备的火电站竞争。

如风力机进口税为 6%，增值税为 8.5%，则总投资和度电成本相应增加约 10%。因此，风力机进口关税是风电场上网电价高低的杠杆之一。

国家经贸委和电力部均在大力推进风力机国产化，国产化后风力机的价格可下降约 20%，既可降低风电成本，又能促进我国机电工业的发展。

（2）财务评价　风电场财务评价尚无规范，目前参照水电项目进行计算。由于风力机主要部件，如叶片、轮毂、变速箱、发电机、塔架等使用寿命均按 20 年设计，故财务评价中计算期一般也取 20 年。采用进口风力机时，大修理费率建议取 1%。

为降低还贷期上网电价，应加速折旧，综合折旧率可取 7.5%～10%。

(3) 环境与社会效益 风力发电是一种可再生的清洁能源，无论同火电、核电还是同水电相比，其环境效益和社会效益均十分显著。

① 节煤效益和环境效益 按火力发电标煤耗 $350g/(kW \cdot h)$ 计算，风电场每年如发电 $1 \times 10^8 kW \cdot h$，则每年可为国家节省标煤 $3.5 \times 10^4 t$。相应减少废气排放量为：SO_2 为 $672t$，NO_x 为 $382t$，CO 为 $9.7t$，C_nH_n 为 $3.9t$，减少温室效应气体 CO_2 为 $8022t$，减少灰渣为 $10500t$。可见风电场建设有十分显著的环境效益。

② 社会效益 大力发展风力发电可缓解地区电力供需矛盾，改善当地居民用电状况和生产生活条件，促进区域经济发展。

风力发电作为一种新能源，从实验室走向偏远的山区、海岛等未与大电网联网的地区，再踏上并网运行的征途，迅猛发展，不是偶然的。它伴随着现代科技进步、石油危机、环境污染等机遇和挑战，有很强的生命力。

风电场设计工作的好坏，直接影响到风电场的效益、安全和稳定运行。总结前阶段设计工作经验，使风电场设计更先进、更合理，是当前风电发展的关键之一。

2.6 风力发电设备的优化分析

2.6.1 优化选型因素分析

(1) 性能价格比原则 风力机性能价格比最优原则永远是项目设备选择决策的重要原则。

①风力发电机单机容量大小的影响 从单机容量为 $0.25MW$ 到 $2.5MW$ 的各种机型中，单位千瓦造价随单机容量的变化呈 U 形变化趋势，目前 $600kW$ 风机的单位千瓦造价正处在 U 形曲线的最低点。随着单机容量的增加或减少，单位千瓦的造价都会有一定程度上的增加。如 $600kW$ 以上，风轮直径、塔架的高度、设备的质量都会增加。风轮直径和塔架高度的增加会引起风机疲劳载荷和极限载荷的增加，要有专门加强型的设计，在风机的控制方式上也要做相应的调整，从而引起单位千瓦造价上升。

②选择机型需考虑的相关因素

a. 考虑运输与吊装的条件和成本。$1.3MW$ 风机需使用 $3MN$ 标称负荷的吊车，叶片长度达 $29m$，运输成本相当高。相关资料见表 2-5。

表 2-5 选择机型需考虑的相关要素

机组功率/kW	单价/(元/kW)	塔筒重/kN	基础体积/m³	吊车负荷/MN
600	4000	340	135	1.35
750	4500	570	210	1.56
1300	5000	930	344	3.00

注：塔筒高 40m 时，重力为 340kN；塔筒高 50~55m 时，重力为 570kN；塔筒高 68m 时，重力为 930kN。

由于运输转弯半径要求较大，对项目现场的道路宽度、周围的障碍物均有较高要求。起吊质量越大的吊车本身移动时对桥梁道路要求也越高，租金较贵。

b. 兆瓦级风机维修成本高。一旦发生部件损坏，需要较强的专业安装队伍及吊装设备，更换部件、联系吊车，会造成较长的停电时间。单机容量越大，机组停电所造成的影响也越大。

c. 目前情况下选择兆瓦级风机所需要的运行维护人员的技术条件及装备相应也高，有一定的难度。

(2) 发电成本因素　单位发电成本 C 是建设投资成本 C_1 与运行维修费用 C_2 之和，即

$$C = C_1 + C_2 = \frac{r(1+r)^t}{(1+r)^t - 1} + m\,\frac{Q}{87.6F} \tag{2-5}$$

式中，F 为风机容量系数；Q 为单位投资；t 为投资回收时间；r 为贷款年利率；m 为年运行维修费与风场投资比。

风力发电机的工作受到自然条件制约，不可能实现全运转，即容量系数始终小于 1。所以在选型过程中力求在同样风资源情况下，发电最多的机型为最佳。风力发电的一次能源费用可视为零，因此得出结论，发电成本就是建场投资（含维护费用）与发电量之比。节省建场投资又多发电，无疑是降低上网电价的有利手段之一。与火力和核能发电相比，风力发电有以下特点：a. 风机的输出受风力发电场的风速分布影响；b. 风力发电虽然运行费用较低、建设工期短，但建风场的一次性投资大，明显表现出风力发电项目需要相对较长的资本回收期，风险较大。因此，在风机选型时，可按发电成本最小原则作为指标，因为它考虑了风力发电的投入和效益。同时，在某些特殊情况下，如果风力发电间的相差不大，则风力机选型时发电成本最小原则就可转化为容量系数最大原则。

综上所述，业主在投资发展风力发电项目时，考虑风力发电场的设计，对风力机的选型就有非常重要的意义。以上这些因素影响整个项目投资效益、运行成本和运行风险，因为风力机设备同时决定了建场投资和发电量。良好的风力机选型就是要在这两者之间选择一个最佳配合，这也是风机与风力发电场的优化匹配。

2.6.2　财务预测结果

针对国内各风力发电场资源状况不同，可选择的风机性能、工程造价及经营成本也不同。按我国风力发电发展的现状统计数据，电价一直是制约中国风力发电发展的最关键因素。要鼓励风力发电发展，应保证风力发电项目投资的合理利润，依据国家现行规范，风力发电项目利润水平的主要标准有投资利润率、财务内部收益率、财务净现值。

(1) 案例　现以装机容量为 24MW 的风力发电项目为例，分析风电电价与项目可行性之间的关系，其经济指标见表 2-6。

表 2-6　装机容量为 24MW 的风电场经济指标

电价 /[元/(kW·h)]	净现值 /万元	内部收益率 /%	电价 /[元/(kW·h)]	净现值 /万元	内部收益率 /%
0.50	−1566	8.57	0.56	877	10.78
0.52	−752	9.32	0.58	1691	11.49
0.54	63	10.06			

该风力发电场装机容量为 24MW，设备年利用小时数为 2400h，建设期为 1a，生产期为 20a，单位造价为 0.8 万元/kW，总投资 19200 万元（其中，资本金 30%、贷款 70%、年利率 7%），年运行管理费用为 140 万元，增值税率为 8.5%，城建税率为 7%，教育附加费为 3%。

(2) 敏感性分析　当电价为 0.57 元/(kW·h) 以上时，在 ±5% 时不会出现内部收益率

小于 10％和净现值小于 0 的情况。

如果电价过于偏低，在±5％时内部收益率小于 10％及净现值小于 0，项目抗风险能力差。

(3) 综合与展望 风力发电电价问题不是电价高低问题，而是合理电价与具有竞争力的风力发电生存电价的问题。关系到投资者的切身利益，关系到风力发电是否顺利发展的大问题。为了提高风力发电的竞争力，促进风力发电的发展，还需要争取一定的宽松环境，因此建议：

① 政府出台支持风力发电政策，并确保政策的完整性与连续性；

② 风机设备走国产化，降低设备价格和售后服务，减少风电场运营成本；

③ 抓好前期工作，准确掌握风能资源，为工程的顺利开展创造可靠基础；

④ 加快审批程序，缩短建设周期。

2.7 风力机安全运行

风力机的运行是完全自动的，在故障时能处于保护状态，并能指出故障原因。小型风力机运行可使风力机在紧急情况下处于安全状态，或故障时使运行停止，并达到不可逆转的保护状态。而机组容量越大，运行监控系统越复杂，要求也越高，造价就越高。在正常运行中的风力机的监控和保护应有两个功能，一种是随时可以手动停机；另一种是运行操作控制系统误操作时，没有误控制或非允许的运行情况发生，不允许由于极限值操作台外力造成参数变化，或开关过程变化而产生机器动作。这一极限值尤为重要的是风轮超速极限，在故障时用来设计并保护不超过容许值。

2.7.1 风力机运行流程

图 2-16 表示的是 DEBRA-25 型风力机的运行流程。该机是双叶轮转速，粗线表示的是静态情况，虚线表示的是过渡过程。

① 系统检测 运行检测，自动测试风力机各种实际功能。

② 静止状态 风轮处于顺桨状态，机械刹车未投入。风轮慢慢转动，以便使叶片中贮存的水流出，避免冬季结冰、叶片胀裂。由操作台手动，可以使叶轮刹住。

③ 启动 按动正常运行按钮，叶片达到 70°攻角的启动位置，叶轮转动加快。

④ 等待状态 测试叶片启动位置时的风轮转速，当风轮转速超过（平均）3r/min 时，风力机达到发电状态，开始进入运行状态。风轮转速在等待时超过了允许的最高值时，风力机仍处于等待状态。

⑤ 高速运行，控制桨距角，使风轮加速到额定转速以下，在超过某一确定转速时和电网频率同步。

⑥ 负荷运行 I 风力机发电。通过变距使发电机额定功率在允许值以下，在部分负荷范围下，叶片角度恒定在 2°（最佳运行角）平均超过 1min。在额定功率下运行，说明风足够使运行达到第 2 级。而超过 1min 平均输出功率只有 0.5kW，则说明风太小，风力发电机从电网吸收功率。

⑦ 负荷变化运行 I→Ⅱ或Ⅱ→I 风力机由低向高风轮转速（I→Ⅱ）加速，而从电网的解列，或相反（Ⅱ→I）达到新的同步并网。

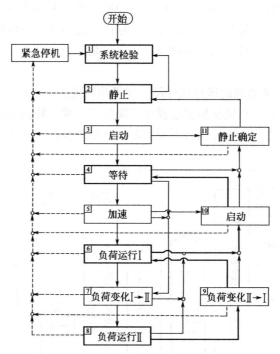

图 2-16　DEBRA-25 风力机运行流程图

⑧ 负荷运行Ⅱ　风力机输出功率。大风时，调整到额定功率，部分负荷时，叶片角度恒定在 2°（最佳运行角）。额定功率以上，叶片角度由测风来控制平均值超过 1min。叶片角度超过 30°，说明风速超过 20m/s，风力机回到等待状态直到风小为止。

⑨ 停机　风力机处于等待状态。

⑩ 静止状态　风力机在运行状态下的静止状态。

运行应自动进行，当故障时允许自动停机。这有赖于运行这一时刻是稳定还是不稳定的。

2.7.2　正常运行过程

风力机组的工作应适应气象的变化，同时还要考虑到用户情况。对于正常运行过程有以下几点。

（1）正常运行

① 维护时风太小，太大时停机；

② 风力机达到额定转速；

③ 并网（同步）；

④ 最佳的 C_P 匹配的风轮转速；

⑤ 根据用户情况，输出功率与 C_P 相适应；

⑥ 在小风或大风时离网；

⑦ 维修时风机刹车；

⑧ 电网故障时风机刹车，电网倒流，重新同步和发电运行；

⑨ 发电运行的返回，双向切换过程。

所有运行状态应根据风速变化、相应的载荷分布来考虑。必须准确地测出某过程的重复性。但当电网故障出现时，风力机必须切出。自动同步发电机不仅能向有故障的电网送电，并配有无功系统，当相对容量存在时，应能提供好的励磁功率。当电网故障时，电网电压发生变化，为此，风力机应停机。在停机过程中，应使载荷冲击最小，这就要求具有良好的传感器对信号进行检测。

图 2-17 所示是一台风力机的运行统计图，年平均风速为 4.2m/s，风力机加速到电机的额定转速时带上一级负荷，在风轮加速过程中又降低了。额定转速常达不到造成了断续的加速过程，那么这时的风力发电机转速就不要控制，塔架的自振频率就要提高。

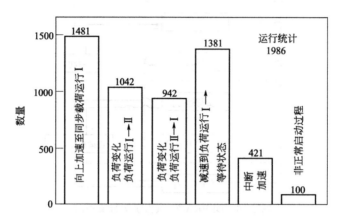

图 2-17　DEBRA-25 风力机运行统计图

因发电机过热过载时应及时地切出。风力发电机启动偏航，一般偏航离开风向 180°，控制使风轮能从偏航位置返回，再加速到电网同步转速。

当风力机出现故障时，如超过了设计的允许值，应当及时切出，而且是不可逆转的。运行中要求检测、分析故障情况，并作出相应的判断，避免不必要载荷的出现。

下面是 DEBRA-25 风力机的故障控制内容。

（2）故障控制停机

① 超过允许的电缆缠绕。

② 运行时系统电瓶电压偏低。

③ 液压系统故障。

④ 发电机单相保护。

⑤ 变距速度偏低。

⑥ 过载。

⑦ 发电机过热。

（3）紧急切出

① 超速。

② 叶片桨距角超过允许值 5°。

③ 转速测量错误。

④ 减速过程持续时间超过允许值。

（4）高速时

① 机械飞车抛出。

② 机舱塔架振动。

③ 运行错误。

前两种都是在微处理器控制下进行，往往是在故障出现后开关延时再控制，控制停机一般是在正常运行和在静止时进行。故障排除后，经手动可以恢复运行。而紧急停机是很快地使机组停下，以避免机组受损害。此时主球阀处于液压溢流状态，打开液压阀，在大风时，叶片顺桨，达到空气动力刹车。由于主球阀打开，叶轮变桨不会失灵，刹车会马上起作用。附加紧急停车系统用在微处理器出现故障时的紧急停机，由离心开关监测转速是否正常，当测速电机测得的转速超过极限值时，使机组停止运行。上述控制停机不再起作用，而是像紧急停机那样，主阀打开，立即停机。

2.7.3　运行安全性

安全性在一台风力机的设计中是至关重要的，有以下几点应加以注意。

(1) 设计缺陷

① 负荷考虑不足。

② 出现了没有考虑到的风力机特性。

③ 结构上的缺陷。

(2) 安全和保护系统的不完善

① 安全系统设计缺陷。

② 运行人员发生错误。

③ 传感器发生故障。

④ 环境的影响。

(3) 制造、维护和安装时存在的缺陷

① 缺乏关键的技术。

② 组装质量不好。

③ 安装问题。

④ 维修时出现的问题。

2.7.4　安全性方针

在风力机运行中还有一些情况对安全性有很大影响。

(1) 出力过高　尤其是失速机在空气密度大时，功率超过允许值，可产生发电机的过热而停机。当机组刹车时，发电机冷却，机组重新并网，若反复出现上面的情况，就会损害风力机部件，缩短机组寿命。

(2) 振动　机组出现振动时，会使机械部件很快疲劳，从而出现故障或飞车。若当激振力与某些部件产生共振时，对机组的运行将是十分危险的。

(3) 电网故障　当电网出现经常性故障时，机组反复停机、开机，机组的机械材料会出现磨损和疲劳，诸如叶片变桨的损害，叶轮齿轮箱过载及刹车失灵等。

(4) 特殊气候　如冬、夏季节气温的差异对于润滑油的影响，复杂地形产生的气流造成偏航力矩而产生部件疲劳，雷、电、雨及盐雾、冰雹等都会对机组造成损害。

在安全设计中应遵循的原则有：

① 风力机组必须有两套以上的刹车系统；

② 每套系统必须保证风力机在安全运行范围内工作；

③ 两套系统的工作方式必须不同，应当利用不同的动力源；

④ 至少一套系统保护风轮在外部不正常情况下，能处于容许范围内工作；

⑤ 至少一套系统保护风轮转动在故障时能停止下来；

⑥ 当安全系统进行停止或减速时，不允许手动产生影响；

⑦ 无空气动力刹车的风力机用于超速时停机的机械刹车，和转速传感器应布置在风机轴上；

⑧ 在空气动力刹车出现故障时，风轮应离开风向；

⑨ 电缆缠绕问题；

⑩ 机舱对风偏航速度应有一定限制，避免出现陀螺力矩；

⑪ 电网故障，允许风力机在电网恢复正常时自动并网；

⑫ 安全系统应保证在出现故障后不再运行并网，而是处于静止状态；

⑬ 电器、液压、气动系统在故障时的动力源应能得到保证，以便安全系统投入。

2.7.5 风力机载荷设计

风力机是旋转式动力机器，风是不断变化的动力，在风力机的寿命期中，各种负荷来源于风及风轮的旋转。在设计中要考虑各种载荷的性质，如运行时、维修时、安装时以及风的情况和天气条件，各种器件受力情况及失灵的情况。风力机的设计和计算目前在国际上还无法精确进行，一些国家进行了这方面的试验，但试验结果还有很大的局限性，负载的确定关系只适于一定范围。

下面就载荷设计中需要考虑的内容列举如下。

(1) 一般外部条件 气象条件包括风频、风廓线、阵风、气流、气温、湿度、结冰、盐雾、飞砂。

(2) 不正常外部条件 特殊气候条件包括极限大风（世纪阵风）、特殊的边界层流动、特殊阵风过程、最大的结冰、极限气温、冰雹、雷击、电网故障、单相电压损失、电压波动、频率波动、电网短路、对电网的雷击。

(3) 其他环境影响 人为错误、漏水（雨、蓄水）、牲畜的影响、鸟类的影响、振动。

(4) 一般内部条件

① 运行状态 超停机、与电网同步、功率与转速调节、正常运行、负载脱离（定载）、机舱对风调整、静止（风轮允许缓慢转动）、风轮卡住、对风、倾斜、塔架阻力或塔影效应。

② 力和力矩 自重、质量加速度（刹车、调节）、离心力、陀螺力矩、质量不平衡、气动不平衡产生的扭矩。

(5) 特殊内部条件

① 部件故障 变距振动和机械系统、传递环节、发电机短路、机舱对风、机械刹车、气动刹车、运行、传感器、发电（电流）。

② 运行情况 超速、超功率、自振和振动、由于控制而产生的受迫振动、紧急关机、风矩回往转动。

(6) 其他 运输、安装、调整、维修。

以上各种情况在设计中未必都要同时考虑，要根据具体情况分析。要根据安装地点的特殊条件来选取安全系数。

2.7.6　风轮机与航空安全问题

20 世纪 90 年代，英国发生风力发电厂因噪声扰民和干扰电视信号而引起一场官司。最近，英国国防部又提出，风力发电干扰航空雷达，影响空中安全。

英国风力发电学会计划在全国建立 18 个风力发电厂，以便在 2010 年实现可再生能源占英国总电力 10％的目标。但这一计划遭到英国国防部的反对，并试图阻止其中 5 个风力发电厂的建立。理由是这 5 个风力发电厂，都靠近英国皇家空军基地。国防部的官员说，风力发电的涡轮机可能干扰空中管制，并为敌人的飞机提供掩护。

英国国防部认为，涡轮机叶片可能在跟踪敌方飞机的雷达显示屏上出现，影响雷达探测靠近涡轮机的敌机。风力发电学会顾问指出，空中交通管理人员在工作中经常要对付各种物体的干扰，如高大的树木和各种飞行物，国防部应该拿出风力发电对雷达构成干扰的实据。

高大的涡轮机可能构成雷达的盲区，但影响面非常小，即 100m 高、延伸 500～700m 的空域。而解决这个问题也不难，如德国和丹麦就解决了这个问题。丹麦米德尔格鲁登近海的风力发电厂离哥本哈根飞机场仅 8km，他们在雷达系统中装上一种软件，就能过滤掉涡轮机的干扰信号。

利用吸波材料制造涡轮机，并调整好涡轮机之间的距离，也是降低风力发电厂干扰雷达的办法。在某些条件下（如有敌机入侵），还可停止涡轮机的运转。因此，风力发电场厂不会威胁空中安全。

第3章 风力发电技术

风的特性是随机的，风向、风速大小都是随时随机在变化，因此风能发电就有区别于化石燃料发电的不同特点。例如，功率调节、变速运行、变速/恒频问题、对风调节问题、变桨距问题等。本章专门介绍风力发电机的这些结构和运行特点，主要是与化石燃料发电机组的不同点。

3.1 功率调节

功率调节是风力发电机组的关键技术之一。风力发电机组在超过额定风速（一般为12～16m/s）以后，由于机械强度和发电机、电力电子容量等物理性能的限制，必须降低风轮的能量捕获，使功率输出仍保持在额定值附近。这样也同时限制了叶片承受的负荷和整个风力机受到的冲击，从而保证风力机安全不受损害。功率调节方式主要有定桨距失速调节、变桨距角调节和混合调节三种方式，调节原理如图3-1所示。

3.1.1 定桨距失速调节

定桨距是指风轮的桨叶与轮毂是刚性连接，叶片的桨距角不变。当空气流流经上下翼面形状不同的叶片时，叶片弯曲面的气流加速，压力降低，凹面的气流减速，压力升高，压差在叶片上产生由凹面指向弯曲面的升力。如果桨距角 β 不变 [图 3-1(a)]，随着风速 v_W 增加，攻角 α 相应增大，开始升力会增大，到一定攻角后，尾缘气流分离区增大形成大的涡流，上下翼面压力差减小，升力迅速减少，造成叶片失速（与飞机的机翼失速机理一样）(图3-2)，自动限制了功率的增加。

因此，定桨距失速控制没有功率反馈系统和变桨距角伺服执行机构，整机结构简单、部件少、造价低，并具有较高的安全系数。缺点是这种失速控制方式依赖于叶片独特的翼型结构，叶片本身结构较复杂，成型工艺难度也较大。随着功率增大，叶片加长，所承受的气动推力大，使得叶片的刚度减弱，失速动态特性不易控制，所以很少应用在兆瓦级以上的大型风力发电机组的功率控制上。

3.1.2 变桨距角调节

变桨距角型风力发电机能使风轮叶片的安装角随风速而变化，如图 3-1(b)所示。当功率大于额定功率，风速增大时，桨距角向迎风面积减小的方向转动一个角度，相当于增大桨距角 β，从而减小攻角 α，从而限制功率。

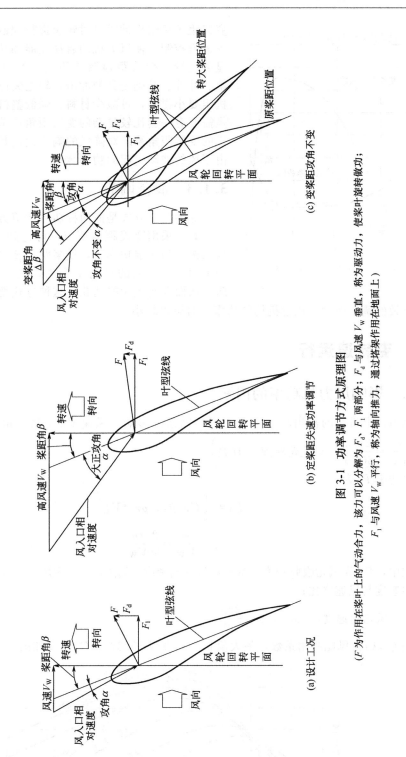

(a) 设计工况　　　　(b) 定桨距失速功率调节　　　　(c) 变桨距攻角不变

图 3-1　功率调节方式方式原理图

(F 为作用在桨叶上的气动合力，该力可以分解为 F_d、F_1 两部分；F_d 与风速 V_w 垂直，称为驱动力，使桨叶旋转做功；F_1 与风速 V_w 平行，称为轴向推力，通过塔架作用在地面上）

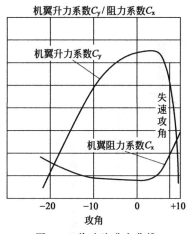

图 3-2　桨叶片升力曲线

变桨距角机组启动时可对转速进行控制，并网后可对功率进行控制，使风力机的启动性能和功率输出特性都有显著改善。变桨距角调节的风力发电机在阵风时，塔架、叶片、基础受到的冲击，较之失速调节型风力发电机组要小得多，可减少材料，降低整机质量。它的缺点是需要有一套比较复杂的变桨距角调节机构，要求风力机的变桨距角系统对阵风的响应速度足够快，才能减轻由于风的波动引起的功率脉动。

3.1.3　混合调节

这种调节方式是前两种功率调节方式的组合。在低风速时，采用变桨距角调节，可达到更高的气动效率；当风机达到额定功率后，使桨距角 β 向减小的方向转过一个角度，相应的攻角 α 增大，使叶片的失速效应加深，从而限制风能的捕获。这种方式变桨距角调节不需要很灵敏的调节速度，执行机构的功率相对可以较小。

3.2　变转速运行

3.2.1　影响风力机功率的因素

风力发电机组的输出功率主要受三个因素的影响：风速 V_W、桨距角 β 和高速特性数 $\lambda\left(\lambda=\dfrac{u}{V_W}=\dfrac{2\pi rn}{60V_W}\text{，与风轮转速 }n\text{ 有关}\right)$。
风力机功率 P_r 为

$$P_r=\frac{1}{2}C_P(\beta,\lambda)\rho\pi r^2V_W^3 \tag{3-1}$$

$$\lambda=\frac{\omega r}{V_W}=\frac{2\pi rn}{60V_W} \tag{3-2}$$

式中，P_r 为风轮吸收功率，W；ρ 为空气密度，kg/m^3；r 为风轮半径，m；λ 为速比，是叶尖速度与风速之比；

ω 为风轮角速度，rad/s，$\omega=\dfrac{2\pi n}{60}$；　　　　　　　　　　　　　　　　　　 (3-3)

$C_P(\beta,\lambda)$ 为风能利用系数，最大值是贝兹极限 59.3%，C_P 曲线如图 3-3 所示。

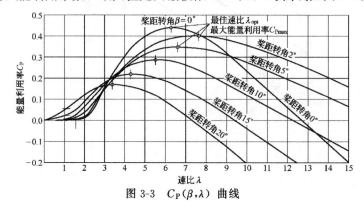

图 3-3　$C_P(\beta,\lambda)$ 曲线

$C_P(\beta,\lambda)$ 曲线是保持桨距角 β 不变的风力机性能变化。根据图 3-3，只要使得风轮的速比 $\lambda=\dfrac{u}{V_W}=\lambda_{opt}$ 不变，即风轮叶尖速度 u（相应的转速 n）与风速 V_W 同步增减，就可维持机组在最佳效率 C_{Pmax} 下运行。

变转速控制就是使风轮跟随风速的变化相应改变其旋转速度，以保持基本恒定的最佳速比 λ_{opt}（图 3-4）。

3.2.2　变转速运行的特点

相对于恒转速运行，变转速运行有以下优点。

(1) 具有较好的效率，可使桨距角调节简单化

变转速运行放宽对桨距角控制响应速度的要求，降低桨距角控制系统的复杂性，减小峰值功率要求。低风速时，桨距角固定，高风速时，调节桨距角限制最大输出功率。

(2) 能吸收阵风能量　阵风时风轮转速增加，把阵风风能余量存储在风轮机转动惯量中，减少阵风冲击对风力发电机组带来的疲劳损坏，减少机械应力和转矩脉动，延长机组寿命。当风速下降时，高速运转的风轮动能便释放出来变为电能送给电网。

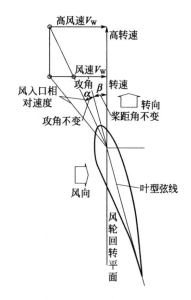

图 3-4　变转速控制

(3) 系统效率高　变转速运行风力机可以在最佳速比、最大功率点运行，提高了风力机的运行效率，与恒速/恒频风电系统相比，年发电量一般可提高 10% 以上。

(4) 改善功率品质　由于风轮系统的柔性，减少了转矩脉动，从而减少了输出功率的波动。

(5) 减小运行噪声　低风速时，风轮处于低转速运行状态，使噪声降低。

风轮机和发电机共同工作的特性曲线见图 3-5。

由图 3-5 可见，对于某设计风速有一最佳的转速，风速越高，最佳的转速越高，这是风轮机设计的关键点。

3.3　发电机变转速/恒频技术

3.3.1　并网运行风力机频率恒定问题

并网运行的风力发电机组要求发电机的输出频率必须与电网频率一致。保持发电机输出频率恒定的方法有两种：a. 恒转速/恒频系统，采取失速调节或者混合调节的风力发电机，以恒转速运行时，主要采用异步感应发电机；b. 变转速/恒频系统，用电力电子变频器将发电机发出的频率变化的电能转化成频率恒定的电能。

大型并网风力发电机组的典型配置如图 3-6 所示，箭头为功率流动方向。图3-6中频率变换器包括各种不同类型的电力电子装置，如软并网装置、整流器和逆变器等。

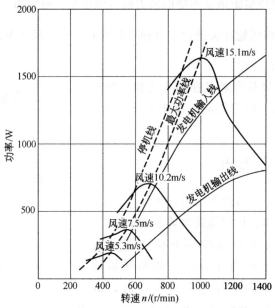

图 3-5 风轮机和发电机共同工作的特性曲线

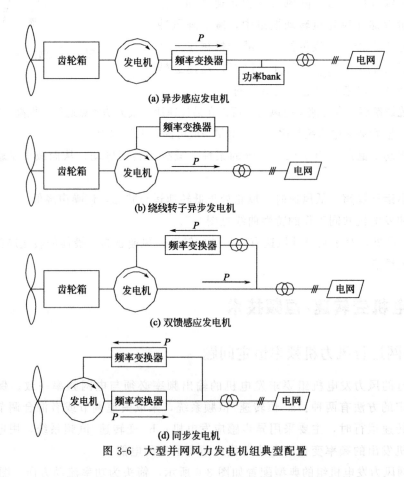

(a) 异步感应发电机

(b) 绕线转子异步发电机

(c) 双馈感应发电机

(d) 同步发电机

图 3-6 大型并网风力发电机组典型配置

3.3.2　变转速/恒频风力机用发电机

(1) 异步感应发电机　通过晶闸管控制的软并网装置接入电网。在同步速度附近合闸并网，冲击电流较大，另外需要电容无功补偿装置。这种机型比较普遍，各大风力发电制造商如 Vestas、NEG Micon、Nordex 都有此类产品。

(2) 绕线转子异步发电机　外接可变转子电阻，使发电机的转差率增大至 10%，通过一组电力电子器件来调整转子回路的电阻，从而调节发电机的转差率。如 Vestas 公司的 V47 机组。

(3) 双馈感应发电机　转子通过双向变频器与电网连接，可实现功率的双向流动。根据风速的变化和发电机转速的变化，调整转子电流频率的变化，实现恒频控制。流过转子电路的功率仅为额定功率的 10%～25%，只需要较小容量的变频器，并且可实现有功、无功的灵活控制。如 DeWind 公司的 D6 机组。

(4) 同步发电机　本配置方案的显著特点是取消了增速齿轮箱，采用风力机对同步发电机的直接驱动方式。齿轮传动不仅降低了风电转换效率和产生噪声，也是造成系统机械故障的主要原因，而且为了减少机械磨损还需要润滑清洗等定期维护。如 Enercon 公司的 E266 机组。

3.4　风轮机迎风技术

3.4.1　风轮机风向跟踪原理

风轮机的出力与风速立方成正比 $\left[P^* = \dfrac{1}{2}\rho\pi r^2 V_W^3 C_P = \left(\dfrac{1}{2}\rho V_W^3\right) A C_P \right]$，转速与风速一次方成正比 $\left(n = \dfrac{30 V_W \lambda}{\pi r} \right)$。因此，风速变化将引起出力和转速的变化（图 3-7）。

风速的大小、方向随时间总是在不断变化，为保证风轮机稳定工作，必须有一个装置跟踪风向变化，使风轮随风向变化自动相应转动，保持风轮与风向始终垂直。这种装置就是风轮机迎风装置，见图 3-8。

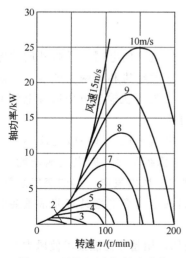

图 3-7　风轮机风速-转速曲线

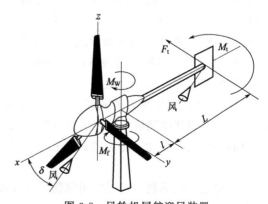

图 3-8　风轮机尾舵迎风装置

61

3.4.2　风轮机风向跟踪方法

风轮机迎风装置有两种方法：尾舵法和舵轮法，图 3-8 所示的是尾舵法。风向变化时，机身上受三个扭力矩作用，机头转动的摩擦力矩 M_f，斜向风作用于装轴上的扭力矩 M_w，尾舵轮扭力矩 M_t。M_f 与机头质量、支持轴承有关，M_w 决定于风斜角 δ、距离 l，尾舵力矩由下式近似计算

$$M_t \approx C_R A_t \frac{\rho u^2}{2} K^2 L \tag{3-4}$$

式中，C_R 为尾舵升力、阻力合力系数 $\left(C_R = \sqrt{C_L^2 + C_D^2}\right)$ 由试验曲线查得；A_t 为尾舵面积；u 为风轮的圆周速率，m/s；K 为风速损失系数，约为 0.75；L 为尾舵距离，m。

机头转动条件 $\qquad\qquad M_t = M_f + M_w \qquad\qquad$ (3-5)

尾舵面积 $\qquad\qquad A_t = \dfrac{2(M_f + M_w)}{C_R \rho u^2 K^2 L} \qquad\qquad$ (3-6)

按式(3-6) 设计的尾舵面积就可以保证风轮机桨叶永远对准风向。

用自动测风装置测定风向，按风向偏差信号控制同步电动机转动风轮，也可以保证风轮机桨叶永远对准风向。

3.5　风电品质

3.5.1　风力机改善风电品质的方法

自然风的速度和方向是随机变化的，风能具有不稳定性特点，如何使风力发电机的输出功率稳定，是风力发电技术的一个重要课题。迄今为止，已提出了多种改善风电品质的方法，例如采用变转速控制技术，可以利用风轮的转动惯量平滑输出功率。由于变转速风力发电机组采用的是电力电子装置，当它将电能输送给电网时，会产生变化的电力谐波，并使功率因素恶化。

3.5.2　发电机和电网接口功能

为了满足在变转速控制过程中良好的动态特性，并能使发电机向电网提供高品质的电能，发电机和电网之间的电力电子接口应实现以下功能：a. 在发电机和电网上产生尽可能低的谐波电流；b. 具有单位功率因素或可控的功率因素；c. 使发电机输出电压适应电网电压的变化；d. 向电网输出稳定的功率；e. 发电机电磁转矩可控。

此外，当电网中并入的风力电量达到一定程度，会引起电压不稳定（一般建议不大于10%）。特别是当电网发生短时故障时，电压突降，风力发电机组就无法向电网输送能量，最终由于保护动作而从电网解列。在风能占较大比例的电网中，风力发电机组的突然解列，会导致电网的不稳定。因此，用合理的方法使风力发电机组的电功率平稳具有非常重要的意义。

风力发电对电网的不利影响可以用储能技术来改善。例如，用超导储能技术使风力发电机组输出电压和频率稳定。超导储能系统 SMES(Supercon Ducting Magnetic Energy Storage Systems) 代表了柔性交流输电的新技术方向，能吸收或者放出有功和无功功率，来快速响

应电力系统需要。另外，飞轮储能技术发展较为成熟，具有使用寿命长、功率密度和储能密度高、基本上不受充、放电次数的限制、安装维护方便、对环境无危害等优点。

3.6　风力机结构和空气动力学

3.6.1　风力机结构设计

在机械结构方面，改进设计、避免或减少由于风的波动引起的有害机械负荷，减少部件所受的应力，从而减轻有关部件及机组整体的质量，进一步降低成本。改进机械结构的另一个动向是采用新型整体式驱动系统，集主传动轴、齿轮箱和偏航系统为一体。这样就减少了零部件数目，同时增强了传动系统的刚性和强度，降低了安装、维护和保养的费用。

目前，风力机的桨叶叶型大多采用美国空军的标准系列叶型：NACA 系列或 63 系列，此种叶型具有很好的空气动力性能。在实际设计叶型时，应根据以下规则选择：实度高的低速风力机采用较多叶片，不需特殊叶型升阻比（如叶片为弯板形状）。实度低的高速风力机可采用较少叶片，应当选用较高的叶型升阻比，以便得到很高的功率系数。

3.6.2　风力机气动力学设计

风轮的工况与飞机机翼的工况不同，风轮上风速分布不均匀，造成风轮径向受力不均；风轮在旋转过程中，当转到上方与下方时，受力也不同，周期交变以及风速、风向的不稳定等，将引起风力机振动。叶尖处的空气扰动会产生噪声，降低上述因素的不利影响，将是风电界要深入探讨的课题。

在风力机设计时需要确定一些参数，可采用确定风力机额定出力或选用最大能量输出来计算设计点。设计中占主导的风速，如果在实际中这一风速不能得到充分利用，产生损失也就说明设计存在问题，也就是风力机叶型设计有问题，这也是风力机的动力研究的本质。

在空气动力方面最重要的发展是，研制新的风力机叶片叶型，以转化更多的风能，如美国国家可再生能源实验室（NREL）开发了一种新型叶片叶型，试验表明，新型叶片比早期的风力机叶片转化的风能要大 20％以上。目前设计的叶片，最大风能利用系数约为 0.47 左右，而风能利用系数的极限值是 0.593，可见在叶片叶型的改进上还有较大的发展空间。

采用柔性叶片也是一个发展动向，利用新型材料（如新型工程塑料等）进行设计制造，使其在风况变化时能够相应改变它们的型面，从而改善空气动力响应和叶片受力状况，增加可靠性和对风能的转化量。

另外，还在开发新的空气动力控制装置，如叶片上的副翼，它能够简单、有效地限制转子的旋转速度，比机械刹车更可靠，并且费用低。

3.7　风力机控制技术

3.7.1　风力发电系统模型描述

由于空气动力学的不确定性和发电机、电力电子装置的复杂性，风力发电系统模型的描述很困难。可能影响风力发电机组性能的误差源和不确定性包括：雷诺数的变化，会引起

5%的功率误差；叶片上的沉积物和下雨影响，可造成 20%的功率变化；其他诸如老化、大气条件和电网等因素，在机组的能量转换过程中，都会引起不同程度的功率变化。因此，风力发电系统模型具有很强的非线性、不确定性和多干扰等特点。所有基于某些有效系统模型的控制系统也仅适合于某个特定的系统和一定的工作周期。风力发电机组通常布置在风力资源丰富的地区，如海岛和边远地区，甚至海上，要求能够无人值守运行和远程监控，这就对风力发电机组的控制系统可靠性提出了很高的要求。

3.7.2　风力发电系统自适应控制器

可以采用自适应控制器，以改善风力发电机组在较大运行范围中，功率系数的衰减特性。在自适应控制器中，通过测量系统的输入输出值，实时估计出控制过程中的参数，因此控制器中的增益可调节。在遇到干扰和电网不稳定时，自适应控制器比 PI 控制器有许多优点。但实时参数的估计是其一个主要的缺点，因为它需要耗费大量的时间。自适应控制器还需要一个参考模型，而建立一个精确的参考模型是相当困难的。

3.7.3　风力发电系统模糊控制

模糊控制不需要精确的数学模型，可以高效地综合专家经验，具有较好的动态性能。它基于模糊逻辑的智能控制技术，最近几年已被引入风力发电机组控制领域，并受到重视。基于模糊控制和神经网络的智能控制方案，用模糊控制调节电压和功率，用神经网络控制桨距角及预测风轮气动特性的细节，可参考有关专门文献。这种方案可以较好地满足最大能量获取，保证可靠运行和提供良好的发电质量的控制目标。但是，神经网络调节器是离线训练的，当机组老化或者运行条件变化时，难以较好地实现控制目标。对于高精度的控制问题，模糊控制的效果也还不理想。

第4章 风力机设计规范

成熟产品都是按规范设计的，设计规范是一个产品、一个工厂的根本。规范是人类经验、成果的精华。汽轮机有设计规范，发电机有设计规范，风力机也有全套的设计规范。本章简要概述了风力机设计规范，包括：风力机设计规范；风轮机叶片、轮毂设计规范和风轮机叶片试验、验收规范等。风力机的术语定义规范放在附录三中介绍，论文、著作、工作报告和发言等应采用规范化用语。

4.1 风力机整机设计规范

4.1.1 风力发电机组整机技术要求

4.1.1.1 环境条件

机组在下列环境条件下应能正常运行，达到设计规定的各项性能指标。

(1) 正常环境（气候）条件

——环境温度范围为$-20\sim40℃$；

——湿度$\leqslant95\%$；

——太阳辐射强度$\leqslant1000W/m^2$；

——海拔不超过1000m。

(2) 机组输出端电网条件

——电压范围为额定电压的（$1\pm10\%$）；

——频率范围为额定频率的（$1\pm2\%$）；

——电压对称性，即电压不平衡值（电压负序分量，与正序分量的比例）不超过2%；

——每年电网停电次数少于20次，每次最长停电持续时间不超过1周。

4.1.1.2 性能要求

(1) 机组的切入风速大于2.5m/s，小于5.5m/s；切出风速大于20m/s，小于25m/s。

(2) 机组的额定风速满足JB/T 10300的要求。

(3) 机组最大风能利用系数大于0.4。

(4) 机组在额定工况时，其输出的功率大于或等于额定功率。

4.1.1.3 整机可靠性要求

机组各部件设计寿命$\geqslant20$年。机组年可利用率$\geqslant97\%$。

4.1.1.4 机组动特性要求

机组在所有设计运行工况下和给定使用寿命期内，不发生任何机械及气动弹性不稳定现象，也不产生有害的或过度的振动。机组在正常运行范围内，塔架振动量不超过20mm/s。

4.1.1.5 噪声要求

机组在输出功率为1/3额定功率时，排放的噪声（等效声功率级）≤110dB（A）。在对噪声有要求和限制的区域，机组排放的噪声，符合该区域所执行的相关标准的规定。

4.1.1.6 可维护性与可维修性要求

在机组要维护的部位，应留有足够的调整和维护空间。机组及零部件在质量合格的前提下，具有可维修、可调整和可修复性。塔架高度超过60m的机组，应为维护人员配备安全的提升装置。

4.1.1.7 外观防护要求

机组及部件所有外露部分涂漆或镀层，涂镀层表面光滑、牢固和色泽一致。用在风沙低温区或近海盐雾区的机组，其涂镀层考虑风沙或盐雾的影响。

4.1.1.8 安全要求

(1) 机组的安全防护符合GB18451.1的要求。

(2) 机组为了防雷，有良好的导电通路。塔架需有可靠接地装置，接地电阻小于4Ω。

(3) 电力线路、电气设备、控制柜外壳，及次级回路之间绝缘电阻大于1MΩ。

(4) 在电网停电紧急停机时，所有刹车装置自动按程序投入，且机组停机时的所有状态参数能自动记录保存。

(5) 机组配备必要的消防设备、应急设备和安全标识。

4.1.1.9 功率输出

在正常工作状态下，机组功率输出与理论值的偏差不超过10%；当风速大于额定风速时，持续10min功率输出，不超过额定值的115%。瞬间功率输出不超过额定值的135%。

4.1.2 其他环境条件

除了风速外，其他环境（气候）条件，通过热、光、化学、腐蚀、机械、电或其他物理作用，都会影响风力发电机组的完整性和安全性。综合的气候因素，更会加剧这种影响。

还应考虑下列其他环境条件，并将它们的影响，在设计文件中标明：

温度；湿度；空气密度；太阳辐射；雨、冰雹、冰雪；化学作用物质；机械作用颗粒；雷电；地震；盐雾。

近海环境，还需要考虑附加的特殊条件。

设计中的气候条件可依照惯用值，或气候条件变化范围来确定。选择设计值时，诸多气象条件同时出现的可能性，也应予以考虑。一年周期里，如果风况在正常范围内，气候变化不应影响风力发电机组正常运行。

除了相关存在因素外，极端环境条件还应和正常风况结合起来考虑。

4.1.2.1　正常环境条件

(1) 设备的正常工作环境温度范围−20～40℃；

(2) 最高相对湿度≤95％；

(3) 大气成分为无污染的内陆大气；

(4) 太阳辐射强度＜1000W/m²；

(5) 空气密度为 1.225kg/m³。

由设计者规定附加外部环境条件参数时，这些参数的值应在设计文件中说明。

4.1.2.2　其他极端环境条件

风力发电机组设计中应考虑其他的极端环境条件，如温度、雷电、冰和地震。

(1) 标准级风力发电机组极端生存温度范围设计值，至少应是−20～50℃。

(2) 防雷措施适于标准级风力发电机组。

(3) 应给出标准级风力发电机组结冰时的最低要求。

(4) 应给出标准级风力发电机组地震时的最低要求。

4.1.3　电网条件

设计中要考虑正常的电网条件。当下列参数在下述范围内时，采用正常电网条件。

——电压，额定值±10％；

——频率，额定值±2％；

——电压不稳定，电压的负量与正量的比值不超过 2％；

——断电，假定一年内断电 20 次。风力机设计的最长断电持续时间为一周。

4.2　风轮机叶片、轮毂设计规范

4.2.1　叶片设计要求

应在给定的安全等级下，进行叶片的气动设计，确定风轮的总体参数，计算叶片的性能。必要时，可在风洞中进行叶片模型试验，以验证风轮叶片设计的正确性。应考虑规定的设计工况和载荷情况下，通过计算和（或）试验，使其满足静强度、疲劳强度、稳定性及变形要求，以保证风力机在安全使用寿命期内可靠地运转。

4.2.2　叶片设计规范

4.2.2.1　气动设计

(1) 主要参数选取　在进行风轮叶片气动设计之前，应确定切入风速；切出风速；风轮直径等主要参数。

风轮直径按第 5 章式（5-34）计算。

风能利用系数与叶尖速度比和风轮实度密切相关，风轮实度与叶片数及叶片有关。叶尖速度比与叶片数关系见第 5 章表 5-7，叶尖速度比与风轮实度的关系见第 5 章图 5-8。

(2) 翼型选用　风力机叶片翼型的选用根据升阻比高、失速性能平缓、对粗糙度不敏感、压力中心随迎角变化较小、翼型厚度满足结构设计及受力要求和工艺性能好等原则选择。

4.2.2.2 气动性能参数

在进行风轮叶片的气动设计时，应计算：风能利用系数 C_p；扭矩系数 C_m；风轮轴向推力系数 C_t；叶尖速度比 λ；年输出电量 E_y 计算见第 5 章式（5-35）。

风力发电机组气动性能综合成下列关系曲线：

① 风能利用系数 C_p 与叶尖速度比 λ 的关系曲线；

② 不同风速 V 的风轮扭矩 M 与风轮转速 n 的关系曲线；

③ 输出功率 P 与风速 V 的关系曲线；

④ 年输出电量 E_y 与年平均风速 $\overline{V}_y$ 的关系曲线。

4.2.2.3 设计载荷

应根据规定的设计工况和载荷情况，进行叶片的静载荷和动载荷计算。作用在叶片上的载荷，主要有空气动力、重力、惯性力等。

4.2.2.4 结构设计

在规定的运行工况及外部环境条件下，叶片的结构应满足规定的静强度、疲劳强度和动强度要求。

(1) 材料要求 用于叶片制造的材料按 GB T 25383—2010 中的有关规定。

所选择的材料性能指标及化学成分，应符合现行有效标准或其他有关技术条件要求。材料供应商应提供材料出厂检验合格证。

(2) 叶片结构 应根据叶片承受的外载荷，进行叶片的剖面结构设计和叶片的铺层设计。复合材料的叶片剖面结构，通常为空腹薄壁结构。根据具体受载情况，分别设置大梁、肋条，或在空腹内充填硬质泡沫塑料作为增强材料。

(3) 叶片强度计算

① 叶片静强度计算，应根据规定的设计工况和载荷情况要求进行。

② 叶片的疲劳强度评定，应根据规定的设计工况，和载荷情况编制的适用载荷谱，采用规定的方式进行。

③ 叶片的刚度和质量分布，应至少使其挥舞Ⅰ、Ⅱ阶固有频率、摆振Ⅰ阶固有频率、扭转Ⅰ阶固有频率与激振频率避开一定范围，以避免发生过度振动或共振。

4.2.3 轮毂设计

轮毂是风力机的主要部件，用于安装风轮叶片或叶片组件于风轮轴上。

4.2.3.1 设计要求

(1) 轮毂可以用球墨铸铁、铸钢或钢板焊接而成。焊接轮毂的焊缝必须经过超声波检查，并考虑由于交变载荷引起的焊缝疲劳。

(2) 叶片与轮毂必须采用高强度的螺栓连接，并有防止松动的措施。

4.2.3.2 设计载荷

轮毂的设计载荷，应考虑叶片可能承受的极限载荷和疲劳载荷。对于焊缝，还要考虑风轮的交变应力。

4.2.3.3 强度计算

对轮毂钢板进行静强度计算，且对其焊缝进行疲劳强度分析。强度计算方法按有关规定。

4.3　风轮机叶片设计

本节规定了风力发电机组风轮叶片的通用技术条件。可用于风轮扫掠面积≥40m² 的水平轴风力发电机组风轮叶片。

4.3.1　设计要求

4.3.1.1　气动设计

(1) 总则　叶片气动设计是整个机组设计的基础。为了使风力发电机组获得最大的气动效率，建议所设计的叶片，在弦长和扭角分布上采用曲线变化。设计方法可采用 GB/T 13981 中给出的方法。叶片翼型可采用专门为风力发电机组设计的低速翼型。

(2) 额定设计风速　叶片的额定设计风速，按表 4-1 规定的风区等级进行选取。

表 4-1　风力发电机组的风区等级

风区等级	Ⅰ	Ⅱ	Ⅲ	Ⅳ
参考风速 V_{ref}/m/s	50	42.5	37.5	30
年平均风速 V_m/m/s	10	8.5	7.5	6

(3) 风轮风能利用系数 C_P　为了提高机组的输出能力、降低机组的成本，风轮风能利用系数 C_P 应大于或等于 0.44。

(4) 外形尺寸　叶片气动设计应提供叶片的弦长、扭角和厚度沿叶片径向的分布，以及所用翼型的坐标数据。

(5) 气动载荷　根据气动设计结果，考虑给定的载荷情况，计算作用在叶片上的气动载荷。

(6) 使用范围　叶片的气动设计，应明确规定叶片的适用功率范围。无论是定桨距叶片，还是变桨距叶片，都要求其运行风速范围尽可能宽。对于变桨距叶片，要给出叶片的变桨距范围。

4.3.1.2　结构设计

(1) 总则　叶片安全性设计应根据气动设计中计算的载荷，并考虑机组实际运行环境因素的影响，使叶片具有足够的强度和刚度。保证叶片在规定的使用环境条件下，在其使用寿命期内不发生损坏。另外，要求叶片的重量尽可能轻，并考虑叶片间相互平衡措施。

叶片强度通常由静强度分析和疲劳强度分析来验证。受压部件还应校验稳定性。

静强度分析应在足够多的截面上进行。被验证的横截面的数目取决于叶片类型和尺寸，至少应分析四个截面。在几何形状和/或材料不连续的位置，应研究附加的横截面。

强度分析既可用应变验证，又可用应力验证。应力验证应额外校验最大载荷点处的应变，以证实有没有超过破坏极限。

应通过可靠的分析方法和试验验证，证明叶片能满足各种设计使用情况下的静强度、疲劳强度及气动弹性稳定性要求。

(2) 叶片的设计安全系数，应大于或等于 1.15。

（3） 对于复合材料结构叶片，设计时应满足机组振动、气动弹性不稳定性、机械功能等设计目标的要求。还应保证其在承受 50 年一遇阵风载荷情况下不损坏及对机组造成灾难性的后果。

（4） 叶片的固有频率应与风轮的激振频率避开一定范围，避免产生危险振动或共振。固有频率可以通过计算，也可以通过实测确定。

（5） 应考虑叶片所有设计状态下的颤振，及其他不稳定性。使叶片不产生有害的振动，并分析叶片的动态特性。

（6） 叶片的设计使用寿命大于或等于 20 年，结构设计应满足这一要求。叶片的设计使用寿命，可以通过计算，也可以通过疲劳试验确定。用于疲劳分析验证的载荷谱，可以通过仿真计算得到。载荷循环数，可用雨流计数法确定。

（7） 对于叶片中的机械结构，如变桨距叶片的变桨距系统和定桨距叶片的叶尖气动刹车机构，其可靠性应满足用户的要求。

（8） 叶片的结构设计，还应给出叶片的质量及质量分布、叶片重心位置、叶片转动惯量、叶片刚度及刚度分布、叶片的固有频率（弯曲、摆振和扭转方向）。

（9） 结构设计应给出同轮毂连接的详细接口尺寸。

4.3.1.3 技术要求

（1） 叶片应符合由制造商制定的技术文件要求，叶片图样是其主要技术文件。

（2） 制造叶片所用的材料应有供应商的合格证明，并符合零件图样规定的牌号。化学成分、力学性能、热处理和表面处理，应符合相应标准。

（3） 叶片的零件、组件及外购件应符合生产的技术文件。

（4） 为了满足叶片的气动性能，并考虑叶片加工的工艺性及相应的制造成本，下列公差要求，是叶片批量生产时应达到的最低值。

① 叶片长度公差：$\pm$（$0.1\% \times L$）mm，其中 L 为叶片长度；

② 叶片型面弦长公差：$\pm$（$1.0\% \times c$）mm，其中 c 为翼型型面弦长；

③ 叶片型面厚度公差：$\pm$（$1\% \times t$）mm，其中 t 为翼型型面最大厚度；

④ 叶片型面扭角公差：$\pm 0.3°$；

⑤ 叶片成套重量互差：$\pm 0.3\%$；

⑥ 成套静矩互差：$\pm 0.1\%$。

4.3.2 环境适应性

设计和制造叶片时要考虑环境因素的影响，应进行耐环境设计。采取相应措施，使其具有较高的环境适应性。

叶片在一定程度上暴露在腐蚀性环境条件下，并且不容易接近。由于运行条件的原因，在许多情况下，不可能重做防腐层。因此重视设计、材料选择和防腐保护措施特别重要。

防腐和减轻腐蚀的结构设计，对防腐的实施、效果和可维护性具有重大影响。防腐的基本规则，见 ISO 12944-3 和 ISO 12944-5 的规定。对于不能通过涂层或镀层来防腐的部位，可以选用适当的材料。复合材料叶片应采用胶衣保护层。

环境条件如下。

（1） 叶片设计使用温度范围为 $-30℃\sim50℃$（低温型）。

（2） 叶片设计使用湿度≤95%。

（3） 对于在沿海地区运行的风力发电机组，叶片设计时应考虑盐雾对其各部件的腐蚀影响，并采取相应有效的防腐措施。

(4) 叶片设计时应充分考虑遭雷击的可能性，并采取相应的雷击保护措施。雷击保护系统的设计，按 IEC 61400-24：1999 要求进行。

(5) 叶片设计应考虑沙尘的影响，如沙尘对叶片表面的长期冲蚀，对机械转动部位润滑的影响，以及对叶片平衡造成的影响等。

(6) 对于复合材料叶片，应考虑太阳辐射强度，以及紫外线对材料的老化影响。

4.3.3　安全和环保

叶片的使用和制造，不应对当地居民的安全和环境产生不利影响。

(1) 叶片产生的噪声，是机组噪声的一个组成部分，设计时必须考虑这一因素。

(2) 制造叶片的材料，尤其是复合材料，在制造过程中可能会产生一些有害的物质。因此，应尽量选择适当的材料，使其在制造和使用过程中，不会产生大量有害的粉尘和挥发物，对环境产生不利影响。

4.3.4　叶片材料要求

4.3.4.1　总则

(1) 叶片材料选择应遵守疲劳强度高、静强度适当、在所有环境下的可靠性、重量轻、成本低等准则。

(2) 所选择的材料必须满足设计使用要求，并适合加工制造。

(3) 所选择材料的性能指标及化学成分，应符合现行有效标准或其他有关技术条件要求。

(4) 材料制造商应具备 GB/T 19002 的质量认证体系，应提供材料的合格证和检验单。

(5) 材料应有使用说明书，并按其规定使用。

(6) 主要材料和用于重要零部件的材料，进厂后应进行性能复验。试验类型和范围，按设计要求或有关规定进行。

(7) 不允许使用超期的材料，除非经试验证明性能符合要求，并办理有关手续方可使用。

(8) 代用材料其性能指标及质量等级，应与原使用材料相当。

4.3.4.2　复合材料

(1) 增强材料

① 叶片的增强材料通常选择玻璃纤维及其制品，如粗纱、毡及各类织物。必要时可适当选用碳纤维制品。

② 纤维表面必须进行保护或附着增强型涂层，且要适合于使用的层压树脂。

③ 玻璃纤维应使用 E-玻璃纤维、R 或 S-玻璃纤维，不得使用其他类型的纤维。

④ 纤维及其制品的牌号、性能、规格，应符合现行国家标准或行业标准。

⑤ 性能试验按国家相关标准进行。

(2) 树脂

① 根据用途和要求，可区分为层压树脂和胶衣树脂。如两种树脂混合在一起，或配套使用，必须证明两种树脂相容，除非两种树脂结构相同。

② 胶衣树脂在固化条件下，应具有较好的防潮性和防紫外线辐射，及防其他有害环境影响的性能。并且应具有良好的耐磨性、低吸水性和高弹性。胶衣树脂中，只允许添加触变剂、颜料和固化剂。

③ 层压树脂在铺层时应有良好的浸渍性能，在固化状态有好的防潮性和高的防老化性能。

④ 树脂的所有添加物，如固化剂、促进剂、催化剂、填料和颜料，要与树脂相协调，并且彼此之间要相容，保证树脂完全固化。

⑤ 填料不得影响树脂的主要性能，填料的类型和填加总量可通过试验确定。在树脂中填料的比例应不超过重量的 12%（包括最多 1.5% 的触变剂），触变剂的比例在胶衣树脂中不超过重量的 3%。

⑥ 颜料应不受气候影响，可由无机或不褪色的有机染料物质组成。颜色由用户决定，填加比例按制造商规定，一般按重量的 5%。

⑦ 树脂、固化剂、催化剂、促进剂，应根据制造商的工艺说明书使用。通常应选择冷固化系统，即在 16～25℃ 温度范围内，达到良好固化。

⑧ 树脂及所有添加物的牌号、规格、性能，应符合现行国家标准或有关行业标准。

⑨ 性能试验按国家相关标准进行。

(3) 芯材

① 芯材要满足使用要求，并不影响树脂的固化。

② 金属材料局部加强件要仔细清洗、去油脂、喷砂或用其他方法得到合适的表面状态，以便达到最佳连接。

③ 硬质泡沫塑料可以作为芯材。使用的泡沫塑料应为闭孔结构。

④ 轻质木材可作为芯材。在使用前必须进行灭菌和杀虫处理，并进行热处理及烘干处理，平均水分含量应小于或等于 12%。

(4) 预浸料必须满足组件的要求和适当的保存、使用时间。树脂含量不低于 30%，在工作温度下有适当的黏性。

(5) 胶黏剂只允许使用无溶剂胶黏剂，最好使用双组分、反应型胶黏剂。如果可能，使用与叶片相同的层压树脂。胶黏剂不得降解被黏材料，并能保证叶片的结构性能。

(6) 玻璃纤维增强塑料层板性能要求

① 玻璃纤维增强塑料层板的性能要求：树脂含量（质量）：40%～50%（胶衣、富树脂层除外）；固化程度：环氧树脂＞90%，聚酯＞85%；密度：1.7～1.9g/cm³。

② 单向纤维层压板力学性能要求：拉伸强度：≥500 N/mm²；拉伸模量：≥29000 N/mm²；弯曲强度：≥600 N/mm²；弯曲模量：≥29000 N/mm²。

③ ±90°玻璃纤维增强塑料层板性能要求：拉伸强度：≥200 N/mm²；拉伸模量：≥16000 N/mm²；弯曲强度：≥200 N/mm²；弯曲模量：≥16000 N/mm²。

④ 玻璃纤维增强塑料试验方法：树脂含量按 GB/T 2577 的规定；固化度按 GB/T 2576 的规定；密度按 GB/T 1463 的规定；层板弯曲性能及模量按 GB/T 3356 的规定；弯曲性能按 GB/T 1449 的规定；拉伸性能按 GB/T 1447 的规定。

(7) 金属材料

① 金属材料在满足使用要求的前提下，可选择普通结构钢、锻钢、铸钢、铸铁、铝合金或不锈钢。

② 金属材料要考虑疲劳强度和缺口敏感性，也要考虑低温性能、防腐性能和加工性能。

③ 普通结构钢的屈服强度范围应在 $235 \sim 355 \ N/mm^2$ 之间。

④ 铸钢、铸铁

a. 铸钢可选择一般工程用铸造碳钢或不锈钢。

b. 铸铁只允许选择质量等级高于 4 级的球墨铸铁，或其他更高级材料。

c. 铸件不允许有疏松、热裂、缩孔、气孔、裂纹、氧化皮、砂眼等缺陷。铸件表面应用喷砂、喷丸、化学清理，或其他方法清理。

d. 根据铸造形式，提供的铸件应进行适当热处理。

⑤ 按照耐腐蚀能力和加工性能，选择合适的不锈钢。奥氏体不锈钢，应保持 0.2% 的弹性应变极限，和 0.03% 的最大含碳量，并且有较好的防止晶间腐蚀能力。

⑥ 所有金属材料性能、化学成分，均应符合国家标准或其他有关技术条件。

⑦ 对锻、铸件，应按有关标准进行磁粉探伤、液体渗透探伤、X 射线照相探伤，或超声波探伤等无损检验。

4.4　风轮机叶片试验、验收规范

4.4.1　试验方法

4.4.1.1　总则

所有试验目的是为了验证设计的正确性、可靠性和制造工艺的合理性。为设计和制造工艺的完善和改进，提供可靠的依据。试验结果作为产品定型的审查文件。试验仪器、仪表及量具，应满足测量精度要求。

4.4.1.2　试验报告格式

试验报告应包括：试验目的；试验件或试验模型描述；试验仪器、仪表及量具的精度和灵敏度；试验原理及简明处理方法；试验情况记录；试验数据；试验处理结果；试验结论；试验地点和日期。试验报告应有完整的会签和盖章证明。

4.4.1.3　气动性能试验

(1) 总则　对于新研制的叶片，要求进行风洞模型试验和风场实测。目的是验证风轮叶片在各种工况下的气动性能。对于变桨距叶片，还要试验各个桨距角度下的气动性能。

对于购买专利或许可证生产的叶片，一般只要求进行风场实测。

(2) 风洞试验

① 试验条件

a. 试验风洞要求能够模拟风场实际工况条件；

b. 风洞直径 D 和风轮模型直径 d 的关系：对于开口风洞：$D \geqslant 1.5d$；对于闭口风洞：$D \geqslant 2d$。

② 叶片模型相似准则　几何相似、动力相似。不要求雷诺数相似。但要有可靠的试验数据和理论，进行雷诺数修正。

(3) 风场实测

① 试验地点应考虑自然物（建筑物、树木等）、地形变化、其他风扰动等因素。对这些因素，要根据设计条件进行修正。

② 测试项目包括风速和功率曲线，并由此得出：

a. 风能利用系数 C_p 与叶尖速度比 λ 的关系曲线；

b. 风轮扭矩系数 C_Q 与叶尖速度比 λ 的关系曲线。

4.4.1.4 定桨距叶片的叶尖气动刹车机构功能试验

(1) 总则 在定桨距风力发电机组中，有的叶片设计有叶尖气动刹车机构。在叶片研制过程中，这一机构的功能要进行分析和验证。

(2) 试验件是具有完整尺寸的首件实物叶片。

(3) 试验内容及方法 在试验台架上，通过人工控制施加作用力，迫使叶尖气动刹车机构打开和复位。检查整个机构在打开和复位过程中是否顺利。如有干涉现象，则要采取适当措施。分析和解除这种故障，直到整个机构满足设计要求，并记录下试验过程中进行的所有调整内容。在满足设计要求时，整个试验过程应重复三次。

4.4.1.5 固有特性试验

(1) 总则 对于新研制的叶片，都要求进行叶片固有特性试验。其目的是测量叶片的固有频率，为叶片动力分析、振动控制提供原始依据。并验证动力分析方法的正确性。

(2) 试验条件

① 试验件应从试制批中抽取。

② 试验夹具要保证叶根固定支持，夹具刚度要大于叶片刚度。

③ 试验项目

a. 叶片挥舞方向振动至少一、二阶固有频率；

b. 叶片摆振方向振动至少一阶固有频率；

c. 叶片扭转振动的一阶固有频率（必要时）。

(3) 试验测量方法 根据试验任务书的要求和试验设备等具体条件，可以采用时域法或频域法，对叶片固有特性进行测量。

在用频域法测量时，压电式加速度传感器的安装固定要特别注意，以免影响其额定频响曲线。

4.4.1.6 静力试验

(1) 总则 对于新研制的叶片，要求做叶片静力试验。对于批生产的叶片，在工艺做重大技术更改后，也要求做静力试验。其目的是为了验证叶片的静强度储备，并为校验强度、刚度计算方法，以及结构合理性提供必要的数据。试验测定的有关数据，还可供强度设计、振动分析使用。

(2) 试验条件

① 试验件应是具有静强度试验要求的全尺寸叶片。一般可从试制批中抽取。可作不影响静强度试验的再加工，以便与试验工装连接和加载。件数一般为一件。

② 试验夹具要尽量模拟叶片的力学边界条件，并尽可能小的影响叶片的内力分布。

(3) 试验项目

① 刚度测量：包括挥舞、摆振刚度；必要时，也应测量扭转刚度；

② 静强度试验。

(4) 试验载荷及试验方法 试验应先进行刚度测量，再进行静强度试验。

① 进行刚度测量时，试验载荷不超过设计载荷。在试验载荷作用下，加载部位不得有残余变形和局部损坏。在试验过程中，按任务书规定的试验载荷，采取逐级加载逐级测量的试验方法。对同一试验内容一般不少于 3 次试验。或用不同的试验方法，验证数据的重复性

和准确性。

为了消除加载时因结构间隙带来的非线性，提高数据测量的精度，可采用预加载或其他适宜的试验方法。

试验结果处理可采用最小二乘法。

② 进行静强度试验时，试验载荷应尽量与叶片设计载荷一致。既要满足叶片的总体受力要求，也要满足叶片的局部受力要求。静强度试验顺序：预试；使用载荷试验；设计载荷试验；破坏试验。

其中：

——预试是为了检查试验、测量系统，是否符合试验技术要求和拉紧试验件，消除其间隙。预试载荷为设计载荷的 40%。

——使用载荷试验，是为了确定叶片承受使用载荷的能力。加载梯度不大于设计载荷的 10%。在各级载荷情况下进行应变、位移测量和变形观察。加载到使用载荷后，停留时间不少于 30s。卸载后，叶片不应出现永久变形，也不允许出现折皱等局部失稳。

——设计载荷试验，是为了确定叶片承受设计载荷的能力。在超过使用载荷后，加载梯度不大于设计载荷的 5%。在各级载荷情况下进行应变、位移测量和变形观察。加载到设计载荷后，停留时间不少于 3s，叶片不出现破坏。

——破坏试验，是为了确定叶片的实际承载能力，为强度计算提供数据。加载梯度不大于设计载荷的 5%。不断加载，直至破坏。

4.4.1.7 疲劳试验

(1) 总则　对于新研制的叶片，要求进行疲劳试验。对于批生产叶片，在工艺做重大技术改进后，也要求做疲劳试验。其目的是为了暴露叶片的疲劳薄弱部位，验证设计的可靠性、工艺的符合性。为改进设计、工艺、编制使用维护说明书、确定叶片使用寿命提供依据。

(2) 试验条件

① 试验件应是具有静强度要求的全尺寸叶片，一般可从试制批中抽取。并做不影响静强度要求的再加工，以便与试验工装连接和加载。试验件数根据实际情况取一至二片。

② 试验夹具要尽量模拟叶片的力学边界条件，并尽可能少的影响叶片的内力分布；还要保证载荷谱多点协调加载的实现。

(3) 试验载荷

① 疲劳试验载荷既可以采用程序谱加载，也可以采用等幅谱加载。等幅谱载荷应力幅，按设计载荷包线最大值选取。循环特征依据实际载荷环境确定。对于程序谱加载，载荷谱应根据载荷环境分析及运用应变（或载荷）测量统计结果，得到的使用载荷谱编制。编制载荷谱时，要保证损伤等效，并能实现随机加载。

② 加载误差在最大峰值时，一般小于 5%。

③ 试验载荷要能模拟导致蠕变或结构疲劳强度明显降低和引起任何热应力的影响因素、腐蚀影响等。如果试验设备不能实现环境模拟要求，可考虑其他方法弥补。

④ 对于复合材料叶片，若要加速试验时，试验频率不应导致试验件发热而使疲劳特性受影响。

(4) 试验方法　试验前应对测量系统进行标定。标定载荷至少应达到试验载荷的 80%。试验加载系统和测量系统，要按有关规定进行评定。

按试验任务书要求进行加载，进行应变、变形、载荷测量。对疲劳裂纹的出现，要及时监测、记录准确。当试验结束后，应对试件进行认真的分解检查和断口分析，检查分析结果纳入试验报告。

4.4.1.8 解剖试验

(1) 总则 解剖试验仅适用于复合材料叶片。

解剖试验属于预生产试验范畴，应在工艺试模取得全面检查合格以后进行。目的是确定复合材料叶片各验证位置的材料性能，检查工艺与设计的符合性等。为设计调整、工艺参数修正提供依据。

(2) 试验要求

① 试验件应是工艺试模件。对于材性试验，可根据设计要求铺设局部切面，其他项目试验可选用疲劳试验后的试件。

② 试验件切割位置，由设计按需要在试验任务书中规定。

(3) 试验项目

① 成型工艺质量（型腔节点位置、前后缘黏结质量、内填件的黏结质量等）；

② 主要承力部分材料性能试验（密度、拉伸强度、拉伸模量、剪切模量等）；

③ 质量分布特性。

(4) 试验方法

① 按任务书要求对检验件进行切割。首先检查成型工艺质量，仔细记录检查项目。

② 对主要承力部分按相应国家标准进行材性试验。如果从主要承力部位截取下来的试件不符合标准要求，设计、工艺要协商一致，也可采用随件试件的办法来解决。

③ 对试验切割下来的每段叶片，分别称重，测量重心，绘制沿展向的叶片质量分布曲线。

4.4.1.9 雷击试验

(1) 总则 雷击试验的目的，是为了考核叶片防雷击保护系统的性能，确定叶片抗雷击能力。

(2) 试验条件

① 试验件为全尺寸叶片或模拟样件。

② 雷击试验可在高压实验室内进行。

(3) 试验项目 进行高雷击脉冲电流试验和雷击飞弧试验。

由高雷击脉冲电流试验，验证雷电电流传导系统承载电流的能力。雷击飞弧试验，验证电极的引雷效果。

4.4.1.10 叶片随件试件试验

(1) 总则 叶片随件试件试验仅适用于复合材料叶片。

叶片随件试件试验，是每件叶片生产时都要进行的常规试验，目的是保证工艺、材料稳定性。对于叶片来说，由于实际原因，不可能对产品进行破坏试验。可以对每一片叶片，安排一个随模试件，对其主要性能进行测试。该测试结果按常规检验，填写在叶片履历本或合格证上。

(2) 试验要求 该随模试件要求和叶片一起成型，最好共用一个模具。否则，该试件的工艺参数要求和叶片成型一致。试件尺寸按设计要求，切割成符合材性测量的标准试件。

(3) 试验项目　拉伸强度、拉伸模量、弯曲强度、弯曲模量、剪切强度、剪切模量。

(4) 试验方法按国家相关标准进行。

4.4.2　检验规则及验收

4.4.2.1　检验分类

叶片的检验分出厂检验、型式检验和鉴定检验。

每片叶片均做出厂检验。新产品试制完成时应进行鉴定检验。凡属下列情况之一者应进行型式检验。

(1) 新产品经鉴定定型后，叶片制造商第一次试制或小批量生产时；

(2) 停产一年以上，产品再次生产时；

(3) 正常生产的叶片，自上次试验算起已满三年；

(4) 叶片的设计、生产工艺、主要原材料的变更影响叶片性能时，进行有关项目的试验；

(5) 质量监督机构、叶片制造商和用户三方对产品质量、性能发生异议时，可进行有关项目的试验。

4.4.2.2　出厂检验

(1) 每片叶片均要求检验型面翼型的弦长、扭角、厚度等几何数据；重量及重心位置；叶片连接尺寸、外观质量、随件试件玻璃纤维增强塑料固化度和树脂含量。

(2) 对于具有叶尖制动机构的定桨距叶片，应进行功能试验。

(3) 对叶片内部缺陷，应进行敲击或无损检验。

(4) 对于成套供应的叶片，应检验其配套情况。

(5) 制造商与用户商定的其他检验项目。

4.4.2.3　鉴定检验

叶片在定型鉴定时，应进行气动性能试验、静力试验、解剖试验、固有特性试验、雷击试验、定桨距叶片叶尖制动机构功能试验、疲劳试验。

(1) 型式检验

① 型式检验项目包括：随件试件性能试验、静力试验、固有特性试验、定桨距叶片叶尖制动机构功能试验。

② 质量监督机构以及制造商和用户商定的其他试验项目。

(2) 检验中使用的设备、仪器、工具、标准样品、计量器具均应符合规定的精度等级，并经质量监督机构认可。

4.4.2.4　判定规则和复验规则

(1) 检验结果与产品技术条件及要求不符时，则叶片判定为不合格品。

(2) 型式检验每批检验一至二片叶片。试验中只要有一项指标不合格，就应在同一批中另抽取加倍数量的叶片，对该项目进行复验。若仍不合格，应对该批叶片的该项目逐片检验。

4.4.2.5　不合格品处理

(1) 不合格叶片应做明显标记，并应单独存放或处理，禁止与合格叶片混放。

(2) 对存在轻微缺陷但不影响安全使用和性能要求的叶片，经必要处理，由用户认可后可视为合格品。

4.4.2.6　最终验收

所有叶片经过严格检验，并完成规定试验后，填好产品履历本、合格证、检验单及所需的其他文件交付验收。

4.4.3　叶片的标志和使用维护说明书

4.4.3.1　叶片的标志

(1) 总则　叶片的标志提供了叶片的简要描述，应用耐环境的材料在叶片根部位置固定一个永久性的标志。

(2) 叶片的标志应包括：叶片名称、商标、制造商名称、详细地址、叶片规格、型号、叶片的长度、重量和重心位置等参数。叶片系列编号和制造日期，叶片配套号等内容。

4.4.3.2　叶片使用维护说明书

(1) 叶片使用维护说明书的目的是提供正确使用和维护叶片的必要说明。

(2) 叶片使用维护说明书的格式应符合 GB 9969.1 的规定。

(3) 叶片使用维护说明书的内容包括：制造商，名称，型号，叶片描述；风轮直径，额定输出功率，风轮转速，风轮的功率输出曲线；叶片安装角，切入风速，额定风速，切出风速；叶片技术数据，叶片各部件的安装原理图；叶片安装、运输过程中的吊装位置及吊装要求；叶片使用维护要求。

4.4.4.　叶片包装、贮存、运输

4.4.4.1　包装、贮存

(1) 叶片存放要按技术要求对金属部件进行油封包装，油封期至少为 1 年。复合材料部分不需要包装，但要进行适当的保护，避免磕碰损伤。

(2) 叶片随机文件的内容包括：装箱单，随机备件；附件清单，安装原理图；叶片履历本或合格证，叶片使用维护说明书，及其他有关的技术资料。

(3) 备件、安装工具和随机文件，应装到一个包装箱内，以确保在保管和运输中的完整性。

(4) 叶片可以露天存放，但要对叶片进行适当保护，避免损坏叶片表面。

4.4.4.2　运输

(1) 在叶片运输时，要对叶片启封，对金属部件重新油封包装。并用支架支撑固定牢固，保证叶片在运输过程中不损坏。

(2) 对于叶片的薄弱部位，在运输过程中应安装适当的保护罩。

(3) 在装、卸叶片及运输过程中，避免叶片受力过于集中。内、外螺纹和配合处应当防止碰伤、堵塞等。

第 5 章　风轮机设计

风轮机是一种叶片式机械，风轮机的桨叶与机翼类似，可用机翼升力理论描述。风轮机的风能转换有效性特性，用风能高速特性曲线来描述，风能利用系数相当叶轮机的效率，叶尖风速比相当叶轮机的速比，是风力机最重要的参数。

本章分析风轮机的基本原理，给出风能机工程设计的基本公式和算例。本章还给出工程设计的图解图，可以方便地依据设计风速，要求的功率计算风轮的直径和风轮转速等参数。

5.1　风轮机的基本理论

5.1.1　风性能描述

(1) 瞬时风速和平均风速　风场的风速资料是设计风轮机最基本的资料。风场的实际风速是随时间不断变化的量，因此风速一般用瞬时风速和平均风速来描述。瞬时风速是短时间发生的实际风速，也称有效风速，平均风速是一段较长时间内瞬时风速的平均值。

(2) 风速频率　某地一年内发生同一风速的小时数与全年小时数（8760h）的比称为该风速的风速频率［图 5-1(a)］，它是风能资源和风能电站可研报告的基本数据。风速与地形、地势、高度、建筑物等密切相关，风能桨叶高度处的风速才是风轮机设计风速，因此，设计风轮机电站还要有风速沿高度的变化资料，见图 5-1(b)。

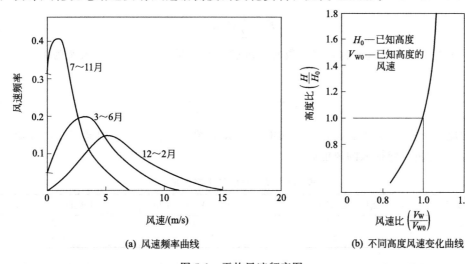

(a) 风速频率曲线　　　　　　　(b) 不同高度风速变化曲线

图 5-1　平均风速频率图

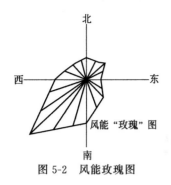

图 5-2　风能玫瑰图

（3）风能玫瑰图　风的变化是随机的，任一地点的风向、风速和持续的时间都是变的，为定量地衡量风力资源，通常用风能玫瑰图来表示（图 5-2）。图上射线长度是某一方向上风速频率和平均风速三次方的积，用以评估各方向的风能优势。

5.1.2　风能和风的能量密度

（1）空气密度　风是空气，空气可视为理想气体，满足状态方程

$$pv = RT \qquad (5-1)$$

根据空气状态方程可计算风场的空气密度 ρ。空气密度 ρ 与风的能量密度、风轮机功率成正比，是风力发电场计算的重要参数。

由状态方程 $pv = RT$，可求得空气比容 $v = \dfrac{RT}{p}$ 及密度 $\rho = \dfrac{1}{v} = \dfrac{p}{RT}$。例如大气温度为 15℃、大气压力为 1ata（1ata = 1.033×10^4 Pa）的空气密度为

$$\rho = \frac{p}{RT} = \frac{1.033 \times 10^4}{29.3 \times 288} = 1.224 \ (\text{kg/m}^3)$$

不同海拔高度风场的空气密度见表 5-1。

表 5-1　海拔高度与大气压、大气密度关系（大气温度 15℃ = 288K）

海拔/m	大气压/（×10⁵Pa）	v/(m³/kg)	ρ/(kg/m³)	海拔/m	大气压/（×10⁵Pa）	v/(m³/kg)	ρ/(kg/m³)
0	1.013	0.817	1.224	500	0.955	0.866	1.155
100	1.001	0.826	1.211	1000	0.899	0.920	1.087
200	0.989	0.836	1.196	1500	0.847	0.977	1.024
300	0.978	0.846	1.182	2000	0.797	1.038	0.963
400	0.966	0.857	1.167				

（2）风能量密度　设风速为 V_w，1m³ 空气的动能为

$$E = \frac{1}{2}\rho V_w^2 \qquad (5-2)$$

每一平方米与空气流速相垂直的截面上流过的空气量 q 为 V_w，故风速为 V_w 的风其能量密度 E' 为

$$E' = Eq = EV_w = \frac{1}{2}\rho V_w^3 \qquad (5-3)$$

风的能量密度 E' 是评定风轮机做功能力的关键参数（表 5-2）。由式（5-2）可知，风速 V_w 越高，风轮机可能提取的风能越大。

表 5-2　风速与能量密度关系

风速(V_w)/(m/s)	能量密度(E')/(W/m²)	风速(V_w)/(m/s)	能量密度(E')/(W/m²)
5	75	15	2025
10	600	20	4800

（3）平均风能密度　风能开发的可行性常用平均风能密度 $\overline{E'}$ 来评价风场的风能资源，用一天 24h 的逐时风速数据，按 1m/s 为间隔：1、2、3、…、20 等级风速（一般 3～20m/s

的风速为有效风速），和各等级风速全年的累计小时 N_1，N_2，$\cdots$，N_{20} 来计算。按年平均的风能密度 $\overline{E}'$ 由下式计算得出

$$\overline{E}'=\frac{\sum\limits_{i-1}^{i}\frac{1}{2}N_i\rho V_{Wi}^3}{\sum\limits_{i=1}^{i}N} \tag{5-4}$$

5.1.3　风能利用系数

(1) 进出口风的动能差　经风轮做功后的风也有一定流速和动能，因此风的能量只能被部分转化为机械能。风轮前后流场见图 5-3。

设 $\rho_a=\rho$，$p_C=p$，$V_{Wa}\approx V_{Wb}\approx V_{Wt}$

由伯努利方程　　　　$\dfrac{1}{2}\rho(V_W^2-V_{WC}^2)=p_a-p_b$　　　　　　　　(5-5)

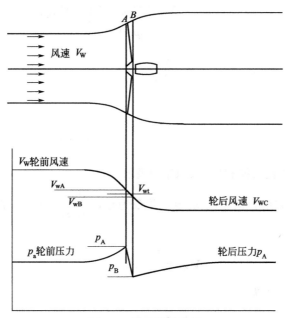

图 5-3　风轮前后流场

作用在风轮上的轴向力

$$F=A(p_a-p_b)=\frac{1}{2}\rho A(V_W^2-V_{WC}^2) \tag{5-6}$$

　　式中，A 为桨叶扫过的面积，m^2，$A=\pi r^2$。

质量流量　　　　　　　　　　$q_m=\rho A V_{Wt}$

由动量定理和上式可导得，桨叶中的平均风速等于轮前、轮后风速的平均值。

$$V_{Wt}=\frac{1}{2}(V_W+V_{WC}) \tag{5-7}$$

从风能中可能提取的能量 E' 是进出口风的动能差，并代入 q_m，V_{Wt}

$$E^* = \frac{1}{2}q_m V_W^2 - \frac{1}{2}q_m V_{WC}^2 = \frac{1}{2}\rho A V_{Wt}(V_W^2 - V_{WC}^2) = \frac{1}{4}\rho A(V_W + V_{WC})(V_W^2 - V_{WC}^2)$$

(5-8)

（2）风能利用系数导出　已知输入风轮的能量为

$$E_{in}^* = E'A = \frac{1}{2}\rho A V_W^3$$

(5-9)

风能利用系数

$$C_P = \frac{可能提取的风能}{输入的风能} = \frac{E^*}{E_{in}^*}$$

(5-10)

可能提取的能量

$$E^* = C_P \times \frac{1}{2}\rho A V_W^3$$

(5-11)

代入各值得

$$C_P = \frac{0.25\rho A(V_W + V_{WC})(V_W^2 - V_{WC}^2)}{0.5\rho A V_W^3}$$

(5-12)

令

$$\frac{V_{WC}}{V_W} = a$$

代入得风能利用系数

$$C_P = \frac{(1+a)(1-a^2)}{2} = f(V_W, V_{WC})$$

(5-13)

可由式(5-13)求得风轮机风能利用系数 C_P 的极值。

进口风速 V_W 是已知的，对 V_{WC} 求导，并令为零，$\dfrac{dC_P}{dV_{WC}} = 0$，求得风能利用系数 C_P 为极大值时的轮后风速

$$V_{WC} = \frac{V_W}{3}, \quad a = \frac{1}{3}$$

(5-14)

风能利用系数 C_P 的极大值为

$$C_{P\,max} = 0.593$$

(5-15)

最大理想可能利用的风能为

$$E_{max}^* = 0.593 E_{in}^* = 0.593 \times \frac{1}{2}\rho A V_W^3$$

(5-16)

理想风轮机的能量密度

$$E'_{max} = 0.593 \times \frac{1}{2}\rho V_W^3$$

(5-17)

5.1.4　风轮机的桨叶设计

（1）作用桨叶上的力分析　风轮机也是一种叶片机，风轮机的桨叶与机翼类似，可用"机翼理论"描述。风作用于桨叶上的力见图 5-4。

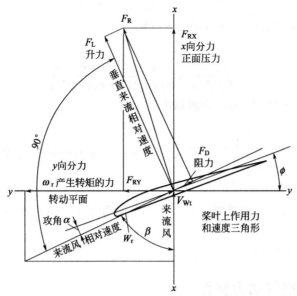

图 5-4　风作用于桨叶上的力分析

（2）扭曲桨叶设计　桨叶很长，沿径向圆周速度不同，在不同的桨叶截面上就有不同的来流相对速度，有不同的进口冲角，作用于桨叶上的力就不同［图 5-5(a)］。为了在各桨叶截面上有最佳的冲角和产生最大的升力，沿高度桨叶做成扭曲的［图5-5(b)］，与汽轮机采用扭曲叶片相类似。

由图 5-5 可知，$\beta = 90° - \alpha - \varphi$，作用于桨叶片的切向分力

$$F_{RX} = F_L \sin\beta + F_D \cos\beta \tag{5-18}$$

作用于桨叶片的轴向分力

$$F_{RY} = F_L \cos\beta - F_D \sin\beta \tag{5-19}$$

令阻力/升力比

$$\frac{F_D}{F_L} = k$$

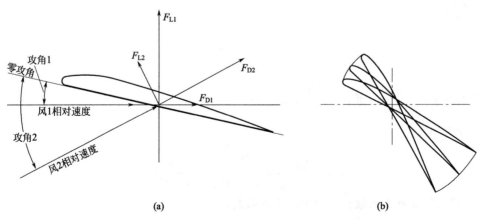

(a)　　　　　　　　　　　　　　　　　**(b)**

图 5-5　不同的来流相对速度的风作用于桨叶上的力

则上两式可改写为

$$F_{RX} = F_L \sin\beta (1 + k \cot\beta) \tag{5-20}$$

$$F_{RY} = F_L \cos\beta (1 - k\tan\beta) \tag{5-21}$$

作用于桨叶上的有用功 $F_{RY}\omega_r$　　输入功为 $F_{RX}V_W$

故桨叶效率为

$$\eta = \frac{F_{RY}\omega_r}{F_{RX}V_W} = \frac{F_L\cos\beta(1-k\tan\beta)\omega_r}{F_L\sin\beta(1+k\cot\beta)V_W} \tag{5-22}$$

因 $u\sin\beta = \omega_r\cos\beta(V_W-$风速$)$（$\omega_r$ 为圆周速度）

$$\eta = \frac{1-k\tan\beta}{1+k\cot\beta} = \frac{1-k\dfrac{\omega_r}{V_W}}{1+k\dfrac{V_W}{\omega_r}} = f\left(k, \frac{\omega_r}{V_W}\right) = f(桨叶型线阻升比,周速风速比) \tag{5-23}$$

周速风速比 $\dfrac{\omega_r}{V_W}$ 是风轮机设计的重要参数，就像汽轮机设计中的速比 $\dfrac{u}{C_0}$ 一样，$\dfrac{\omega_r}{V_W}$ 增大，效率 η 开始增大，后来减小，有一最佳 $\left(\dfrac{\omega_r}{V_W}\right)_{opt}$。

5.1.5　风轮机的空气动力特性

(1) 风轮机功率　风轮机功率＝转矩$(M)\times$角速度(ω)，风轮机的功率又可表示为 $\dfrac{1}{2}A\rho V_W^3 C_P$。

所以有

$$风能机功率 = M \times \omega = \frac{1}{2}A\rho V_W^3 C_P \tag{5-24}$$

(2) 风能利用系数和叶尖速度比的关系　由式(5-24)移项得

$$C_P = \frac{2M\omega}{\rho A V_W^3} \tag{5-25}$$

令叶尖速度比为 $\lambda = \dfrac{\omega_r}{V_W}$（也称风轮机高速特性数），$\omega = \dfrac{\lambda V_W}{r}$

因 $\omega = \dfrac{2\pi n}{60}$，代入

$$\lambda = \frac{\omega_r}{V_W} = \frac{\pi n r}{30 V_W} \tag{5-26}$$

由式(5-25)$C_P = \dfrac{2M\omega}{\rho A V_W^3}$，而 $\omega = \dfrac{\lambda V_W}{r}$，$A = \pi r^2$

代入 C_P 表达式

$$C_P = \frac{2M\omega}{\rho A V_W^3} = \frac{2M\dfrac{\lambda V_W}{r}}{\rho \pi r^2 V_W^3} = \frac{2M\lambda}{\pi r^3 \rho V_W^2} \tag{5-27}$$

式(5-27)即为风能利用系数和叶尖速度比关系式。

(3) 无量纲转矩和叶尖速度比关系

$$\frac{C_P}{\lambda} = \frac{2M}{\pi r^3 \rho V_W^2} = \overline{M}$$

由式(5-27)移项得

$$\frac{2M}{\pi r^3 \rho V_W^2} = \overline{M}$$

式中，$\overline{M}$ 为无量纲转矩。

则

$$\overline{M} = \frac{C_P}{\lambda} = f_2(\lambda) \qquad (5-28)$$

式(5-28)即为无量纲转矩和叶尖速度比的关系式。

$C_P = f_1(\lambda)$，$\overline{M} = f_2(\lambda)$ 的关系曲线称为风轮机空气动力特性曲线（图 5-6、图 5-7），一般可由模型试验或理论计算得到。由特性曲线可方便比较各种风轮机的空气动力特性，也是风轮机设计最重要的依据。

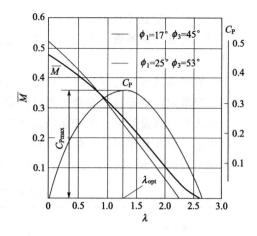

图 5-6 多叶片风轮机空气动力特性曲线

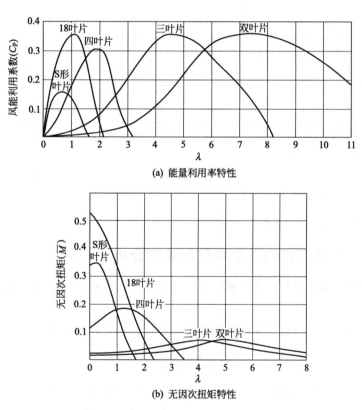

(a) 能量利用率特性

(b) 无因次扭矩特性

图 5-7 典型风轮机空气动力特性曲线

5.2 风力机设计要求

5.2.1 风力机设计安全等级

风力机可按下面两种设计安全等级中的一种进行设计。

(1) 一般安全等级 失效的结果可能导致人身伤害或造成经济损失和产生社会影响时，

采用这一设计安全等级。

（2）特殊安全等级 安全问题可通过局部调整或制造厂与用户间协商解决时，采用这一设计安全等级。

一般等级风力机的安全系数由下面的原则设计。特殊等级风力机的安全系数由制造厂与用户协商取定，根据特殊安全等级设计定义为 S 级风力机。

风力机分级设计要考虑安装场地类型。风力机等级取决于风速和湍流参数。分级的目的是达到最大限度利用风力，使风速和湍流参数在不同的场地大体吻合。由风速和湍流参数来决定风力机的等级。表 5-3 规定了确定风力机等级的基本参数。

表 5-3　风力机等级基本参数

风力机等级		正常安全等级				特殊安全等级
		I	II	III	IV	S
V_{ref}/(m/s)		50	42.5	37.5	30	设计值 由设计者规定
V_{ave}/(m/s)		10	8.5	7.5	6	
A	I_{15}	0.18	0.18	0.18	0.18	
	a	2	2	2	2	
B	I_{15}	0.16	0.16	0.16	0.16	
	a	3	3	3	3	

注：表中数据为使用的轮毂高度处值，其中：A 表示较高湍流特性的类型；B 表示较低湍流特性的类型；I_{15} 为 $V=15$m/s 时的湍流强度特性值；a 为斜率参数。

S 级为更高的风力机等级。S 级风力机的设计值由设计者选取，并在设计文件中说明。近海安装的风力机要求设计为 S 级。

风力机的设计寿命应为 20 年。

5.2.2　一般等级风力机的安全系数和强度分析

安全系数取决于载荷和材料的不确定性、分析方法的不确定性以及失效零件的重要性等因素。

（1）安全系数 计算的载荷实际值可能有偏差，为保证部件设计安全，载荷的设计值要考虑载荷安全系数。

$$F_d = \gamma_f F_k \tag{5-29}$$

式中，F_d 为载荷的设计值；γ_f 为载荷安全系数；F_k 为载荷的实际值。

$$f_d = \frac{1}{\gamma_m} f_k \tag{5-30}$$

式中，f_d 为材料的设计值；γ_m 为材料安全系数；f_k 为材料性能值。

载荷安全系数要考虑载荷实际值偏差、载荷模型误差、材料性能偏差、零件截面阻抗或结构承载能力计算不准确性、几何参数的误差、零件材料性能与试验样品性能差别等。

风力机最大极限状态的强度振动分析包括极限强度分析、疲劳损伤分析、稳定性分析（弯曲等）和临界挠度分析（叶片与塔架机械干扰等）。

最大极限状态的强度判据公式（设计载荷小于材料强度）为：

$$\gamma_n \times S\ (F_d) \leqslant R\ (f_d) \tag{5-31}$$

(2) 极限强度分析　一般来讲，R 就是材料抗载能力允许设计值，在此，$R(f_d) = f_d$，而极限强度函数 S 通常认为是结构最大应力值。对同时作用的多个载荷公式变为：

$$S(\gamma_{f1}F_{k1}, \cdots, \gamma_{fn}F_{kn}) \leqslant \frac{1}{\gamma_m \times \gamma_n} \times f_k \tag{5-32}$$

① 载荷安全系数　各种载荷可分别进行计算，载荷安全系数见表 5-4。

表 5-4　载荷安全系数 γ_f

载荷来源	非良性载荷			良性载荷
	设计工况类型			所有设计工况
	正常和极限	非正常	运输、安装	
空气动力	1.35	1.1	1.5	0.9
工作	1.35	1.1	1.5	0.9
重力	1.1/1.35①	1.1	1.25	0.9
其他惯性力	1.25	1.1	1.3	0.9

①因质量而非因重量产生。

② 无通用设计规范的材料安全系数　材料安全系数根据材料性能试验数据确定。考虑到材料强度的可变性，当使用 95% 置信度及 95% 幸存率的典型材料性能时，所用的材料一般局部安全系数应不小于 1.1。如果要获得其他幸存率 P（但置信度为 95%）和/或变异系数 δ 为 10% 或高于 10% 的典型材料性能，根据表 5-5 选取一般的系数。

表 5-5　材料通用安全系数（由固有可变性）

P	$\delta = 10\%$	$\delta = 15\%$	$\delta = 20\%$	$\delta = 25\%$	$\delta = 30\%$
99%	1.02	1.05	1.07	1.12	1.17
98%	1.06	1.09	1.13	1.20	1.27
95%	1.10	1.16	1.22	1.32	1.43
90%	1.14	1.22	1.32	1.45	1.60
80%	1.19	1.30	1.44	1.62	1.82

重大失效安全系数：一类零件：$\gamma_n = 1.0$；二类零件：$\gamma_n = 1.0$。

(3) 疲劳损伤分析　疲劳损伤可通过疲劳损伤计算来估计。例如，根据梅纳准则，累积损伤超过 1 时即达到极限状态。所以在风力机寿命内，疲劳损伤判据是累积损伤应小于或等于 1。

$$疲劳损伤 = \sum_i \frac{n_i}{N(\gamma_m \gamma_n \gamma_f S_i)} \leqslant 1.0 \tag{5-33}$$

式中，n_i 为载荷特性谱 i 区段中疲劳循环次数，包括所有载荷情况；S_i 为 i 区段中与循环次数对应的应力（或应变）水平，包括平均应力和应力幅的影响；$N_{(\gamma_m, \gamma_n, \gamma_f)}$ 为至零件失效的循环次数，它是应力（或应变）函数的变量（即 S-N 特性曲线）；γ_m，γ_n，γ_f 分别为材料安全系数、重大失效安全系数和载荷安全系数。

① 载荷安全系数　正常和非正常设计工况载荷安全系数 γ_f 均为 1.0。

② 设计规范不适用时的材料安全系数　当幸存率不小于 95% 和置信度为 95%，伸长率为 10% 时，由 S-N 曲线提供的材料安全系数 γ_m 为 1.1。如果材料特性为其他幸存率 P 和其他伸长率 δ，则相应的通用材料安全系数查表 5-5。重大失效安全系数为一类零件为 $\gamma_n = $

1.0，二类零件为 $\gamma_n=1.15$。

(4) 临界挠度分析　应验证设计工况风力机的安全变形，最重要的是验证叶片与塔架之间无机械干扰。

应确定载荷情况不利方向上的最大弹性变形，并乘以载荷安全系数、材料安全系数和重大失效安全系数。

由测量或在测量基础上的分析得出的载荷值如果把握性较大，可以采用较低的载荷安全系数。

5.2.3　风力机设计要求

风力机设计应满足的条件包括外部条件、设计工况载荷、局部安全系数、结构强度振动分析、零部件设计、系统设计以及噪声等。

5.2.3.1　外部条件

设计风力机时，应考虑环境、电网和土壤参数，并应在设计文件中明确规定。环境条件包括风况和其他外部条件；电网条件是指电网周波频率等；土壤特性关系到风力机的基础设计。

每种外部条件又分为正常外部条件和极端外部条件。正常外部条件一般涉及的是长时期的结构受载和运行状态。而极端外部条件是罕见的，但影响风力机的安全性。考虑风力机等级设计时，要同时考虑正常和极端外部条件。

其他环境（气候）条件如热、光、腐蚀、机械、电或其他物理作用都会影响风力机的安全性和完整性。至少应考虑温度、湿度、空气密度、阳光辐射、雨、冰雹、雪和冰、化学活性物质、机械活动微粒、雷电、地震、盐雾等其他环境条件。

近海环境风力机还要考虑附加特殊条件。

(1) 正常环境条件　机组正常运行环境温度范围为 $-20\sim+40℃$（对于北方型风力机，低温为 $-30℃$）；相对湿度不大于 95%；大气成分含量与无污染的内陆大气相当；阳光辐射强度为 1000W/m^2；空气密度为 1.225kg/m^3。

(2) 极端环境条件　风力机设计应考虑的其他极端环境条件有极端温度、雷电、冰和地震。

①对于标准风力机等级，极端温度范围的设计值应至少是 $-20\sim+50℃$（对于北方型风力机，低温为 $-30℃$）。

②对于标准等级的风力机，应考虑相关的闪电防护措施。

③对于标准等级的风力机，应给出最低防冰要求。

④对于标准等级的风力机，应给出最低防震要求。

(3) 电网条件　采用正常电网条件的范围为：电压额定值 $\pm10\%$；频率额定值 $\pm2\%$；电压负序分量与正序分量的比率不超过 2%；假定电网停电每年 20 次，按最长停电持续时间设计风力机，最长停电持续时间应至少考虑一周。

5.2.3.2　结构设计要求

(1) 应考虑的载荷　风力机的结构设计以承载零部件结构完整性验证为基础。应通过计算和（或）试验验证结构件的极限强度和疲劳强度，以证实风力机的结构完整性。应用适当的方法进行计算，说明计算方法有效性。

设计计算应考虑的载荷包括以下几方面。

① 重力和惯性力 由于振动、转动、地球引力和地震引起的，作用在风力机上的静态和动态载荷；由气流引起的气动载荷静态和动态载荷。

② 气流力 取决于风轮转速、通过风轮平面的平均风速、湍流、空气密度和风力机零部件的气动外形及相互影响（包括气动弹性效应）。

③ 运行载荷 是由于风力机的运行和控制产生的，与风轮转数的控制有关，例如叶片变距控制引起的扭力。运行载荷包括由风轮停转和启动、发电机接通和脱开引起的传动链机械刹车和瞬态载荷，以及偏转载荷等。

④ 其他载荷 如波动载荷、尾流载荷、冲击载荷、冰载荷等。

(2) 设计工况和载荷情况 确定载荷情况应以具体的装配、吊装、维修、运行状态或设计工况同外部条件的组合为依据。

设计载荷工况通常用于确定风力机结构完整性设计，包括正常设计工况和正常外部条件；正常设计工况和极端外部条件；故障设计工况和允许的外部条件；运输、安装和维修设计工况和适当的外部条件。

在每种设计工况中，应考虑用几种设计载荷情况，验证风力机零部件的结构完整性，见表 5-6。

表 5-6 设计载荷情况

设计工况	DLC	风况[1]	其他条件	分析类型	局部安全系数
1. 发电	1.1	NTM $V_{hub}=V_r$ 或 V_{out}		U	N
	1.2	NTM $V_{in}<V_{hub}<V_{out}$		F	[2]
	1.3	ECD $V_{hub}=V_r$		U	N
	1.4	NWP $V_{hub}=V_r$ 或 V_{out}	外部电气故障	U	N
	1.5	EOG$_1$ $V_{hub}=V_r$ 或 V_{out}	电气接头损坏	U	N
	1.6	EOG$_{50}$ $V_{hub}=V_r$ 或 V_{out}		U	N
	1.7	EWS $V_{hub}=V_r$ 或 V_{out}		U	N
	1.8	EDC$_{50}$ $V_{hub}=V_r$ 或 V_{out}		U	N
	1.9	ECG $V_{hub}=V_r$		U	N
2. 发电和故障	2.1	NWP $V_{hub}=V_r$ 或 V_{out}	控制系统故障	U	N
	2.2	NWP $V_{hub}=V_r$ 或 V_{out}	保护系统或前面的内部电气故障	U	A
	2.3	NTM $V_{in}<V_{hub}<V_{out}$	控制或保护系统保障	F	[2]
3. 启动	3.1	NWP $V_{in}<V_{hub}<V_{out}$		F	[2]
	3.2	EOG$_1$ $V_{hub}=V_{in}$，V_r 或 V_{out}		U	N
	3.3	EDC$_1$ $V_{hub}=V_{in}$，V_r 或 V_{out}		U	N
4. 正常关机	4.1	NWP $V_{in}<V_{hub}<V_{out}$		F	[2]
	4.2	EOG$_1$ $V_{hub}=V_r$ 或 V_{out}		U	N
5. 应急关机	5.1	NWP $V_{hub}=V_r$ 或 V_{out}		U	N
6. 停机（静止或空转）	6.1	EWM $V_{hub}=V_{e50}$	电网可能损坏	U	N
	6.2	NTM $V_{hub}<0.7V_{ref}$		F	[2]

设计工况	DLC	风况①	其他条件	分析类型	局部安全系数
7. 停机和故障状态	7.1	EWM $V_{hub} = V_{e1}$		U	A
8. 运输、组装、维护和修理	8.1	由制造商规定		U	T

①若未规定切出风速 V_{out}，则应使用 V_{ref} 值。
②疲劳局部安全系数［见 4.2.2(3)］。

5.2.3.3　风轮叶片设计要求

叶片的气动设计应在给定的安全等级下进行，以确定风轮的总体几何参数和计算叶片的性能。必要时可在风洞中进行叶片模型试验，以验证风轮叶片设计的正确性。在规定的设计工况和载荷情况下，通过计算、分析和(或)试验，使其满足静强度、疲劳强度、稳定性及变形要求，以保证风力机在安全使用寿命期内可靠地运转。

(1)叶片气动设计　进行风轮叶片气动设计之前，先确定切入风速、切出风速和风轮直径等主要参数。

① 风轮参数计算　风轮直径按式(5-34)计算

$$D = \sqrt{\frac{8P_r}{C_P \rho_0 V_r^3 \pi \eta_1 \eta_2}} \qquad (5-34)$$

式中，D 为风轮直径，m；P_r 为风力机额定功率，kW；C_P 为风能利用系数；V_r 为额定风速，m/s；η_1 为发电机效率；η_2 为机械传动系统效率。

叶尖速度与风轮实度密切相关，风轮实度与叶片数及叶型有关。叶尖速度比与叶片数关系见表 5-7。速度比与叶轮实度的关系见图 5-8。

表 5-7　速度比与叶片片数关系

叶尖速度比	1	2	4		≥5
叶片片数	8～24	6～12	3～6	2～4	2～3

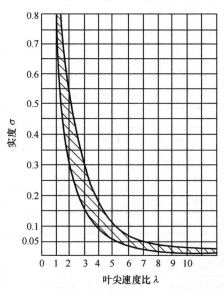

图 5-8　速度比与风轮实度关系曲线

② 风力机叶片翼型选择　风力机叶片的翼型根据升阻比高、失速性能平缓、压力中心随迎角变化小、翼型相对厚度满足结构设计要求、工艺性好等原则选择。

(2)叶片气动性能参数计算　风轮叶片气动设计计算包括风能利用系数 C_P、扭矩系数 C_m、风轮轴向推力系数 C_t、叶尖速度比 λ 和风力机年输出能量 E_y 等。

风力机年输出能量由下式计算：

$$E_y = 8760 \times \sum_{V_i=1}^{18} f_{V_i}^{\overline{V}} P_{V_i} \tag{5-35}$$

其中

$$f_{V_i}^{\overline{V}} = \frac{\pi}{2}\left(\frac{V_i}{\overline{V}_y^2}\right)\exp\left[-\frac{\pi}{4}\left(\frac{V_i}{\overline{V}}\right)^2\right] \tag{5-36}$$

式中，E_y 为年输出能量，kW·h；V_i 为区间风速增量的中间值，m/s；P_{V_i} 为对应于风速 V_i 的功率，kW；$\overline{V}_y$ 为年平均风速，m/s；$\overline{V}$ 为平均风速，m/s。

计算的风力机性能参数由下列关系曲线表示：风能利用系数 C_P 与叶尖速度比 λ 的关系曲线；不同风速 V 的风轮扭矩 M 与风轮转速 n 的关系曲线；输出功率 P 与风速 V 的关系曲线；年输出能量 E_y 与年平均风速 $\overline{V}_y$ 的关系曲线。

(3)叶片结构设计　叶片结构设计应满足规定的静强度、疲劳强度和动强度等要求。应根据叶片承受的外载荷进行叶片的剖面结构设计和叶片的铺层设计。复合材料的叶片剖面结构通常为空腹薄壁结构，根据具体受载情况分别设置梁帽、大梁或在空腹内充填硬质泡沫塑料作为增强材料。

叶片的刚度和质量分布应至少使其横向Ⅰ、Ⅱ阶固有频率、摆振Ⅰ阶固有频率和扭转Ⅰ阶固有频率避开激振频率，以免发生共振。

5.2.3.4　轮毂设计要求

轮毂可以用球墨铸铁、铸钢或钢板焊接而成。焊缝必须经过超声波检查，并考虑由于交变载荷引起的焊缝疲劳。叶片与轮毂必须采用高强度的螺栓连接，并有防止松动的措施。

必须按叶片可能承受的最大离心载荷和其他载荷对轮毂进行静强度计算，对焊缝进行疲劳强度分析。

5.2.3.5　齿轮传动装置设计要求

风力机齿轮传动装置包括低速轴、增速器、轮毂主轴以及联轴器等。传动系统中设有润滑装置和必要的支承。齿轮传动装置应能承受所规定的极限限制状态载荷，包括静载荷和动载荷。在传动装置工作转速范围内，传动轮系、轴系应不发生共振。

(1)齿轮传动装置设计要求

① 传动装置中装有润滑、冷却装置和油位测量设备。在散热器后和进入传动装置前设置油温和压力监测设备。有一套清洁润滑油的装置。使用活动口盖，以便检查齿圈。传动装置机械零部件应进行防腐蚀设计。

② 轮毂轴应采用单键或双键把风轮的转矩传递给主轴。主轴必须装配牢固、拆卸方便，并避免装配中应力集中。

③ 风力机锁定风轮用的轴端螺母要越转越紧而不松脱，主轴螺母的螺纹应特殊设计。如果顺风向看，风轮是顺时针旋转，则螺母要用左旋螺纹，反之要用右旋螺纹。

④ 主轴材料应具有强度、塑性、韧性三方面都好的力学性能。

⑤ 主轴上的推力轴承按最大气动推力来设计。

（2）齿轮传动装置的设计载荷　齿轮传动装置的主轴主要设计载荷有工作转矩、风轮的陀螺力矩以及风轮重力载荷等。传动装置的传扭部件应考虑静、动扭转载荷。其动载荷部分取决于驱动端（风轮）、传动端（发电机）的特性和主动与从动部件（轴和联轴器）的质量、刚度和阻尼值。

传动装置载荷谱可通过实测得到或通过计算确定。如果使用简化等幅载荷谱来设计风力机的传动装置，动载荷可使用系数 1.5 修正。3 片叶片的风力机可以使用系数 1.3 来修正。如果原型机上的测量数据对风力机载荷谱确定积累了丰富的经验，则用于修正的系数可相应取小。

（3）强度计算

① 静强度计算　主轴一般仅进行静强度计算。在进行强度计算时应综合考虑主轴上工作转矩、风轮的陀螺力矩以及风轮所受的重力的综合影响。

风力机传动装置轮齿静强度计算应使用以下安全系数：轮齿表面接触静强度计算取安全系数≥1.0；轮齿齿根断裂静强度计算取安全系数≥1.4。

轮齿静强度计算采用最大扭矩载荷。轮齿齿根和其表面上的应力值不超出齿根断裂和表面形成凹坑的强度极限值。

轴及其连接件静强度计算用的载荷按最大载荷确定。

② 疲劳强度计算　齿轮轮齿疲劳强度分析建立在轮齿应力分析和疲劳特性（S-N 曲线）基础上。应力分析根据载荷谱采用适用应力分析程序进行，疲劳特性查有关手册，疲劳损伤破坏可根据"线性损伤累积理论"来确定。

轮齿疲劳分析使用以下安全系数。

a. 按典型载荷谱计算：齿表面接触疲劳强度计算取安全系数≥1.2；齿根弯曲疲劳强度计算取安全系数≥1.5。

b. 按简化载荷谱计算：齿表面接触疲劳强度计算取安全系数≥1.3；齿根弯曲疲劳强度计算取安全系数≥1.7。

其他连接件一般不需进行疲劳强度分析。

5.2.3.6　偏航系统设计要求

风力机偏航系统包括主动偏航系统和被动偏航系统。主动偏航系统依据风向仪感受的信息，由控制系统自动执行偏航。被动偏航系统用人工操作。

偏航系统有齿轮驱动和滑动两种形式。齿轮驱动形式的偏航系统一般由齿圈（带齿的轴承环）、偏航齿轮和驱动电机及摩擦刹车装置（或偏航刹车装置）组成。作用是保证风轮始终处于迎风状态，使风力机有效地获得风能。

（1）偏航系统设计要求

① 偏航环分内齿和外齿两种形式　一般用内齿形式，内齿啮合与受力效果较好。对于主动偏航系统，机舱偏航对风力矩由驱动电机提供，其力由偏航齿轮传至塔体。

偏航环内齿的偏航环轴承与塔顶分别与机舱和塔体用螺栓连接，外圈与机舱底座连接，内圈与塔顶法兰盘连接。

② 偏航齿轮驱动电机带有电刹车装置　当驱动偏航齿轮时，刹车装置松开。当要维持机舱方向不变时，采用电刹车装置（一般用于维修）。为避免振荡的风向变化，引起偏航轮齿产生交变载荷，采用偏航阻尼器，吸收微小自由偏转振荡，防止偏航齿轮的交变应力引起轮齿过早损伤。

③ 偏航系统必须设置润滑装置,以保证驱动齿轮和偏航环形圈的润滑。

(2)偏航系统设计载荷 按规定载荷对偏航系统进行应力计算。对主动偏航系统风力机,还必须考虑由于机舱振荡产生的作用在轮齿上的交变载荷。对非运动部件,按规定载荷进行静强度计算。对于偏航齿轮,疲劳强度计算用安全系数取 1.3,静强度分析载荷用安全系数取 1.0。

(3)偏航系统强度计算 轮齿齿根和齿表面的强度分析使用以下安全系数。

① 静强度分析　齿表面接触强度安全系数应不小于 1.0;轮齿齿根断裂强度安全系数应不小于 1.2。

② 疲劳强度分析　齿表面接触强度安全系数应不小于 0.85;轮齿齿根断裂强度安全系数应不小于 1.0。

③ 轴及其连接件　要进行疲劳和静强度分析。

5.2.3.7 轴承设计要求

风力机的轴承主要用于传动轮系、机舱和其他传递功率组件的支撑。传动系统一般采用滚珠轴承和普通轴承。

(1)轴承的设计要求

① 应根据轴承承受的静载荷和使用寿命确定轴承结构尺寸。对主要承受小幅摆动的轴承,可仅按其静载荷设计。按静载荷设计的轴承应使用极端载荷,按正常运行载荷确定轴承的使用寿命。

② 应使用制造商推荐的润滑剂和润滑油。轴承必须密封,以保证相邻组件间的运动不会产生有害的影响。轴承体硬度应不小于 55HRC。

③ 风轮变距叶片的轴承和偏航环轴承的材料应按规定进行审定。

④ 对于主要承受小幅摆动运动的轴承,还应在 −20℃ 条件下进行 V 形切口冲击能量试验,三次试验的平均值不小于 27J。

(2)轴承强度计算

① 轴承静承载能力定义为轴承静载系数和当量静载荷之比。在极端载荷下的静承载能力应不小于 2.0。主要承受小幅摆动运动载荷的轴承,其静承载能力应不小于 1.5。

② 轴承使用寿命的计算　轴承使用寿命采用扩展寿命方法进行计算,失效概率设定为 10%。若使用典型载荷谱,其平均当量动载荷按式(5-37)计算:

$$P_m = \varepsilon \sqrt{\frac{1}{N}\int_0^\varepsilon P^\varepsilon \mathrm{d}N} \tag{5-37}$$

式中,P_m 为平均当量动载荷;P 为作用于轴承上的当量动载荷;N 为总循环次数;ε 为寿命指数,对球轴承 $\varepsilon = 3$,对滚珠轴承 $\varepsilon = 10/3$。

若无典型载荷谱时,轴承平均当量动载荷依据额定载荷的 $60\% P_{60}$ 迭加 $\pm 30\%$ 的正弦交变分量进行计算。

$$P = 0.68 P_{max} + 0.32 P_{min} \tag{5-38}$$

式中,$P_{max} = 1.3 P_{60}$,$P_{min} = 0.7 P_{60}$。

计算的使用寿命应不小于 13000h;寿命计算所需的输入参数有轴承温度、润滑添加剂和黏滞度以及维持润滑油质量的措施。

③ 为了使轴承工作在大于线速度 $50\text{m}/\text{min}(nd_\text{m})$ 期间不松脱，必须使其保持最小载荷。通常滚珠轴承为 $0.02C_\text{dyn}$，球轴承为 $0.01C_\text{dyn}$。这里 n 为轴的额定转速（$1/\text{min}$），d_m 为轴承的平均直径（mm），C_dyn 为动载荷（N）。

5.2.3.8　机械刹车装置及锁定装置设计要求

风力机的机械刹车装置及锁定装置用来保证风力机在维修或大风期间以及停机后的风轮处于制动状态并锁定，而不致盲目转动。当刹车装置作用时，能够保证风轮安全达到静止状态。

(1) 刹车装置及锁定装置设计要求

① 设计风力机机械刹车装置及锁定装置应考虑设计工况载荷与刹车力矩的组合。由于刹车而产生的刹车力矩应不会导致部件（尤其是风轮叶片、风轮轴、风轮叶片连接件、轮毂）产生过大的应力。

② 刹车表面应用盖子、防护板或类似物进行保护，以使其免受滑油污垢等不利的影响。

③ 如果机械刹车装置的刹车衬料过度磨损，应提供磨损指示器，对衬料磨损程度进行监测，以保证风力机能正常关机。若机械刹车装置采用弹簧操作，应设有能自动调节弹簧最小弹性力的设备。

④ 刹车系统作用的压力即使没有其他动力供给，机械刹车装置也能刹住风轮长达 5 天。刹车衬料应便于维护和更换。

⑤ 偏航系统刹车装置应按控制系统要求进行设计。

⑥ 锁定装置必须设计成正操纵，并且保证传动装置和偏航系统具有良好的可达性和维护性。

(2) 刹车装置及锁定装置设计载荷　风轮刹车的设计刹车力矩应取最大设计计算力矩和 1.5 倍额定刹车力矩两者中的较大值，并考虑如下安全系数：摩擦刹车取 1.2 的安全系数（烧结衬料）；接触压力情况取 1.1 的安全系数。

设计时要考虑由于磨损而引起的刹车力矩的减小。在每年的阵风季节，在阵风情况下，风轮刹车或偏航锁定装置也能够将风轮锁定。

机械刹车装置通常采用传统分析方法进行。

5.2.3.9　联轴器设计要求

为了给风力机的传动装置部件间提供角偏差和轴向运动自由度，以便安装和运转，在传动装置部件间要求装有联轴器。

(1) 联轴器设计载荷　联轴器设计应考虑其额定力矩、极端力矩和交变力矩。通常以风力机在正常稳态条件下出现的最大力矩作为联轴器的额定力矩，非正常运行出现的极端力矩（如发电机短路力矩，由于刹车作用而引起的力矩）作为联轴器的最大力矩。不要求联轴器具有连续传递此最大力矩的能力。传动机械部件会引起交变力矩，设计中需要对此交变力矩的影响进行评估。

(2) 强度振动计算　所有转动部件在工作转速范围内应不发生共振或过大的振动。

5.2.3.10　液压系统设计要求

液压系统主要用于偏航机构、风轮叶片变距等操纵或执行安全系统的功能，如失效状态风轮叶片变距的调整和风轮的刹车等。

液压系统设计要求包括以下几方面。

① 液压管路应采用无缝或纵向焊接钢管制成，柔性管路连接部分要求采用合适的高压软管制成。螺接管路连接结构组件应通过试验，表明能保证所要求的密封和承受工作中出现的动载荷。

② 液压系统设计时，应考虑以下因素：

a. 合适的组件（泵、管路、阀、作动筒）尺寸，以保证其所需的时间响应、速度响应和作用力；

b. 工作期间，在液压组件中出现引起疲劳损伤的压力波动，操纵功能与安全系统功能完全分开；

c. 液压系统应设计成使其在卸压或液压故障情况下处于安全状态；

d. 如果液压作动筒（如风轮刹车和风轮叶片变距装置）只有靠液压压力才能完成其功能，则液压系统应设计成在泵或阀电力供给失效情况下风力机能够保持安全状态 5 天；

e. 安装时工作的天气条件的影响（润滑油和液压油黏度、可能的冷却、加温等）；

f. 泄漏对完成功能不会产生不利影响，如果出现泄漏，应引起重视并对风力机进行相应控制；

g. 如果作动筒在两个方向产生液压移动，则它们处于"液压加载"状态；

h. 在管路设计中，必须考虑组件可能相互移动，由此使管子承受动载荷。

5.2.3.11　机舱设计要求

风力机机舱包括底部构架、底板、壁板、框架等。它位于风力机的上方，用于支撑塔架上所有设备和附属部件，以及保护增速器、传动装置轴系和发电机等免受风沙、雨雪、冰雹以及盐雾等恶劣环境的直接侵害。

机舱设计要求包括以下几方面。

① 机舱要设计成轻巧、美观并尽量带有流线型。设计上要求最好采用重量轻、强度高而又耐腐蚀的材料。底部构架和底板的设计要与整体布置统一考虑，在满足强度和刚度前提下应力求耐用、紧凑、轻巧。

② 机舱底部构架和底板一般经焊接而成。焊后还要进行校正、找平等工作，以保证所要求的平面度。

③ 为了使机舱内大部件维修方便，在机舱后半部下侧必须设置检修孔，检修孔的大小以能吊装底板上最大尺寸的设备为宜。

④ 机舱结构必须进行防腐设计，以保证其在所规定的外部条件下不出现腐蚀。

⑤ 机舱结构的电搭接和闪电防护要求应满足有关要求。

5.2.3.12　塔架和基础设计要求

塔架是支撑机舱及风力机零部件的结构，承受来自风力机各部件的所有载荷。它不仅要有一定的高度，使风力机处于较为理想的位置上运转，而且还应有足够的强度和刚度，以保证在极端风况条件下不会使风力机倾倒。

基础是用来固定塔架于地面上的，分加强混凝土基础和预应力混凝土基础两种。

(1) 塔架设计要求

① 塔架高度的选择　风力机塔架高度的确定要综合考虑技术与经济两方面的因素。并与其安装的具体位置的地形、地貌有关。塔架的高度被限制在一定的范围之内，其最低高

度为：

$$H = h + C + R \tag{5-39}$$

式中，h 为接近风力机的障碍物高度；C 为由障碍物最高点到风轮扫掠面最低点的距离（最小取 $1.5 \sim 2.0\text{m}$）；R 为风轮半径。

② 塔架的主要形式 大型风力机塔架的主要结构形式一般采用桁架式、锥筒式或圆筒（或棱筒）式。下风向布置的风力机多采用桁架式塔架，它由钢管或角钢焊接而成，其断面为正方形或多边形。圆筒（或棱筒）或锥筒式塔架由钢板卷制（或轧制）焊接而成，其形状为上小下大的几段圆筒（或棱筒）或锥筒。

(2) 塔架基础设计要求 基础应有足够的强度，以承受设计所要求的动、静载荷。基础不应发生明显的、尤其是不均匀的下沉。基础要用混凝土浇筑，水泥、砂子和碎石的体积比约取 $1:2.5:5$。基础的浇筑要与接地网、地脚螺栓以及地锚的预埋同时进行。

塔架基础的重量除应足以保证风力机稳定外，还要考虑到土壤所承受的压力不能太大，基础的面积不能过小。为防止塔架在极大风况条件下倾倒，至少应有 1.2 倍的安全系数。

(3) 塔架设计载荷 风力机塔架设计载荷包括惯性力和重力、气动载荷、运行载荷和其他载荷。作用在塔架上的载荷包括静载和动载两部分。进行塔架强度计算时，既要进行静强度计算，还要进行动强度分析和疲劳分析。对塔架基础，要进行基础最大压力计算，以确定土壤支撑面承载能力、土壤容许的压强，并使风力机安装在塔架基础上，不会产生下沉。

① 塔架静强度计算 塔架静强度计算，先确定危险截面及其截面力。塔架的危险截面，一般在塔架根部。确定危险截面力时，一般按照刚体假设进行计算。如果变形使结构的整体稳定性受到影响，或出现最不利的情况，则计算时应考虑所有因素所引起的变形，包括塔架的弹性变形，和由于土壤的柔性引起的倾斜等。

塔架的截面力的计算，还应考虑动载荷的影响。

② 塔架的动强度分析 应对包括运动部件在内的所有风力机部件组成的扭转系统进行系统扭转振动特性计算，以确定系统扭转振动固有频率。计算时还应考虑基础和系统阻尼的影响，设计计算的固有频率值应比风轮叶片实际转动频率避开 20%。

对于因风轮旋转引起振动的情况，应证实塔架（包括基础）固有频率 f_0 充分远离转动风轮的激振频率 f_R。

a. $f_R/f_0 \leqslant 0.3$ 和 $f_R/f_0 \geqslant 1.4$ 的情况，不考虑动态放大影响。

b. $0.3 < f_R/f_0 < 0.95$ 和 $1.05 < f_R/f_0 < 1.4$ 的情况，应对塔架进行动态分析，其使用的载荷谱应乘以动态放大系数。

c. $0.95 \leqslant f_R/f_0 \leqslant 1.05$，必须对塔架进行动态分析，并在使用期间对其振动进行监控。设计时还应考虑由阵风引起的、沿风向的振动和湍流引起的横向振动。

③ 塔架的疲劳分析 按要求对塔架进行疲劳强度分析，疲劳载荷按规定的设计工况和载荷情况、结构横向振动引起的动载荷来确定，通过累积损伤进行疲劳验证，钢结构的 S-N 曲线可由有关手册查得。

④ 塔架基础的强度计算 计算塔架基础的强度时，应计算塔架基础的阻力矩和基础的最大压力。应保证塔架基础的阻力矩能抵抗风力机的倾倒力矩，同时保证土壤的允许压力大于基础最大压力。

5.2.3.13 控制系统和保护系统设计要求

在方案设计阶段，应在风力机的系统方案框架内建立其运行管理和安全方案，以使系统运行最佳化，并且保证万一发生故障时，仍能使风力机保持在安全状态。

通常，风力机的运行管理由控制系统执行，其程序逻辑应保证风力机在规定的条件下能有效、安全和可靠地运行。

风力机的安全方案由保护系统执行。安全方案应考虑像许用超转速度、减速力矩、短路力矩、允许的振动等有关使用值范围以及随机故障、操作失误等不安全因素。

图 5-9 用框图表示了控制系统和保护系统的相互关系。

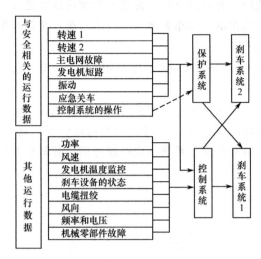

图 5-9　控制系统和保护系统的相互关系

(1) 总设计要求

① 风力机不允许出现单点故障

a. 保护系统及其信号传感器和刹车系统中的单个元器件故障不允许导致保护系统故障；

b. 两个独立元器件同时故障可归入不可能事件，但在元器件相互关联的场合，两个或两个以上元器件同时发生故障应归入单点故障；

c. 就其可用性和可靠性而言，保护系统的独立元器件应有最高的技术指标。

② 考虑适当的余度　风力机的重要系统必须考虑适当的余度。在方案上，保护系统应与控制系统完全分开；保护系统应至少能启用两套各自完全独立的刹车系统；在系统工程设计阶段，应严格避免"共因故障"。

(2) 控制系统设计要求　必须借助控制系统，对风力机进行控制、调节和监控：

① 在设计阶段，应建立使风力机能有效、尽可能无故障、低应力水平和安全运行的程序。例如，何时发生了故障应直接启动保护系统以及应如何通过控制系统进行处理等；

② 控制系统应设计成在规定的所有外部条件下都能使风力机保持在正常使用极限内；

③ 控制系统应能检测像超功率、超转速、过热等失常现象并能随即采取相应措施；

④ 控制系统应从风力机所配置的所有传感器提取信息，并应能控制两套刹车系统；

⑤ 在保护系统操作刹车系统时，控制系统应自行降至服从地位。

(3) 保护系统设计要求　风力机保护系统的设计一般要考虑下列要求：

① 应确定触发保护系统的限制值，使得不超过设计基础的极限值，而且不会对风力机造成危险，但也要使保护系统不会产生对控制系统的不必要干扰；

② 控制系统的功能应服从保护系统的要求；

③ 保护系统应有较高的优先权，至少应能启用两套刹车系统，一旦由于偏离正常使用值而触发保护系统时，保护系统应立即执行其功能，使风力机保持在安全状态；

④ 如果保护系统已经启动过，则在每种情况下都要求排故。

(4) 刹车系统设计要求 刹车系统应设计成既能降低风轮转速，保持其转速低于最大值，又能完全刹住风轮不转，而不会引起齿轮箱受损。刹车系统包括需要时都能对风轮刹车起作用的所有零部件（如叶片变距机构）。

刹车系统至少应配置两套各自独立的、能使风轮减速或使之停车的刹车系统：运行刹车指需要时优先由控制系统操作的、刹车系统所完成的刹车；应急刹车指需要时由保护系统启动的、刹车系统所完成的刹车。

通常，应急刹车只应在运行刹车不能完成其功能时才启用。应急刹车的工作模式应不同于运行刹车。

每一刹车系统都应能独自保持风轮转速低于最大超转速度（n_{max}）。最大超转速（n_{max}）应在设计阶段通过分析系统的固有频率和可能的不稳定性予以确定，见图 5-10。一旦启动了应急停机功能，应至少有一套刹车系统（也可能与第二套刹车系统协同）处在使风轮停车的位置。

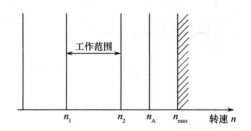

图 5-10　风力机的风轮转速范围

n_1—最小工作转速；n_2—最大工作转速；n_A—临界转速；n_{max}—最大超转速度

有叶片变距控制的风力机，叶片变距机构应视为刹车系统之一，因而必然要考虑：

① 采用合适的控制装置监控叶片变距机构，如果变距机构不再正确起作用，就关闭风力发电机；

② 风轮叶片和变距机构应设计成一旦发生机构断裂或变距液压系统液体泄漏时叶片不能产生会使风轮加速转动，以至超过最大超转速度（n_{max}）的扭矩。

可以假定，只有当风速达到额定风速（V_r）时，才会发生该系统的故障。

应注意，风轮叶片在某变距位置，由于不利的迎角，叶片可能会产生一个超过机械刹车装置最大刹车力矩的扭矩。在这种情况下，刹车不应使风力机有着火危险。

刹车系统可选择下列型式中的一种型式：如气动型、机械型、电动型、液压或气压型；也可同时采用其中两种或多种型式的工作模式，或由几个子系统构成。

一般来说，至少应有一套刹车系统是按气动原理工作的，并且应直接作用在风轮上。如果不满足这一要求，则所配备的刹车系统应至少有一套作用在以风轮转速旋转的部件（如轮毂、轮轴）上。超转速度触发信号所要求的测量装置应设置在低转速部件上。

应急刹车和运行刹车都应设计成当外部电源发生故障时仍能启动它们（例如，由离心力直接触发的叶尖刹车能满足这一要求）。

如果配置有限制扭矩的部件，则所配置的任何机械刹车都应设置在扭矩限制装置和风轮轮毂之间。

(5) 转速保护设计要求 控制系统和保护系统的设计必须考虑转速、功率和（或）风速、振动等参数的测量以及对故障的监控与处理。这些信息都应汇入控制系统，其中对安全尤为重要的信息则还应输给保护系统。

① 转速测量 转速信号应由两个独立的传感器分别采集，并应提供给控制系统和保护系统。其中至少有一个转速传感器应直接设置在风轮上。

如果有可靠、安全的测量方法，监控一个直接与风轮转速有关的参数（如离心力）是否超过限制值就足够了，可不要求直接测量其转速。

按叶尖调节原理工作的、由离心力触发的气动刹车系统，不要求直接的转速测量装置，但应将叶尖刹车触发信号提供给保护系统和控制系统。

② 转速限制 定义转速限制时，必须考虑各零部件的相互影响，尤其是传动链系、塔架和风轮叶片的振动特性。

a. 工作范围。工作范围包括风轮从最小工作转速（n_1）到最大工作转速（n_2）的转速范围，转速在此范围内都属正常运行状态。

b. 临界转速。临界转速（n_A）系指达到时必须立即触发安全系统的转速。临界转速超过最大工作转速（n_2）应尽可能小。

c. 最大超转速度。设计上定义的最大超转速度（n_{max}）至少应为最大工作转速（n_2）的 1.25 倍。

d. 转速超出工作范围。如果风轮转速超出工作范围（即 $n > n_2$），则控制系统应投入运行刹车，让风轮减速。

e. 转速超出临界转速。如果风轮转速超过临界转速（即 $n > n_A$），则保护系统应作出响应。

f. 保护系统触发后的特性。如果在过分超出临界转速（n_A）后，保护系统才响应，则任何时候都不应超出最大超转速度（n_{max}），短时超出也不允许。

g. 传感器的使用可靠性。原则上，转速传感器应满足与刹车装置本身相同的有关功能和可靠性要求。特别是考虑故障后果时，这些传感器在结构上的布置与连接尤应满足这一要求。

(6) 功率保护设计要求

① 功率测量 通常，应当用电功率（有效功率）作为测量参数。如果风力机的设计方案有超出过额功率（P_t）的可能性，则应将风轮轴输出的机械功率作为控制参数予以采集。可以借助其他物理参数作为替代参数来监视功率，只要这些参数与功率之间有明确的关系。在试验阶段通过测量来确定替代参数与功率之间的关系，并以适当的形式（如以性能图表的形式）加以记录。功率测量设备应能采集功率平均值（大约 $1 \sim 10\text{min}$ 的平均值）和短时的功率峰值（扫描速率至少每秒一次）。测得的功率与转速合在一起，绘制风力机功率与转速图。

② 功率限制 通常，功率的定义与限制规定为。

a. 额定输出功率（P_r）是指，在正常运行状态下，从功率曲线得到的与风轮轴最大连续机械功率相对应的发电机产生的额定电力输出。

b. 过额功率（P_t）是指，达到过额功率时，控制系统就将降低风轮轴的机械功率。通常过额功率（P_t）应不大于额定输出功率（P_r）的 1.25 倍。

c. 临界功率（P_a）是指，达到临界功率时，必须立即触发保护系统的风轮轴的机械功率。通常临界功率（P_a）应不大于额定输出功率的 1.5 倍。

d. 最大功率（P_{max}）是指不允许超过的风轮轴的机械功率。所谓风力机停机，指的是不再产生功率输出。

e. 超出过额功率。如果瞬时功率超出过额功率（P_t），则控制系统应能自动启动相应的保护措施。此外，风力机实际功率的长时间平均值不应超过额定功率（P_r），以免发电机过热和超载。

f. 瞬时超过临界功率。如果瞬时功率超过临界功率（P_a），则保护系统应立即自动启动保护措施。在任何情况下，瞬时功率都不应超过最大功率（P_{max}）。

传感器应能开启相应保护措施的自动启动装置，即使超出功率（P_a）是短时的，也要求能立即开启。

g. 自动启动能力。设计方案应保证风力机超出规定的功率而停机，如果系统中没有故障，就可以无需排故而自动重新启动（由于过高风速导致超出功率 P_t，可视为一外部事件）。

（7）风速保护设计要求　通常可不要求测量风速。如果风力机的安全运行也取决于风速，或者风速是控制系统的输入参数之一，则应提供可靠的风速测量。

① 风速测量　如果必须测量风速，可以通过直接测量风速，或者借助于另一个与风速有明确认可关系的参数推算风速。原则上，对控制系统输入参数的测量，应选择适当的敏感点和测量技术。可以考虑将轮毂高度处的风速，作为一个优选的测量参数。

② 风速限制

a. 额定风速（V_r）是指达到额定风速时风力机就产生额定输出功率（P_r）。

b. 切出风速（V_{out}）定义为 10min 最大平均风速。超过切出风速风力机就应停机。

c. 短时切出风速定义为超过短时切出风速时风力机应立即停机的瞬时风速。

d. 超过切出风速。如果已将切出风速（V_{out}）用作风力机设计的一个基本参数，那么当超过这一限制值时，就应自动启动相应保护措施。

e. 超过短时切出风速。如果切出风速已用作风力机设计的一个基本参数，那么当超过规定的短时切出风速时，就应立即自动启动相应保护措施。

f. 自动启动能力。如果风力机因超出规定的风速而停机，那么只要设计方案中有相应规定并且系统中没有故障，就可以无需排故而自动重新启动。

（8）振动保护设计要求　振动指的是由质量不平衡和工作在固有频率附近导致的风力机的强迫振动。不平衡可以由于损伤、失灵（如风轮叶片不对称变距）或其他外部影响（如风轮叶片结冰）引起。

① 振动测量　应连续测量振动，将其振幅与限制值作比较。传感器应设置在机舱顶部，并偏离塔架轴线。由于感受的振动一般在整个机舱运动时最为明显，所以应使用能感受整个机舱运动的测量设备。如果机舱的运动没有传给塔架，那么也可以采取敏感相关运动的方法作为替代。

通常，振动监控允许给出有关风力机状态的定性结论，振动水平过高则应认为是不正常的运行。

② 振动限制　如果实际测量的振动超过预定的限制值，则保护系统应作出响应。如果控制系统连续感受到振动，并作出处理，则应查明振动的原因，以便采取措施消除有害的振

动；也可以由控制系统来控制其振动水平。

(9) 主电网故障保护设计要求 如果风力机丧失负载（如丧失主电网负载），则风轮转速会迅速加快，危及各运动零部件（如风轮叶片、传动装置、发电机）安全。

① 发生故障后的操作 在主电网发生故障后，控制系统和保护系统应能检测出这一故障，并使风力机停机。

② 恢复后的操作 主电网故障是一外部事件，一旦主电网重新加载，风力机就可以由其控制系统自动启动。

③ 发电机短路 风力机应配有适当的短路保护装置。如果保护装置检测出发电机短路，则它们应作出响应，并同时触发保护系统。

④ 发电机温度监控 应监控发电机绕组的温度，以保证发电机温度维持在允许的使用极限内。应选择一个功能可靠、无需维修的自监控测量系统。

a. 温度限制。绕组温度的限制值通常按照发电机制造商的资料给出，并根据所采用的绝缘等级予以规定。

b. 超温后的操作。如已超过容许的绕组温度，则控制系统应降低其功率输出。过分超出温度极限会在短时间内导致发电机损坏。超电流或超功率可导致零部件的机械过载及电过载。因此，应通过控制装置减轻额定运行值的短时超出，如果超出最大容许限制值，则风力机的保护系统应作出响应。

(10) 刹车系统的状态设计要求 刹车系统尤其与安全有关。通常，机械刹车系统会遭受严重磨损。为此，工作刹车应尽可能按低磨损或无磨损的原理进行。如果刹车系统的设计允许加剧磨损的可能性（不易发现的磨损会导致故障，必要时应作出响应），则应设置对刹车装置的状态监控。机械刹车装置的刹车片厚度、刹车间隙以及实现减速或功率吸收的时间（取决于设计）等都能用作状态监控的相关测量参数。

刹车装置的状态监控要能尽早发现渐进的缺陷，以便及时采取防范措施。如果状态监控显示出工作刹车或应急刹车加剧了磨损或腐蚀，其控制系统就应使风力机停机。

(11) 电缆扭绞设计要求 如果风力机的运行导致旋转部件（如机舱）和固定结构部件（如塔架）之间的连接电缆扭绞，就应采取技术措施，防止因过度扭绞而损坏这些电缆。应考虑采用与方向有关的计数或类似程序作为柔性电缆扭绞的合适测量。对柔性电缆，可接受的扭绞角度应由电缆的制造商或供应商确定。

监控扭绞的设备应在达到最大可接受的扭绞角度之前作出响应。风力机设有主动偏航系统的情况下，通过偏航传动装置的适当操作，能自动保证电缆不过分扭绞。如果柔性电缆已自动地不扭绞，则无需排故，就能重新启动风力机。

在没有安装主动偏航系统的情况下，应防止在达到最大可接受的扭绞角度之后机舱进一步旋转，保证风力机处于安全状态。

(12) 偏航系统设计要求 设有主动偏航系统的机舱传动装置应能自锁。在启动之前，应明确建立符合设计的风向。

(13) 电网频率和电压设计要求

① 并网运行风力机 在风力机与主电网并联运行情况下，可假设主电网的频率固定不变。

② 独立运行风力机 在风力机以独立模式运行时，电力频率常常由风力机自身决定。在考虑单独使用时，应确定其频率是否变化和频率可允许的变化范围。一般短时间内偏差应

不大于±5％或±10％。

(14) 应急停机开关设计要求 作为一种人工干预措施，在机舱内及在控制和调节单元内至少应各设有一个应急停机开关。

启用应急停机开关的目的是为了使人员或风力机自身脱离危险。保护系统要在尽可能短的时间内使风力机的所有运动都停下来。

应急停机开关启用后的操作可以与保护系统因过度振动而被触发时的操作相同，应急停机开关接通后应保持在接通位置。

(15) 机械零部件故障设计要求 对机械零部件实施监控，其监控设备应使用可靠性测量的物理参数（例如传动装置的润滑油压力和温度、轴承温度等）。监控设备应配置到何种程度基本上取决于总体设计方案和强制性的安全标准。超过限制值应使控制系统关闭风力机，并且只能在排故以后，方可重新启动。在控制系统的设计方案中，风力机的完整性应优先于可用性。

(16) 控制系统的操作 运行管理定义为使风力机在预定的条件下运行的那些程序组合。如果运行管理由控制系统执行，那么该系统应承担风力机的控制和调节。如果控制系统被检测到它已经失去对风力机的控制（如因变距机构卡滞，不能实行所要求的叶片变距），则控制系统应触发保护系统。

如果设有对控制系统的监视装置（如监视器），而且在24h内其响应多于一次，则也应触发保护系统。如果保护系统被触发，则控制系统应储存其最后运行状态的数据。

5.2.3.14 电气系统设计要求

大型风力机一般配置的低压和高压电气设备以及电气和电子控制设备包括电机、逆变器、充电设备和蓄电池（必要时）、开关和保护装置、电缆和电气安装设备等。

(1) 电气系统设计要求 风力机的电气系统设计与安装闪电防护措施应遵循有关的国家标准或行业标准。如果无适用的国家或行业标准，则应以相关的 ISO 或 IEC 标准作为基础。所有电气元器件和零部件都应按照安装部位上预期的使用条件和环境条件进行设计。

① 应按照有关标准提供防雨、防潮和防尘保护。

② 对设备的保护等级应由所安装的配置状态保证，而不管风力机的使用状态。

独立运行风力机应采取表 5-8 中给出的标准值。当独立运行时，在额定速度下，一台发电机在空载和满载之间的电压偏差为±2.5％是容许的。

表 5-8　独立运行容许的电压和频率偏差

参　数		偏　差	
		长久	短期
A	频率	±5％	±10％（5s）
	电压	±10％	±20％（1.5s）
B	电压	±20％	

注：A 表示通用；B 表示蓄电池和静止变换器。

在故障情况下，控制系统应能及时保护停机，并显示相应的故障类型及参数，主要保护功能见表 5-9。

表 5-9 保护功能

序　号	项　　目	序　号	项　　目
1	发电机过温度保护	9	可控硅组件过热保护
2	齿轮箱过温度保护	10	缺相保护
3	电缆过缠绕保护	11	主接触器保护
4	过振动保护	12	控制通讯保护
5	过电流保护	13	控制器出错保护
6	过电压保护	14	电网失电保护
7	过功率保护	15	大风保护
8	瞬间过功率保护	16	丢载保护

(2) 电气系统设计

① 发电机设计　发电机的结构材料应适应预期的环境条件。应特别注意海上大气腐蚀影响，如果有足够的涂层或镀层保护，也可以使用不适合海上大气环境的材料。如果机匣、接线盒和风扇叶轮使用塑料，则应优先采用适合低温的塑料材料。

风力机的电机应优先设计成表面冷却的全密封型式。功率输出超过 50kW 的电机，应设置排水口，以防冷凝液积聚。

如果吸入的空气不含湿汽、油雾和灰尘，则也可使用抽、吸式通风机。应优先使用预应力滚动轴承。

电机连同所配置的保护装置一起，应能承受万一发生短路时预期的热应力和动应力。电机应设计成在连续运行过程中不会超过其绝缘等级所容许的超温温度。

为监控绕组的温度极限，应使用热敏电阻或等效传感器装置。双金属片式过流继电器不适用。

发电机应按连续运转（带恒定负载，时间长到足以达到热平衡的运转）设计。作为辅助传动的电动机，应按预期的运行时间设计。

② 逆变器设计　逆变器应设计成使产生的谐波不影响所连电气设备的功能，并且不超过并网运行所允许的电压。容许的极限值应与相关电网一致，容许的谐波失真系数可取 10% 作为基准值。应注意电磁兼容设计。

a. 逆变器电子部件　逆变器的电子部件置于独立的机柜中。部件各单元应易于接近，以利于测量和修理。为便于运行检查和查找故障，建议设置模拟电路、测试插孔、控制灯等。应尽可能使所有器件与其他带电部件绝缘。信号线和控制线应同电源线在电气上隔离。

应优先采用自然通风的逆变器。如果采用风扇冷却装置，应优先采用吸气风扇，并建议配置空气过滤器；应监控强迫冷却的功能，对故障应有提示，也可使用液体冷却。

b. 逆变器保护设备。应保护静止变换器所有部件，以防止过载和短路；万一发生故障时，不应损坏半导体元件。装置的保护可以采用保险丝、电路断路器或让控制系统介入。

保护设备应保证一旦断路时，储存在元器件和负载电路中的能量不会产生破坏效应。万一主要器件发生故障，能使风力机按受控的方式停机，并有选择地关闭受损的子系统。

5.2.3.15　风力机装配和安装设计要求

风力机的制造商应提供设备安装手册，对没有机舱的塔架应采取适当措施，以避免由旋风形成的临界风速引起横向振动。在安装手册中应包括临界风速和预防措施。

（1）风力机装配和安装设计要求

a. 制造商应提供机组组装、安装和吊装的图样、规范和说明书，还应提供所有载荷、重量、吊挂支点以及装卸与安装的专用工具和工序要求的详细说明。

b. 制造商关于吊装和装卸的说明书和文件应提供零部件和（或）组件预期的载荷及安全吊挂支点的资料。

c. 制造商应提供机组的装配说明书。在完成装配后，应进行必要的检验，以确认所有的零部件都有适当的润滑，并进行试运行调整。

d. 制造商应提供安装螺纹紧固件的推荐扭矩及安装其他连接件的说明。

（2）噪声设计要求 风力机运转后，不仅产生功率，还同时产生噪声。功率和噪声的大小取决于当时的风速，随着风速增加，环境噪声水平会提高。根据环境保护法，要确定产生的噪声对环境的有害影响程度。

应对风力机设置降噪和（或）防护措施，并验证降噪和（或）防护措施的有效性，使其产生的环境噪声不超过安装场地周围可接受的噪声水平。风力机产生的噪声主要由空气动力的噪声和机械噪声两部分组成。

① 噪声控制 采用适用的噪声控制工程方法来降低风力机噪声水平。对风轮叶片产生的噪声，应通过采用诸如降低叶片载荷、减小叶尖速度以及选用特殊几何形状的叶尖设计技术，以使风轮叶片产生的气动噪声最小。对风力机产生的机械噪声，应采用合理的设计和润滑，选用噪声小的设备和组件来降低机械噪声。

② 噪声测量 风力机是露天安装，产生的噪声通过空气向四周辐射。辐射噪声的特性值是声能级，通常应通过在声源周围一个封闭的包容面上测量确定声能级。假设声音朝空间每个方向传播，因而所用的封闭面必定是一个中心在声源处的球，风力机被视为一个高于地面的空间声源。

5.2.3.16 风力机交付、 使用和维修设计要求

应编制交付、使用、检查和维修程序，并在风力机说明书和手册中予以规定。设计应考虑备有安全通道，以便对所有零部件进行检查和维修。

（1）交付、使用和维修设计要求

①风力机交付设计要求 制造商应提供进行交付与验收的推荐程序。

a. 包括风力机电气系统初始通电的程序。

b. 机组在安装后应进行试验，以确认所有的装置、控制器件和设备能正确、安全、可靠地运行；试验应按推荐的程序进行。试验应包括启动、停机、从超速状态或其他有代表性的模拟状态下停机、保护系统功能试验。

c. 应保留试验、交付、控制参数及其结果的各种记录。

d. 在完成安装及制造商推荐的初始运转周期后，还应进行再次拧紧紧固件、更换润滑油、检查其他零部件以及适当调整控制参数等特定工作。机组的现场也应进行必要的修整，以消除可能的危险因素，并应防止风化或腐蚀。

② 风力机使用设计要求 操作人员对风力机的正常操作应能在地面进行。对于自动或遥控的控制系统，应提供有明确标记的地面人工遥控手柄。

使用说明书应由机组的制造商提供，并根据交付时的本地特殊条件进行增减。在说明书正文中，必须编排有关安全的注释和防范意外事故的规则。使用说明书用材料（包括纸张、

塑料膜）应适合在操作风力机的各种条件下使用。

使用手册一般包括产品介绍、用户须知、排故指南等内容。

a. 产品介绍包括：制造商、供应商、进口商；产品名称、型号；制造商号或系列号、制造年份；风轮直径、轮毂高度；额定输出功率、风轮转速、发电机转速、发电机型号；叶片安装角、风轮锥度角、仰角；切入风速、额定风速、切出风速；风轮叶片数据；偏转系统型号等。

b. 用户须知包括：控制系统说明；启动和停机程序；故障信息说明（仅就提供的信息而言）；紧急停机程序；安全措施、事故防范规则；所有操作和指示器件（如开关、按钮、灯泡、测试仪表）的功能和操作方法说明；功能故障及如何排故的说明；根据季节性或其他因素投入或退出使用所必需的部件与功能的说明等。

c. 排故指南包括：应尽可能让操作人员能辨识故障的原因；当不能通过某一操作简单地将故障排除时，应给维修人员提供有用的指导信息。

③ 风力机检查和维修设计要求　维修手册应规定检查和维修的时间间隔。对运动部件而设计的保护装置，除部分有频繁进出的场合可设计成活动的以外，其他保护装置都应加以固定。这类保护装置的设计应考虑结构坚固，在可能的场合无需拆卸就能进行基本的维修作业。设计还应考虑备有使用故障诊断设备的接口。

a. 维修安全。为了保证检查和维修人员的安全，还应考虑下列维修安全设计：用于检查和例行维修的安全通道和作业平台；用于防止人员偶然接触旋转或运动零部件的适当手段；准备攀高或在地面以上作业时使用的救生索、安全带或其他经批准的保护装置；维护时阻止风轮和偏航机构转动及其他机械运动的措施以及安全解锁的措施；带电导体的警告标志；释放沉积电荷的相应装置；便携式灭火器；机舱备用撤离出口。

维修程序应为空间封闭式作业的人员提供安全防护，保证万一发生任何紧急情况时能立刻得知他们的处境，并为他们提供救援。

b. 锁定装置。风力机应配置必要的锁定装置，对风轮和机舱等锁定。在停机时，锁住已经不转的风轮，防止机舱转动。锁定装置不必自动触发，刹车设备不能看作是锁定装置。

对锁定装置的使用安全、质量、可达性，以及与被锁住的风力机各部件的啮合应有较高要求。

a）即使刹车装置松开，锁定装置仍能安全地防止风轮或机舱的任何转动。

b）风轮锁应布置在轮毂传动链系附近，用钢索将风轮叶片绑在塔架或其他结构上的锁定方法是不可取的。设计应以风力机静止时风轮传给传动系统的最大扭矩为基础。

c）机舱锁应能阻止机舱的偏转运动。

d）要在正在运转的风力机部件上作业，就要启用锁定装置。即使刹车和方位刹车能使该装置保持不转，为保安全，也应启用锁定装置。应强调提醒操作人员注意这一安全措施。

(2) 风力机维修手册　每台风力机都应有一套维修手册。维修手册至少包括风力机的维修要求和应急程序，还应提供非计划维修的内容。在一套维修手册中，最实用的是以表格的形式、按照时间顺序逐一列出要求的维修工作。

编制维修手册时一般应考虑以下方面：描述与风力机之间对应关系的技术数据；有关安全和事故防范措施的说明，例如攀高用的安全带和安全绳的使用等；在定期维修期间，进行的所有操作的说明可用适当的图示作补充。

各种维修操作的目的必须表示清楚，如加油量、螺纹拧紧力矩、刹车调整、液压油压力等；规定的维修、保养、润滑间隔期；所供应的备件和辅助材料（如润滑剂）牌号和数量的资料（如备件清单），并应区分出易损件及指明更换准则；保护系统、电气系统的重要数据和功能检查程序，完整的布线图和内部接线图，野外装配和安装所用的调整图；故障诊断程序和排故指南；工具清单等。

5.2.4 风力机整机技术要求

本节规定了风轮扫掠面积大于或等于 $40m^2$ 的水平轴风力发电机组的技术要求。

（1）环境条件 机组在下列环境条件下正常运行，达到规定的各项性能指标。

① 正常环境（气候）条件 环境温度范围为 $-20\sim40℃$；湿度应小于或等于 95%；太阳辐射强度小于或等于 $1000W/m^2$；海拔不超过 $1000m$。

② 机组输出端电网条件 电压范围为额定电压×（$1\pm10\%$）；频率范围为额定频率×（$1\pm2\%$）；电压对称性，即电压不平衡值（电压负序分量，与正序分量的比例）不超过 2%；每年电网停电少于 20 次，每次最长停电持续时间不超过 1 周。

（2）性能要求

① 机组的切入风速应大于 $2.5m/s$，小于 $5.5m/s$；切出风速应大于 $20m/s$，小于 $25m/s$。

② 机组的额定风速应满足 JB/T 10300 的要求。

③ 机组最大风能利用系数应大于 0.4。

④ 机组在额定工况时，其输出的功率应大于或等于额定功率。

（3）整机可靠性要求 机组各部件设计寿命应大于或等于 20 年。机组年可利用率应大于等于 97%。

（4）机组动特性要求 机组在所有设计运行工况下和给定使用寿命期内，不发生任何机械及气动弹性不稳定现象，也不产生有害的或过度的振动。机组在正常运行范围内，塔架振动量不应超过 $20mm/s$。

（5）噪声要求 机组在输出功率为 $1/3$ 额定功率时，排放的噪声（等效声功率级）应小于或等于 $110dB(A)$。在对噪声有要求和限制的区域，机组排放的噪声应符合该区域所执行的相关标准的规定。

（6）可维护性与可维修性要求 在机组要维护的部位应留有调整和维护空间，以便于维护。机组及零部件在质量合格的前提下应具有维修、调整和修复性能。塔架高度超过 $60m$ 的机组，应为维护人员配备安全的提升装置。

（7）外观防护要求 机组及部件所有外露部分应涂漆或镀层，涂镀层应表面光滑、牢固和色泽一致。用在风沙低温区或近海盐雾区的机组，其涂镀层应考虑风沙或盐雾的影响。

（8）安全要求

① 机组为了防雷应有良好的导电通路，塔架需有可靠接地装置，接地电阻应小于 4Ω。

② 电力线路、电气设备、控制柜外壳及次级回路之间的绝缘电阻应大于 $1M\Omega$。

③ 在电网停电紧急停机时，所有刹车装置应自动按程序投入，且机组停机时的所有状态参数应能记录保存。

④ 机组应配备必要的消防设备、应急设备和安全标识。

（9）功率输出　在正常工作状态下，机组功率输出与理论值的偏差应不超过 10%；当风速大于额定风速时，持续 10min 功率输出应不超过额定值的 115%。瞬间功率输出应不超过额定值的 135%。

5.2.5　齿轮箱技术要求

适用于风轮扫掠面积大于或等于 40m² 水平轴风力机平行轴或行星齿轮传动的齿轮箱。

（1）一般技术要求

① 一般情况下，齿轮箱低速轴旋向应符合下列要求：面对低速轴输入端看，低速轴的旋向为右旋，即顺时针方向。

② 齿轮箱机械效率应大于 97%。

③ 齿轮箱工作环境温度为 −40～50℃。

④ 齿轮箱最高工作温度不得高于 80℃；不同轴承间的温差不应高于 15℃。必要时齿轮箱油系统增设加热装置和冷却装置。

⑤ 齿轮箱的噪声应不大于 85dB(A)。

⑥ 在齿轮箱工作转速范围内，传动轮系、轴系应不发生共振。齿轮箱的机械振动应符合 C 级。

⑦ 齿轮箱主要零件应进行防腐蚀设计，机械加工表面以外的全部外露表面应涂防护漆。齿轮箱主轴上的推力轴承应按风轮最大气动推力设计。

⑧ 齿轮箱应具有良好的密封性，不应有渗、漏油现象，并能避免水分、尘埃及其他杂质进入箱体内部。齿轮箱上应设有相应的观察窗口盖、油标、油压表、空气滤清器、透气塞、带磁性垫的放油螺塞（放油阀）以及起重用吊钩等。

⑨ 在按规定正确安装、维修保养和正常使用的情况下，齿轮箱使用寿命不少于 20 年。保用期为两年。

（2）主要零件的制造技术要求

① 箱体类零件的材料宜选用球墨铸铁，也可选用 HT250 以上的普通铸铁或其他具有等效力学性能的材料。

② 箱体类零件均应进行消除应力处理。

③ 箱体、箱盖相互连接部位及与轴承、内齿圈相配合各孔，内齿圈孔和轴承孔挡肩的端面跳动公差值及箱体、箱盖各轴承孔的同轴度、圆跳动均应达到 5 级精度。

④ 中心距极限偏差 f_a 应符合 5 级精度。

5.2.6　塔架技术要求

（1）计算方法和条件　应考虑应力集中，比如门、法兰连接和管塔壁厚变化处应通过计算和测量，校核极限载荷下的应力。管塔内梯栏的重要接点应进行极限负荷计算，并给出梯栏的负荷容量。

塔架工作状态下的固有频率必须在大于一阶风轮频率的 10% 和小于三阶风轮频率的 10% 范围内。

计算塔架固有频率时，应考虑塔架基础的刚度。固有频率的计算应包括扭转一阶，弯曲一阶、二阶。

所有重要的连接螺栓应进行极限载荷和疲劳载荷的强度计算。

　　塔架基础计算分地基部分和地脚螺栓部分计算，以极限载荷计算地基部分，并充分考虑地基的地质构造。

　　塔架分段应充分考虑价格、运输能力、生产批量和生产条件等因素。塔架内部部件的设计和安装应满足使操作人员能够安全地进行安装、作业、维修和进入机舱。塔架内部应设有安全保护设施、电缆保护设施、梯栏、安全平台、照明设施、门与电气设备安装附件。

（2）材料要求

　　① 依据环境温度选择金属结构件的材料，可选用 Q235B，Q235C 及 Q235D 结构钢或选用 Q345B，Q345C 及 Q345D 低合金高强度结构钢。

　　② 钢板的不平度每米不大于 10mm。

　　③ 采用 Q345 低合金高强度结构钢时，用边缘超声波检验方法评定质量。最低工作环境温度时冲击功不低于 27J（纵向试件）。

（3）塔架外部表面防腐处理和表面防护　塔架外部表面的环境条件为 4 级，内部表面的环境条件为 3 级。表面处理应在室内完成，作业区域应整洁、干燥；喷砂、喷锌和涂漆作业不允许在同一室内进行。

　　① 表面预处理　对钢材表面作喷砂粗化预处理。喷砂处理后的清洁度应达到最高清洁度 Sa3 级，即完全除去氧化皮、锈、污垢和涂层等附着物，表面应显示均匀的金属色泽。粗糙度应达到 $Rz40\sim70\mu m$。

　　表面预处理后，应在规定时间内进行底层处理。

　　② 底层处理　预处理后进行金属喷镀，涂层为 $60\mu m$ 厚的锌或锌/铝。用双组分复合环氧树脂漆在锌层上喷封，漆层厚约 $20\mu m$。

　　③ 中间层喷漆　用双组分复合厚膜环氧树脂漆喷漆，漆层厚 $90\mu m$。

　　④ 面层喷漆　用双组分复合聚氨酯漆喷封（阻抗为 $50\%\sim75\%$），漆层厚 $50\mu m$（干膜）。

（4）塔架内部表面的防护处理

　　① 表面预处理　对钢材表面作喷砂粗化预处理。喷砂处理后的清洁度应达到的清洁度 Sa2.5 级，粗糙度应达到 $Rz40\sim70\mu m$。表面预处理后，应在规定时间内进行底层处理。

　　② 底层处理　用双组分环氧富锌进行喷封，漆层厚 $40\mu m$（干膜）。

　　③ 面层喷漆　用双组分复合厚膜环氧树脂漆喷漆，漆层厚 $100\mu m$（干膜）。

　　一般情况下，钢的表面温度高于露点 3℃ 以上，湿度在 80% 以下，便可进行表面处理作业。

5.2.7　风轮叶片技术要求

　　用于风轮扫掠面积大于或等于 40m² 的水平轴风力机风轮叶片。

　　（1）气动设计　叶片气动设计是整个机组设计的基础。为了使风力发电机组获得最大的气动效率，建议所设计的叶片在弦长和扭角分布上采用曲线变化规律。叶片翼型用专门为风力机设计的低速翼型。

　　叶片气动设计应提供所用翼型的外形数据、叶片弦长、扭角和厚度沿叶片径向的分布等。

　　① 额定设计风速　叶片的额定设计风速按表 5-10 规定的等级进行选取。

表 5-10 风力发电机组的等级

级别	I	II	III	IV
$\overline{V}_E/(m/s)$	50	42.5	37.5	30
$\overline{V}_M/(m/s)$	10	8.5	7.5	6

② 风能利用系数 C_P 为了提高机组的输出能力，降低机组的成本，风能利用系数 C_P 应大于或等于 0.44。

③ 使用范围 叶片的气动设计应明确规定叶片的适用功率范围。无论是定桨距叶片还是变桨距叶片，都要求其运行风速范围尽可能宽。对于变桨距叶片，要给出叶片的变距范围。

(2) 结构设计 叶片结构设计应根据气动设计中计算的载荷并考虑机组实际运行环境因素的影响，使叶片具有足够的强度、振动和刚度。保证叶片在规定的使用环境条件下在其使用寿命期内不损坏。要求叶片的重量尽可能轻，并考虑叶片间的相互平衡措施。

叶片强度通常由静强度分析和疲劳分析来验证。受压部件应校验稳定性。应通过可靠的分析方法和试验验证证明叶片能满足各种设计使用情况下的静强度和疲劳强度及气动弹性稳定性要求。

强度分析应在足够多的截面上进行，被验证的横截面的数目取决于叶片类型和尺寸，至少应分析 4 个截面。在几何形状和材料不连续的位置，应研究附加的横截面。强度分析既可用应变验证又可用应力验证。

① 叶片的设计安全系数应大于或等于 1.15。

② 对于复合材料结构叶片，设计时应满足机组振动、气动弹性不稳定性、机械功能等设计目标的要求。还应保证其在承受 50 年一遇阵风载荷情况下不损坏及对机组造成灾难性的后果。

③ 叶片的固有频率应与风轮的激振频率错开，避免产生共振。固有频率可以通过计算，也可以通过实测确定。

④ 应考虑叶片所有设计状态下的颤振及其他不稳定性，使叶片不产生有害的振动，并分析叶片的动态特性。

⑤ 叶片的设计使用寿命大于或等于 20 年。叶片的设计使用寿命可以通过计算，也可以通过疲劳试验确定。用于疲劳分析验证的载荷谱既可以通过计算，也可以通过实测的方法确定；载荷循环数可用雨流计数法确定。

⑥ 对于叶片中的机械机构，如变桨距叶片的变桨距系统和定桨距叶片的叶尖气动刹车机构，其可靠性应满足用户的要求。

⑦ 叶片的结构设计还应给出叶片的质量及质量分布、叶片重心位置、叶片转动惯量、叶片刚度及刚度分布、叶片的固有频率（弯曲、摆振和扭转方向）。

⑧ 结构设计还要给出同轮毂连接的详细接口尺寸。

(3) 技术要求 叶片批量生产时，应达到下列最低公差值：

a. 叶片长度公差为 $\pm(0.13\% \times L)$ mm，其中 L 为叶片长度；

b. 叶片型面弦长公差为 $\pm(1.5\% \times c)$ mm，其中 c 为翼型弦长；

c. 叶片型面厚度公差为 $\pm(1\% \times t)$ mm，其中 t 为翼型最大厚度；

d. 叶片型面扭角公差为 $\pm0.4°$；

e. 批量叶片重量互差为±1%；

f. 叶片轴向重心互差为±10mm。

（4）环境适应性　叶片暴露在腐蚀性环境条件下，并且不容易接近。由于运行条件的原因，不可能重做防腐层。因此重视设计、材料选择和防腐保护措施。

防腐和减轻腐蚀的结构设计对防腐的实施、效果和可修理性具有重大影响。复合材料叶片应采用胶衣保护层。

环境条件包括以下几方面。

① 叶片设计使用温度范围为−30～+50℃。

② 叶片设计使用湿度小于或等于95%。

③ 对于在沿海地区运行的风力发电机组，叶片设计时应考虑盐雾对其各部件的腐蚀影响，并采取相应有效的防腐措施。

④ 叶片设计时应充分考虑遭雷击的可能性，并采取相应的雷击保护措施。

⑤ 叶片设计应考虑沙尘的影响，如沙尘对叶片表面的长期冲蚀对机械转动部位润滑的影响，以及对叶片平衡造成的影响等。

⑥ 对于复合材料叶片，应考虑太阳辐射强度以及紫外线对材料的老化影响。

（5）安全和环保　叶片的使用和制造不应对当地居民的安全和环境产生不利影响。叶片产生的噪声是机组噪声的一个组成部分，设计时必须考虑这一因素。

制造叶片的材料尤其是复合材料，在制造过程中可能会产生一些有害的物质。因此应尽量选择适当的材料，使其在制造和使用过程中不会产生大量有害的粉尘和挥发物，对环境产生不利影响。

（6）叶片材料要求

① 增强材料

a. 叶片的增强材料通常选择玻璃纤维及其制品，如粗纱、毡、各类织物，必要时可适当选用碳纤维制品。

b. 纤维表面必须进行保护或附着增强型涂层，且要适合于使用的层压树脂。

c. 玻璃纤维应使用E-玻璃纤维、R或S-玻璃纤维，不得使用其他类型的纤维。

② 树脂

a. 根据用途和要求，可区分为层压树脂和胶衣树脂，如两种树脂混用，必须证明两种树脂相容。

b. 胶衣树脂在固化条件下应具有较好的防潮性和防紫外线辐射及其他有害环境影响的性能，并且应具有良好的耐磨性、低吸水性和高弹性。胶衣树脂中只允许添加触变剂、颜料和固化剂。

c. 层压树脂在铺层时应有良好的浸渍性能，在固化状态有好的防潮性和高的防老化性能。

d. 树脂的所有添加物，如固化剂、促进剂、催化剂、填料和颜料要与树脂相协调，并且彼此之间要兼容，保证树脂完全固化。

e. 填料不得影响树脂的主要性能，填料的类型和填加总量可通过试验确定，在树脂中填料的比例不超过重量的12%（包括最多1.5%的触变剂），触变剂的比例在胶衣树脂中不超过重量的3%。

f. 颜料应不受气候影响，可由无机或不褪色的有机染料物质组成。

g. 树脂、固化剂、催化剂、促进剂应根据制造商的工艺说明书使用。通常应选择冷固化系统，即在 16～25℃ 温度范围内达到良好固化。

③ 玻璃纤维增强塑料层板性能要求

a. 玻璃纤维增强塑料层板的性能要求：树脂含量（质量）为 40%～50%（胶衣、富树脂层除外）；固化程度为环氧＞90%，聚酯＞85%；密度为 1.7～1.9g/cm³。

b. 单向纤维层压板力学性能要求：拉伸强度≥500N/mm²；拉伸模量≥29000N/mm²；弯曲强度≥600N/mm²；弯曲模量≥29000N/mm²。

c. ±90°玻璃纤维增强塑料层板性能要求：拉伸强度≥200 N/mm²；拉伸模量≥16000N/mm²；弯曲强度≥200N/mm²；弯曲模量≥16000N/mm²。

d. 玻璃纤维增强塑料试验方法：树脂含量按 GB/T 2577 的规定；固化度按 GB/T 2576 的规定；密度按 GB/T 1463 的规定；层板弯曲性能及模量按 GB/T 3356 的规定；弯曲性能按 GB/T 1449 的规定；拉伸性能按 GB/T 1447 的规定。

（7）工艺要求

① 层压车间应为全封闭空间，并能加热、通风。一般要求环境温度为 16～25℃，最大湿度为 70%，通过自动记录式温度计和湿度计进行监测。

② 工作场地应采用适当方法照明，采取措施防止阳光和灯光温度达到引起树脂固化的程度。

③ 进行叶片铺层及胶合工作时，车间内不允许进行产生粉尘的机械加工、油漆或喷涂等作业。

④ 所有材料应存放在 10～18℃ 室内。储存间应干燥、通风，避免强光，并应配置自动记录式温度计、湿度计。

（8）叶片制造

① 按工艺把胶衣树脂均匀涂在准备好的模具表面，厚度为 0.4～0.6mm。

② 涂完胶衣后，应按时铺第一层材料。用最大为 300g/m² 玻璃纤维织物时，树脂含量一般为 70%。

③ 树脂及固化剂必须严格按比例混合，并尽量不混入空气。

④ 层间要压实，含胶量一般控制在 40%～50%，胶衣及富树脂层除外。

⑤ 一次铺层的最大厚度取决于固化时最大允许放热量。

⑥ 如果铺层过程被中断，再次铺层时固化层表面须打毛，去除尖点，并清除干净，以获得合适的粘接表面。

⑦ 铺层过程中应尽量避免剪断加强层，无法避免或对接时，应适当增用加强带，加强带及搭接宽度最少需 25mm。

⑧ 预埋件、局部加强件、叶根法兰盘、衬套等零件须干燥，并清理干净，表面做适当处理。

⑨ 固化

a. 树脂系统固化按预试验得到的工艺参数进行。

b. 叶片及其部件固化达到脱模强度后即可从模具中取出。对于冷固化系统（16～25℃），固化时间至少需要 12h。

c. 部件加温固化后，应立即在相关温度下进行时效处理。冷固化系统不需时效处理。叶片出厂前，必须在室温下至少存放 7 天，或在 40℃ 下存放 16h，50℃ 下存放 9h。

⑩ 叶片表面抛光后，对没有表面保护的部位要进行密封，特别是切断面、胶接处，以防外部介质浸入。使用的密封材料应不影响层板胶接处的性能，也不影响叶片的特性。

⑪ 完工后，在专用设备上对叶片进行静平衡。

(9) 制造质量监控

① 对叶片的制造监控应包括原材料质量控制、制造过程监控和成品质量检验。

② 用随件试件或从部件上直接切取试样进行固化程度检验。

③ 在加工过程期间，应抽样检查层板的性能参数，如树脂含量、密度、拉伸强度及拉伸模量、弯曲强度及弯曲模量、剪切强度及剪切模量等。

④ 对部件的加工过程及完成的叶片成品进行目视检验。应特别注意气泡、夹杂起层、变形、变白、变污、损伤、积胶等，对表面涂层也要进行外观目视检验。

⑤ 对叶片及部件内部缺陷可采用 X 射线或超声波等无损检验方法来检验。

(10) 缺陷修补

① 允许修补叶片外表面气泡和缺损等缺陷，但应保持色调一致。修补后表面上直径小于 5mm 的气泡在 1m² 内不允许超过 3 个。

② 对于内部开胶、胶接处缺胶、分层等缺陷可通过注胶修补。

③ 对于叶片表面的凹坑和皱折，可用环氧树脂或聚酯腻子填充进行修补，并喷涂表面涂层，打磨抛光。

④ 对于运输过程中造成的叶片损伤，可在使用现场修补，由制造商提供质量保证。

5.3 风轮机工程设计

5.3.1 风轮机工程设计方法

(1) 工程设计基本公式　已知风场风速、风轮机风能利用系数曲线，可用下列基本公式进行风轮机的工程设计：

风轮机功率

$$P = \frac{1}{2} \rho A V_{\mathrm{w}}^3 C_{\mathrm{P}} \tag{5-40}$$

风轮直径

$$D = \sqrt{\frac{4A}{\pi}} \tag{5-41}$$

叶尖速比

$$\lambda = \frac{u}{V_{\mathrm{w}}} = \frac{\pi \times D \times n}{60 \times V_{\mathrm{w}}} \tag{5-42}$$

风轮机转速

$$n = \frac{60 \times V_{\mathrm{w}} \times \lambda}{\pi \times D} \tag{5-43}$$

式中，ρ 为空气密度，kg/m^3，不同海拔高度的空气密度见表 5-1；V_{w} 为额定设计风速，m/s；C_{P} 为风能利用系数，查风力机性能曲线；u 为叶尖圆周速度，m/s；A 为扫风面积，m^2；D 为风轮直径，m。

工程设计还可利用风力机单位面积功率选择曲线图 5-11，根据风区设计最经济的单位面积功率有最优的风场性能。最佳额定功率与年平均风速 V_{ave} 有关，最佳额定风速和年平均风速之比大体为常数，见表 5-11。

表 5-11　最佳额定风速和年平均风速之比

年均风速/(m/s)	最佳额定风速/(m/s)	风速比	单位面积功率/(W/m²)
7	12.4	1.77	358
7.5	13.1	1.74	420
8	13.7	1.72	487
8.5	14.4	1.69	558
9	15	1.67	635

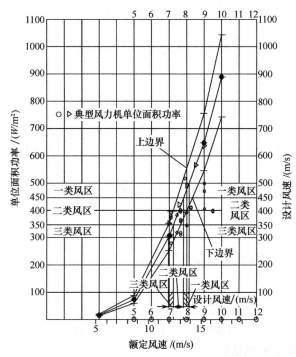

图 5-11　风力机单位面积功率选择曲线图

（2）反问题（设计问题）　设计反问题是给定功率、气动参数，求风力机几何尺寸问题。例如给定风区、额定功率和设计风速，设计风轮直径、转速。在风力机特性曲线图上，选定叶尖速比 λ 和查得风能利用系数 C_P，根据上面的公式设计风轮直径 D 和风轮机转速 n，继而计算齿轮箱传动比和设计齿轮箱。

反问题例 1：设计一台额定功率为 1500kW 的风轮机，已知风轮叶尖速比曲线（图 5-12）。

风场风密度取 $\rho = 1.2 \text{kg/m}^3$。

① 计算设计风速　根据风场，计算出设计风速 $V_{w0} = 7.65 \text{m/s}$（相当年平均风速）。

② 选定单位面积功率　根据风区、设计风速和单位面积功率图，选定单位面积功率

$$\overline{P}^* = \frac{P^*}{A} = 390 \text{（W/m}^2\text{）（二类风区）}$$

③ 计算扫风面积 A　给定的额定功率 $P^* = 1500000 \text{W}$ 和单位面积功率 $\overline{P}^*$，计算扫风面积

$$A = \frac{P^*}{\overline{P}^*} = \frac{1500000}{390} = 3848.1 \text{（m}^2\text{）}$$

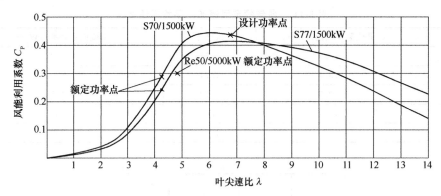

图 5-12　风轮机叶尖速比曲线

④ 计算叶轮直径 D

$$D=\sqrt{\frac{4A}{\pi}}=\sqrt{\frac{4\times3848.1}{\pi}}=70\ (\text{m})$$

⑤ 选取 λ　根据已知的 $\lambda\sim C_P$ 特性图，选取 $\lambda=7.1$，$C_P=0.425$。

⑥ 计算设计转速 n

$$n=\frac{60\lambda V_{W0}}{\pi D}=\frac{60\times7.1\times7.65}{\pi\times70}=14.80(\text{r/min})$$

⑦ 计算设计功率

$$P=\frac{1}{2}\rho A V_{W0}^3 C_P=\frac{1}{2}\times1.21\times3848.1\times7.65^3\times0.425=443(\text{kW})$$

⑧ 计算额定风速

额定风速＝约 $1.7\times$ 设计风速

$$V_W=1.7\times7.65=13(\text{m/s})$$

⑨ 计算额定工况风能利用系数

计算风能利用系数　$C_P=\dfrac{2P^*}{\rho A V_W^3}=\dfrac{2\times1500000}{1.21\times3848.5\times13^3}=0.293$

⑩ 查图得叶尖速比　由风能利用系数 C_P 查得叶尖速比 $\lambda=4.2$。

⑪ 计算额定转速

额定转速　$n=\dfrac{60\lambda V_W}{\pi D}=\dfrac{60\times4.2\times13}{\pi\times70}=14.9(\text{r/min})$

反问题例 2：设计一台额定功率为 3000kW 的风轮机。

已知风能利用系数曲线见图 5-13。

① 计算设计风速　根据风场，计算出设计风速 $V_{W0}=8.82\text{m/s}$（相当年平均风速）。

② 选定单位面积功率　根据风区、设计风速，选定单位面积功率

$$\overline{P^*}=\frac{P^*}{A}=471.5(\text{W/m}^2)\ （属一类风区）$$

③ 计算扫风面积 A　给定的额定功率 $P^*=3000000\text{W}$ 和单位面积功率 $\overline{P^*}$，计算扫风面积

$$A^*=\frac{P^*}{\overline{P^*}}=\frac{3000000}{471.5}=6362(\text{m}^2)$$

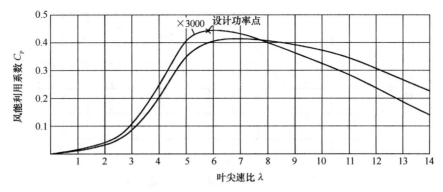

图 5-13　3000kW 风轮机风能利用系数曲线

④ 计算叶轮直径 D

$$D = \sqrt{\frac{4A}{\pi}} = \sqrt{\frac{4 \times 6362}{\pi}} = 90(\text{m})$$

⑤ 选取 λ　根据已知的 $\lambda \sim C_P$ 特性图，选取 $\lambda = 5.8$，$C_P = 0.44$。

⑥ 计算设计转速 n

$$n = \frac{60\lambda V_{W0}}{\pi D} = \frac{60 \times 5.8 \times 8.82}{\pi \times 90} = 10.9(\text{r/min})$$

⑦ 计算设计功率

$$P = \frac{1}{2}\rho A V_{W0}^3 C_P = \frac{1}{2} \times 1.21 \times 6362 \times 8.82^3 \times 0.44 = 1162(\text{kW})$$

⑧ 计算额定风速

额定风速＝约 $1.7 \times$ 设计风速

$$V_W = 1.7 \times 8.82 = 15(\text{m/s})$$

⑨ 计算额定工况风能利用系数

风能利用系数　$\quad C_P = \dfrac{2P^*}{\rho A V_W^3} = \dfrac{2 \times 3000000}{1.21 \times 6362 \times 15^3} = 0.231$

⑩ 查图得叶尖速比　由风能利用系数 C_P 查得叶尖速比 $\lambda = 3.95$。

⑪ 计算额定转速

额定转速　$\quad n = \dfrac{60\lambda V_W}{\pi D} = \dfrac{60 \times 3.95 \times 15}{\pi \times 90} = 12.6\ (\text{r/min})$

(3) 正问题（核算问题）　设计正问题是已知风力机几何尺寸、气动参数，求风力机功率和风力机特性。例如已知风轮直径 D、设计风速 V_W 和风轮机转速 n，核算叶尖速比 λ、风能利用系数 C_P 和风力机功率 P。可以判别设计的风力机是否优化。

正问题例：核算 N80 风轮机额定功率。

已知 N80 风轮机风能利用系数曲线见图 5-14。

已知：N80 风轮机额定风速为 15m/s，转子直径 $D = 80$m，额定转速为 15r/min。风场风密度取 $\rho = 1.21$kg/m^3。

核算的额定工况叶尖速比：

$$\lambda = \frac{\pi D n}{60 V_W} = \frac{\pi \times 80 \times 15}{60 \times 15} = 4.19$$

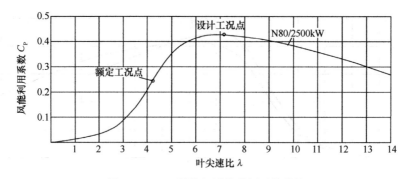

图 5-14　N80 风轮机风能利用系数曲线

在风能利用系数曲线图上查得风能利用系数 $C_P = 0.241$

风力机额定功率：

$$P^* = \frac{1}{2}\rho\pi r^2 V_W^3 C_P = \frac{1}{2}\times 1.21 \times \pi \times 40^2 \times 15^3 \times 0.241 = 2473(\text{kW})$$

设计风速 $V_{W0} = 8.82\text{m/s}$

设计工况叶尖速比：

$$\lambda = \frac{\pi Dn}{60V_W} = \frac{\pi \times 80 \times 15}{60 \times 8.82} = 7.12$$

在风能利用系数曲线图上查得风能利用系数 $C_P = 0.43$

风力机设计功率：

$$P^* = \frac{1}{2}\rho\pi r^2 V_W^3 C_P = \frac{1}{2}\times 1.21 \times \pi \times 40^2 \times 8.82^3 \times 0.43 = 897(\text{kW})$$

5.3.2　风力机的各种设计方案

（1）1000kW 级风力机的各种设计方案（表 5-12）

表 5-12　1000kW 级风力机各种设计方案

①不同海拔高度方案：三叶式风轮机，风速为 15m/s，$\lambda_{opt}=5.5$，$C_{P\max}=0.44$						
h/mm	0	100	300	500	1000	1500	2000
$Pd/(\times 10^5\text{Pa})$	1.013	1.001	0.978	0.955	0.899	0.847	0.797
$\rho/(\text{kg/m}^3)$	1.224	1.211	1.182	1.155	1.087	1.024	0.963
r/m	18.71	18.82	19.04	19.27	19.86	20.46	21.10
$n/(\text{r/min})$	42.11	41.86	41.38	40.88	39.67	38.51	37.33
②不同风速方案：$h=100\text{m}$，$15℃$，$\rho=1.211\text{kg/m}^3$，$\lambda_{opt}=5.5$，$C_P=0.44$						
$V_W/(\text{m/s})$	6	8	10	13	15	17	
r/m	74.4	48.3	34.6	23.3	18.8	15.6	
$n/(\text{r/min})$	4.24	8.70	15.18	29.30	41.91	57.23	

（2）600kW 级风力机设计方案（表 5-13）

表 5-13　600kW 级风力机设计方案

$h=100\text{m}$，$15℃$，$\rho=1.211\text{kg/m}^3$							
叶片数	3	3	3	3	3	3	3	3/金风方案
P/W	600000							
$V_\text{W}/$（m/s）	7	8	9	10	13	15	17	14
λ_opt	5.5/优化设计							3.60
C_Pmax	0.41/优化设计							0.247
r/m	47.36	38.76	32.49	27.74	18.71	15.10	12.51	21.6
$n/$（r/min）	7.76	10.84	14.55	18.93	36.49	52.17	71.37	22.3

(3) 国内小功率风力机设计方案（表 5-14）

表 5-14　国内小功率风力机设计方案

$h=100\text{m}$，$15℃$，$\rho=1.211\text{kg/m}^3$							
叶片数	3	3	3	3	2	3	3
P/W	1000	1000	1000	2000	5000	55000	250000
$V_\text{W}/$(m/s)	9	8	9	8	9	13	14
λ	6.58	7.20	7.2	4.58	7.94	3.12	3.93
C_P	0.343	0.40	0.40	0.131	0.294	0.219	0.307
r/m	1.45	1.60	1.34	2.8	3.5	7.75	12.5
$n/$(r/min)	390	344	462	125	195	50	42

5.4　风轮机优化设计

5.4.1　风轮机优化设计原理

风力机是一种叶片式机械，其效率与风力机叶片的进口攻角强相关。叶片的进口攻角是一个复杂的气动力学问题，与风力机进口风速和风轮转速有关。风力机效率（即风能利用系数 C_P）通常表示为叶尖速比 λ 的函数，绘成如图 5-15 所示的图。

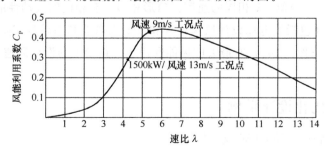

图 5-15　三叶片式 S70/1500kW 型风力机高速特性数图

由图 5-15 可见，随速比 λ 的增加，风力机效率（风能利用系数）C_P 的变化有一个最大值。这时的速比 λ 称为最佳速比，记为 λ_opt。最大风力机效率 C_P 称为最佳效率，记

为 C_{Pmax}。

风力机设计优化问题是一个技术经济问题，要综合考虑设计工况效率、额定工况效率、年发电量、总投资和运行费用等因素。因此设计优化可以有不同的原则，形成不同命题的优化问题。例如，按年发电量最大原则的优化命题，按最佳设计叶尖速比 λ_{opt} 的优化命题等。

年发电量计算与很多因素有关，与风力机变风速性能、年风频曲线、设计点位置有关，很难准确计算。建议用风力机单位面积功率选择曲线（图 5-11），根据设计风速或额定风速选取经济的单位面积功率，从而确定风轮直径。这样确定的风轮方案有较好的经济性。

按最佳设计叶尖速比 λ_{opt} 的优化命题，是用风能利用系数叶尖速比图选取最大风力机效率 C_P 对应的最佳速比 λ_{opt}，再按设计风速和风轮直径设计风轮转速，最后设计齿轮箱。

风电场风速资源和风能利用系数曲线 $C_P = f(\lambda)$（又叫高速特性曲线）是风轮机设计和优化设计的重要依据。风电场风速在全场和一年四季都是不一样的，因此设计时确定"设计风速"是重要的。定义"设计风速"可以有不同的原则，见"5.9.1 设计风速问题"一节。通常可以选取"年总功率最大法则 V_{W3}"，按此法则设计的风轮机可以保证在给定风场下有最大的年发电量。

风轮机风能利用系数 C_P 与叶尖速比 λ 有关，不同叶片数、不同叶片型线的风能利用系数 C_P 曲线（或称叶尖速比曲线）将有不同，见图 5-16。

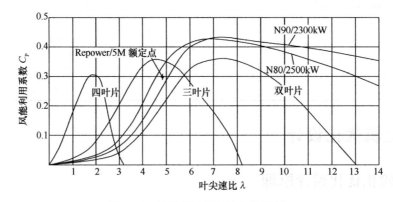

图 5-16 风轮机叶尖速比曲线举例

同一叶片的风能利用系数 C_P 曲线存在一个最佳值 $[C_{Pmax}(\lambda_{opt})]$。叶尖速比 $\lambda = u/V_W$ 与汽轮机的速比 u/C_0 类似，λ 相同的速度三角形相似，有相同的气动性能。

风轮机优化设计包括风电场设计风速设计和按最大风能利用系数 C_{Pmax} 进行设计，选最佳叶尖速比 $\lambda = \lambda_{opt}$（图 5-16），有最大的风能利用率。在给定的设计风速下，能保证最大的功率和年功率。

5.4.2 风轮机优化设计举例

例 1：优化设计一台 1500kW 风力机。

已知数据：设计风速为 7.65m/s，额定功率为 1500kW 及叶尖速比特性线见图 5-17。

① 计算设计风速　根据风场，计算出设计风速 $V_{W0} = 7.65$m/s（相当年平均风速）。

② 选定优化的单位面积功率　根据风区、设计风速和根据单位面积功率选择曲线图（图 5-11）选定优化的单位面积功率

$$\overline{P}^* = \frac{P^*}{A} = 380(\text{W/m}^2)\ (\text{属二类风区})$$

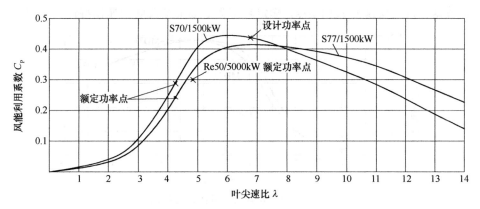

图 5-17　叶尖速比特性曲线

③ 计算优化扫风面积 A　给定的额定功率 $P^* = 1500000\text{W}$ 和单位面积功率 $\overline{P}^*$，计算扫风面积

$$A = \frac{P^*}{\overline{P}^*} = \frac{1500000}{380} = 3947(\text{m}^2)$$

④ 计算叶轮经济直径 D

$$D = \sqrt{\frac{4A}{\pi}} = \sqrt{\frac{4 \times 3947}{\pi}} = 70.90(\text{m})$$

⑤ 按最佳叶尖速比原则选取 λ_{opt}　根据已知的 $\lambda \sim C_P$ 特性图（图 5-17）选取最大的风能利用系数对应的最佳叶尖速比 $\lambda_{\text{opt}} = 6$，$C_{\text{Pmax}} = 0.44$。

⑥ 计算优化设计转速 n

$$n = \frac{60\lambda V_{\text{W0}}}{\pi D} = \frac{60 \times 6 \times 7.65}{\pi \times 70.9} = 12.36(\text{r/min})$$

⑦计算设计功率

$$P = \frac{1}{2}\rho A V_{\text{W0}}^3 C_P = \frac{1}{2} \times 1.21 \times 3947 \times 7.65^3 \times 0.44 = 470(\text{kW})$$

⑧ 计算额定风速

$$V_{\text{W}} = 1.7 \times 7.65 = 13(\text{m/s})$$

⑨ 计算额定工况风能利用系数

$$风能利用系数\ C_P = \frac{2P^*}{\rho A V_{\text{W}}^3} = \frac{2 \times 1500000}{1.21 \times 3947 \times 13^3} = 0.286$$

⑩ 查图 5-17 得额定工况叶尖速比 $\lambda = 4.15$。

⑪ 计算额定转速

$$额定转速 \ n = \frac{60\lambda V_W}{\pi D} = \frac{60 \times 4.15 \times 13}{\pi \times 70.9} = 14.53(\text{r/min})$$

例2：优化设计一台3000kW风力机。

已知数据：设计风速为7.94m/s，额定功率为3000kW及叶尖速比特性线（图5-18）。

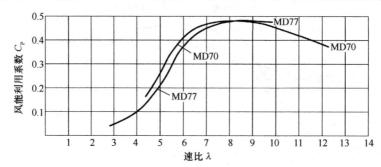

图5-18　3000kW风力机叶尖速比特性线

① 计算设计风速　根据风场，计算出设计风速 $V_{W0} = 7.94$m/s（相当年平均风速）。

② 选定优化的单位面积功率　根据风区、设计风速和根据单位面积功率选择曲线图（图5-11）选定优化的单位面积功率 $\overline{P}^* = \frac{P^*}{A} = 400(\text{W/m}^2)$（属二类风区）

③ 计算优化扫风面积 A　给定的额定功率 $P^* = 3000000$W 和单位面积功率 $\overline{P}^*$，计算扫风面积

$$A = \frac{P^*}{\overline{P}^*} = \frac{3000000}{400} = 7500(\text{m}^2)$$

④ 计算叶轮经济直径 D　$D = \sqrt{\frac{4A}{\pi}} = \sqrt{\frac{4 \times 7500}{\pi}} = 98(\text{m})$

⑤ 按最佳叶尖速比原则选取 λ_{opt}　根据已知的 $\lambda \sim C_P$ 特性图选取最大的风能利用系数对应的最佳叶尖速比 $\lambda_{opt} = 8$，$C_{Pmax} = 0.49$

⑥ 计算优化设计转速 n

$$n = \frac{60\lambda V_{W0}}{\pi D} = \frac{60 \times 8 \times 7.94}{\pi \times 98} = 12.38(\text{r/min})$$

⑦ 计算设计功率 $P = \frac{1}{2}\rho A V_{W0}^3 C_P = \frac{1}{2} \times 1.21 \times 7500 \times 7.94^3 \times 0.49 = 1113(\text{kW})$

⑧ 计算额定风速

$$V_W = 1.7 \times 7.94 = 13.5(\text{m/s})$$

⑨ 计算额定工况风能利用系数

$$风能利用系数 \ C_P = \frac{2P^*}{\rho A V_W^3} = \frac{2 \times 3000000}{1.21 \times 7500 \times 13.5^3} = 0.269$$

⑩ 查图得额定工况叶尖速比

$$\lambda = 5$$

⑪ 计算额定转速

$$额定转速\ n = \frac{60\lambda V_{W}}{\pi D} = \frac{60 \times 5 \times 13.5}{\pi \times 98} = 13.15(\text{r/min})$$

5.5　风轮机模化设计

5.5.1　风轮机模型及特性

模化设计应有一系列模型风轮机和相应的风能利用系数 C_P 特性曲线，如图 5-19、图 5-20 所示。

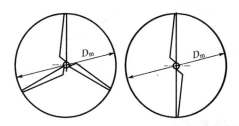

图 5-19　模型风轮机

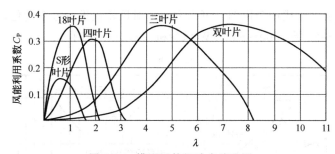

图 5-20　模型风轮机叶尖速比图

5.5.2　风轮机模化设计方法

已知设计风速 V_W 和风场的空气密度 ρ，用模化方法设计一台设计功率为 P 的风轮机。

① 选取模型风轮机，得到它的叶尖速比图。

② 实物风轮机风轮直径计算：由风轮机优化方法选最优工况点 $\lambda = \lambda_{opt}$，$C_P = C_{Pmax}$，得到实物风轮机的风轮直径 D_S：

$$D_S = 2 \times \sqrt{\frac{2P}{\rho \pi V_W^3 C_{Pmax}}} \tag{5-44}$$

风轮机转速 n_S：

$$n_S = \frac{30 V_W \lambda_{opt}}{\pi r} \tag{5-45}$$

③ 实物风轮机尺寸设计　实物风轮机尺寸按几何模化比 m_L 由模型风轮机尺寸得出（图 5-21）。

几何模化比

$$m_L = \frac{D_S}{D_M} \tag{5-46}$$

实物风轮机尺寸 $\qquad L_S = m_L L_m \qquad$ (5-47)

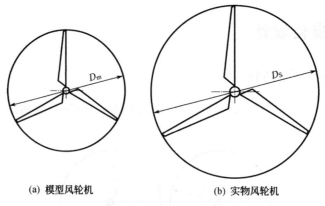

(a) 模型风轮机　　　　　　　(b) 实物风轮机

图 5-21　模型风轮机和实物风轮机几何相似

5.6　风轮机工程设计图例

用上面的基本公式绘成四象限图，可以方便地对风轮机进行方案优化设计和核算现有风轮机的经济性。图 5-22 是 1000～6000kW 风轮机工程设计图例。

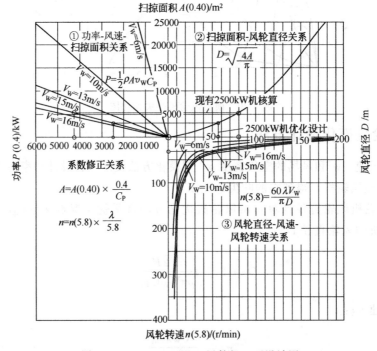

图 5-22　1000～6000kW 风轮机工程设计图

(1)　风轮机方案优化设计

例：优化设计一台 2500kW 风轮机。设计风速为 15m/s，风能利用系数 $C_P = 0.40$，取叶尖速比 $\lambda = 5.8$。

由设计功率 $P=2500\text{kW}$ 在图 5-22 之图①，查得风轮机扫掠面积 $A(0.4)=2552\text{m}^2$，再由图②查得风轮直径 $D=57\text{m}$，最后由图③查得风轮机设计转速 $n=32\text{r/min}$。

(2) 风轮机经济性核算

例：已知风轮机 $N/80-2500$ 功率 $P=2500\text{kW}$，风轮直径 $D=80\text{m}$，风轮转速 $n=15\text{r/min}$。

由风轮直径 $D=80\text{m}$ 在图 5-22 之图②和图①得优化功率为 $P=4300\text{kW}$，风能利用系数约 $C_P=0.233$。

(3) 各功率段的风轮机工程设计图例　下面给出不同风轮机功率范围的工程设计图例，供对不同功率的风轮机进行方案设计用。

① 100～1200W 功率范围风轮机设计图（图 5-23）

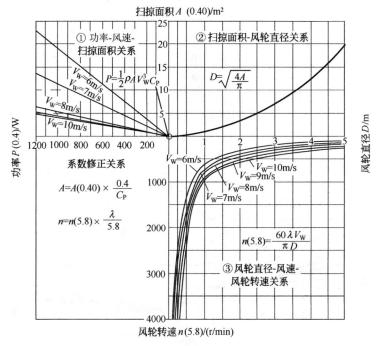

图 5-23　100～1200W 功率范围风轮机设计图

② 1～12kW 功率范围风轮机设计图（图 5-24）

③ 10～120kW 功率范围风轮机设计图（图 5-25）

④ 100～1200kW 功率范围风轮机设计图（图 5-26）

5.7　风轮机的设计与制造

风轮机把风的动能通过风轮转换成机械能，这种二次能量可采用不同的方式加以利用，如磨房、提水、发电或其他可能的能量转换方式。风轮机应尽可能设计得最佳，尽可能多地转换能量，达到良好的经济效益。

风轮机的设计是个多学科的问题，包括空气动力学、机械学、数学、力学、计算数学、弹塑性力学、电力技术、动态技术、控制技术、测试技术以及风载荷特性等知识。

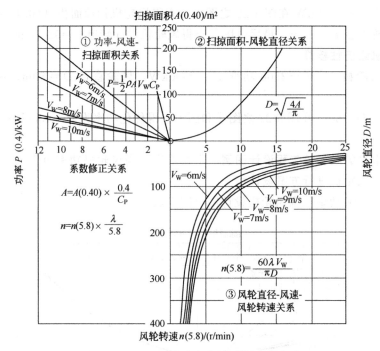

图 5-24　1～12kW 功率范围风轮机设计图

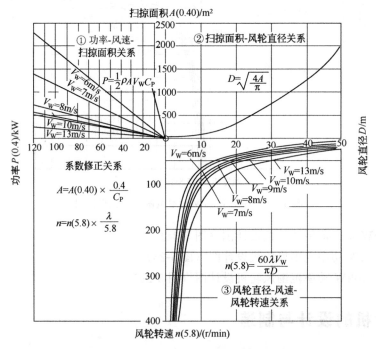

图 5-25　10～120kW 功率范围风轮机设计图

5.7.1　功率设计

目前市场上有多种型式的风力机，它们的功率大小和风速、风轮直径有关。

图 5-27 表示的是风轮机的输出特性曲线（功率-转速曲线），图中的垂直线是恒转速发

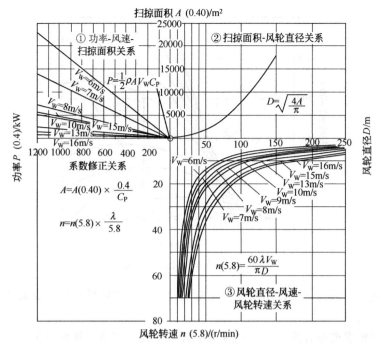

图 5-26　100～1200kW 功率范围风轮机设计图

电机特性曲线，随风速增加功率增大。

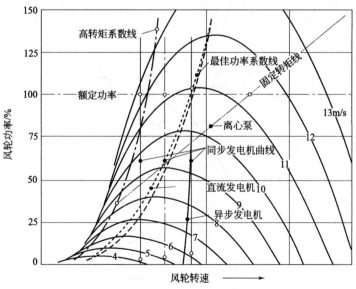

图 5-27　风轮机功率-转速曲线

图 5-28 是风轮的功率与转速的关系曲线。

(1) 变桨距风力发电机　变桨距风力发电机可在某一转速下运行，并与风频分布相匹配得到最多的能量产出。而失速风力发电机却不同，同等功率下，失速机必须是低转速，从而产生较大的扭矩。变转速风力机与恒转速机相比更接近最佳运行情况，它的额定转速会更高。

应避免叶片工作在很高的转速上，当叶片速度达到 70～80m/s 时，会产生很强的噪声。

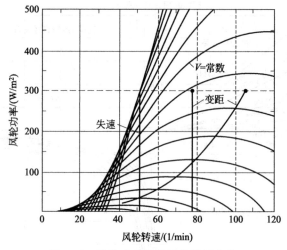

图 5-28　风轮功率与转速的关系曲线

许可的叶尖速度难于确定，可以用改变叶片空气动力外形来降低噪声。加大叶片宽度会降低转速，使叶尖速度降低。

（2）风力机年发电量计算　在实际应用中常用瑞利分布来计算发电量，如计算风力机的功率等级在 $100\sim1000W/m^2$ 之间变化时的定转速或变转速运行的年发电量。每一功率下最佳转速是不同的，瑞利分布不同则年发电量不同，它既适于恒速运行机也适于变速运行机。当某一给定平均风速下，功率提高，最佳转速提高，而发电量却降低。原因是由于高风速区出现风速较少，能量未能得到充分利用。图 5-29 所示是一台 25m 轮毂中心高的风力发电机当它的功率变化时的年发电量的变化。

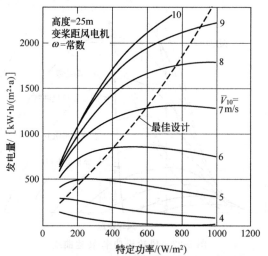

图 5-29　恒转速风力发电机功率-发电量特性曲线

无论变距机还是失速机，设计时都必须考虑年发电量，是设计时的最重要参数。

（3）转子转动惯量　设计的另外一个问题是考虑转子转动惯量。在相同风轮直径下，改变发电机功率有可能提高发电量。某一发电机功率对应一个最佳的转速，转速引起的转子惯量对传动力系、旋转部件影响大。改变转速只有改变传动轴和齿轮的结构。

对于给定的材料，转子所受应力不能超出它的许用应力范围

$$\sigma_{zul} = M/d^3 = 常数 \tag{5-48}$$

式中，d 是传动轴直径；M 是传动力矩；σ_{zul} 应为常数，根据关系式 $M=P/\omega$，那么两个不同的转速有

$$\frac{\omega_1}{\omega_2} = \frac{M_2 P_1}{M_1 P_2} = d_2^3 d_1^3 \tag{5-49}$$

轴惯性矩随直径变化

$$\frac{m_2}{m_1} = \frac{d_2^2}{d_1^2} = \left[\frac{p_2}{p_1} \times \frac{\omega_1}{\omega_2} \right]^{\frac{2}{3}} \tag{5-50}$$

图 5-30 是上述公式的图解。300W/m² 功率大小的失速风力机，从理论上说其旋转部件的质量要比恒速变桨机重 33%，比变速运行的风力机还要再重 13%。

这里引入一个变数 x，代表风力机质量的变化，相应的公式

$$\frac{m_2}{m_1} = x(MF-1)+1 = \frac{k_2}{k_1} \tag{5-51}$$

式中，MF 是质量因数；k 是每台风力机造价。质量因数直接影响造价。图 5-31 表示风力机功率变化，其费用变化的情况。其中风力机质量的大约 30% 是由转动力矩变化引起的。

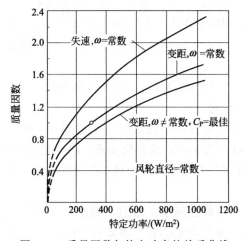

图 5-30　质量因数与特定功率的关系曲线

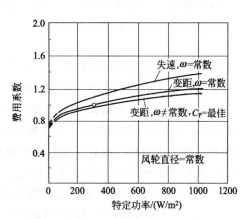

图 5-31　费用系数与特定功率的关系

(4) 风力发电成本 综合图 5-30 和图 5-31 可得到每度电的成本，如图 5-32 所示。

设功率为 300W/m² 时，发电费用系数为 1，此图也适于恒速变桨机。由图 5-32 可看出，由于年平均风速的不同，费用系数将不同。且当风速提高时，最少费用系数的变化越平滑。当安装地点的年平均风速越小时，就要考虑设计功率对费用的影响。

图 5-32 所示是一台变桨风力发电机的情况，它也适用于其他变桨机。它表示给定塔架高，350W/m² 功率在年平均风速高于 5m/s，低于 7m/s 时的发电成本。由图 5-32 可见，要比可达到的最低成本高 10%。当平均风速在 4～5m/s 范围变化时，设计的额定功率不要超过 200W/m²。超过 7m/s 时，功率要 600W/m²。由此可见，4m/s 年平均风速的风场发电成本要比 7m/s 风电场高出 3.6 倍。

图 5-33 所示是三种不同型式风力机的对比情况。失速机作为参考机，取每一功率下的成本为 1，其他机以此为标准进行比较。从图 5-24 中看出，变桨机比失速机费用高。这可以从结构中找出原因，比如变距机构增加的费用、变换器（变速机）的费用等。从风力机最佳

设计原则，允许变距机的成本费用比失速机高 20％也是经济的。

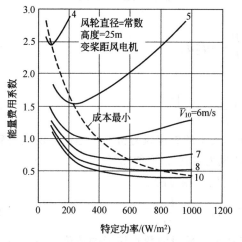

图 5-32 能量费用系数与特定功率的关系曲线

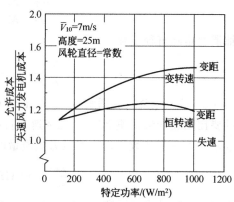

图 5-33 允许成本随功率变化曲线

（5）风电并网问题 风力机的运行最好是并入大电网。在风能占比例大的电网中，单台风力机有可能输出功率是很低的，在低风速时已达到额定出力，其输出功率保持恒定，显然它很不经济。所以上述关于风力机最佳功率设计原则，不适用于风能占比例大的电网运行条件。

在弱网中，最佳设计风力机功率应相应减少。在设计风力机时，要考虑电网的情况，考虑风力机是并入大电网，还是与柴油机联合运行等情况。

（6）轮毂标高与风力机功率的关系 理论上讲，最佳功率设计还应考虑到概率统计关系。图 5-34 表示一台风力机的额定功率与轮毂标高（塔架高）的变化关系。塔架高度增加，风速增加，功率也增加。提高风力机的塔架高度可提高发电量，塔架成本的增加与发电量增加相比，其增加幅度不大的设计是可取的。

图 5-34 的曲线适于风速随高度的增加遵循 1/7 法则的风场。在 10m 高处的年平均风速为 6m/s，大部分风力机利用时间为 2100～2500h，额定功率的利用率是 0.29～0.23。从图 5-25 中可以得到结论，即应选择 400～500W/m^2 的功率。

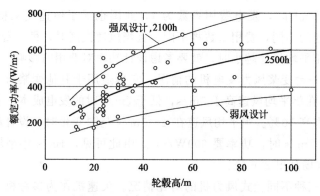

图 5-34 功率与轮毂高的关系曲线

5.7.2　风轮设计

风轮是风力机转换风能最关键的部件，因此在设计时必须重视。风轮的费用约占风力机总造价的 20%～25%，而且它应该在 20～30 年的寿命期间内不更换。除了空气动力设计外，还应确定叶片数、轮毂形式和叶片的结构等要素。

(1) 叶片数设计　叶片数目应根据风力机的用途来确定。要得到很大输出扭矩的风力机，就需要较大的叶片实度（较多的叶片数）。如美国早年的多叶片提水机，它以恒定的扭矩推动活塞泵，在低风时仍有较高的扭矩输出。现在的风力机大多用于发电，风轮带动的是高转速的发电机。为避免齿轮箱过大，就希望风轮有尽可能高的转速，叶片宽度、叶片数与转速成反比。两方面都应合理选择，使叶片几何形式和转速都能合理。

选择叶片数首先应考虑下面三个方面。

① 提高叶片转速就要减少叶片数，这样可使齿轮箱速比减小，齿轮箱的费用降低。大型风力机如采用 100m 以上直径时，如风轮转速很低，由于齿轮箱自锁范围的限制，就要求发电机是低转速的，由此成本提高，质量增加。

② 减少叶片数可减少风轮成本。

③ 两个或一个叶片的风轮可能产生铰链叶片的悬挂式支撑（如钟摆式轮毂）。

从结构成本角度看，1～2 个叶片比较合适，而 3 个叶片的叶轮叶片数不多，而且动平衡比较简单，也是可取的。

风轮位于塔架轴支承的外端，在这个轴上相应的质量矩为

$$\theta_T = \theta_R + m_R a_R^2 \tag{5-52}$$

式中，m_R 是质量；a_R 是风轮质量中心到塔架轴支承之间的距离。下标 T 是指相对于塔架轴的质量矩。

质量矩 θ_R 定义为

$$\theta_R = \int b^2 \, dm \tag{5-53}$$

式中，b 是微元质量；dm 是微元质量到相对轴的距离。

两叶片的优点是叶片宽度小、实度小、转速高。三叶片风轮也要达到这样高的转速，每个叶片要做得很窄，从结构上可能无法实现。

两叶片产生的空气动力不平衡，可能使风轮机舱产生振动等问题，可以通过改变轮毂结构来减少它们的影响。

单叶片将会产生更强的摆动和偏航运动，而且是在整个运行范围内产生。虽然单叶片节省了材料，齿轮箱发电机的费用降低，但由于为解决上述问题而付出的代价，使得它的优点不突出，而且由于高转速度会产生很强的噪声，所以是并不可取的。

(2) 轮毂设计　风轮轮毂用于传递风轮的力和力矩到后面的机构中，可采用特殊的叶片结构或叶根弹性连接，如铰链联轴节，或者直接传递给机舱。下面考虑三种结构的轮毂型式。

① 固定式轮毂　三叶片风轮大部分采用固定式轮毂，因为它制造成本低、维护少、没有磨损，但它要承受所有来自风轮的力和力矩，承受的风轮载荷高，后面的机械承载大。风轮全圆锥角结构如图 5-35 所示，旋转中产生离心力 F 和轴向推力 S。风力机风轮一般采用圆锥体型式，在叶轮整个旋转过程中，离心力和空气动力产生的轴向推力是周期性变化的。

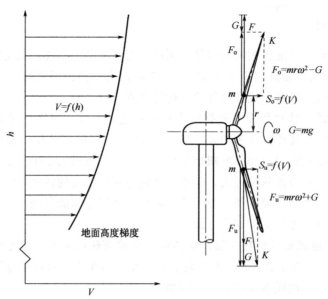

图 5-35　风轮叶片离心力、轴向推力的关系曲线

②铰链式轮毂　铰链式轮毂常用于两叶片叶轮，这是种半固定式轮毂，铰链轴与叶片长度方向及风轮轴垂直。像个半方向联轴节，如图 5-36 所示。

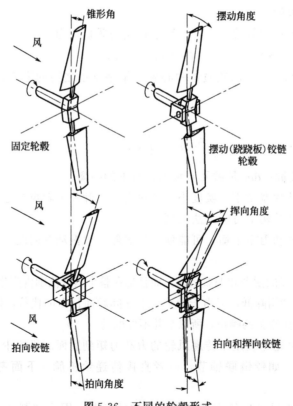

图 5-36　不同的轮毂形式

两叶片之间是固定连接的，可绕联轴节活动。当来流变化或阵风时，作用在叶片上的载荷使叶片离开原叶轮面，产生前后方位变化。

铰链两叶片风轮当叶片处于水平位置时，机舱的偏航并不会产生叶片平面转动，叶轮驱动力不起什么作用。相对于塔架轴长度方向的风轮推动力矩是由项 $m_R a^2$ 通过风轮质量中心点刚性部件给出的。在铰链应用中，当风轮旋转角变化时，推动力矩 $\theta_{B,Langs}$ 绕叶片轴向叠加。两叶片机舱偏航重力矩较小，与同样质量的三叶片风轮比减少约 20%。

铰链轴应在叶轮的重心上，铰链悬挂角度与风轮转速有关，风轮转动越慢，角度越大。悬挂角度的调节量 $\delta_3\sigma$ 返回阻尼器起阻尼作用，当叶轮离开旋转面，偏离悬挂角度，叶片安装角将变化。部分叶片由于悬挂角度变化而升力降低，部分叶片升力提高，产生返回旋转的力矩，产生阻尼使叶轮回运动。

铰链轮毂首先在 20 世纪 50 年代提出，通过计算，可以得出高速运转的叶片的临界运行状态。在高速区超过临界转速直到切出，铰链被拉出。

③ 受力铰链式轮毂　叶轮上每个叶片都独立地通过一种叫受力铰链的装置安装在轮毂上，且与风轮轴方向垂直。由此每个叶片互不相关，在外力作用时自由活动。理论上，采用受力铰链机构的风轮可保持恒速运行，叶片可单独地运动。叶片在离心力和轴向推力的作用下，沿受力方向产生弯矩。由于受力铰链可自由活动，离心力和转动力矩必然平衡。

第二种受力铰链轮毂是单个叶片通过一个铰链相互连接，产生同时的扭曲运动，扭曲角度相同。此时，每个叶片不能自由受力矩变化，而是与它的角度及不同的受力有关。比固定轮毂所受力及力矩较小，而且所有的叶片产生一个平均的变动角度，铰链及传动机构的计算彼此相关。

这两种铰链轮毂型式相比，带连杆的机构较好。它可传递不同的扭矩，相对设计，只产生很小的弯矩。优点是高速运转中，离心部件很少，叶片可互相支撑，而且不在受力位置。不带连杆的机构在运转中，优点是在受力变化中，叶片的重力始终位于轴上。而单独受力的叶片就不是这样，叶片受外力随时变化，受力位置也不同。叶轮质量沿叶轮轴向变化很大，产生周期性质量不平衡问题。

受力铰链机构的缺点是造价高，维护费用高。

④ 受力活动铰链机构的轮毂机构　它的活动轮毂的目的是避免叶轮自重产生的叶片合力矩。活动铰链必须在风轮轴外，否则就不会产生旋转力矩作用。叶片自重力矩与相应减少的离心力矩比要大，表现为很大的偏移，从而提高了叶轮轴向质量重心的变化。对于弹性塔架，由于地面廓线影响可能会产生风力机的破坏，这种两叶片风轮在这种情况下是非常危险的。在 GROWIAN Ⅱ型风力机上，采用了这种机构。由运行结果看，受力产生了较大的变化，在风轮的整个旋转过程中质量不平衡。铰链中由轴承或弹簧构成，由球、柱轴承充当铰链有严重缺陷，它总是以很小的旋转角度运转，并产生轨道和柱体很快的相对运动，弹簧可以在很小的转角下工作。如悬挂轮毂在 $\pm(6°+10°)$ 运动时，弹簧可通过弹性返回改变叶轮动态特性。

(3) 风轮设计　风轮是风力机最关键的部件。它比较大，承受风力载荷，又在地球引力场中运动，重力变化相当复杂。一台转速为 60r/min 的风轮，在它的 20 年寿命期内要转动（3～5）亿次，叶片由于自重而产生相同频次的弯矩变化。每种叶片材料都存在疲劳问题，当载荷超过材料的固有疲劳特性，零件就会出现疲劳断裂，它取决于受力次数。疲劳断裂常从材料表面开始出现裂纹，然后深入到截面内部，最后零件彻底断裂。

动态部件的结构强度设计要充分考虑所用材料的疲劳特性，要了解叶片上产生的力和力矩，以及在运行条件下的风载荷情况。对其他受高载荷的部件也是一样，在受力的叠合处最危险。在这些力的集中处，载荷常很容易达到材料承受能力的极限。

（4）设计规范 风力机设计应按规范进行。

① 塔架变形规范 在叶片变矩时塔架应产生尽可能小的变形，塔架设计为尽可能高的扭曲刚度，避免摆动。

② 叶片固有频率规范 叶片的固有频率在受力扭矩方向上不得与转速激振或它的各阶谐波重合，叶片数成倍数的圆周频率临界共振频率亦应避开。图 5-37 是叶片固有频率与叶轮转速之间的关系。两叶片风轮在 2Ω 处，三叶片风轮在 3Ω 处，是必须要避开的激振频率。对于双速风力发电机，其低转速常在临界转速以下，高转速常在临界转速以上，转速的变化要穿过叶轮的固有频率。

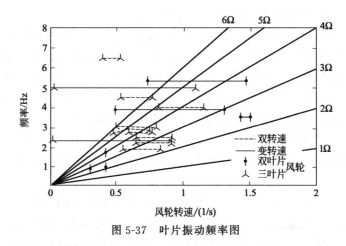

图 5-37 叶片振动频率图

固有频率规范是叶片的固有频率应与风力机其他构件的固有频率不同（塔架、拉索、机舱、控制系统等），以避免牵连振动。在计算叶片的固有频率时，应考虑轮毂的刚性；由于离心力作用，在运行中叶片的弯曲固有频率会提高。由于叶片柔软，离心力产生了一个很大的回位力矩，使刚性提高，弯曲固有频率会提高。

（5）叶片设计

① 叶片载荷分析 叶片载荷来自运行和阵风，风轮结构承受的最大载荷设计时难于预先准确给出。受力分析对于安全运行十分重要，它有很多种情况，最多的情况是三维载荷。静态和动态载荷在原理上是完全不同的。

a. 静载荷。

a）最大受力状态：百年中的最大阵风作为最大静载荷值，此时叶轮处于对风状态，风力机处于紧急状态，失速时安装角为 90°。变桨距风力机从安装角处于升力最大时很快顺桨。

b）最大弯曲状态：水平轴风力机叶轮 90°角度，自重和驱动力在同一方向上。

c）最大扭曲状态：截面来流（90°安装角）以及最大阵风时，此时，升力中心点从 1/4 弦向叶片向 1/2 弦叶片中心滑动。

b. 动载荷。

a）阵风频谱的受力变形。

b）弯曲变化力矩，由于自重及切向升力产生的弯曲变形。

c）在最大转速下，机械、空气动力刹车、风轮刹车情况。

d）电网周期性及同期过程。

所有动态过程都与寿命有关，叶轮刹车无论是不经常的紧急刹车还是经常、正常运行过程的刹车，就像失速机机械刹车一样，直到叶轮静止。

图 5-38 是 DEBRA-25 变桨机载荷测试结果。叶片是在圆锥角 7°的位置上，上面三条曲线由功率、叶片角度和叶轮转速为纵坐标。转速从低速 33r/min 变到高转速 50r/min 的过渡过程，叶片角度很快变化到最大。下面三条曲线表示的是，连续测试在振动方向上的弯曲力矩。此时，由于自重产生的弯曲力矩约 1400N·m，叶片推动力矩在额定功率下约只有 7600N·m。

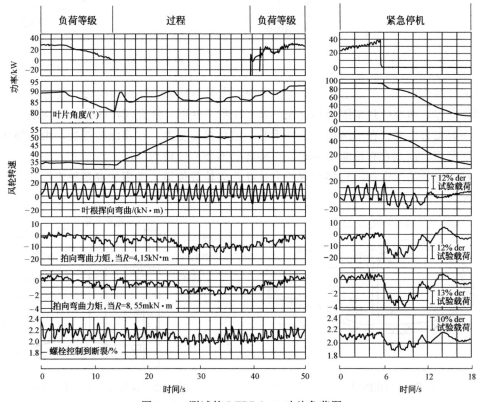

图 5-38　测试的 DEBRA-25 叶片负荷图

图 5-38 右侧的曲线表示的是紧急关机时的过程和受力情况，叶轮单独通过变距来刹车，叶片在这个过程中，通过一个弹簧受压面顺桨，而不是通过控制系统完成。这些测试数据是相对于单一运行过程的频次统计的。

② 叶片结构设计　立轴风力机常用铝拉伸叶片（图 5-39），这种制造工艺很适于等宽叶片。多个载面采用一个模具挤压成型，叶宽最多到约 40cm。

叶片结构主要有两种加工方法，第一种是 D 形梁利用缠绕机进行缠绕，梁两半粘接起来（图 5-40）。

另一种方法是梁作为空气动力翼型的一部分，上下两半手工制作，利用 C 形梁用两半片粘接，用一个支撑架支撑，采用层状结构。在梁上用玻璃纤维包上，使承受拉力和弯曲力矩达到最佳。叶片上下两片采用编织结构，45°交叉来承受扭矩。应安排好梁的重心，使支撑刚性点与重心占在 1/4 叶宽线上，三个点如不在 1/4 叶宽线上，就需配重。附加配重要小，避免凹凸不平，通过一个层状结构（结构表面用45°交叉玻璃纤维-硬泡沫结构）来实现（图5-41）。

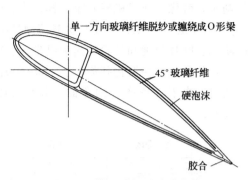

图5-39　多孔结构铝拉伸叶片　　　　　　图5-40　带D形梁的叶片结构

在两种结构中，C形梁上下两半在模具中，变形与纤维长度是相同的。经过收缩，三明治结构作支撑，两半叶片牢固地粘合在一起。D形梁变形，外壳同样收缩，缠绕梁，最后两个外壳一起粘合起来。在前缘粘合面常重叠，使粘接面变大。在后缘粘接处，由于粘接角的产生而变坚固。由此在有扭曲变形时，粘接部分不会产生剪切损坏。

关键问题是法兰连接，它将所有的力从叶片向轮毂传递。常用的有多种连接方式。如图5-42所示。

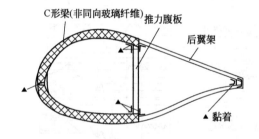

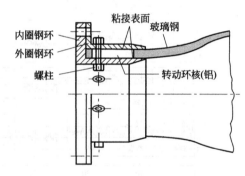

图5-41　C形梁（DEBRA-25）叶片结构　　　图5-42　双面套连接，连续钢环

③轻型叶片设计　叶片的质量完全取决于其结构形式，目前有两种情况。传统叶片由玻璃钢制造，很重而且相对粗糙，组装技术简单。某些生产厂尤其是飞机制造厂生产的叶片多为轻型叶片，承载最佳而且很可靠。重叶片可能比轻叶片重2~3倍。见图5-43。

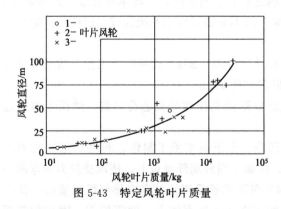

图5-43　特定风轮叶片质量

轻型结构叶片对变桨距风力机有很多优点：a.在变距时驱动质量小，在很小的叶片机构动力下产生很高的调节速度；b.减少风力机总重；c.要求的固有频率容易实现；d.风轮机械刹车弯矩小；e.周期振动弯矩力很小；f.减少材料成本；g.由于很小的转动惯量，在t/4线上质量平衡容易实现；h.运费减少；i.便于安装。缺点有：a.叶片结构要求必须可靠，而且组装费用高；b.材料成本很高；c.叶轮推动力小，风

轮在阵风时反应很快，那么要求功率调节也要快（适于失速机）；d. 材料特性及载荷特性必须很准确，以免超载。

当前叶片多用玻璃纤维加强复合材料（GFK），基本材料为聚酯或环氧。环氧性能比聚酯高 5 倍左右，疲劳特性好、收缩变形小。德国飞机制造中采用环氧，在风轮制造中也多采用环氧，其技术工艺来源于滑翔机制造工业。其他国家，特别是丹麦、荷兰的叶片厂家，一般采用较便宜的聚酯材料，它在固化时收缩大，在叶片的连接处存在潜在危险。由于收缩，在金属材料与玻璃钢之间会产生叶片裂纹。

(6) 其他设计要点

① 型面中心点位置设计　叶型重心、刚性中心、轴向推力中心的位置在变矩风力机中尽可能靠近叶片调整轴（一般在 1/4 位置），以避免在控制调节时出现不必要的反作用力（图 5-44）。在失速风力机中，这一条件不重要。

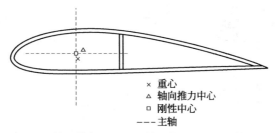

× 重心
△ 轴向推力中心
□ 刚性中心
--- 主轴

图 5-44　翼形横断面重心、轴心推力中心、刚性中心

② 热胀设计　叶片结构中常使用不同的材料，必须考虑材料热胀系数，以避免温度变化产生附加应力。

③ 积水疏水设计　尽管叶片有很好的密封，叶片内部仍可能有冷凝水。为避免对叶片产生危害，必须把渗入的水放掉。可在叶尖打小孔，另一个小孔打在叶根颈部，形成叶片内部空间通道。但要注意，小孔一定要小，不然由于气流从内向外渗流而产生功率损失，还可能产生噪声。

在霜冻地区，风力机叶轮应不断旋转，使水在叶片内表面分散，不会在叶尖聚集而产生冰裂问题。静风期叶片固定刹车应松掉。

④ 雷击保护设计　对于导体（金属）或半导体材料（碳纤维）设计应考虑雷击，应可靠地将雷电从轮毂上引导下来，以避免由于叶片结构中很高的阻抗而出现破坏。

对于聚酯加强玻璃钢，雷电影响可不必考虑，因为它是非导体。这种材料在加工中采用的是纯水，其导电率很低，大多数这样的叶片很少会受到雷电的影响。

5.7.3　齿轮箱和刹车机构

风轮将风的动能转换成风轮轴上的机械能，然后这个能量要变成所需的其他能量形式。这种二次能量多数是电能，由高速旋转的发电机转换。由于叶尖速度的限制，风轮旋转速度一般都很慢。一般大的风力机（直径大于 100m），转速在 15r/min 或更低；风轮直径在 8m 以下的风力机，转速约为 200r/min 或更高。为使发电机不太重，且极对数少，发电机转速就相当高（1500～3000r/min），那么就必须要在风轮与发电机之间设置一个增速齿轮箱，把转速提高，达到发电机的转速。

刹车机构常用于安全系统，用在静止或正常运行时，一般常采用机械的、电器的或空气动力式刹车。形式不同，必须有很高的可靠性，使风轮快速回到静止位置。

(1) 齿轮箱设计 在风力发电机中，齿轮箱前端低速轴由风轮驱动，输出端与发电机高速轴连接。一般常采用单级或多级正齿轮或行星齿轮增速箱。正齿轮增速箱对于主轴来说，高速轴要平移一定距离，由此机舱较宽。变距风力机，桨距位置调整要通过主轴到轮毂来实现。行星齿轮箱很紧凑，而且与斜齿齿轮箱相比成本低一些，它的效率在增速比相同时高一些。输入轴（驱动轴）与输出轴是同轴的，叶片变距，通过齿轮箱到轮毂就不容易实现。典型齿轮箱结构见图 5-45。

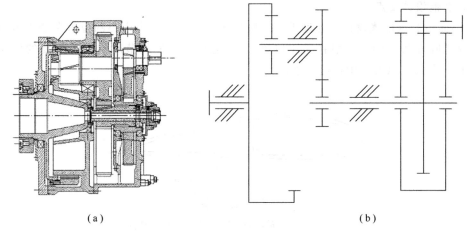

（a） （b）

图 5-45 典型齿轮箱结构图

齿轮箱以某种型式固定在机舱中。通过螺栓连接不要太紧，以便在静载或振动时齿轮箱可滑动。

齿轮箱中有可能积水，特别是风力机在白天夜晚温差大的地方。为避免对润滑油和齿轮箱的影响，可加深齿轮箱，或在排油螺栓上加橡皮塞，使积水在必要时能排掉。

浸油润滑齿轮箱联合缝不要低于油面，以免漏油污染机舱。

(2) 机械刹车机构

①机械刹车机构设计 一般有两种刹车机构：一种是运行刹车机构，一种是紧急刹车机构。运行刹车机构指的是在正常情况下反复的刹车，如失速机在切出时，风轮从运行转速到静止，需要一个机械刹车。紧急刹车机构一般只用在运行故障时，一般很少使用。两种刹车机构常用于在维护时的风轮制动。近几年来，厂家一般采用刹车片，有的设在齿轮箱高速侧，有的在低速侧。

失速机常用机械刹车机构，由于考虑安全性，刹车机构装在低速轴上；变距机可装在高速轴上，用于变距之后的紧急情况。

刹车系统应该按照保证故障安全的原则来设计。液压、空气动力或电器刹车都要消耗电能，机械刹车机构的散热以及定期维护也会损失电能。刹车片在运行刹车之前必须由传感器测其厚度，以保证风力机的安全性。

②空气动力刹车机构 空气动力刹车机构安装在叶片上，与变距不同主要起限制功率的作用。它常用于失速机超速保护，此时机械刹车不能或不足以刹车时，它属于机械刹车的补充系统。

与机械刹车不同，叶片空气动力刹车不是使叶片完全静止下来，而是使转速限定在允许的范围内。它通过叶片形状的改变，使气流受阻碍，如叶片部分旋转 90°，产生阻力。有的采用降落伞，或在叶片的上面或下面加装阻流板，达到空气动力刹车的目的，如 45m 直径的 NEWECS 荷兰风力机。空气动力刹车系统作为第二个安全系统，常通过超速时的离心起作用，如图 5-46、图 5-47 所示。阻流板、叶尖刹车按一定规律投入。在 30m/s 风速时，叶片转速提高到 2 倍额定转速，离心力作用下空气动力刹车投入。

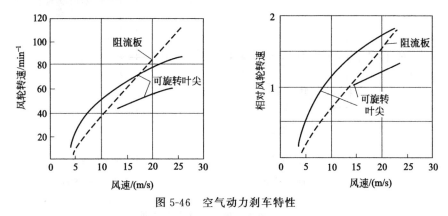

图 5-46　空气动力刹车特性

空气动力刹车可以是可逆转或不可逆转的。在转速下降时，空气动力刹车能自动返回，可在某一运行范围内来回作用。空气动力刹车在并网机中作为二次安全系统，它的先期投入使得机械刹车不起作用。在这种情况下，刹车是不可逆转的。

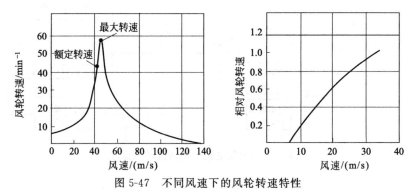

图 5-47　不同风速下的风轮转速特性

5.7.4　电器系统和发电系统设计

(1) 风力机与电网连接　风力机的能量转换有三种不同的运行方式，风力机直接与强电网连接或间接与强电网连接，或与海岛的柴油弱电网连接。

① 直接与强电网联网　发电机可直接与电网并联，风力机的风轮恒速（同步发电机）或接近恒速（异步发电机）运行，硬联网（图 5-48）。

此时发电机励磁由电网提供，风力机必须是功率调节，风能占很小比例时（强电网），电网总是吸收风电，在风能占较大比例时（弱电网），电网并不总是吸收风能，风力发电只是网功率的一部分（图 5-49）。

② 与海岛的柴油弱电网联网　常采用同步或直流发电机（异步机需要电网提供无功或电量补偿），或采用进相同步发电机软并网。预先没有电网，供电频率则由风轮转速决定。如图 5-50 所示。

　　风力机必须变转速运行，要求电网频率尽可能变化小，或采用一个无功负载（卸负荷）。桨距调节或转速通过变相调节使风力机处于失速，在这种情况下，需要电器刹车短时投入。电网并不总是由风能满足电的需求，不足的电能由储能装置（蓄电池、抽水蓄能等）提供。

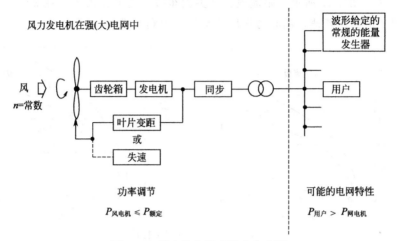

图 5-48　风力发电机直接入大电网

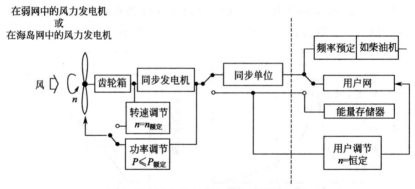

图 5-49　风力发电机、柴油机联网运行

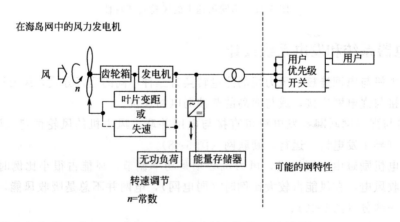

图 5-50　风力发电机在海岛网中运行

　　③ 间接并网　同步直流发电机通过逆变器并网，逆变器在电网中运行，风轮可变

转速并网，见图 5-51。

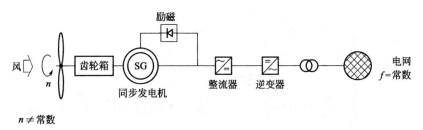

图 5-51　通过逆变器间接并网的风力发电机

发电机励磁不是由电网提供，不存在异步机的可能性。风力机必须是变速运行，功率依赖转速。与电网连接的用户，需要确定的条件，最高的电压偏差允许为±10％，频率偏差为±1％。用户很多时，频率为±5％，电压为−15％～＋10％。

(2) 风力机用发电机

① 同步发电机　同步发电机组可以用于单独的电网，不需新的励磁。发电机没有滑环，维护少，同步机直接与给定频率电网连接，它的转速有−90°（马达运行）和＋90°（发电机运行）相角运行。同步机变转速（海岛运行）运行，其频率、电压也随着变。在额定转速下，频率和电压达到额定值。见图 5-52。

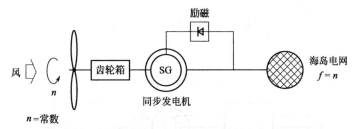

图 5-52　海岛电网风力发电机的同步发电机

多台同步风力发电机组成的系统联合发电，可能产生功率波动，那就需要抑制。见图5-53。

为避免这种情况，就要将每台风力机发电变成直流连接，共同提供直流。再由逆变器用静态的（电子的）方式产生电网的频率和交流谐波电流。由于是电网提供控制信号，可能会因谐波干扰电力系统运行，应在并网前滤掉这些谐波（主要是 5 次和 7 次谐波）。

② 异步发电机（图 5-54）　异步发电是简单又便宜的发电方式。市场上异步电动机种类较多，与电网的同步简单，它可以自己达到同步转速。它的功率随旋转磁场与转子之间的负滑差提高而增大，额定功率提高，额定滑差变小，在并网时较同步机的特性要硬和更接近。当滑差为正时，发电机要从电网吸收功率，额定滑差是在 0.5％～8％之间，特殊结构可以提高滑差。

③双工异步发电机（图 5-55）　双工异步机的目的是限制运行转速的变化，达到在阵风时有小的转速变化，合理的转速变化范围应该是约±20％的额定转速。并入网的功率通过转子的电流只是很小一部分，这部分电流回流由频率发生器提供。由一个调节器控制，产生 50Hz 的电网电流与转子电流的频率差 $\Delta f = f - f_0$，这个频率 Δf 流动的电流是在转子的滑环上。在阵风时，超过允许转速偏差，风力机风轮就必须通过变桨，使其回复到允许范围。转子的电流越大，频率差 Δf 越大。

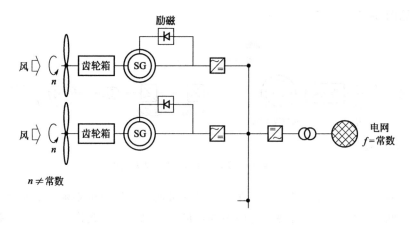

图 5-53　直流联网的风力发电机

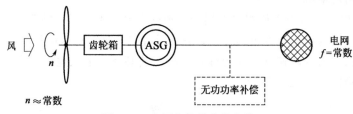

图 5-54　电网中的异步发电机

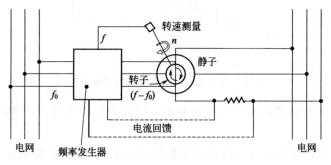

图 5-55　双工异步发电机原理接线图

④ 超同步电流串联发电机　同步发电机内由一个超同步电流串联器提供励磁，有点像双工异步发电机。在某一限定范围内，转速可以变化，运行范围在额定转速以上约 30%，有和双工异步机相同的转速差。

这种系统由西班牙-德国共同研制，在 AWEC-60、1.2MW、60m 直径的风力发电机上应用过。

(3) 逆变器（图 5-56）　软并网需要逆变系统，它允许转速为 0.5~1.2 倍发电机的额定转速。它由一台同步发电机产生交流变化的电压频率，然后变成直流，再由逆变器变成需要的电压频率。系统工作在一个无限大的电网中，所以逆变器频率由电网拖动。

5.7.5　机舱和对风控制

(1) 机舱设计　机舱内一般包括参与能量转换的全部机械部件，水平轴风力机在塔架上面通过轴承随风向旋转。机舱多为铸铁结构，自支撑焊接结构。大型机的风轮轴承、齿轮箱、发电机、维护装置等常安装在同一个机舱内（图 5-57）。

（2）对风控制设计（图 5-58） 下面是各种机舱对风方案。

① 风轮自动对风（图 5-59） 通过风轮气动中心与塔架中心的偏心来完成。这种对风装置有可能是上风向的，也有可能是下风向的。上风向的对风与下风向一样不强制。这种对风方式是由风轮转动时，产生的回位偏航力矩完成对风的。对静止的风轮，在小风时，风轮启动对风就需要一个外力。应注意的是，三个或三个以上的叶片运行噪声小，对风也较平稳。而单个或两个叶片，在旋转过程中风轮力矩变化较大，对风不稳定。自动对风的一个优点是机舱和塔架扭矩连接，由于机舱偏航力矩不会

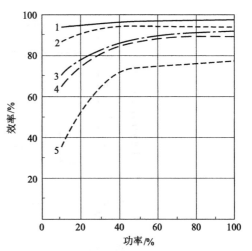

图 5-56 不同逆变器损失与功率关系
1—400kV·A，电网控制静态逆变器；
2—40kV·A，电网控制静态逆变器；
3—40kV·A，自控静态逆变器；
4—50kV·A，电网控制；
5—40kV·A，旋转逆变器

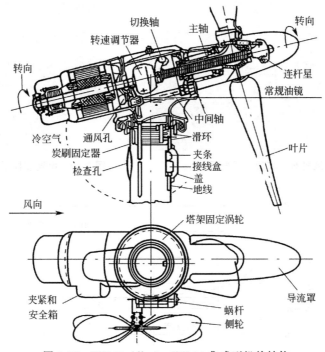

图 5-57 WE-10 Allgaier WE-10 集成型机舱结构

产生扭矩振动激励。缺点是机舱很快对风，当风轮转速很高时，由于陀螺力矩而增加了载荷。

② 尾舵对风（图 5-60） 常用于小型风力机，尾舵也可用于功率调节。由侧偏以及尾舵上升达到调速的目的。在大风时，风轮受风的正面压力向后转动，此时不同于倾斜来流。这

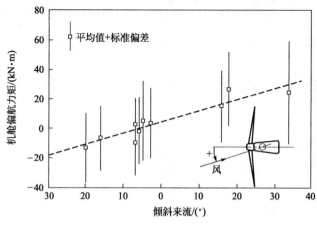

图 5-58　Nibe B 机舱偏航力矩及在不同倾斜来流角度时的标准差

种调速机械在塔架上不会产生力矩激励，而风轮的受力由机舱承担。尾舵使风轮对风快，但在风轮转速高时会产生陀螺力矩。

图 5-59　自动对风机舱，塔架下风向风轮

图 5-60　由尾舵控制机舱对风

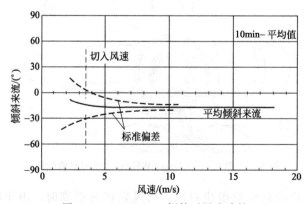

图 5-61　DEBRA-25 侧轮对风准确性

　　③ 强制推动对风（图 5-61）　目前多数风力机采用这种对风方式。侧轮方式，其轴与风轮轴垂直布置，但有倾斜来流时，风产生转矩，通过很高变化的齿轮箱使机舱转动，直到风

轮轴与风向重新平行。此时，侧轮上不再有力矩。侧轮中常采用蜗轮-蜗杆机构，达到很高的变化，且间隙小，但造价高。由于间隙小的特点，可设计成机舱角度刹车。这种对风装置没有外力推动，风力机并网还是解列时都能对风。不同风力机测试表明，只使用一个侧轮时（古老的荷兰风车有两个侧轮），风轮总是处于与风向倾斜位置上。实际上由于机舱的阻碍，来流对于侧轮来说不平衡，桨叶与来流方向不一致。

　　④ 电气、液压推动对风　这种机构采用齿轮传动机构作为外加推动力来对风，在大、中型风力机中使用，造价不是很高。齿轮传动机构包括有内圈小齿轮、外圈齿轮，属于齿轮啮合，比涡轮机构造价便宜。正齿轮啮合简单，但间隙比双蜗杆机构大很多倍。齿轮直径越大，在完全相同齿轮间隙下，角度间隙就越大。这样机舱旋转间隙，由于塔架来回动作产生附加的载荷而很快磨损。

　　一般采用一个或多个刹车，当一个对风位置达到后，用对风机构刹住，扭矩直接由机舱传给塔架。对风推动力小，风轮和机舱的陀螺力矩也会相应小些。风轮倾斜力矩 M_{Ry} 沿机舱 y 轴方向，陀螺力矩定义为

$$M_{Ry} = J_P \omega_R \omega_A \tag{5-54}$$

　　式中，J_P 是极惯性矩；ω_R 是风轮角速度；ω_A 是机舱角速度。

5.7.6　塔架设计

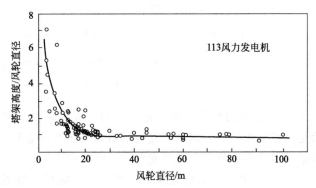

图 5-62　风力发电机相对塔架高度

(1) 塔架高度设计　水平轴风力机设计中必须有塔架，它与其静动态特性有关。塔架结构有两种，一种是无拉索的，一种是有拉索的。无拉索的塔架采用桁架和圆筒结构，矗立在混凝土基础中心；有拉索的塔架采用方型布置，拉索固定在四周的基础块上。

塔架高度根据风轮直径来确定，而且要考虑安装地点附近的障碍物。图 5-62 表示的是塔架高度与风轮直径的关系。图 5-62 中表明，直径小，相对塔架高度增加，小风力机受周围环境影响较大，塔架高一些，以便在风速稳定的高度上运行，而且受交变载荷扰动，风剪切都要小一些。25m 直径以上的风力机，其塔架高度与直径是 1：1 的关系，大型风力机更高一些，风力机的安装费用也会有很

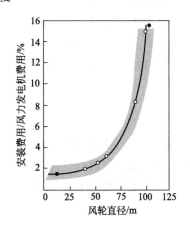

图 5-63　塔架高度与安装费用的比例

大的提高。塔架增高，风速提高，发电量提高，但塔架费用也相应提高。两者费用的提高比决定经济性，同时还应考虑安装运输问题（图5-63）。

（2）塔架型式

① 塔架型式设计　在静动态特性中，拉线结构的塔架质量较轻，而圆筒式塔架要重得多。图5-64是几种塔架型式的材料、刚性、质量的对比情况。钢结构塔架质量虽大，但安装和基础费用并不高，其基础结构简单、占地小，安装工作由厂家直接负责；拉索式结构质量轻、运输方便，但组装、安装费用高，基础费用也高一些。

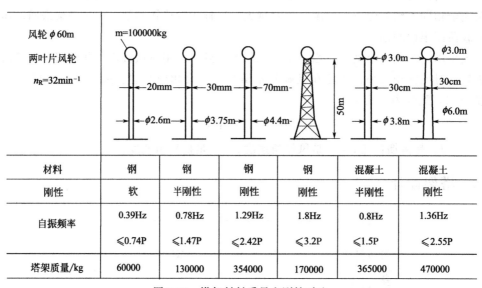

材料	钢	钢	钢	钢	混凝土	混凝土
刚性	软	半刚性	刚性	刚性	半刚性	刚性
自振频率	0.39Hz	0.78Hz	1.29Hz	1.8Hz	0.8Hz	1.36Hz
	≤0.74P	≤1.47P	≤2.42P	≤3.2P	≤1.5P	≤2.55P
塔架质量/kg	60000	130000	354000	170000	365000	470000

图 5-64　塔架材料质量和刚性对比

② 塔架用材料　中、小型风力机塔架多采用钢材料，大型机由于刚性原理，也有采用混凝土结构的，原因是大型机塔架运输困难，混凝土结构可在当地施工。由于弯矩由塔架自上而下增加，筒状塔架常做成锥型或直径几级变化式，以减少质量。

③ 塔架振动动特性设计　恒速风力机或靠转速滑差的发电机，塔架的固有频率应在转速激励之外。变速机允许在整个转速范围内输出功率，但不能在塔架自振频率上长期运行。风力机启动运行时，转速应尽快穿过共振区。半刚性和刚性塔架在风轮超速时，叶片数倍频和冲击，不能产生对塔架的激励和共振。

圆柱塔架的固有频率受风轮及机舱质量的影响，可用下式近似计算

$$f = \frac{1}{2\pi}\sqrt{g/s} \tag{5-55}$$

式中，g 是重力加速度（9.81m/s²）；s 是塔架上端由于受塔架自身质量的弯矩距离。假定塔架水平放置的情况见图5-65。

弯曲变形根据下式可计算

$$s = \frac{mg}{EI_x} \times \frac{l^3}{3} \tag{5-56}$$

式中，I_x 是圆柱断面上的惯性矩。圆形管 I_x 为

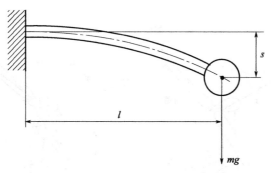

图 5-65　机头质量影响下塔架持续弯曲的确定

$$I_{x} = \pi \frac{D^4 - d^4}{64} \approx 0.05 \times (D^4 - d^4) \tag{5-57}$$

式中，D 是圆筒外径；d 为圆筒内径。钢的弹性模量为

$$E = 2.1 \times 10^{11} \text{N/m}^2$$

图 5-66 给出了各种风力机塔架固有频率与风轮转速的关系。

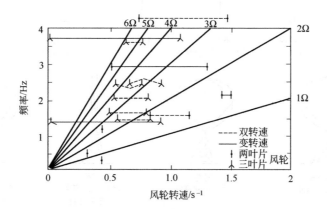

图 5-66　不同叶片速度下塔架固有频率与风轮转速的关系

在塔架设计中应考虑的重点是有效高度、塔架的结构型式、机舱的布置、风轮的维护、运输、安装方式等。

5.7.7　弹性体系统动态振动设计

风轮塔架以及风力机可作为一个弹性体系统，由驱动系统、机舱系统、变距系统和对风装置等组成，这些系统会产生动态和空气动力载荷，在设计中必须认真考虑。

(1) 风力机动态稳定性设计　首先应考虑的是风力机动态稳定性问题，这里主要分析水平轴风力机。图 5-67 是叶片、机舱、塔架的实际运动情况。

考虑每一个部件在给定运动方向上的振动特性，即其自振频率以及它的全部倍频（高次振动），在运行中都不能产生共振。所有力在风轮转动过程中呈周期性变化，风轮旋转产生激振力频率，可能产生某一频率的激振与部件的固有频率吻合，就会产生共振。图 5-68 所示是水平轴、立轴风力机塔架、叶片、风轮的各种振型。

(2) 风力机动态频响图　风力机的动态稳定性由频响图来判定，见图 5-69。

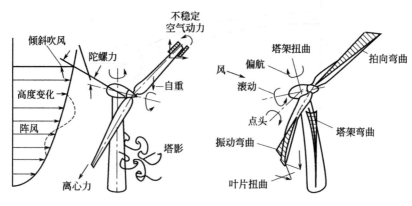

图 5-67　水平轴风力发电机的受力、运动和变形情况

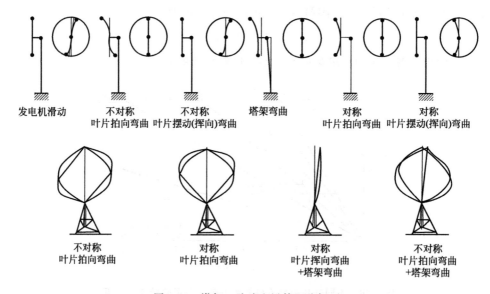

图 5-68　塔架、叶片和风轮理论振型

在频响图中表示的是所涉及部件（风轮、塔架）的自振频率和高次谐振频率与无量纲风轮转速的关系。过坐标原点的斜线表示的是叶片频率的整数倍。一台恒转速风力机可通过垂直线来描述。部件的固有频率或高次振动是水平线。为了避免共振，固有频率和转速的交点不能在斜线上相交，如 1Ω 或它的叶片倍数（3 叶片 3Ω），叶片高次谐振变得不很重要。叶片自振频率，特别是水平轴风力机与转速有关，随离心力增加而提高，在频响图上表现为有点向上弯曲。叶片在离心方向上产生位移，回位力作用在叶片上，这一过程使叶片刚性提高。

由于叶片位移很大而刚性增加很多，总的来说叶片刚性提高了。为了得到系统的稳定运行，每一部件的固有频率都应离开激振频率的 20%。过零点的振动曲线从左到右转速增加，直到通过共振点，然后稳定下来。从开始振动到最大振动约 7s，幅值是开始振动时的 4 倍。测试一台风力机的振动特性，需要应变片和加速度计进行分析。图 5-70 表示的几个尖峰是风轮转速频率的倍数，对于不同部件的自振频率，曲线尖峰值与零值相

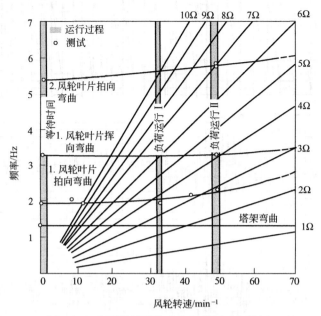

图 5-69　水平轴风力发电机理论振动频响图

距越近，振动过程中阻尼值越小，即振动加剧。

　　在固有频率附近，可能会产生很高频率振动的激振。图 5-71 表示的是与电网同步时的叶尖高频振动。在两叶片风力机中，与电网同步时，由加速度计在叶尖测得，这种高频振动由于很高的空气动力的阻力而减弱。这种振动对叶根不会产生影响，而只对叶尖有影响。除部件振动外，有可能产生一些受迫振动而产生载荷，比如，叶片调桨时产生的共振而产生功率的波动。由于转矩传递到发电机上而产生功率的振动响应，由于风轮轴向力的变化，在塔架上会产生弯曲振动，除自振频率外，还会增加几何变形。有时由于超过允许最大力矩范围，安全系统会使运行中断。由于阵风下降，振动会减弱。

　　(3) 动态设计及稳定性测试　动态设计及稳定性测试包括运行转速范围、故障时最大的风轮转速、塔架的刚性、塔架的扭曲固有频率、叶片固有频率、叶片调桨的固有频率、传动力系的固有频率、部件固有频率的检测。

5.7.8　功率和转速调节

　　风力机必须有一套控制系统来限制功率和转速，使风力机在大风或故障过载荷时得到保护。随着风力机容量增大，相应的安全系统的费用提高，结构过载的范围也就越小。只有在这些保护功能的作用下，才能输出良好的电能，如避免功率波动以及产生与电网一致的频率。

　　当风速达到某一值时，风力机达到额定功率。自然风的速度变化常会超过这一风速，在正常运行时，不是限制结构载荷的大小，而是超载发电机过热的问题，发电机厂家一般会给出发电机过载的能力。控制系统允许发电机短时过载，但绝不能长时间或经常过载。相反，发电机正常运行时，直接并网风力机的平均输出功率变化较大。发电机常在较高温度下运行，这就需要了解发电机厂家给定的恒定功率下对运行温度的要求。

　　转速控制与功率控制不同，调节功率固定，相应的转速不会变，发电机频率由电网直接

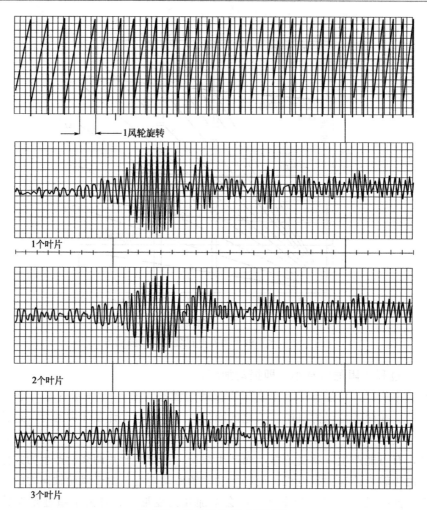

图 5-70 风轮叶片频响测试图

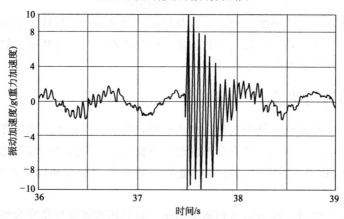

图 5-71 与电网同步时的叶尖高频振动（$g = 9.8 \text{m/s}^2$）

控制。无论是同步还是异步发电机，功率与转速都有对应变化的关系，就必须控制转速以避免超速（图 5-72）。

（1）控制系统设计要点 控制系统应考虑以下几点。

① **频率由电网拖动的风力机** 与电网同步运行的功率调节和监测，转速调节和监视。

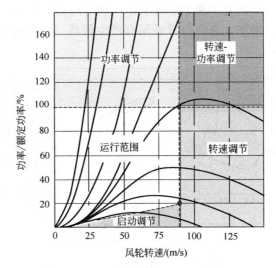

图 5-72 风力发电机功率-转速特性曲线

② 独立运行的风力机 所有运行状态下转速调节和监视，由逆变器或负荷调节器限制最大给定功率。

③ 并网运行的风力机 除功率控制外，还必须有一个转速的监视，避免与电网转速脱开。

(2) 风力机功率控制方法 有两种控制功率的办法，它们是采用空气动力方法进行控制的。一种是变桨距通过翼型攻角变化、升力变化来调节；一种是失速调节，通过减少升力、提高阻力来实现。有的是两种混合使用。

变桨机用于大型风力机，中、小型一般采用失速机。因为大型机失速控制受载荷影响大，动态稳定性差。失速机控制技术的不断完善，这种控制方式在中、小型机组中应用很多。

这两种方法有很多不同，并网运行时，失速调节无变距机构，造价低，这是它与变桨机相比较的优点之一。但功率输出要受影响，特别是在独立运行的负荷调节时，变桨机制造成本高，维护费用也高，所以变桨机一般比失速机价格高，主要是机械结构的费用提高了，目前制造变桨机的厂家还较少。失速机必须有可靠的运行刹车系统，以保证风轮转动能停下来，这样在刹车机构上、主轴上、传动机构及风轮上都要比变桨机受载荷大得多。这种刹车系统费用要比变桨机高，而变桨机只要紧急刹车就够了，因为它可以顺桨。

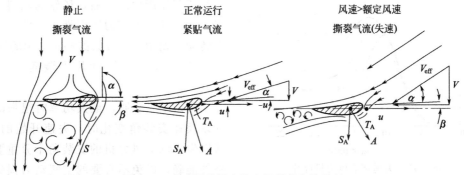

图 5-73 失速调节风力发电机风轮气流特性

①失速调节　叶轮上的动力来源于气流流过翼型产生的升力。由于叶轮转速恒定，风速增加，叶片上的攻角随之增加，直到在背弧尾部产生脱落，这一现象称为失速，就像图5-73和图5-74所示的那样。

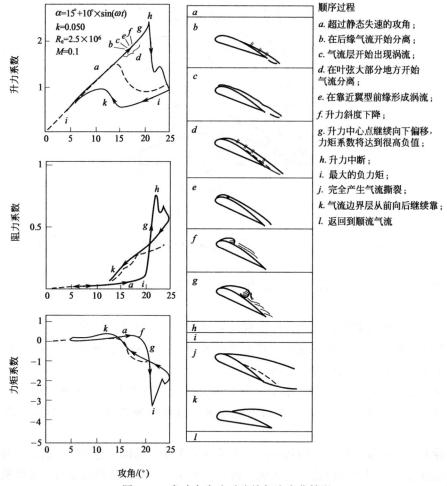

顺序过程

a. 超过静态失速的攻角；

b. 在后缘气流开始分离；

c. 气流层开始出现涡流；

d. 在叶弦大部分地方开始气流分离；

e. 在靠近翼型前缘形成涡流；

f. 升力斜度下降；

g. 升力中心点继续向下偏移，力矩系数将达到很高负值；

h. 升力中断；

i. 最大的负力矩；

j. 完全产生气流撕裂；

k. 气流边界层从前向后继续靠；

l. 返回到顺流气流

图 5-74　当动态失速时连续气流变化情况

应注意的是，失速不总是在同一攻角下，而与攻角变化有关（如阵风）。虚线表示表态失速状态，带箭头的实线表示动态失速过程。从失速到气流恢复到正常流动之间，有所谓滞后存在，造成叶片受力的很大变化。由于动态气流变化产生的滞后，风轮的倾斜来流很强，产生叶片力和力矩周期性的波动，在一个转动周期中产生连续的和不连续的气流。

图 5-75 是不同叶片安装角时的功率曲线。

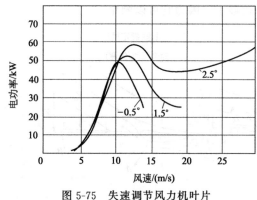

图 5-75　失速调节风力机叶片
安装角变化的功率曲线

测试结果表明，最大功率时很强的灵敏性以及在安装角变化时，失速开始的特性，所以失速调节风力机的安装角十分重要，要格外准确，以免不必要的空气动力损失，影响出力。失速主要受安装角影响，也受空气密度的影响。风力机若在低密度地区（如高原），功率就达不到额定值。高度和气候对功率的影响比海面的影响更大，其比值可达到额定功率的 $10\%\sim20\%$。当刚达到发电机同步转速时的最小风速，它的变化与安装角有关，它会使功率下降，有可能在较小的风速下失速。在更高的风速下，才开始功率输出的下降。

失速调节风力机启动特性差，在叶片静止时，出现气流的扰动，启动力矩很小，主要是由于叶片表面上的流动气流变化造成的。并网机一般在启动时，发电机做电动机运行，这时从电网吸收的电能不多，风轮会很快加速到同步转速，自动地由电动机状态变为发电机状态。

叶片已失速后，阵风对功率波动影响不大，因为失速后升力变化不大。这一范围内产生的功率波动变化不大，这与变距机一样，气流失速就像变桨距机的功率调节。风速变化时瞬时功率变化，在失速时相对很小，而变距机只有当变距速度很快时才能达到功率变化小的目的。

② 变桨距功率调节　变桨距调节时，叶片攻角可相对气流连续变化，使风轮功率输出达到设定值。在 $0°$ 攻角，叶片翼型径向占叶轮平面的 70%，$+90°$ 是所谓顺桨位置。在风力机正常运行时，用叶片攻角改变来限制功率。一般变距范围为 $90°\sim100°$，从启动角度（$0°$）到顺桨，叶片就像尾翼，风轮不转或转得很慢。见图 5-76。

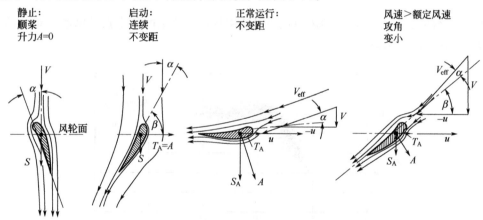

图 5-76　变桨距机气流过程和叶片角度的变化

当到达最佳运行时，就不再变桨距了。作为最佳攻角应在很宽的 λ 范围内运行，而得到最大的 C_P 值，如图 5-77 所示，其最大值为 0.42。如 $4°$ 桨距角时，C_P 最大为 0.39。

风力机总是在部分载荷下运行，因此必须由给定转速通过测量风速来计算攻角，并通过运行控制系统预先给定，这有可能使年发电量减少。

$70\%\sim80\%$ 的运行时间在零至额定功率之间运行，这段范围内桨距处于非最佳状态，会产生 $3\sim4$ 倍的能量损失。最佳攻角由测量风速定，而风速测量往往会不准确，反而产生副作用。阵风时，叶片变桨反应滞后，会

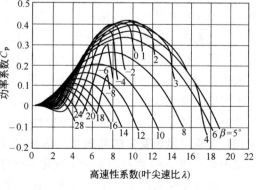

图 5-77　风轮空气动力特性曲线范围

产生能量损失，以至于最佳攻角在部分负荷运行时，无法达到稳定的调节。

图 5-78 所示的是 DEBRA-25 型变桨距风力机的功率曲线。表明部分负载时，叶片不变距，而是在 11m/s 额定风速以上 10min 完成平均调节。超过平均风速 8.5m/s 的阵风时，常常是功率超过 100kW，调节器功率限制必须投入。计算功率曲线是在不变的恒定风速下的理论值，在超过 100kW 输出功率对应的所有风速下，由调节器进行调节。

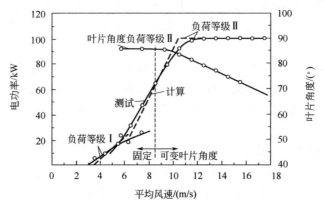

图 5-78　DEBRA-25 型变桨距风力机功率曲线

图 5-79 给出了 DEBRA-25 型风力机瞬时功率特性，这里的每个点是每秒采集的功率值和机舱上风速计的风速值。

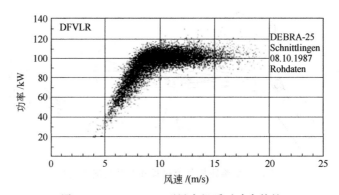

图 5-79　DEBRA-25 型风力机瞬时功率特性

功率调节的好坏与叶片变距速度有关，转速调节没有问题，发电机输出功率随转速的平方变化。由于风轮的惰性，风轮运动相对缓慢，在并网运行中，功率相对瞬时转速变化很小，或者只有很小的瞬间转速变化。3% 滑差的异步机在额定功率时转速提高一倍，若采用一台逆变同步机，当转速提高 40% 时，功率才提高一倍。理论上，功率调节系统把测得的功率差作为变距大小的依据。调节不是只限制功率大小，还必须考虑其变化的快慢，应用 PID 比例积分调节器和变化大小的微分来控制。这三者的相互关系可以确定放大倍数，放大倍数确定随机风中，由风力机的调节特性和功率变化影响的频带宽度。

(3) 功率与风速变化的非线性　风轮功率与风速变化有很强的非线性（3 次方关系），调节很困难。图 5-80 表示的是功率变化与叶片角度变化在额定运行时相对各种风速的特性。

同一叶片变化角度下，很高风速下在额定功率范围内功率变化大。在额定风速的 2.8 倍时，叶片运行角度从 0.6～0.625 变化，即相应的叶片角度从 52.8°～55° 变化。功率变化是

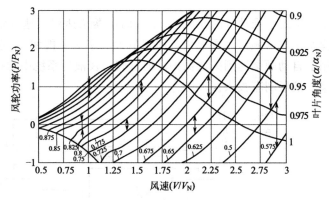

图 5-80　不同风速叶片角度变化与功率关系

额定功率的 $40\%\sim160\%$。在额定风速范围内，相同的变距，功率变化只是额定功率的 $95\%\sim105\%$。为避免高风时不稳定的调节环节，必须设计加强调节延伸。在额定风速范围内的放大倍数很小，避免调节特性的不足，在内部和空气动力增强保持不变，保持调节质量不变。

(4) 调节质量　可用功率变化不稳定系数 LSK 来表示。LSK 值由下式定义

$$LSK = \dfrac{\dfrac{\sigma_P}{\overline{P}}}{\dfrac{3\sigma_V}{\overline{V}}} \tag{5-58}$$

式中，σ_P 是功率的标准差；$\overline{P}$ 是 10min 的功率平均值；σ_V 是风速标准差；$\overline{V}$ 是10min 的风速平均值。

LSK 值在最大 $C_{P,\max}$ 值时是 1 个值，这个点功率变化正好是风速的 3 次方。用 LSK 也可用测试功率、风速标准差来确定风轮空气动力设计点。

图 5-81 给出 8m/s 风速时的空气动力设计点。额定功率之后约 11m/s 风速时，LSK 保持在 0.2 以上，这说明实际输出功率变化只有 20%，在阵风时由风轮获得，其余 80% 功率由于变距而失去。

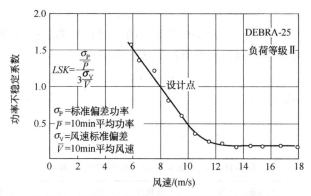

图 5-81　DEBRA-25 型机组功率不稳定系数 LSK

叶片变距速度应该很快，以产生很小的风轮回转质量惯性力矩，使调节质量保持不变。一般变距速度是每分钟 $2°\sim30°$。DEBRA-25 型风力机采用最大变距速度为 15°/s，平均

为3°～5°/s。

液压系统通过400W的泵推动（图5-82），由一储压器来达到高速变距时的油流。由于单向液压缸第一个弹簧工作（顺桨时要很快，回到最大功率时不能快），它的目的是当电器失灵时，在弹簧作用下自动顺桨达到失效保护。通过阀门及液压系统中的控制盘片投入，在切出时叶片很快顺桨，液压刹车投入。

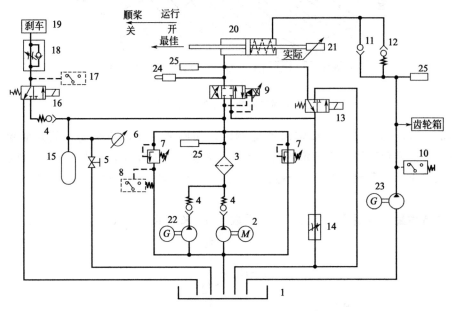

图 5-82　DEBRA-25 风力机液压系统

1—油箱；2—电驱动的液压泵；3—过滤器；4—回流阀；5—闭锁开关；6—甘油压力表；
7—压力限制开关；8—系流压力开关；9—伺服阀；10—润滑脂压力开关；11—后
回流阀；12—预定回流阀；13—紧急停机元阀；14—γ极限节流阀；15—储能器；
16—刹车阀；17—刹车压力开关；18—节流回流阀；19—液压刹车通风；
20—固定液压缸；21—活塞设置调整；22—漏油泵；23—润滑油泵；
24—自动通风；25—压力传感器

5.7.9　风力机成本分析

风力机部件的重量和成本与风速有关，有正比于风速一次方的，有正比于风速二次方的，也有正比于风速三次方的，也有与风速无关的，例如地基、控制器等。如取部件 $\mu = 0.9$，风力机成本可表示为额定风速与基准风速比的关系式。

$$C_T = C_{TB} \left\{ \begin{array}{l} 0.125 + 0.575 \left[0.1 + 0.9 \left(V_R / V_{RB} \right) \right] \\ + 0.142 \left[0.1 + 0.9 \left(V_R / V_{RB} \right)^2 \right] + 0.158 \left[0.1 + 0.9 \left(V_R / V_{RB} \right)^3 \right] \end{array} \right\}$$

$$(5-59)$$

不同部件成本占总成本的比例见表5-15。

表 5-15　不同部件成本占总成本的比例

与风速无关/%		正比风速一次方/%		正比风速二次方/%		正比风速三次方/%	
地基	4.2	叶片	18.3	齿轮箱	12.5	发电机	7.5
控制器	4.2	轮毂	2.5	制动器	1.7	电网连接	8.3
安装	2.1	主轴	4.2				

续表

与风速无关/%		正比风速一次方/%		正比风速二次方/%	正比风速三次方/%
运输	2.0	机舱	10.8		
		偏航系统	4.2		
		塔架	17.5		
小计	12.5		57.5	14.2	15.8

5.8　风轮机材料

风力机材料与别的叶片机材料不同，主要是风轮机叶片的材料。风轮机转子叶片用的是纤维增强型复合材料，而不是用钢或合金钢。风轮机转子叶片的成本占风力发电整个装置成本的 15％～20％，因此叶片选材非常重要。

本章介绍风力机转子叶片用的纤维增强复合材料成分、性能和加工工艺。

5.8.1　风轮机用材料

风力发电装置最关键、最核心的部分是转子叶片，叶片的设计和采用的材料决定了风力发电装置的性能和功率，也决定了风力发电每千瓦时的价格。世界上风力发电叶片最大的制造商是丹麦的 LM GLASFIBER 公司，该公司最大的特色是集设计、结构、空气动力、材料、工艺、制造、测试、实验和生产于一体。

(1)风力发电转子叶片材料　风力发电转子叶片用的材料根据叶片长度不同而选用不同的复合材料，目前最普遍采用的有玻璃纤维增强聚酯树脂、玻璃纤维增强环氧树脂和碳纤维增强环氧树脂。从性能来讲，碳纤维增强环氧树脂最好，玻璃纤维增强环氧树脂次之。随叶片长度的增加，要求提高使用材料的性能，以减轻叶片的质量。采用玻璃纤维增强聚酯树脂作为叶片用复合材料，当叶片长度为 19m 时，其质量为 1800kg；长度增加到 34m 时，叶片质量为 5800kg；如叶片长度达到 52m，则叶片质量高达 21000kg。而采用玻璃纤维增强环氧树脂作为叶片材料时，19m 长时一片的质量为 1000kg，与玻璃纤维增强聚酯树脂相比，可减轻质量 800kg。同样是 34m 长的叶片，采用玻璃纤维增强聚酯树脂时质量为 5800kg，采用玻璃纤维增强环氧树脂时质量 5200kg，而采用碳纤维增强环氧树脂时质量只有 3800kg。总之，叶片材料发展的趋势是采用碳纤维增强环氧树脂复合材料，特别是随功率的增大，要求叶片长度增加，更是必须采用碳纤维增强环氧树脂复合材料，玻璃纤维增强聚酯树脂只是在叶片长度较小时采用。表 5-16 为叶片不同长度时采用的材料与质量的关系。

表 5-16　叶片长度与质量的关系

叶片长度/m	不同材料的叶片质量/kg		
	玻纤/聚酯	玻纤/环氧	碳/环氧
19	1800	1000	
29	6200	4900	
34	5800	5200	3800
38	10200		8400
43	10600		8800
52	21000		
54			17000
58			19000

（2）叶片制造工艺 风力发电转子叶片采用的工艺目前主要有两种：开模手工铺层和闭模真空浸渗。用预浸料开模手工铺层工艺是最简单、最原始的工艺，不需要昂贵的工装设备，但效率比较低，质量不够稳定，通常只用于生产叶片长度比较短和批量比较小的时候。闭模真空浸渗技术用于大型叶片的生产（叶片长度在 40m 以上时）和大批量的生产，闭模真空浸渗工艺被认为效率高、成本低、质量好，因此为很多生产单位所采用。采用闭模真空浸渗工艺制备风力发电转子叶片时，首先把增强材料涂覆在涂覆硅胶的模具上，增强材料的外形和铺层数根据叶片设计确定，在先进的现代化工厂，采用专用的铺层机进行铺层，然后用真空辅助浸渗技术输入基体树脂，真空可以保证树脂能很好地充满到增强材料和模具的每一个角落。真空辅助浸渗技术制备风力发电转子叶片的关键有三。

① 优选浸渗用的基体树脂 特别要保证树脂的最佳黏度及其流动特殊性。

② 模具设计必须合理 特别对模具上树脂注入孔的位置、流道分布更要注意，确保基体树脂能均衡地充满任何一处。

③ 工艺参数要最佳化 真空辅助浸渗技术的工艺参数要事先进行实验研究，保证达到最佳化。

固化后的叶片由自动化操纵的设备运送到下一道工序，进行打磨和抛光等。因为模具上涂有硅胶，因此叶片不需要再油漆。此外还必须注意，在工艺制造过程中，尽可能减少复合材料中的孔隙率，保证碳纤维在铺放过程保持平直，是获得良好力学性能的关键。

（3）叶片发展趋势

① 风力发电向大功率、长叶片方向发展 由于风力发电每千瓦成本随风力发电的单机功率的增大而降低，因此，从安装第一台现代化的风力发电装置起，风力发电的单机功率在不断增长，叶片的长度也在不断增长。1992～1999 年，欧洲风力发电单机功率从 200kW 增加到 700kW，叶片的长度则由 12m 增加到 22m。1999～2000 年，风力发电的单机功率又平均增长到 900kW，叶片的长度增加到 25m。现在风力发电的单机功率为 1.5～2.5MW，叶片长度达 50m 已经不稀奇，目前正在研制单机功率为 3.0～5.0MW，叶片长度 50～60m 的风力发电机。

② 风力发电转子叶片要不断更新设计 由于风力发电向大功率、长叶片方向发展，除了要求提高、改进材料的性能，转子叶片更要不断更新设计。例如，为了保证与塔柱的间隙，除了提高叶片材料的刚度外，从设计角度可以在风力作用的反方向把叶片设计成预弯曲外形，然后在风力作用下，使预弯曲叶片变直。对于长度为 29m 的叶片，预弯曲设计的叶片，叶尖偏离基面约 0.5m。又例如在转子叶片设计中采用弯曲-扭转耦合效应，实现控制载荷和应力，最终达到降低载荷峰值并减少疲劳破坏的目的。

③ 碳纤维复合材料在风力发电上的应用会不断扩大 随风力发电单机功率的增长，叶片的长度也在不断增长，碳纤维复合材料在风力发电上的应用也会不断扩大。对叶片来讲，刚度十分重要，疲劳强度是制约叶片强度与设计的关键因素，大气紊流造成叶片颤动和周期载荷，会导致疲劳破坏。研究表明，碳纤维复合材料叶片刚度是玻璃纤维复合材料叶片的 2 倍。玻璃纤维复合材料性能已经趋于极限，因此，在发展更大功率风力发电装置和更长转子叶片时，采用性能更好的碳纤维复合材料势在必行。

④ 在风力发电上大量采用碳纤维复合材料取决于碳纤维的价格 碳纤维复合材料的性能虽然大大优于玻璃纤维复合材料，价格也是最贵的。因此正在从原材料、工艺技术、质量

控制等各方面深入研究，以求降低成本。采用大丝束碳纤维增强环氧树脂复合材料具有很好的长期抗疲劳性能，叶片质量减轻 40%，叶片成本降低 14%，整个风力发电装置的成本降低 4.5%。

随着风力机叶片的大型化，叶片材料由最初的木质逐步过渡到用玻璃钢和采用碳纤维复合材料（CFRP）的超大型叶片的风力机。

在风能装置中，采用复合材料的部件有叶片、发动机舱室、流线形抛物面和塔架部件等，其中用量最大的是叶片。

一般较小型的叶片（如 22m 长）选用量大价廉的玻纤 E-增强塑料（GFRP），树脂基体以不饱和聚酯为主，也可选用乙烯酯或环氧树脂。而较大型的叶片（如 42m 以上）一般采用 CFRP 或 CF 与 GF 的混杂复合材料，树脂基体以环氧树脂为主。

5.8.2　各种风轮机材料

(1) E-玻纤增强塑料（GFRP）　GFRP 的比强度、比模量、耐久性、耐气候性和耐腐蚀性适宜用于户外运行机组作结构材料。在 1/4 世纪以前，短切纤维网片（CSM）和连续无轨网片已引起了早期风力叶片模塑者的兴趣，因为这些产品有助于开模和采用当时普遍应用的手工湿铺法。这些方法所需投资少、劳动技能要求适度，因此迄今为止仍在使用，尤其适用于较小的叶片。

由于采用新的工艺技术，玻纤也已被风机制造商采纳，叶片生产厂家已转向密闭模塑、树脂浸渍和高温高压压力容器的方法，这些方法是由航天工业输入的。今天玻纤可以由 CSM、CRM、粗纱（可短切用于铺层用途）、单向或多轴向缝编和机织物、预成型体、预浸料和半预浸料制得。连续长丝束是织物的基础，可达到特定的纤维取向，并能在承载方向达到最大强度。

最近 PPG 工业公司推出了改进型的 CSM（MPM-5），据介绍它在处理过程、图形剪裁及铺层过程更易于控制。Owens Corning 公司则提供高性能的单向和多轴向织物，多轴向织物的机械性能要比单向织物高 20%。Devold AMT AS 公司可提供缝编的多轴向 "Paramax" 织物，包括 E-玻纤、碳纤维、芳酰胺纤维、涤纶及其混杂纤维织物，从 ±45° 双轴向到三或四轴向的织物。Johns Manville 公司也提供多轴向织物用的粗纱。

玻璃纤维的质量还可通过表面改性、上浆和涂覆加以改进。美国的研究表明，采用射电频率等离子体沉积涂覆 E-玻纤，其耐拉伸疲劳强度可达到碳纤维的水平，而且经过这种处理后，可以降低纤维间的微动磨损。

叶片制造商采用密闭式模塑和树脂浸渍法，预成型体就变得越来越重要。例如，美国 3TEX/TPI 复合材料公司已可生产厚的三维（3D）网状预成型体，定好尺寸直接置于叶片模型中。在该 3WEAVE 工艺中，在标准两维（2D）x 和 y 方向的非卷曲纱线，被垂直方向（z 方向）直的丝束保持在一起，这样就不存在任何卷曲和缝编，可以在压缩过程中减薄层压制品，或在浸渍过程中阻碍树脂流向预成型体。以 ±45° 角进行多维编织整合是下一步的技术发展方向。

(2) 碳纤维（CFRP）　一些人认为，在风能产业中引入碳纤维工艺是昂贵的，如果可能，应尽量避免。由于叶片长度增加时，质量的增加要快于风机功率的增加，因此采用碳纤维或碳纤维与玻纤混杂纤维以减小质量是必要的。同时，为了降低风能的成本，发展具有足够刚性的更长叶片也是必要的。碳纤维的刚性约为玻纤的 3 倍，用碳纤维更适合做更长的叶片。现 CFRP 已应用于转动叶片端部，因为制动时比相应的钢轴要轻得多。

尽管 1.5MW 以下的风机叶片采用全碳纤维结构是不必要的，但在大型风力机中，可先在高承剪元件上用 CFRP 材料。在应用于叶片表面以前，通常可先用于对刚性要求高的梁元件。它还可有助于降低叶片端部附近的柔曲性，同时在层压制品中碳纤维只需 5 层，因而可减轻质量。

碳纤维垂度的敏感性可以通过增加三明治板的芯部厚度加以解决。采用大丝束碳纤维在压缩性能方面值得研究，特别是对机织物。建议采用直的、非卷曲纤维，并用无气泡的树脂固定。CFRP 比 GFRP 更具刚度和更脆，一般被认为更趋于疲劳。碳纤维比玻纤还有更重要的特点，就是可避免叶片频率与塔固有频率间发生任何危险共振的可能性，因为碳纤维有很好的振动阻尼特性。

(3) 预浸料 目前风能用的碳纤维、玻纤及两者的树脂预浸带和预浸布，包括单向带、丝束和条状物，还有多维机织、缝编和编织的 2D 和 3D 织物等预浸料都可以购得。预浸料技术也适于风轮机叶片部件，玻纤预浸料是扩展 GRP 性能的关键，可作为取代较大型碳纤维叶片的材料。Nordex 公司 45m 长或更长的新一代风轮机叶片就用的是预浸料。LM 玻纤公司认为 54m 长的叶片全用玻纤材料是合适的，正在开发的 61.5m 叶片也采用此技术。碳纤维预浸料计划用于 3.5～6MW 海岸风轮机的超大型叶片。

风能市场对复合材料的需求量极大，碳纤维将越来越适用于叶片横梁，特别是用于横梁顶部。大部分以碳纤维预浸料的形式提供。

半预浸料是基于树脂膜与干玻纤或碳纤维增强体交叉叠层的材料，经加热或真空处理就使经预催化剂处理的树脂向外表面迁移，使树脂浸入材料的厚层，并快速浸润。

(4) 树脂 树脂基体一般主要采用不饱和聚酯或环氧树脂，也有采用乙烯酯、聚氨酯、热塑性树脂的。

聚酯类的改进方向是增加固化态的塑性，以达到抗微裂和可以做得更薄的目的，这样即使是非常大的部件也可快速浸透。另一改进目标是优化固化的外形，缩短周期和降低峰温，其他改进还有快速脱模、快速固化。

环氧树脂被认为是更强和更耐久的基体，叶片制造厂商希望高性能的环氧树脂可在低温下固化，这样可避免采用高价的炉子和高压容器。固化时间和固化温度存在综合平衡问题，例如，固化温度用 100～120℃，固化时间就要 4～6h，提高固化温度可缩短固化时间，如果在 70℃ 或甚至 60℃ 下固化，固化时间就要 8h 或更长些。

环氧预浸料含低温固化和低放热型组分，比以往的产品固化时间更快。在 120℃ 的固化时间可降至 2～4h，而在 80℃ 的固化时间为 4～6h。这种新型环氧树脂可以多层层压，可将玻纤和碳纤维同时固化，并可减少由于热胀系数不同造成的应力。

(5) 涂层 材料表面涂层可提供光滑的空气动力学表面，防护叶片不受紫外线降解，防湿气侵蚀和风沙造成的磨蚀。通常可采用聚酯、聚氨酯、乙烯酯或环氧基材。对涂层的主要要求包括：与层压材料的亲和性以期产生永久的键合、易于混合和处理、易于砂纸打磨和其他加工操作、快速固化和易于修理等。

新一代的涂层可在脱模叶片过程中快速操作，包括快速固化、易于混合、具有更高的抗紫外光性等，与预浸料、半预浸料和浸渍层压材料的亲和性好。

(6) 黏合剂 黏合剂在风能产业中应用广泛，两个半壳的黏合；横梁也是粘接结构，而且还将与包层相黏合；芯部插入体也需要黏合。黏合剂必须满足风力机日夜循环应用 25 年无蠕变。

由环氧和聚氨酯两组分组成的黏合剂具有不塌落、易泵输和快速低温固化的特性，适合于叶片的应用。

（7）芯材　芯部结构材料对三明治型结构、叶片内部包层及横梁都是需要的。质量好的泡沫芯密闭元件可提供优良的综合特性，包括质量轻、高机械强度、高刚性、高疲劳寿命和耐久性、良好的抗冲击和耐疲劳性以及低的寿命周期成本。

芯材可用于制造叶片、旋转器及其外壳，它可用各种制造技术，包括手铺、喷铺、真空袋、预浸料和树脂浸渍等。

无纺布芯材特别适用于风力机的机舱外壳和鼻锥形旋转器，这些部件对刚性要求比强度更高，用它可制成相当复杂的形状。

5.9　风力机设计风速问题

风场的风速、风向是不定常参数，随时都在变化，随之叶尖速比 λ 和风能利用系数 C_P 也在变化，因此设计风速的选取是一个技术经济问题，是一个优化问题。设计风速的选取可遵照不同的法则，有不同的优缺点，按年发电量最大的法则选取设计风速是其中之一。

本章分析风电场设计风速问题和风场的优化。

5.9.1　设计风速问题

风能是一种随机能量，风速、风向随时都在变化，无法人为控制。因此，风轮机的特点有：a. 工况（高速特性数 λ、进口攻角）随时变化，并引起功率变化；b. 功率发多少就向电网送多少，功率不能根据电网用户负荷的变化而主动调整，这是风力发电装置与其他发电装置（化石燃料汽轮机发电装置、核电汽轮机发电装置、燃气轮机发电装置等）最大的不同点。相应设计上有很多特点，例如，要变桨距角、变转速调节，要用变速/恒频发电系统；转速特别低，要用大传动比的增速传动系统（例如增速比达 $100 \sim 150$ 倍）、要有功率限止系统、刹车系统、调向系统等。

虽然风场的风速、风向随时随地都在变化，风轮机设计仍然必须选定一个"设计风速"。风场"设计风速"可有以下几个法则。

（1）算术平均风速法则 V_{W1}　根据风场的风速-时间曲线（图 5-83），由下式计算算术平均风速

$$V_{W1} = \frac{\int_a^b V_W(h)\mathrm{d}h}{h_b - h_a} \tag{5-60}$$

（2）加权平均风速法则 V_{W2}　每个风速对风电的贡献不同，用权系数（图4-84）考虑差别。加权平均风速由下式计算

$$V_{W2} = \frac{\int_a^b K(V_W)V_W(h)\mathrm{d}h}{h_b - h_a} \tag{5-61}$$

（3）年总功率最大法则 V_{W3}　以设计风速为自变量，计算一年的功率总和，选年总功率最大的风速为设计风速（图 5-85）。

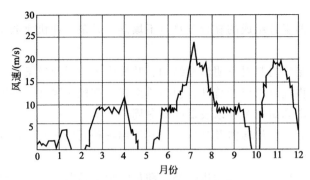

图 5-83　风场的风速-时间曲线

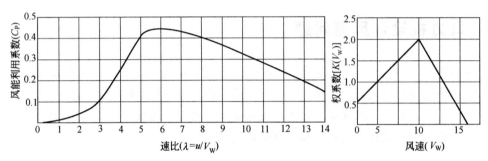

图 5-84　风速权系数图

$$V_{W3} = \max\left\{\sum_{h=a}^{h=b} N(V_W)\right\} \tag{5-62}$$

（4）风速频率最高法则 V_{W4}　取一年中时间最多的风速为设计风速（图4-86）。

$$V_{W4} = \max\left[h(V_W)\right] \tag{5-63}$$

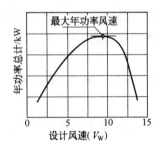

图 5-85　年总功率曲线

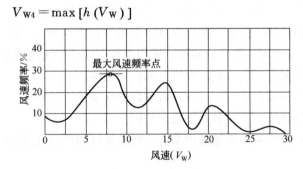

图 5-86　风速频率曲线

（5）有效平均风速法则 V_{W5}　风速低时风力机不转，不能做功，风速过高时，风力机功率限制，也不能转化为功率。去除这些无效风速的算术平均风速（图5-87）由下式计算

$$V_{W5} = \frac{\int_{a1}^{b1} V_W(h)\,\mathrm{d}h}{h_{b1} - h_{a1}} + \frac{\int_{a2}^{b2} V_W(h)\,\mathrm{d}h}{h_{b2} - h_{a2}} + \cdots + \frac{\int_{an}^{bn} V_W(h)\,\mathrm{d}h}{h_{bn} - h_{an}} \tag{5-64}$$

算术平均风速 V_{W1} 计算简单，按此风速设计的风力机有可能不是最经济的；加权平均风速 V_{W2} 计算式中的权系数很难准确给定，影响风力机的经济性；按年总功率最大的风速 V_{W3} 设计的风力机经济性最好，缺点是计算工作量大，要对不同的设计风速设计风力机，再计算每

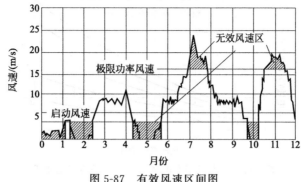

图 5-87　有效风速区间图

种方案的年总功率，得到 $\sum\limits_{h=a}^{h=b} N(V_W) = f(V_{W3})$，选其中年总功率最大的风速作为设计风速（图 5-85），可采用相应的软件；按风速频率最大 V_{W4} 设计的风力机年总功率接近方案（3）V_{W3}；有效平均风速 V_{W5} 也是值得推荐的一种设计风速选取方法。

5.9.2　风电场优化

风电场风力机产生的实际年发电量是评价风电场技术经济性的重要指标。

（1）风电场风力机年发电量计算条件　计算风电场风力机年发电量按下列条件进行：

① 额定功率利用时数为 2500h，与高度无关；

② 风的高度梯度按 1/7 幂指数变化；

③ 风力机轮毂高按等于风轮直径设计；

④ 风频符合瑞利分布；

⑤ 借用一个实际风力发电机的功率曲线；

⑥ 风力发电机可用率为 100%。

（2）发电量随风轮直径的变化　图 5-88 中表示的是年利用小时为 2500h 发电量随风轮直径的变化曲线，风速梯度按 1/7 幂规则估计。图 5-88 的发电量可能是比较保守的。图 5-89 是年平均风速为 4~8m/s 的风场，较大风轮直径的风力机的年发电量变化曲线。

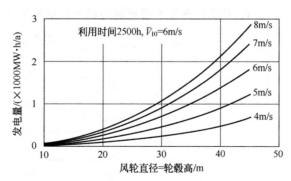

图 5-88　风力机年发电量与风轮直径关系曲线

表 5-17 中表示的是不同风速下，根据图 5-88、图 5-89 查得的不同容量的风力机年发电量。

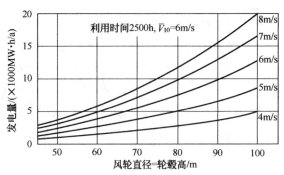

图 5-89　风力机年发电量随风轮直径的变化曲线

表 5-17　不同平均风速的风力机年发电量

风力机容量大小	年发电量/(kW·h/a)				
	4m/s	5m/s	6m/s	7m/s	8m/s
51kW,15m	48	86	128	167	198
176kW,25m	163	296	440	573	681
556kW,40m	515	936	1389	1811	2152
1445kW,60m	1339	2432	3612	4705	5590
4862kW,40m	4507	8187	12157	15837	18814

　　评价风电场技术经济性必须考虑风电场占地面积，在发电量计算中扣除掉它的影响。由于风力机之间互相有影响，风电场中风力机不能随意布置，场中风力机之间前后左右要有足够的空间和距离，以保证风流经一台风力机后，又重新加速，达到额定值。风场一般按多排设计，避免前后之间的相互影响，左右间距不小于2.5~3倍风轮直径，前后排距离不小于8倍风轮直径。

　　（3）风电场风力机布置　风向不稳定的风场，前后距离可仍用不小于8倍风轮直径，左右间隔要提高到不小于4倍风轮直径。这样一台风力机的占地面积约等于40倍风轮扫掠面积。一台直径为60m的风力机需要约115m² 占地面积，而在这个占地面积上，不能再装有同样容量的风力机。由表5-17可以计算各种容量风力机单位电量的占地面积，见图5-90。

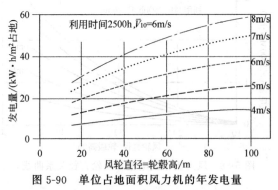

图 5-90　单位占地面积风力机的年发电量

　　（4）大型风力机与小型风力机比较　表5-18是大型风力机与小型风力机相比较的优点。一台直径为100m的风力机的占地面积仅是直径为15m风力机的2倍。

表 5-18　不同平均风速单位占地面积的风力机年发电量

风力机容量大小	单位面积年发电量/(kW·h/m² 占地)				
	4m/s	5m/s	6m/s	7m/s	8m/s
15kW,15m	6.7	11.9	17.8	23.2	27.5
175kW,25m	8.2	14.8	22.0	28.7	34.1
556kW,40m	10.1	18.3	27.1	35.4	42.0
1445kW,60m	11.6	21.1	31.4	40.8	48.5
4862kW,100m	14.1	25.6	38.0	49.5	58.8

由于土地的局限性，风能利用应该考虑占地面积，由表 5-16 可见，采用大型风力机更经济。

将风电场利用面积作为风电场优化分析的基本条件是合适的。为了更有效地利用土地资源，可采用在风电场中与其他机型混合布置。通过不同容量风力机的组合，对于直径大于 25m 的风力机的排列密度可以考虑附加场地影响系数为 85%。

如果用 70 台 60m 风轮直径的风力机，单机装机容量为 1445kW，可建成一个总容量为 100MW 的风电场。

第6章 风轮机和风电场数值计算

要开发新型高效的风力机，工程设计是不够的，还必须用数值设计方法设计新的风轮机的叶片。风轮机工质是低速、低温的空气，风轮机流场是一个可压缩、有黏性的非定常流场。流场的数值解可通过求解流体力学的控制方程组完成。要数值设计风力机就要开发一套风力机、风场设计软件包，包括风轮外形设计子包、风力机气动载荷分析子包、风力机结构动力分析子包和风力机场址选择子包。软件包可完成风力机气动设计、性能计算、动力学分析、风电场选址和经济性分析。

本章介绍风力机及风场流场的控制方程组及解法，某数值软件的计算功能、精度，以及数值设计软件包的功能。

6.1 风电场数值模型

6.1.1 流体力学的控制方程

流体力学的控制方程包括连续方程、动量方程和能量方程，这些方程是流体力学三个基本物理定律的数学描述。这三个基本的物理定律是质量守恒定律、牛顿第二定律和能量守恒定律。

控制方程可通过对两种控制体应用基本物理规律导出，一种控制体被固定在流动空间中不动，运动流体不断通过此固定空间；另一种控制体随流体一起运动，相同的流体微粒总在控制体内保持不变。通过将基本物理规律应用于控制体，直接得到的流体流动方程是积分形式的控制方程；控制方程的积分形式能被直接变换得到偏微分形式的控制方程。

从固定在流场空间的控制体得到的控制方程，无论是积分形式还是偏微分形式，都叫做守恒形式的控制方程。从随流体一起运动的控制体得到的方程，无论是积分形式还是偏微分形式，都叫做非守恒形式的控制方程。通过简单变换，控制方程可以从一种形式的方程变换为另一种形式的方程。

在一般的气动理论分析中，用控制方程的守恒形式或是非守恒形式是无关紧要的。然而，在计算流体力学中，选用哪一种形式的控制方程，对于数值解的准确性、稳定性是十分重要的。守恒形式的控制方程特别适合计算流体力学求解。

6.1.2 守恒形式的控制方程组

(1) 守恒形式的连续方程

积分形式

$$\oiint_S \rho \vec{V} \, d\vec{S} + \frac{\partial}{\partial t} \iiint_H \rho dH = 0 \tag{6-1}$$

微分形式

$$\frac{\partial \rho}{\partial t} + \nabla (\rho \vec{V}) = 0 \tag{6-2}$$

(2) 守恒形式的动量方程（纳维-斯托克斯方程）：

$$\frac{\partial (\rho u)}{\partial t} + \nabla (\rho u \vec{V}) = -\frac{\partial p}{\partial x} + \frac{\partial \tau_{xx}}{\partial x} + \frac{\partial \tau_{yx}}{\partial y} + \frac{\partial \tau_{zx}}{\partial z} + \rho f_x \tag{6-3a}$$

$$\frac{\partial (\rho v)}{\partial t} + \nabla (\rho v \vec{V}) = -\frac{\partial p}{\partial y} + \frac{\partial \tau_{xy}}{\partial x} + \frac{\partial \tau_{yy}}{\partial y} + \frac{\partial \tau_{zy}}{\partial z} + \rho f_y \tag{6-3b}$$

$$\frac{\partial (\rho w)}{\partial t} + \nabla (\rho w \vec{V}) = -\frac{\partial p}{\partial z} + \frac{\partial \tau_{xz}}{\partial x} + \frac{\partial \tau_{yz}}{\partial y} + \frac{\partial \tau_{zz}}{\partial z} + \rho f_z \tag{6-3c}$$

它们是标量方程组。19 世纪上半期，法国的纳维和英国的斯托克斯分别独立获得了这些方程，为了纪念他们，将这些方程取名叫做纳维-斯托克斯方程。

对牛顿流体，代入等式右端剪应力表达式，可得到完整的守恒形式的纳维-斯托克斯方程：

$$\frac{\partial (\rho u)}{\partial t} + \frac{\partial (\rho u^2)}{\partial x} + \frac{\partial (\rho u v)}{\partial y} + \frac{\partial (\rho u w)}{\partial z}$$

$$= -\frac{\partial p}{\partial x} + \frac{\partial}{\partial x}\left(\lambda \nabla \vec{V} + 2\mu \frac{\partial u}{\partial x}\right) + \frac{\partial}{\partial y}\left[\mu\left(\frac{\partial v}{\partial x} + \frac{\partial u}{\partial y}\right)\right] + \frac{\partial}{\partial z}\left[\mu\left(\frac{\partial u}{\partial z} + \frac{\partial w}{\partial x}\right)\right] + \rho f_x \tag{6-4a}$$

$$\frac{\partial (\rho v)}{\partial t} + \frac{\partial (\rho u v)}{\partial x} + \frac{\partial (\rho v^2)}{\partial y} + \frac{\partial (\rho v w)}{\partial z}$$

$$= -\frac{\partial p}{\partial y} + \frac{\partial}{\partial x}\left[\mu\left(\frac{\partial v}{\partial x} + \frac{\partial u}{\partial y}\right)\right] + \frac{\partial}{\partial y}\left(\lambda \nabla \vec{V} + 2\mu \frac{\partial v}{\partial y}\right) + \frac{\partial}{\partial z}\left[\mu\left(\frac{\partial w}{\partial y} + \frac{\partial v}{\partial z}\right)\right] + \rho f_y \tag{6-4b}$$

$$\frac{\partial (\rho w)}{\partial t} + \frac{\partial (\rho u w)}{\partial x} + \frac{\partial (\rho v w)}{\partial y} + \frac{\partial (\rho w^2)}{\partial z}$$

$$= -\frac{\partial p}{\partial z} + \frac{\partial}{\partial x}\left[\mu\left(\frac{\partial u}{\partial z} + \frac{\partial w}{\partial x}\right)\right] + \frac{\partial}{\partial y}\left[\mu\left(\frac{\partial w}{\partial y} + \frac{\partial v}{\partial z}\right)\right] + \frac{\partial}{\partial z}\left(\lambda \nabla \vec{V} + 2\mu \frac{\partial w}{\partial z}\right) + \rho f_z \tag{6-4c}$$

(3) 守恒形式的能量方程　用内能表示的守恒形式的能量方程：

$$\frac{\partial (\rho e)}{\partial t} + \nabla (\rho e \vec{V})$$

$$= \rho \dot{q} + \frac{\partial}{\partial x}\left(k \frac{\partial T}{\partial x}\right) + \frac{\partial}{\partial y}\left(k \frac{\partial T}{\partial y}\right) + \frac{\partial}{\partial z}\left(k \frac{\partial T}{\partial z}\right) - p\left(\frac{\partial u}{\partial x} + \frac{\partial v}{\partial y} + \frac{\partial w}{\partial z}\right) + \lambda\left(\frac{\partial u}{\partial x} + \frac{\partial v}{\partial y} + \frac{\partial w}{\partial z}\right)^2 +$$

$$\mu\left[2\left(\frac{\partial u}{\partial x}\right)^2 + 2\left(\frac{\partial v}{\partial y}\right)^2 + 2\left(\frac{\partial w}{\partial z}\right)^2 + \left(\frac{\partial u}{\partial y} + \frac{\partial v}{\partial x}\right)^2 + \left(\frac{\partial u}{\partial z} + \frac{\partial w}{\partial x}\right)^2 + \left(\frac{\partial v}{\partial z} + \frac{\partial w}{\partial y}\right)^2\right] \tag{6-5}$$

用总能量 $(e + V^2/2)$ 表示的守恒形式的能量方程：

$$\frac{\partial}{\partial t}\left[\rho\left(e + \frac{V^2}{2}\right)\right] + \nabla\left[\rho\left(e + \frac{V^2}{2}\right)\vec{V}\right]$$

$$= \rho \dot{q} + \frac{\partial}{\partial x}\left(k \frac{\partial T}{\partial x}\right) + \frac{\partial}{\partial y}\left(k \frac{\partial T}{\partial y}\right) + \frac{\partial}{\partial z}\left(k \frac{\partial T}{\partial z}\right) - \frac{\partial (up)}{\partial x} - \frac{\partial (vp)}{\partial y} -$$

$$\frac{\partial (wp)}{\partial z} + \frac{\partial (u\tau_{xx})}{\partial x} + \frac{\partial (u\tau_{yx})}{\partial y} + \frac{\partial (u\tau_{zx})}{\partial z} + \frac{\partial (v\tau_{xy})}{\partial x} + \frac{\partial (v\tau_{yy})}{\partial y} +$$

$$\frac{\partial (v\tau_{zy})}{\partial z} + \frac{\partial (w\tau_{xz})}{\partial x} + \frac{\partial (w\tau_{yz})}{\partial y} + \frac{\partial (w\tau_{zz})}{\partial z} + \rho \vec{f V} \tag{6-6}$$

控制方程都是非线形、偏微分方程组，求解析解非常困难，迄今为止，没有这些方程组的普遍封闭解析解。守恒形式方程的左边都包含一定数量的散度项，例如 $\nabla(\rho\vec{V})$、$\nabla(\rho u\vec{V})$ 等。因此，控制方程的守恒形式有时也叫散度形式。

6.1.3 补充方程

五个控制方程包含六个流场变量：ρ、p、u、v、w、e，方程是不封闭的，要解必须补充方程。

(1) 补充方程一 假设气体是完全气体，有状态方程 $p=\rho RT$，R 是气体常数，提供了第六个方程。但增加一个流场变量温度 T，方程仍然不封闭。

(2) 补充方程二 流体的状态热力学关系式 $e=e(T,p)$。

七个方程、七个流场变量，未知变量与方程数相等，方程组封闭，给定边界条件和初始条件后方程组有定解。

6.1.4 边界条件

上面给出的控制方程组描述的是任何一种流体的流动规律，无论流动是亚音速风洞流、超音速机翼绕流、汽轮机的叶栅流还是风轮机流场，它们的控制方程都是相同的。尽管控制方程相同，但是各自的流场又是截然不同的，差别就是边界条件不同。给定边界条件和初始条件（初值）确定了控制方程的特解。

(1) 黏性流体边界条件 假定物面和气体直接接触表面无相对速度，叫无滑移边界条件。对静止物面有

$$u=v=w=0 \quad （在物面上）$$

(2) 无黏流体边界条件 流动在物面有滑移，在物面上，流动一定与物面相切。

$$\vec{V}\cdot\vec{n}=0 \quad （在物面上）$$

6.1.5 控制方程离散-有限差分法

有限差分法被广泛地应用在计算流体力学中，原理是用有限差分表达式代替流体力学控制方程中出现的偏导数，从而生成一个大型代数方程组（控制方程离散），给定边界条件和初值条件，解大型代数方程组就能得到离散网格点上的流场变量的数值解。

(1) 泰勒级数表达式 导数的有限差分表达式是以泰勒级数展开式为基础的。如果 $u_{i,j}$ 表示点 (i,j) 上速度的 x 分量，那么在点 $(i+1,j)$ 上的速度 $u_{i+1,j}$ 可用泰勒级数表达为

$$u_{i+1,j}=u_{i,j}+\left(\frac{\partial u}{\partial x}\right)_{i,j}\Delta x+\left(\frac{\partial^2 u}{\partial x^2}\right)_{i,j}\frac{(\Delta x)^2}{2}+\left(\frac{\partial^3 u}{\partial x^3}\right)_{i,j}\frac{(\Delta x)^3}{6}+\cdots \tag{6-7}$$

忽略 $(\Delta x)^3$ 项和更高阶项，方程（6-7）简化为二阶精度的方程

$$u_{i+1,j}\approx u_{i,j}+\left(\frac{\partial u}{\partial x}\right)_{i,j}\Delta x+\left(\frac{\partial^2 u}{\partial x^2}\right)_{i,j}\frac{(\Delta x)^2}{2} \tag{6-8}$$

类似一阶精度方程为

$$u_{i+1,j}\approx u_{i,j}+\left(\frac{\partial u}{\partial x}\right)_{i,j}\Delta x \tag{6-9}$$

方程（6-9）的截断误差是

$$\sum_{n=3}^{\infty} \left(\frac{\partial^n u}{\partial x^n}\right)_{i,j} \frac{(\Delta x)^n}{n!} \tag{6-10}$$

（2）导数的有限差分表达式

① 一阶向前差分。

$$\left(\frac{\partial u}{\partial x}\right)_{i,j} = \frac{u_{i+1,j} - u_{i,j}}{\Delta x} - \left(\frac{\partial^2 u}{\partial x^2}\right)_{i,j} \frac{\Delta x}{2} - \left(\frac{\partial^3 u}{\partial x^3}\right)_{i,j} \frac{(\Delta x)^2}{6} - \cdots$$

$$= \frac{u_{i+1,j} - u_{i,j}}{\Delta x} + O(\Delta x) \tag{6-11}$$

② 一阶向后差分表达式。

$$\left(\frac{\partial u}{\partial x}\right)_{i,j} = \frac{u_{i,j} - u_{i-1,j}}{\Delta x} + O(\Delta x) \tag{6-12}$$

③ 二阶中心差分表达式。

$$\left(\frac{\partial u}{\partial x}\right)_{i,j} = \frac{u_{i+1,j} - u_{i-1,j}}{2\Delta x} + O(\Delta x)^2 \tag{6-13}$$

④ 二阶偏导数 $\left(\dfrac{\partial^2 u}{\partial x^2}\right)_{i,j}$ 的有限差分表达式。

二阶中心二次差分表达式

$$\left(\frac{\partial^2 u}{\partial x^2}\right)_{i,j} = \frac{u_{i+1,j} - 2u_{i,j} + u_{i-1,j}}{2(\Delta x)^2} + O(\Delta x)^2 \tag{6-14}$$

类似的 y 的导数差分表达式：

向前差分表达式

$$\left(\frac{\partial u}{\partial y}\right)_{i,j} = \frac{u_{i,j+1} - u_{i,j}}{\Delta y} + O(\Delta y) \tag{6-15}$$

向后差分表达式

$$\left(\frac{\partial u}{\partial y}\right)_{i,j} = \frac{u_{i,j} - u_{i,j-1}}{\Delta y} + O(\Delta y) \tag{6-16}$$

中心差分表达式

$$\left(\frac{\partial u}{\partial y}\right)_{i,j} = \frac{u_{i,j+1} - u_{i,j-1}}{2\Delta y} + O(\Delta y)^2 \tag{6-17}$$

中心二次差分表达式

$$\left(\frac{\partial^2 u}{\partial y^2}\right)_{i,j} = \frac{u_{i,j+1} - 2u_{i,j} + u_{i,j-1}}{2(\Delta y)^2} + O(\Delta y)^2 \tag{6-18}$$

去掉截断误差符号 O 有

$$\left(\frac{\partial^2 u}{\partial x^2}\right)_{i,j} = \left[\frac{\partial}{\partial x}\left(\frac{\partial u}{\partial x}\right)\right]_{i,j} \approx \frac{\left(\frac{\partial u}{\partial x}\right)_{i+1,j} - \left(\frac{\partial u}{\partial x}\right)_{i,j}}{\Delta x}$$

$$\left(\frac{\partial^2 u}{\partial x^2}\right)_{i,j} = \left[\left(\frac{u_{i+1,j} - u_{i,j}}{\Delta x}\right) - \left(\frac{u_{i,j} - u_{i-1,j}}{\Delta x}\right)\right]\frac{1}{\Delta x} \tag{6-19}$$

$$\left(\frac{\partial^2 u}{\partial x^2}\right)_{i,j} = \frac{u_{i+1,j} - 2u_{i,j} + u_{i-1,j}}{2(\Delta x)^2}$$

⑤ 混合导数 $(\partial^2 u/\partial x\partial y)$ 的差分表达式。因为 $\dfrac{\partial^2 u}{\partial x\partial y} = \dfrac{\partial}{\partial x}\left(\dfrac{\partial u}{\partial y}\right)$，可把 x 的导数写作 y 的导数的中心差分，然后对 y 的导数进行中心差分，得到混合导数 $(\partial^2 u/\partial x\partial y)$ 的差分表达式。

$$\frac{\partial^2 u}{\partial x \partial y} \approx \left[\left(\frac{u_{i+1,j+1} - u_{i+1,j-1}}{2\Delta y} \right) - \left(\frac{u_{i-1,j+1} - u_{i-1,j-1}}{2\Delta y} \right) \right] \frac{1}{2\Delta x}$$

$$\frac{\partial^2 u}{\partial x \partial y} \approx \frac{1}{4\Delta x \Delta y} (u_{i+1,j+1} + u_{i-1,j-1} - u_{i+1,j-1} - u_{i-1,j+1})$$

(6-20)

6.2 风轮机设计软件

6.2.1 软件计算举例

风能将是 21 世纪最主要的新能源之一，美国和西欧国家的政府都制定了开发风能的规划，颁布了风能利用的法规，实行了优惠政策，以促进风力机的研制和商品化。现在从事风能开发的商家越来越多，研制水平也在不断提高。目前风力机气动设计水平还有待提高，Gourieres 在他的风轮机设计理论书中也只介绍了几种简化的气动设计方法，用的设计方法主要还是以经验设计为主。

有关风力机风轮气动设计的软件主要有 Aerodyn 软件、WRD 软件和 BLADED 软件等。Aerodyn 软件计算叶片的风轮功率有很大的偏差，因它不能准确地考虑叶片间的相互作用；WRD 和 BLADED 软件在计算风速较高的叶轮功率时，也与实测值有较大的差别。上海工程技术大学能源与环境研究所提出了一套风力机叶轮气动设计的数值方法，并建立了一套具有工程应用价值的、考虑流动三维效应的风轮机气动数值模型，以此气动数值模型为基础，编制了风轮机气动设计软件 WTD1.0。下面简要介绍 BLADED 和 WTD1.0 设计软件。

本软件选用直径为 17.2m 的风轮机为考题，计算结果与丹麦研究所的测试结果进行了对比。主要技术数据如下：三叶片式，转速为 50.3r/min，叶轮直径为 17.2m，叶片型号为 LM8，塔架高度为 25m，叶片翼型用 NACA63-212、215、218、221 系列翼型，叶尖桨距角为 0.5°，叶片各截面数据如表 6-1 所示，风轮机叶片叶尖、叶根截面翼型分别如图 6-1、图 6-2 所示。

表 6-1　叶片各截面数据

半径/m	翼型弦长/m	扭转角/(°)	相对厚度	半径/m	翼型弦长/m	扭转角/(°)	相对厚度
1.375	1.070	14.9	24.7	5.200	0.717	2.0	16.0
1.800	1.033	11.6	22.7	6.050	0.638	1.2	15.0
2.650	0.955	7.4	19.5	6.900	0.558	0.7	14.0
3.500	0.876	4.8	18.0	7.750	0.478	0.3	13.0
4.350	0.796	3.1	17.0	8.600	0.400	0.0	12.0

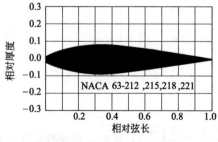

图 6-1　风轮机叶片叶尖翼型

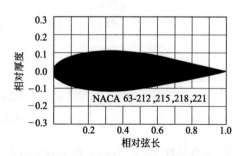

图 6-2　风轮机叶片叶根翼型

6.2.2 计算结果及分析

(1) 功率计算结果与分析 使用 WTD1.0 软件对上述风轮机进行了功率计算。为了分析比较，同时也用 WRD 风轮机设计软件做了功率计算。图 6-3 给出了安装角为 0.5°、转速为 50.3r/min 时的风力机叶轮输出功率的计算结果和测试结果，叶轮输出功率等于计算的轴功率乘发电机和变速箱的功率系数 0.73。

从图 6-3 中可以看出，从启动风速到额定风速，WTD 软件的计算结果与测试功率非常吻合，叶轮的额定功率（60.1kW）也与测试结果（59.8kW）非常接近。而 WRD 软件计算的额定功率（54.7kW）与测试结果相差则较大。另外，在叶轮深度失速风速区域（20～30m/s），WTD 的计算结果也与测试得到的叶轮功率比较吻合，这对于风力发电机叶轮的强度设计是很有价值的。

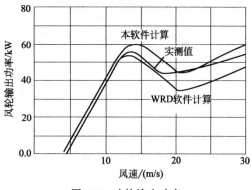

图 6-3 叶轮输出功率

(2) 软件设计功能分析

① 变安装角风轮功率计算 WTD 软件提供了不同安装角下的叶轮功率计算功能。图 6-4 给出了安装角为 -2.5°～10° 的叶轮轴功率变化图。

从图 6-4 中可知，安装角越大，最大功率越高，7.5° 和 10° 的叶轮最大功率比 0° 和 2.5° 时要高。但在中低风速（4～10m/s）区，大安装角风轮的功率比小安装角风轮的功率略低。这是因为大安装角叶片风轮在低风速时就发生了气动分离，而小安装角风轮在高风速时才发生气动分离。显然，安装角为 7.5° 和 10° 的叶轮并不是理想的风轮，因一般风场在大部分时间内的风速都在 4～10m/s 范围内。

② 变转速风轮功率计算 风轮的转速变化影响叶片各截面翼型的进口气动攻角，从而影响风轮功率。图 6-5 给出了转速为 30r/min、50r/min、70r/min 时风轮的轴功率。

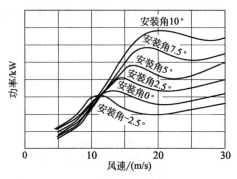

图 6-4 不同安装角下计算的叶轮轴功率

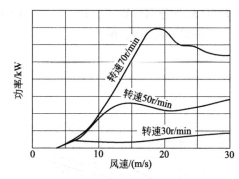

图 6-5 不同转速时计算的叶轮轴功率

70r/min 时风轮最大功率是 50r/min 时的 3 倍，有两个原因：一是高转速风轮攻角比低转速风轮要小，即高转速风轮与高风速相配，从图 6-5 中可知，30r/min 的失速风速为 8m/s，50r/min 的失速风速为 14m/s，而 70r/min 的失速风速为 22m/s；二是空气进入叶片的相对速度随风轮转速加大而增加。计算结果与定性分析一致。

③ 翼型弦长分布及叶片扭转角分布优化分析　风轮机气动设计时，确定叶片翼型弦长分布及叶片扭转角分布需要做大量的分析计算工作，用 WTD 软件计算提供了优化分析的可能。低风速区域的风轮机叶片扭转角要比处于高风速区域风轮机的扭转角大。

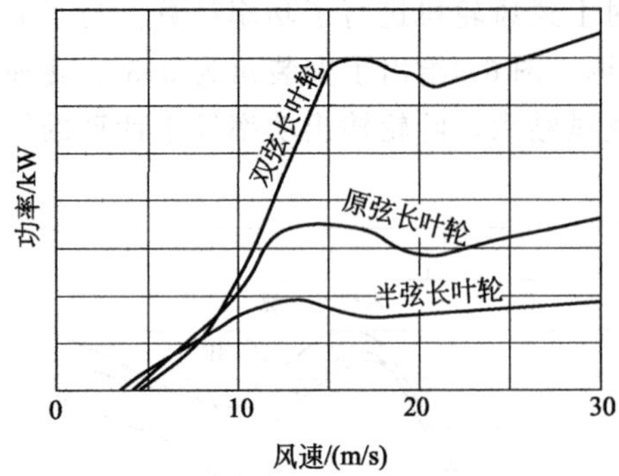

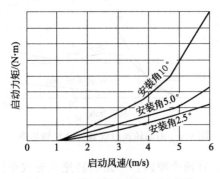

图 6-6　不同弦长叶片叶轮的计算轴功率

叶片叶轮弦长对功率的影响如图 6-6 所示。

当风速很低（3～6m/s）时，弦长对功率的影响不明显。两倍弦长（叶片的弦长加宽为是原叶片弦长的 2 倍）叶轮的功率反而略小于原弦长叶轮的功率，这是因为当风速较低时，两倍弦长叶片间的气动干扰较大。风速从接近失速风速到高于失速风速时，弦长对功率的影响就变得很明显。两倍弦长叶轮功率近似为原弦长叶轮功率的 2 倍，而原弦长叶轮功率又近似于半倍弦长叶轮功率的 2 倍。这表明风轮机叶片间的气动干扰随风速提高而下降。WTD 软件的数值计算结果与叶轮的气动特征定性一致。

④ 风轮机启动力矩分析计算　风力机叶轮的启动力矩也是风力机设计的一个重要参数，它的大小决定了风力机的启动风速。目前，其他风力机设计软件都没有分析计算风力机叶轮的启动力矩的功能。WTD 软件设计了这一功能，图 6-7 给出了叶片安装角为 2.5°、5.0° 和 10.0° 三种风轮机的计算启动力矩。

风力机的启动风速是根据风轮机的启动力矩和发电机及齿轮箱的启动阻力矩来确定的。如果发电机及齿轮箱的启动阻尼力矩为 10N·m，则从图 6-7 给出的计算结果可知，2.5° 安装角叶轮的启动风速应在 4.1m/s 左右，5° 安装角叶轮的启动风速应在 3.2m/s 左右，而 10° 安装角叶轮的启动风速应在 2.4m/s 左右。由此可见，安装角越大，启动风速越低，风力机越容易启动。

⑤ 叶片数优化分析计算　有的风力机设计软件不能准确反映叶片间相互作用的影响，用这些软件来计算多叶片（例如片数超过 5～6 片）风轮机的功率时，就会产生很大的偏差。用它们计算的风能利用系数 C_P，有时会出现大于极限风能利用系数（0.593）的不合理结果。WTD 软件分别计算了 3 片、6 片、12 片风轮机的功率和风能利用系数随风速的变化。计算结果分别由图 6-8、图 6-9 表示。

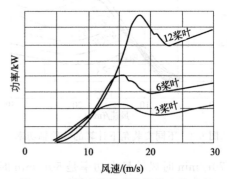

图 6-7　不同叶片安装角下计算的
叶轮启动力矩

图 6-8　不同叶片数时计算的叶轮功率

比较 12 片和 3 片风轮机的轴功率计算结果可以发现，当风速低于 11m/s 时，12 片风轮机的轴功率低于 3 片风轮的轴功率；只有当风速较高（如高于 14m/s）时，12 片风轮的轴功率才会大大地高于 3 片风轮。

3 片风轮机大约在风速为 6m/s 时达到其最佳风能利用系数（0.49 左右），而 12 片风轮机在这种风速下的风能利用系数只有 0.2 左右。12 片风轮机在风速为 16m/s 时才达到最佳风能利用系数（0.4 左右），原因是当风速较低时，12 片风轮机的叶片之间会产生较大的气动干扰，而 3 片风轮机的气动干扰较小，因此低风速时，12 片风轮机的风能利用系数和轴功率都远远低于 3 片风

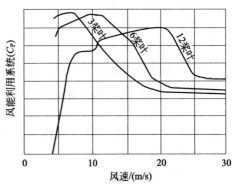

图 6-9　不同叶片数的风轮机风能利用系数

轮机；当风速较高时，风轮叶片间的气动干扰较小，因此，12 片风轮机的轴功率就高于 3 片风轮机。由此可见，WTD1.0 软件的数值计算结果能够优化风轮机叶片数目的选取。

考虑了流动三维效应的 WTD1.0 风力机设计软件的计算结果，比其他设计软件准确、可靠，功能更强大。该软件在设计叶片的安装角分布、风轮的转速、叶片翼型弦长分布、叶片扭转角分布等方面均与气动特征定性一致。WTD1.0 软件还具有分析计算风力机叶轮启动力矩的功能和分析优化设计叶片数的功能。

6.3　风电场数值计算软件包

6.3.1　典型风电场数值计算软件包

GH BLADED 是一个完整的风电场分析计算软件包，可用于计算海上、陆上风电场、风轮机、发电机、控制系统、塔架等全部工况范围的气动、强度振动性能和功率，并通过后处理自动生成图形和表格。程序已为实测数据验证。Garrad Hassan 研究风轮机性能和功率计算已有 20 余年，成果已用于本软件包。

用 Windows 操作系统可方便地使用本软件，风轮机计算采用工业标准。BLADED 软件还可计算风和浪载荷，考虑了全部气动弹性和液动弹性模型。

BLADED 软件已被德国劳埃德公司用于风轮机的设计和验证计算，还被全世界风力机和元件制造商、性能考核试验中心、设计咨询公司和研究机构采用。计算模式是多种多样的，包括稳态分析、动力负荷模化、载荷和能量捕获分析，自动生成报告文件，并与电网相联及控制设计。

BLADED 教程版还可作为世界水平的风电技术培训教材。

6.3.2　Bladed 软件包计算功能

软件包的计算功能包括以下几方面。

(1) 转子部分分析计算

① 有 1～2 或 3 只叶片的转子；

② 全部和部分展弦控制或副翼控制；

③ 预弯曲叶片模型；

④ 固定或齿型轮缘；

⑤ 逆风或顺风方向；

⑥ 顺时针方向或逆时针方向旋转；

⑦ 叶片振动力学及与副翼耦合振动；

⑧ 叶片元件不失速和失速力矩；

⑨ 叶型插值；

⑩ 转子质量、几何设计和桨距不平衡；

⑪ 结冰叶片模型；

⑫ 叶片振动阻尼器。

(2) 驱动单元分析计算

① 刚性或扭转挠性轴；

② 齿轮驱动或直接驱动布置；

③ 挠性安装在齿轮箱上或平板上；

④ 二选一刹车位置；

⑤ 机械损失；

⑥ 用户规定轴刹车特性。

(3) 发电机和电气分析计算

① 定速和双速感应式；

② 变速和变滑差模型；

③ 变电压和交互式网络电气模型；

④ 网络电压改变和波动计算；

⑤ 电气损失模型。

(4) 控制系统分析计算

① 失速控制、桨距角控制或副翼控制；

② 联合式或单桨距式控制；

③ 定转速或变转速；

④ 传感器动力学；

⑤ 停用、空载、启动、停机和加载模拟；

⑥ 带增益的 PI 控制器；

⑦ 所有风机控制功能可由用户通过 MS Windows DLL 界面定义；

⑧ 控制器源代码采用 FORTRAN、C 和 Visual Basic 语言；

⑨ 旋转和线性桨距驱动；

⑩ 随桨距确定的载荷支承摩擦。

(5) 风机塔架和桁架分析计算

① 风机塔架动力学；

② 偏航动力学和偏航轴承摩擦；

③ 基础挠性；

④ 风载荷；

⑤ 风浪和气流载荷。

（6）风场模型分析计算

① 大气紊流三维模型；

② 瞬时风速、风向和剪切风由设计标准规定；

③ 剪切风的指数或对数模型；

④ 上流；

⑤ 塔架逆风和顺风；

⑥ 逆风风轮机尾迹的涡黏性模型。

（7）风波和气流分析计算

① JONSWAP 和 Pierson-Moskowitz 波谱；

② 近表面流、亚表面流和进岸流；

③ 正常波和随机波历程；

④ 波模型的非线性波理论。

（8）响应分析计算

① 叶片和塔架模型分析；

② 叶片气动力学；

③ 性能系数；

④ 功率曲线；

⑤ 平均稳态载荷；

⑥ 所有状态的性能和载荷的详细模拟；

⑦ Matlab 格式高阶线性模型；

⑧ 地震载荷。

（9）后处理系统　有强大的后处理功能供分析计算结果：

① 年均能量记录；

② 电气摆动；

③ 端负荷预测；

④ 周期载荷和随机载荷的采样；

⑤ 概率分布；

⑥ 自动谱分析；

⑦ 交叉谱、相干性和传递函数；

⑧ 联合载荷的应力历程计算；

⑨ 尖峰值和均值计算；

⑩ 多重载荷疲劳寿命分析简要计算；

⑪ 雨流周期计算；

⑫ 疲劳分析；

⑬ 损坏的当量载荷；

⑭ 最终的载荷分析；

⑮ 基本统计表；

⑯ 傅里叶谐波分析；

⑰ 输出数据到 ASCⅡ 文件；

⑱ 轴承寿命计算；

⑲ 增速箱时间和水平旋转。

（10）图示功能 图示功能提供用户快速、方便查看结果，并形成 MS OLE 文件、MS Word 文件、Excel 制表和制作 PowerPoint 幻灯片：

① 多线图表；

② 绘图；

③ 柱形表；

④ 线性和对数坐标；

⑤ 三维和柱状风场图；

⑥ 自动制图、制表到幻灯片和 MS Word 文件。

（11）项目管理

① 用项目文件储存和分解风轮机和计算精度；

② 用计算结果的重复校验早期工作；

③ 从别的项目文件或完成的计算输入项目资料；

④ 管理计算表以停止确认计算；

⑤ 用灵活的绘图功能快速高效检查模拟结果；

⑥ 自动生成 MS Word 项目文件和计算结果用于验证项目。

（12）售后服务和软件培训

① 售后服务和维护包括电话咨询、电子邮件访问和软件升级。

② Garrad Hassan 公司将提供修改软件以适合用户的特别需要，某些修改将在商业练习中提供，培训课程也有用。

（13）对计算机操作系统的要求 BLADED 软件设计可用于个人电脑，用 Windows 98、ME、NT、2000 和 XP 操作系统，可提供 GH BLADED 软件的示范版。

分析计算包括全部的运行状态：启动、正常运行、停机、空载和停用。用户可用 MS Windows DLL 定义控制器功能。

用户通过电脑终端可很方便地控制计算输出功能：a. 叶片和塔指定部位的力和力矩；b. 轮缘和偏航支持指定部位的力和力矩；c. 轴、齿轮箱、刹车装置、发电机的载荷；d. 转子、发电机的旋转速度；e. 机械和电气损失；f. 叶片和塔的偏移和偏航值；g. 桁架加速度；h. 桨距、控制器和传感器信号；i. 详细的桨距资料；j. 功率输出、电流、电压；k. 指定叶片位置的详细气动资料。

6.4 风力机设计软件包的开发

6.4.1 风力发电机设计软件包

为了自行研制大型风力发电机，国家科委就安排了风力发电机设计软件包的开发项目。该软件包由四个子包组成：风轮外形设计子包、风力机气动载荷分析子包、风力机结构动力分析子包和风力机场址选择子包。软件包可完成风力机气动设计、性能计算、动力学分析、风电场选址和经济性分析。

6.4.2 软件包模块和数据库

该软件包共包括 19 个应用模块和两个数据库。

（1）风轮外形设计子包　确定风轮设计参数工程模块，包含 Glauert 方法计算程序，Wilson 方法计算程序。

（2）风力机气动载荷分析子包　变桨距风轮气动特性计算程序，定常流场气动力特性计算与分析计算程序，非定常流场气动力特性计算与分析计算程序，风轮气动载荷计算程序，坐标转换公式说明。

（3）风力机结构动力分析子包　叶片结构动力分析计算程序，塔架结构动力分析计算程序，单桨叶气动弹性稳定性分析计算程序，风轮塔架气动弹性稳定性分析及响应计算程序，风力机动稳定性分析计算程序，风轮叶片非定常气动力计算程序。

（4）风力机场址选择子包　地形对风特性影响计算程序，复杂地形局部环流数值计算程序，复杂地形流场计算程序，风力机尾流影响计算程序，地形图像合成操作说明。

（5）风力机设计数据库　风力机翼型数据库、风能资源数据库。

（6）引入的外国程序　Wasp 程序、Park 程序、Graftool 程序。

6.4.3　风力机空气动力学研究

（1）风轮气动效率研究　为了提高风轮气动效率，从分析翼型的环量入手，发现翼型升力与其后缘形状有关。通过在翼型后缘贴粗糙带，在翼型失速之前，可以提高翼型的升力，从而提高升阻比。利用二元翼型风洞试验，在翼型失速之前，发现升阻比增加；利用风力机模型在风洞中试验，在风轮失速之前，风轮效率提高；在 150kW 风力机叶片上作贴粗糙带试验，在风轮失速之前，风力机发电量增加 5%～10%。

（2）风力机翼型大攻角气动特性研究　翼型选择是风轮叶片设计的重要内容，它直接影响风力机的风能利用效率。该研究选择了 30 种常用的翼型进行风洞试验，试验攻角 $\alpha = -10°～180°$，雷诺数 $Re = (3.2～4.8) \times 10^5$，在国内首次获得翼型在大攻角、低雷诺数下的气动特性。

（3）风力机模型风洞试验及风洞洞壁干扰修正研究　利用风力机模型风洞试验可为风力机的风轮叶片外形设计及其参数选择、实际性能预测、风轮的载荷计算和强度设计等提供科学依据。风洞试验对风力机的气动力研究很重要，但风力机模型风洞试验的洞壁干扰十分严重，可达测量真值的 50%。研究得到的壁压信息洞壁干扰修正方法计算简便、修正准确。

（4）叶片气动弹性稳定性预估和诊断技术研究　该方法可对风力机叶片气动弹性稳定性进行估算，其特点是应用能量法而不是传统的特征值法，应用考虑整个叶片的气动弹性分析的准三元法而不是传统的二元片条理论，应用经过试验验证的参数多项式方法对实际的叶片振型和频率进行气动弹性稳定性诊断，并考虑了机械阻尼的影响。

（5）旋转风轮叶片流场显示研究　利用叶片机理论设计和计算风力机的风轮时，一般假定在旋转叶片上的流动是二元的，然而，实际上流动是三元的。所以，根据叶片机理论计算风轮效率时，计算结果和实际结果不一致。为了研究旋转叶片上的流态，在叶片上粘丝线，当叶片旋转时利用摄像机拍照，记录叶片上的流态。从摄像记录可以清楚地看出，叶根和叶尖的流动是三元的，这为基于叶栅的风轮设计和性能计算进行修正提供了理论基础。

（6）考虑三元效应的风轮计算　以叶片机理论为基础的风力机风轮设计和性能计算与实际情况不一致，考虑三元效应后，上海交通大学经过分析和研究，提出了影响计算结果的三个组合因子，使计算结果明显改善。

6.4.4　风力机动态测试方法的研究

该方法包括小型风力发电机结构动态问题分析、试验方法及性能评估三个方面，明确了小型风力发电机的激振源，找到了部件之间的动态响应关系，提出了动态性能的试验方法和性能评估方法，并进行了验证。

分析风力机结构动力特性时，采用了试验模态分析技术来测试、分析风力机结构动力特性。通过对机组及零件的机械阻抗的测定，来识别机组及零件的结构动力参数，即各阶固有频率、阻尼、振型、模态刚度、模态质量等模态参数。还可以显示出各阶振型的活动图像，并能绘制成图形。可以对零件及机组在不同的结构状态下进行试验，比较结构状态对动力参数影响的大小。这种方法不仅可以对新设计的机组及零件预测它的动力效果，找出结构上存在的薄弱环节，还可以对已有的修改后机组及零件进行性能预测及故障分析。该方法对提高风力机的设计水平、产品质量、降低成本及安全可靠性有重要作用。

6.4.5　储能方法的研究

由于风能的不连续性和能量密度低，使用小型风力机发电时必须备有储能装置。在"七五"期间，进行了多种蓄电池的开发研究。

(1) 少维护型铅酸蓄电池　研究内容包括：a. 以低锑合金作正极板栅，提高板栅的耐腐性，延长电池使用寿命；b. 以铅合金作负极板栅，提高氢的过电位，减少水耗，实现电池少维护；c. 改进正极活性物质配方，明显改善正极软化脱粉情况，提高活性物质利用率；d. 采用有效负极膨胀剂，提高负极活性物质利用率和低温性能；e. 研制出软质袋式塑料隔板，防止极群底部和边缘短路。

(2) 阴极吸收式小型密封铅酸蓄电池　密封铅酸蓄电池是一种免维护电池，通过研究解决了密封蓄电池的设计理论，研制并采用高氢过电位板栅材料、选用超细玻璃纤维隔板以及贫电液设计、氧气的阴极吸收和氢氧复合、限压限流充电等关键技术，对电池进行密封结构设计。采用限压阀，保证了电池组的密封性能。

(3) 新型蓄电池　研究内容包括氧化还原电池和塑料电池。通过对铁铬氧化还原电池的系统研究，完成了碳毡的筛选、改性及催化电极制备，单体电池组成条件和百瓦级组合电池的研制。在以上工作的基础上，研制成与平衡电池配套比较完善的 270W 和 550W 氧化还原电池系统；确定了塑料电池用合成聚苯胺电极材料的最佳条件，研究了聚苯胺—锌、聚苯脑铅和聚苯脐钾等系统。选择了聚苯胺非水溶液作为放大基础，研究了聚苯胺电极多种放大工艺和涂层电极放大工艺。

(4) 蓄电池配套系统　研究包括以下内容。

① PVI 系列正弦波高效率逆变器　采用逆变器、四组直流电源串联叠加的原理，组合成阶梯正弦波输出电压。该逆变器使用单片微处理器控制及软件阶梯正弦波发生技术，在满负荷与低负荷运行时均具有很高效率，输出电压频率稳定性高、波形失真度低，特别适合在负荷变化大、负荷因子低的光伏电站使用。

② 蓄电池储能自动切换控制与保护器　根据蓄电池不同的充放电率来判定保护电压动作阀值的新型原理，与只根据蓄电池端电压值进行保护的方法相比，其动作准确性高。主要技术指标如下：

a. 充放电率 10h 率。过充电动作电压为 14.0V±0.5V，过放电动作电压为 11.8V

±0.15V。

b. 10h 充放电率 2h 率。过充电动作电压为 14.5±0.5V，过放电动作电压为 11.4V ±0.15V。

c. 充放电率 2h 率。过充电动作电压为 16.0V±0.5V，过放电动作电压为 11.5V ±0.15V。

(5) 风能其他储能方式和混合系统

① 风力制热蓄热　为了研究风力致热，设计制造了一台集储热、换热于一体的热管式双通道高效储热器，有效容积为 $1.19m^3$，总储热量为 $7.2×10^4 kJ$，换热能力为 $4.2×10^4$ kJ/h，该储热器与电热管模拟的风力制热器（热源）、散热片组成一个可以稳定运行的热循环系统。

② 风力发动机与柴油发动机并联运行　在河北省张北县建立了一套由 20kW 变速/恒频风力发动机和相近容量的柴油发动机组成的中型风/柴并联运行系统，该装置运行平稳可靠。

完成了 5kW 风电、柴油、蓄电池自动切换运行装置。该系统可向用户连续供电，当风速达到规定值 4～25m/s 时，利用风力机发电，蓄电池处于充电状态；风速偏低时，由蓄电池供电；当蓄电池放电到一定程度而风速仍然很小时，自动开启柴油机组向蓄电池充电，以保证连续稳定供电。

在实验室建立了一套微机控制的风力发动机模拟系统，进行了风力发动机模拟装置与柴油发动机的并联运行试验。整个系统试验运行时，电压和频率的稳定度满足照明负荷和小容量动力负荷的要求。

6.4.6　小型风电场规划方法的研究

1987 年，中国风能技术开发中心组织有关专家对我国小型风电场（1～5MW）规划方法进行研究，以探索适合我国国情的小型风电场的发展方针和技术路线。该研究报告共四章：第一章是绪论，介绍了风电场国内外发展状况；第二章是规划方法，内容包括规划确定原则、风力资源分布、市场预测分析、场址选择方法、技术可行性分析（包括机型选择、容量匹配、排列方式、并网质量、机群控制、环境影响）、经济效益评估及社会效益评估；第三章是规划论证，内容有广东省南澳岛风电场、福建省东山县风电场、山东省叼龙嘴风电场、浙江省嵊泗县中国-德国合作风电场、辽宁省大鹿岛风电场及新疆三葛庄风电场可行性研究；第四章是规划建设，内容包括风力发电的技术经济分析、我国小型风电场的区域规划、我国小型风电场的技术政策、我国小型风电场的经济政策及我国小型风电场的管理体制。

6.5　风力机可靠性数值研究

6.5.1　风力机在恶劣环境下的可靠性研究

(1) 恶劣环境对风力机的损坏　风力机是一种以自然风为动力的特殊叶轮机械，在某些地区运行的风力发电机组要承受很恶劣的环境条件。如在东南沿海地区经常发生台风，北方冬季在低温下运行等。

由于恶劣环境，导致风力发电设备损坏和故障的情况在国内外时有发生。例如，台风

"杜鹃"吹袭，13台风力机受到破坏，停止运行，造成接近1千万元的经济损失。根据风电场的风况记录，台风风力达10级。风速超过了切出风速25m/s，风力机停机。最大风速10min的平均风速为30～40.5m/s。多台风力机受到严重破坏，破坏形式主要有：桨叶被部分撕裂，有碎片脱落，有的出现很长裂纹；尾翼被吹断，风向标被吹掉，风速计的风杯被吹走；偏航系统受损，密封环脱落，偏航系统的从动齿轮脱落。

这批受损风力机设计的极限风速是10min的平均风速为50m/s，3s的平均风速为70m/s。可是，这次台风经过时风速都低于57m/s，10min的平均风速的最大值也低于41m/s，远低于设计的标准。对造成破坏的原因进行多方面的考察和讨论，认为目前风力机极限载荷的设计理论对桨叶载荷影响方面存在不足，风力机可靠性设计方法值得研究。

风力机工作环境恶劣，一年内四季环境温度从50℃以上到－20℃以下变化，昼夜温度差高达20℃以上。周围介质湿度大，有盐雾。常有雨雪甚至冰雹的浸淋。风速在4.5～28m/s范围随机变化，有时还要经受60m/s（2s的平均风速）的最大风速，会产生包括冲击在内的非稳定性随机振动。因此风力机可靠性设计显得尤其重要。

（2）风力机可靠性研究方法 风力机可靠性研究内容包括系统可靠性评估分析和关键部件在极限载荷下的损坏分析。国际上采用结构可靠性设计方法进行系统可靠性评估，建立风力机全系统故障树，分析计算系统的失效概率。适用于已知各部件失效模式的全系统可靠性评价和可靠性优化。

这种方法的有效性主要依赖对部件失效模式的正确性。风力机运行在很随机的非线性复杂环境内，如果把可靠性分析从性能分析系统中分离出来单独分析的话，可能导致无效的可靠性评估结果。因此，关键部件在极限载荷下损坏分析是可靠性研究的关键。桨叶、塔架和传动机构等关键部件的极限载荷分析，国际上主要研究风力机在切出风速下和设计最大风速下的极限载荷。对给定紊流强度的风场进行多次仿真计算，对仿真结果进行统计分析，得出最大载荷的均值和方差，可得到规定置信度的极限载荷。

（3）极限载荷分析方法研究

① 极限载荷模型和失效模式 在对风力机设计进行整体结构验证时，除了要进行疲劳载荷分析外，还必须对风力机可能承受的极限载荷进行分析。根据IEC-61400标准风况设计风力机时，极限负载是最重要的一个参数。

大部分风力机主要是因为各种极限状况的出现而失效的，严重的无法修复。在提供设计载荷时，不能任意人为地假定，应该用概率的方法，结合风场的实际情况确定，所以需要一种实用的预测风力机极限载荷的方法。

一般可用两种方法来预测风力机极限载荷：Davenport建立的计算风载的传统方法和Madsen提出的概率方法。风场模拟能力的增强，采用时间域的风场模拟风速，进而计算出风力机的随机响应载荷。在此基础上，可用一定的模型预测极限载荷。风况由两个参数表示：10min平均风速和紊流密度。考虑到这两个参数的可变性和风力机响应载荷的可变性，所以在预测风力机极限载荷时一般采用概率统计的方法。

在进行极限载荷分析时，需要考虑不同的失效模式：

a. 风力机在高于切出风速后处于静止状态时所受的极限风载；

b. 在运行风速范围内运行的风力机由于阵风、或某些特定的操作，如启动、停机、偏航等所受的额外负载；

c. 在较高风速状况下运行时，由于保护系统出现故障而引起的极限载荷。

国际上主要采用的极限载荷计算模型有统计模型、半分析模型和 Madsen 模型。其中，统计模型是一种实用的极限载荷分析方法。这个方法对可能出现极限载荷的动态过程进行 n 次 10min 模拟，得到 n 个时间序列的模拟数据，从这些数据中得到 n 个最大负载 X_m。10min 中最大负载响应 X_m 可以近似认为满足 Gumbel 分布：

$$F_{Xm}(X_m) = \exp\{-\exp[-\alpha(X_m - \beta)]\} \tag{6-21}$$

式中，α 为比例参数；β 为位置参数。

计算步骤如下：

　　a. 从 n 个模拟时间序列得到 n 个最大负载响应 X_m 的观察值；

　　b. 将 X_m 按升序排列，X_1，…，X_n，…，X_m；

　　c. 计算 β，α 的估计值；

　　d. 计算 X_m 平均值和标准偏差的估计值；

　　e. 估计 X_m 分布的 θ-分位点；

　　f. θ-分位点基本的错误估计；

　　g. 假定 θ-分位点的估计值满足正态分布，计算 θ-分位点双边置信度为 $1-\alpha$ 的置信区间；

　　h. 当模拟次数很多时，可以得到可信度很高的 $\theta(X_m)$。

以 3 叶片风轴风力机为例预测运行风力机的极限载荷。这里考虑的载荷类型是叶片根部的横向力矩，这个力矩是在风力机处于极限载荷状况下具有代表性的载荷类型。风力机功率为 600kW，风轮直径为 43m。在紊流风场模拟中，仅考虑纵向的紊流风速。在纵向上，所用的点的功率谱模型是冯·卡门模型，风场中两点间的相干函数是 Davenport 指数相干谱经验公式。气动性能计算采用片条理论，用 VC 编程，风力机 CAD 软件实现 10min 动态过程仿真模拟，计算流程如图 6-10 所示。

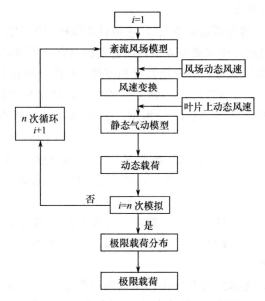

图 6-10　水平轴风力机极限载荷预测流程图

用 VC 编程模拟建立紊流风场和气动计算模型。模拟 15 次，得到 15 个模拟过程的最大值，根据统计模型，得到正常运行中风力机的极限载荷。各计算量如下：平均值 $\mu =$ 409.9kN·m，标准方差 $\sigma = 7.89$kN·m，98% 分位点处的值为 430.4kN·m，98% 分位点估计的基本错误估计是 6.86kN·m，计算 98％分位点置信度为 95 的置信区间是（409.9±14.72)kN·m。

② 系统可靠性评估　为了定量表征风力机的可靠性，需要引入一些可靠性的基本函数，如可靠度函数、累积故障分布函数、故障分布函数以及故障率函数等。

a. 可靠度函数。可靠度函数定义为，在规定的使用条件下，在规定的时间内，完成规定功能的概率。

$$R(t) = \begin{cases} P(T > t) \Lambda(t > 0) \\ 1 \Lambda(t < 0) \end{cases} \tag{6-22}$$

b. 累积故障分布函数。累积故障分布函数又称累积故障概率或不可靠度。定义为在规定的条件下，在规定的时间内，完不成规定功能的概率。

$$F(t) = \begin{cases} P(0 < T < t) \Lambda(t > 0) \\ 0 \Lambda(t < 0) \end{cases} \tag{6-23}$$

c. 故障概率密度函数。故障概率密度函数定义为，在某时刻的时间段内，单位时间的故障概率称为故障概率密度函数。

$$f(t) = \frac{\mathrm{d}F(t)}{\mathrm{d}t} \tag{6-24}$$

d. 故障率函数（或称失效率函数）。故障率函数定义为，系统工作到 t 时刻正常的条件下，它在 $(t, t+\Delta t)$ 时间间隔内故障的概率。

$$\lambda(t) = \frac{f(t)}{R(t)} \tag{6-25}$$

可靠性评估分析在风力机的整个开发设计研制过程中，必须不断对其可靠性进行定性和定量的评估分析。可靠性评估分析技术有故障模式、影响与危害度分析（FMECA）、故障树分析（FTA）和失效分析等。

③ 故障树分析　故障树分析简称 FTA，它是以故障树的形式进行分析的一种方法。它用于确定哪些组成部分的故障模式或外界事件或它们的组合，可能导致系统的一种给定的故障模式。FTA 从系统的故障出发，分析出系统和零件的故障，是自上而下的设计分析方法。

故障树分析一般按如下步骤进行：a. 熟悉分析对象，确定分析范围和要求；b. 选择顶事件，建造故障树；c. 建立故障树的数学模型；d. 故障树的定性分析；e. 故障树的定量分析。

故障树的定量分析包括求顶事件发生的概率，底事件的概率重要度、相对概率重要度和结构重要度，从而对系统的可靠性作出评估。对系统的可靠性作出评估分析方法可以分为以下两种。

a. 直接概念法。如已知底事件的发生概率，可自下而上地根据概率运算定理计算出各个门事件的概率，直到求出顶事件的发生概率。本法不仅要求所有底事件相互独立，而且同一底事件在故障树中只能出现一次。

b. 不交布尔代数法。先求出所有最小割集，然后将顶事件表示为各底事件积之和的最简布尔表达式，并将其化为互不相交的布尔和，再求得顶事件发生的概率。本法不要求底事件在故障树中只出现一次。

系统可靠性评估模型主要在于建立风力机全系统故障树。结合各关键部件的正确失效模式分析计算系统的失效概率，以完成对全系统可靠性评估和可靠性优化工作。

风力机可靠性研究属于学科交叉研究，包括风力机气动分析，结构稳定性分析，控制系统响应，材料的腐蚀、磨损，系统可靠性设计和优化设计理论。

6.5.2　风力机抗台风设计

(1) 沿海热带气旋的主要特性

① 概述　热带气旋是热带海洋大气中一种急速旋转的涡旋。它带来的风、雨、潮破坏力极大，并发生洪涝、风灾，是危害最大的一种气象灾害。根据气象标准，热带气旋划分为的等级见表6-2。

表6-2　热带气旋划分等级

中心附近最大风力	热带气旋名称
6～7级（风速＜17.2m/s）	热带低压
8～9级（风速17.2～24.4m/s）	热带风暴
10～11级（风速24.5～32.6m/s）	强热带风暴
≥12级（风速≥32.7m/s）	台风

根据习惯，中心风力大于等于8级的热带风暴、强热带风暴和台风三种统称为台风。台风的基本特征为有以下几个。

a. 时间特征。影响台风的年际变化较大，最多的年份1年有6个台风，平均每年遭受1.4次台风灾害。影响台风的大风在内陆的持续时间一般在1天左右，有的只有几个小时；雨的持续时间相对较长，一般在3天左右。台风中心影响时间更长，一般在5天左右。

b. 空间特征。台风的移动路径直接关系着台风地区灾害的严重程度。可分为台风中心直接登陆，这是危害最大的台风；在沿海登陆，转向东北，最后出海消亡等。

c. 台风强度。台风的强度可从台风近中心的最大风力或中心气压来判断。风力愈大或其近中心气压愈低，则台风愈强。近中心风力可达为8～9级，属热带风暴；风力也可在10～11级，属强热带风暴；风力大于等于12级，属台风。

② 热带气旋影响下的风速　热带气旋所带来的狂风及其掀起的巨浪对海上和沿海的各种生产设施、建筑物及海上船只有极严重的破坏作用。

(2) 极大风速的确定　热带气旋影响下的风速变化是没有规律的，也不可能用常规的方法给予定义。风速的波动量只能用统计特性进行描述。

① 风速的波动及突风分析　风速振动量 $u(t)$ 被定义为，瞬时风速 $U(t)$ 与准稳态平均风速 U 的偏差。用下式表示：

$$u(t)=U(t)-U \tag{6-26}$$

风速的变化率，由偏差 σ_u^2 描述：

$$\sigma_u^2=u^2=\frac{1}{T}\int_{t_0-T/2}^{t_0+T/2}[U(t)-\overline{U}]^2\mathrm{d}t \tag{6-27}$$

风速的阵风度由风速振动密度计算，它定义为：

$$I_u=\frac{\sigma_u}{\overline{U}} \tag{6-28}$$

平均最大突风 $\hat{U}$ 取决于平均风速 $\overline{U}_0$，根据风速资料的分析及理论研究，由下式计算：

$$\hat{U}(Z)=\overline{U}(Z)+gI_u(Z) \tag{6-29}$$

式中，g 取决于测量用风速仪与突风时距，它与表面粗糙度 z_0 和高度无关。

$$\frac{\hat{U}(Z)}{\overline{U}(Z)}=\gamma(Z)=1+gI_u(Z) \tag{6-30}$$

式中，γ 是突风比；$\overline{U}(Z)$ 为一小时平均风速。

对于突风时距为 3s，$g=3.7$，则

$$\gamma_3(Z)=1+3.7I_u(Z) \tag{6-31}$$

$$\hat{U}_3(Z)=1.6\times\frac{\overline{U}(Z)}{1.06}=1.5\overline{U}(Z) \tag{6-32}$$

这就是说，突风时距为 3s 的突风风速是时距为一小时的平均风速的 1.5 倍。

② 极值风速　热带气旋影响下的极大风速不是经常出现的，间隔一定的时期才会出现。这个间隔期称为重现期 T。重现期在概率意义上体现了结构的安全度。

$$P(>)\hat{U}=1-P(\leqslant\hat{U})=1/T \tag{6-33}$$

式中，$P(\leqslant\hat{U})$ 称为小于极值 $\hat{U}$ 的保证率。

如重现期 $T=50$ 年，则 50 年内不出现 $\hat{U}$ 的保证率 $P(\leqslant\hat{U})$ 为

$$P(\leqslant\hat{U})=1-1/T=0.98 \tag{6-34}$$

对高斯曲线，皮尔逊Ⅲ型曲线和极值分布曲线进行了详细的分析，认为极值风速的概率分布比较符合极值Ⅰ型曲线。

极值Ⅰ型分布（Gumbel 分布）表达式为

$$F_I(x)=\exp\{-\exp[-a(x-\mu)]\} \tag{6-35}$$

其中，a 与 μ 可以由数学期望 E_x 和标准离差 σ 求出：

$$E_x=\int_{-\infty}^{\infty}xf(x)\mathrm{d}x=\int_{-\infty}^{\infty}x\mathrm{d}F_I(x)=\int_{-\infty}^{\infty}x\mathrm{d}\exp\{-\exp[-a(x-\mu)]\} \tag{6-36}$$

$$\begin{aligned}
E_x&=\int_{-\infty}^{\infty}\left(\frac{\tau}{a}+\mu\right)\mathrm{d}\exp[-\exp(-\tau)]\\
&=\int_{-\infty}^{\infty}\tau\mathrm{d}\exp[-\exp(-\tau)]+\mu\int_{-\infty}^{\infty}\mathrm{d}\exp[-\exp(-\tau)]\\
&=\frac{0.57722}{a}+\mu
\end{aligned} \tag{6-37}$$

$$\begin{aligned}
\sigma^2&=\int_{-\infty}^{\infty}(x-E_x)^2\mathrm{d}F_I(x)\\
&=\int_{-\infty}^{\infty}\left(x-\frac{0.57722}{a}-\mu\right)^2\mathrm{d}\exp[-\exp(-\tau)]\\
&=\frac{\pi^2}{6a^2}
\end{aligned} \tag{6-38}$$

由式(6-38)，$\sigma=\dfrac{1.28255}{a}$

代入式(6-37)并移项，$\mu=E_x-0.45005\sigma$

当 x 是离散随机变量时，

$$\mu=\overline{x}-0.45005\sigma \tag{6-39}$$

改写为

$$\sigma(x-\mu)=-\ln(-\ln p) \tag{6-40}$$

最后得

$$x=\overline{x}-\frac{\sqrt{6}}{\pi}[0.57722-\ln(-\ln p)]\sigma=\overline{x}+\varphi\sigma \tag{6-41}$$

由式(6-41)得

$$\varphi=-\frac{\sqrt{6}}{\pi}[0.57722+\ln(-\ln p)] \tag{6-42}$$

(3) 台风对风力发电机组的破坏　现代风力机的设计都必须考虑到抗大风的能力。一般按Ⅱ类风速区设计的风力机可抗 60m/s（时距为 3s）的大风，10min 平均风速为 45m/s。

台风对风力发电机组的另一个破坏是雷击，台风往往伴有雷暴。雷暴对风力机的破坏分为直接雷击和感应雷击。直接雷击一般采用安装避雷针的方法，减少雷击灾害。

感应雷击一般采用在电器电路上安装避雷器的方法减少雷击灾害，但两种方法都不能保证风力发电机组的绝对安全。

(4) 风力发电机组的抗台风设计

① 定桨距风力发电机组的抗台风设计　对于定桨距风力机，只要其抗大风的能力能满足当地 30 年一遇的极大风速的要求就可以了。因为定桨距风力机所有的结构件均是按最大风速来设计的。

② 变桨距风力机的抗台风设计　变桨距风力机所有的结构件除桨叶外均按最大风速设计，其桨叶的设计是考虑顺桨时能抗大风，而拍向不能承受大风的袭击，但其控制系统能够保证大风袭击时桨叶在任何时候都能顺桨。台风袭来时，却有可能破坏电网，使控制系统不能工作，造成桨叶拍向承受大风的袭击，风机破坏。

变桨距风力机的抗台风设计主要是在控制系统增加一套不间断电源，保证控制系统在电网故障时能正常工作。

第7章 大型风力机设计

风力机可按功率分为小型、中型、大型风力机。风力机功率与风速、风轮直径和风能利用系数相关,一般讲,功率愈大风轮直径愈大,但是并不是功率相同、风速相同,就一定有相同的风轮直径。考虑经济性,功率相同、风速相同的风电场,采用较大的风轮直径有更大的年发电量。风力机组的风轮直径或扫风面积比额定容量更能反映风力机组的特性。风力机组的风轮直径与额定容量的大致对应关系见表7-1。

表7-1 风力机风轮直径与额定容量的大致对应关系

项 目	风轮直径/m	扫风面积/m²	额定功率/kW
小型	0~8	0~50	0~10
	8~11	50~100	10~25
	11~16	100~200	30~60
中型	16~22	200~400	70~130
	22~32	400~800	150~330
	32~45	800~1600	300~750
大型	45~64	1600~3200	600~1500
	64~90	3200~6400	1500~3100
	90~128	6400~12800	3100~6400

本章专门介绍大型风力机设计。

7.1 250~1200kW 风力机系列

7.1.1 S系列风力机技术参数

S系列风力机技术参数见表7-2。

表 7-2　S 系列风力机技术参数

型　　号	S43-600	S48-750	S62-1200
额定功率/kW	600	750	1200
叶轮直径/m	43.2	48.4	62
扫风面积 A/m²	1466	1840	3019
额定风速 V_W/(m/s)	14	15	12
风能利用系数 C_P	0.247	0.200	0.380
叶片数	3	3	3
转速范围/(r/min)	17.8~26.8	22.3	11~20
额定转速/(r/min)	22.3	22.3	15.4
速比 λ	3.60	3.77	4.17
叶片材料	玻纤增强树脂		
传动方式	一级行星 二级固定	一级行星 一级固定	
传动比 i	56.6	68.2	67.9
电机	双绕组异步	交流永磁同步	交流永磁同步
电机转速①/(r/min)	1013~1519	1520	747~1358
叶片重/t	1.96	3.1	4.6
叶轮重/t	13	13.8	30.5
电机重/t	4.5	4.4	42
机舱重/t	22	22	10.5
塔架重/t	47	52.4	97.3
设计寿命/a	20	20	20

①电机转速＝转速范围×传动比 i。

7.1.2　NA 系列风力机技术参数

NA 系列风力机技术参数见表 7-3。

表 7-3　NA 系列风力机技术参数

型　　号	NA-1	NA-2
额定功率/kW	250	750
叶轮直径/m	25	48.4
额定风速 V_W/(m/s)	14	14
速比 λ	3.93	3.39
风能利用系数 C_P	0.307	0.246
叶片数	3	3

型　　号	NA-1	NA-2
转速范围/(r/min)	42	15/22.5
额定转速/(r/min)	42	18.75
叶片材料	（玻钢复合材料）	
传动方式	圆柱	
传动比 i	23.6	67.4
电机转速/(r/min)	1000	1000～1500
塔架形式	圆筒钢结构	圆筒钢结构
塔架高/m	30	50

7.2　1000kW 级风力机设计

7.2.1　FD60A 型风力机设计

FD60A 型风力发电机组采用水平轴、三叶片、变桨距调节、主轴增速齿轮箱三点支撑结构和双馈异步发电机系统。采用液压驱动变桨结构，实现三叶片同步变桨，变桨结构简单，整机成本低廉。制动系统采用叶片顺桨实现空气制动，降低风轮转速。同时配备有转子制动器，安全性高。

齿轮箱与主机架之间采用性能优越的减振装置连接，能有效降低传动链的各种冲击载荷，提高了系统的抗振性能，延长齿轮箱的使用寿命。

发电采用变速恒频系统。欠功率状态下（风力机低于额定风速运行状态）为转速控制，调整发电机转子转差率，使其尽量运行在最佳叶尖速比上，以输出最大功率。额定功率状态下（风力机高于额定风速运行状态）为功率控制，通过叶片的变桨距控制实现功率的恒定输出。

塔底与机舱之间采用光纤通信，提高了可靠性，便于实现远程控制。电气系统分别由不同的电源供电，抗干扰能力强。

机组机舱设计采用人性化设计方案，工作空间大，方便运行人员检查维修。同时还设计了电动提升装置，方便工具及备件的提升。

变频器采用转子电路部分功率变频技术，采用四极带滑环的双馈异步发电机，采用水冷技术，冷却效率高，体积小、重量轻，防护等级高，性能好、成本低。

机组自动偏航系统能够根据风向标所提供的信号自动确定风力发电机组的方向。当风向发生偏转时，控制系统根据风向标信号通过减速的驱动马达使机舱自动对准风向。偏航系统在工作时带有阻尼控制，通过优化的偏航速度使机组偏航旋转更加平稳。

7.2.1.1　机组技术数据

(1) 机组技术数据 (表 7-4)

表 7-4　机组技术数据

运行数据	切入风速/(m/s)	3.5
	额定风速/(m/s)	11.3
	额定转速/(r/min)	21.5
	额定功率/kW	1000(有功功率)
	速度范围/(r/min)	1000～1800(+11%)
	切出风速/(m/s)	25.0
	等级类型	IEC IIA
	系统寿命/a	20
温度范围	生存环境温度/℃	-30～50
	运行环境温度/℃	-20～40
风轮	叶片数量	3
	风轮轴向	水平轴
	与塔架位置关系	上风向
	风轮直径/m	60.26
	扫风面积/m²	2852
	轮毂高度/m	60.4
	转速范围/(r/min)	12～21.5(+11%)
	额定转速/(r/min)	21.5
	转动方向(顺风观察)	顺时针
	功率控制方法	变桨变速
	风轮轴倾角/(°)	5
	叶片长度/m	29.1
	锥角/(°)	0
	叶片材料	玻璃钢(GRP)
变桨系统	原理	液压驱动,三叶片同步变桨
	功率控制方式	风轮转速控制和变桨控制
	最大变桨速度/[(°)/s]	9.5
	叶片轴承类型	双列球轴承
齿轮箱	额定传动力矩/kN·m	492
	齿轮类型	1级行星齿,2级平行齿轮
	传动比	83.72
	额定功率/kW	1100
制动系统	叶片制动	叶片顺桨
	机械制动	碟式刹车

电气系统	发电机类型	双馈、带有滑环的四极异步发电机
	额定功率/kW	1000（有功功率）
	额定电压	三相 690 VAC/50Hz
	速度范围	1000 ～ 1800（＋11%）r/min
	保护等级	IP54
	变流器类型	脉冲宽带调节 IGBT 变频器
偏航系统	驱动	2 套电动齿轮驱动
	偏航角速度/(°)/s	0.49
	轴承	带有齿圈的 4 点接触滚珠轴承
	驱动单元数目/套	2
	制动	6 套偏转制动器
控制系统	类型	单片机
	信号传输	光纤
	远程控制	PC 机-图形界面
塔架	顶部法兰直径/m	ϕ2.577
	底部法兰直径/m	ϕ3.875
	结构类型	锥形整体钢筒结构
	塔架高度/m	57.19
	防护措施	油漆保护
机舱罩	结构类型	封闭式
	材料	玻璃纤维
轮毂	轮毂类型	刚性、铸造
	轮毂材料	球墨铸铁
机架	主机架类型	焊接结构
	主机架材料	结构钢
重量/t	风轮叶片(每片)	约 3.8
	轮毂全封闭系统	约 13
	机舱(不包括风轮)	约 40
	塔架	约 76.7

（2）FD60A 型风力机功率曲线（图 7-1）

（3）FD60A 型风力机特性分析

①已知设计风速 根据风场，计算给出设计风速 V_{w0}＝6.7m/s（相当年平均风速）。

②核算单位面积功率

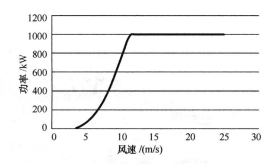

图 7-1　FD60A 型风力机功率曲线

$$\overline{P^*} = \frac{1000000}{2852} = 350.6(\mathrm{W/m^2})(属二类风区)$$

③核算设计工况叶尖速比 λ

$$\lambda = \frac{\pi D n}{60 V_{W0}} = \frac{\pi \times 60.26 \times 21.5}{60 \times 6.7} = 10.1$$

④根据叶尖速比曲线，查设计工况风能利用系数 $C_P = 0.44$。

⑤核算设计工况功率

$$P = \frac{1}{2}\rho A V_{W0}^3 C_P = \frac{1}{2} \times 1.21 \times 2852 \times 6.7^3 \times 0.44 = 229(\mathrm{kW})$$

⑥核算额定工况风能利用系数

$$C_P = \frac{2P^*}{\rho A V_W^3} = \frac{2 \times 1000000}{1.21 \times 2852 \times 11.3^3} = 0.401$$

⑦核算额定工况叶尖速比

$$\lambda = \frac{\pi D n}{60 V_W} = \frac{\pi \times 60.26 \times 21.5}{60 \times 11.3} = 6$$

7.2.1.2　机组零部件结构

FD60A 型风力发电机组主要部件包括叶片、轮毂、变浆系统、传动系统（主轴、齿轮箱、刹车器、联轴器）、发电机、控制系统、偏航系统、机架、塔架、测风系统等。如图 7-2 所示。

风轮用于将空气的动能转化为风轮转动的机械能。FD60A 型风电机组风轮直径为 60.26m，重量约 24.4t，由叶片、导流罩、轮毂、一套液压变浆系统组成。风轮基本结构参数如图 7-3 所示。

FD60A 型风电机组采用三叶片、上风向的布置形式，采用液压变浆装置，每一个叶片上有一个变浆轴承，变浆轴承连接叶片和铸铁结构的轮毂。叶片桨距角可根据风速和功率输出情况自动调节。风力机维护时，风轮可通过锁定销进行锁定。风轮通过圆锥滚子轴承同空心主轴连接，空心主轴固定在机舱底座上。

(1) 设计特点

①机组功率调节采用变桨距控制。在额定功率点后，风力机输出功率保持恒定。在风力机运行过程中，变桨距控制能有效降低机组载荷。

②变桨范围为 0°～90°。变桨速度在 2°～9.5°/s 内，根据不同的工况，可自动控制变桨速度。顺桨速度可达 9.5°/s。风轮转速可在 12～21.5r/min 的范围内进行变速运行。

(2) 轮毂特点　轮毂采用球墨铸铁铸造而成，经磁粉探伤和超声波探伤，具备完整的涂

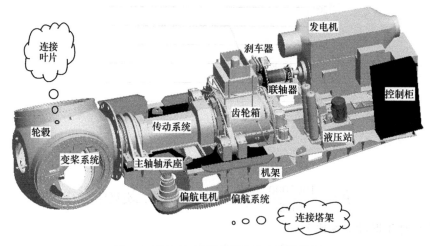

图 7-2　FD60A 型风力机机舱内部结构图

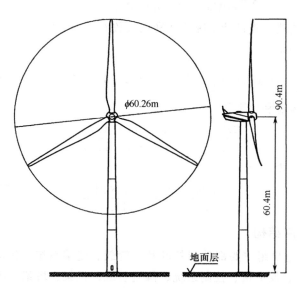

图 7-3　FD60A 型风力机外形图

覆层。整个轮毂受力部分用高强度紧固件连接，有效保证轮毂在极端恶劣工况下的安全性。液压变桨执行机构位于球形轮毂空腔内。轮毂内有充足的空间，检修人员可方便进入进行检修维护。

（3）叶片特点　叶片的型线采用最新空气动力学翼型优化得到，并按高精度要求制造，因此可以实现最大风能捕获。三只叶片通过变桨轴承采用高强度螺栓连接在轮毂法兰上。

①叶片材料采用玻璃纤维增强环氧树脂复合材料，密度小、比强度高。密度为 1.6～2.0 g/cm³，相对密度比铝轻，机械强度比高级合金钢高。具有良好的耐腐蚀性，在酸、碱、有机溶剂及海水等介质中性能稳定。具有良好的电绝缘性，不受电磁作用的影响，不反射无线电波。具有保温、隔热、隔声、减振等特点。

叶片外表面采用工业级聚氨酯涂层，适用工作温度范围宽。主体颜色为灰白色。聚氨酯涂层具有导热率低、不易吸水、强度大、耐腐蚀、不开裂、防水、抗冲击、抗老化等性能。能够防御风沙、盐雾、紫外线和其他气候条件。在叶片的寿命期内，可以有效地防止壳体受到湿气和紫外线的腐蚀。涂层的延伸率明显高于叶片复合材料的延伸率。前缘以及壳体对半接缝的两边采用添加聚氨酯层的凝胶体层，可确保永久防腐。

②叶片内部的支撑结构部件，如钢骨架等，全部采用有效涂覆层，可确保其不被腐蚀。每一个叶片与轮毂之间的接口尺寸完全一样，可确保叶片完全互换，不会影响风轮的运行。叶片还配备有防雨罩，可防止雨水进入轮毂。叶尖处设有配重室，以保证整个风轮的质量平衡。

③叶尖装有雷电接闪器，在叶根法兰位置设置了雷电记录装置，可以自动记载叶片的雷击电流。

(4) 传动系统

①结构描述　传动系统实现将风轮捕获的转动机械能传递给发电机。部件包括主轴、增速齿轮箱、转子制动器、联轴器等。见图 7-4。

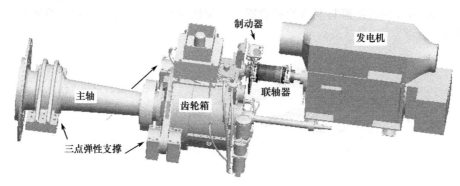

图 7-4　FD60A 型风力机传动系统

② 传动系统特点

a. 采用三点弹性支撑，安装于机架上，能很好地平衡系统的振动冲击，保证结构的稳定性。

b. 主轴轴承采用双列调心滚柱轴承，作为固定支点直接安装在机架上。浮动轴承安装在齿轮箱内，齿轮箱通过一个锥套与主轴相连接。齿轮箱上的轴承载荷通过齿轮箱的弹性支撑转移到机架上。

c. 主轴轴承由专用轴承座支撑，专用轴承座与风轮锁定装置整合为一体。机组在进行调试、维护、检修时，用锁紧螺栓将整个传动系统固定锁死，工作人员可以很安全地在舱内和轮毂内工作。轴承座采用球墨铸铁材料，它具有很好的抗震性。润滑轴承的油脂通过迷宫式和 V 形环二重密封，保证油脂不会向外泄漏，使机舱清洁而不受污染。

d. 带有法兰的风力机主轴采用锻件。轴的端部直接插入齿轮箱的行星齿轮架上，并通过收缩套安全可靠地与齿轮箱连接在一起。

e. 齿轮箱带有一级行星齿轮和两级正齿轮。齿轮箱齿的啮合具有高效率和低噪声的特点。弹性支撑与齿轮箱悬置设备中，扭矩支承元件整合在一起，直接与机架连接。齿轮箱上的弹性支撑装置不仅运用了弹性支承，同时也非常有效地隔离了声音和振动从齿轮箱到机架的传递。弹性支撑的轴衬使用高质量材料，以便延长其使用寿命。

f. 在齿轮箱和发电机之间的联轴器上安装了一个刹车装置，如果遇到紧急停机情况，该制动装置有大的补偿能力。此联轴器可补偿齿轮箱和发电机之间的位移差，该位移差是齿轮箱的弹性悬置产生的。此外，在联轴器上还装有一个安全离合器，用于防止在可能发生的发电机短路情况下阻止瞬时力矩传递到齿轮箱，以保护齿轮箱不受损坏。

g. 机械盘片式制动器可以起到附加安全系统的作用。它在任一个安全系统（叶片变桨机构）发生故障的情况下启动。此盘片制动器也设有自动防故障装置，它通过弹簧弹力解除，并通过液压启动。

h. 所有的传动系统零部件都来自国内外知名的、长期从事该行业的供应商，有完全符合图纸设计要求的腐蚀保护。所有主要零部件在发货出厂前都要在厂内经过全面的性能测试。

（5）机架和机舱罩 整个风力机的重量通过齿轮箱作用在机架上，机架将叶轮和发电机的静态和动态载荷传递到塔架，机舱罩内还安置有控制柜、提升机、偏航系统等，外部还有测风系统。

根据性质不同，机舱可分为三个部分：a. 传递载荷的铸件部分；b. 供维护人员使用的工作平台；c. 由玻璃纤维原料制造的机舱罩。机架结构特点如图 7-5 所示，机舱外形特点如图 7-6 所示。

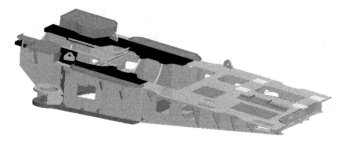

图 7-5　FD60A 型风力机机架

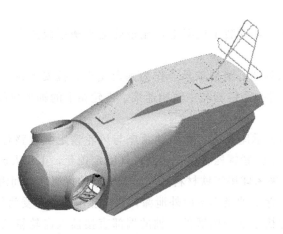

图 7-6　FD60A 型风力机机舱外形图

传动系统三点支撑轴承结构（一个主轴轴承和两个齿轮箱上的弹性支撑轴承）使机舱底架结构十分紧凑和轻巧。机舱底架采用钢制的焊接组装件，具有极高的刚度。刚性机舱底架具有很高的阻尼，能有效地隔离齿轮箱中噪声的传播。

机舱罩具有紧凑的外部尺寸，精巧而赏心悦目的外观设计。机舱内的冷却和通风设备尺寸较大，它们都隐蔽地整合在机舱内。设计时在机舱内考虑了足够大的活动空间，轮毂中的变桨距装置能直接从机舱进入以方便维修。整个机舱罩都采用隔音设计，以达到吸声的目的。

（6）偏航系统

① 偏航系统结构描述　FD60A 型风力机偏航系统为主动式偏航系统，能自动对风，使风轮的扫风面与风向垂直，以最大限度地捕获风能。偏航系统由外齿圈、滑动摩擦片、偏航电机和小齿轮等部件组成，结构如图 7-7 所示。

机舱后部有两个互相独立的传感器，风速计和风向标。风向标的信号反映出风力机与主风向之间有偏离，当风向持续发生变化时，控制器根据风向标传递的信号控制两个偏航驱动装置，转动机舱对准主风向。偏离主风向的误差在 ±4° 内。

偏航过程如下：

a. 平均风速小于 6m/s 且偏航角大于 16° 时，等待 120s，开始偏航；

b. 平均风速在 6～7m/s 时，为风力机共振区间，不予偏航；

c. 平均风速大于 7m/s 且偏航角大于 10° 时，等待 60s，开始偏航；

图 7-7　FD60A 型风力机偏航系统

d. 当偏航角度在 30° 以上时，立即偏航。

②偏航系统特点　FD60A 型风力机偏航系统有以下特点。

a. FD60A 型风力机配有一个风向标，它们通过相互核对，保证信号的真实性，并能准确判定瞬时风向。风轮对风的方向校准非常重要，它能保证最大的能量产出，并同时避免由于斜向入流引起的附加负载。

b. 机舱底架通过带外齿轮的 4 点接触轴承连接到塔架上。机舱的偏航系统通过两个电动机带动减速齿轮完成。在偏航电动机间，采用 6 个偏航制动器。

c. 偏航制动装置通过液压装置提供必要的制动力。为了在各种情况下保证机组的安全运行，液压系统配有蓄能器。这些蓄能器能保证在万一出现电力供应故障下有必要的制动力。

d. 偏航轴承采用"零游隙" 4 点接触球轴承，以增加整机的运转平稳性，增强抗冲击载荷能力。

e. 偏航工作时，6 个偏航刹车闸都加有部分刹车载荷，使得偏航过程中始终存在阻尼，保证偏航时机舱平稳转动。

f. 偏航刹车为液压驱动式，静止时偏航刹车闸将机舱牢固锁定。偏航时，刹车仍然保持一定的余压，使偏航运动更加平稳，避免可能发生的振动现象。

g. 位于偏航电机驱动轴上的电磁刹车有失效保护功能。出现外部故障（如断电）时，电磁制动系统仍能使机组的偏航系统处于可靠的锁定状态。

h. 偏航齿采用硬齿面技术，其中外齿圈齿面采用特殊工艺，提高齿面硬度值，可避免长期运行产生磨损。

i. FD60A 型风力机偏航系统设计有人工和自动两种操作模式。在偏航过程中，风力机还设置有自动解缆程序，从而保证电缆不会因为过多的缠绕而被破坏。

自动解缆条件包括：a）风速小于 3m/s、扭缆角度大于 720° 时，自动解缆；b）扭缆角度大于 1080° 时，自动解缆；c）当扭缆角度大于 1330°（可自定）时，触发安全链，风力机停机。

j. 优化设计偏航控制系统。对偏航的路径选择进行智能判断，机组在风速较小的状态下自行解缆。避免了高风速段偏航解缆造成发电量损失。

(7) 变桨系统

① 变桨系统描述　图 7-8 所示是 FD60A 型变速恒频机变桨系统实现恒频的执行机构。通过对叶片桨矩角的调节实现功率的恒定和转速的恒定。

变桨系统机械部件主要包括变桨液压站、推动杆、变桨连杆、变桨驱动盘、轴承内圈等。

图 7-8　FD60A 型风力机变桨执行机构

② 变桨系统特点　FD60A 型风力发电机组采用液压驱动三叶片同步变桨的形式。该系统有以下特点。

a. 叶片通过单列 4 点接触球轴承连接到轮毂上。然后通过与轴承相连的叶根法兰、变桨同步机构及变桨推动杆与变桨液压缸相连。当液压缸动作时，推动杆带动同步机构，使 3 只叶片同时产生变桨动作。

b. 风速低于额定风速时，风轮在恒定的叶片桨距角和变转速下运行，使其在最佳的空气动力学范围内连续工作，并达到最大的风力机效率。

c. 风速高于额定风速时，变桨距控制系统工作，以保持风轮在恒定的功率输出下工作。这种先进的控制理念使风力机上的载荷大大降低。

d. 为保证液压泵发生故障的情况下仍能保持叶片变桨，备有大容量蓄能器。

e. 除控制功率输出以外，变桨装置也是机组安全系统最主要的执行机构。在正常刹车操作程序时，每只叶片以 12°/s 的旋转速度在几秒内进入顺风位置，保证机组安全停车。

(8) 塔架　塔架采用锥形钢圆筒结构形式，轮毂高度为 60.4m，由三段组成。塔架底部外径为 3.875m，顶部外径为 2.577m。塔架与基础、塔架段与段之间及塔架与机舱的连接采用高强度螺栓。塔架的底部配有一扇门，能使外部空气进入塔架内，同时具有防沙、防雨、防蚊虫、防盗的功能。塔架内部设置 4 个平台，各平台都有照明装置和应急照明装置。

控制系统和变频器的控制系统以及主电源装置等，安装在塔架底部的独立平台上，安装在门的入口位置。这样可以在不需要任何攀爬的情况下就能对重要的设备功能进行控制。发电机的电能通过最佳屏蔽的导电轨传送到塔架底部。塔架内装有光纤，以便所有控制信号能从主控计算机传送到塔架顶部。

塔架通过多层喷涂来达到最佳的防腐蚀效果，所有金属板和焊缝，都采用超声波或 X 射线进行探伤检验。

(9) 运行及安全系统　FD60A 型风力发电机组是全天候自动运行设备，整个运行过程都处于严密自动控制之中。其安全保护系统分三层结构：计算机系统、独立于计算机的安全链、器件本身的保护措施。在机组发生超常振动、过速、电网异常、出现极限风速等故障时保护机组。对于电流、功率保护，采用两套相互独立的保护机构，诸如电网电压过高，风速过大等，不正常状态出现后，电控系统会在系统恢复正常后自动复位，机组重新启动。

运行过程如下：

① 风速持续 10min（可设置）超过 3.5m/s 时，风力机将自动启动，高速轴转速大于 1160rpm/min 时并入电网；

② 随着风速的增加，发电机的出力增加，当风速大于 11.3m/s 时，达到额定出力，超出额定风速，机组进行恒功率控制；

③ 风速高于 25m/s 持续 10min 时，将实现正常停机（变桨系统控制叶片进行顺桨），转速低于 1080r/min 时，风力发电机组脱网；

④ 风速高于 30m/s 并持续 3s 时，实现正常停机；

⑤ 风速高于 35m/s 时，实现正常停机；

⑥ 遇到一般故障时，实现正常停机；

⑦ 遇到特定故障时，实现紧急停机（变流器脱网，叶片以 9.5°/s 的速度顺桨）。

7.2.1.3　电气系统

电气系统是用于获得最佳能量产出和一流电能质量的关键机构。双馈绕线式异步发电机使风力机能在变化的转速下工作，而不需要通过大功率变频器转送功率。双馈异步发电机＋变频器系统是目前世界上兆瓦级风力机使用最多的模式。主要特点为：双馈异步发电机可靠性高，结构紧凑，体积小，重量轻（较永磁式同步发电机）。变频器功率小，只需要风力机功率的 1/5 左右。风力机具有低的风力特性（低启动风速、高效率），低噪声传播。特别是在低风速时，向电网供电的特性都有明显改善。

变速发电机在偏载条件下提供了相当平滑的电能，在额定功率条件下提供了几乎完全平滑的电能。这使得风力机运转时的噪声明显减小，并大大降低了该结构上的动力载荷。阵风通过风轮的加速得到缓冲，因此风力机能够向电网输出平滑的电能。输入电网的电压和频率保持绝对的恒定。此外，变频器控制系统适用于所有的电网条件，甚至能够支持较弱的电网。如果接入电网的选择受限，那么在业主选择风力机系统时，这将具有优势。在好的电网连接成本方面，本系统有显著优点。

(1) 发电机＋变频器系统　风力机使用变速发电机＋变频器系统。在变桨系统的共同作用下，通过变速运行，能够保证在电能产出、效率、机械压力和电能质量等方面达到最佳值。系统最大限度地避免了出现浪涌和峰值负荷，为发电机提供的运行控制装置允许在偏载时有平滑的能量输出，而功率波动最小。在额定负载范围内，风力机能够在几乎恒定的功率下运行。风力机产生无功功率的能力也允许按照用户和电网运营商的要求进行无功功率的目标管理。

变速发电机的工作原理是根据双馈绕线式发电机加上使用 IGBT 技术的变频器的理念。无论风轮转速如何，系统能保证按照与电网匹配的电压和频率持续发电。根据风速大小，风轮转速和功率能够自动进行调节。

在低于同步转速时，发电机定子向电网输送 100％ 的电能。此外，变频器通过发电机的滑环向转子提供转差功率。

在高于同步转速时，发电机通过定子将大约 83％ 的功率输送给电网，剩余的功率（大约 17％）由发电机转子通过变频器输送到电网。

与其他系统相比，该系统具备低损耗的优点，因而能保证较高的总效率。此外，由于使用的零件数少，设计紧凑，该系统还具有非常出色的可利用率。

该发电机采用完全封闭式包装，保护等级为 IP54，冷却方式为空气冷却。发电机产生的热量通过消声通道通过空-空热交换器传到外界环境中。

变频器使用最新的 IGBT 技术，并由微处理器控制的电力电子器件来控制，使用脉宽调制技术。由此获得接近无闪变的电能，可调节的无功功率管理低失真和最低谐波含量，提供一个新的高质量的"风电"。

较低的短路容量使可用的电网容量得到更好的利用，能够避免在某些情况下昂贵的电网容量放大。

变频器还配有并行、串行接口，供厂内和现场调试用。

发电机＋变频器系统如图 7-9 所示。

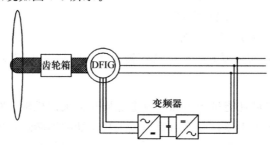

图 7-9　双馈绕线式风力发电机组

发电机＋变频器系统的特点是：

①控制系统复杂；

②风能利用率高；

③整机价格比直驱式发电机便宜 30％；

④兆瓦级机型，目前世界最流行的机型；

⑤发电机的定子直接与电网连接，转子经过变频器与电网连接；

⑥发电机为双馈异步发电机，转速范围大，可在同步转速的±30％内运行；

⑦变频器的功率为总功率的 20％～30％，变频器的功率损失小，价格便宜；

⑧该类机型已被 Repower、Dewind、GE、Nodex、Vestas 等公司广泛采用。

(2)低压条件下的技术数据

额定功率：　　　　　　　$P = 1000\ kW$（额定有功功率）

额定转速：　　　　　　　$n = 1800\ r/min$　　（发电机转速）

额定视在功率：　　　　　$A = 1020\ kV \cdot A$

功率因数：　　　　　　　0.98 电感(欠激励)到 0.98 电容(过激励)

　　　　　　　　　　　　$\cos\phi$ 给定值＝缺省值为 1

额定频率：　　　　　　　50 Hz （±1％）

额定电压：　　　　　　　690 V （±10％）在中(电)压系统中的升降压变压器，必须保证线电压不会降到永久低于额定电压

额定电流：　　　　　　　$I = 837A$（在额定电压下）

(3)变频器的技术数据

①理念　用于双馈异步发电机的变频器，带有直流环节。

②功能　通过机侧和网侧模块传输转子功率，控制/调节有功功率和无功功率。

③功率半导体器件　IGBTs。

④保护　IP 54，电感区域为 IP 21。

⑤冷却　强制空气冷却。

(4)发电机的技术数据

①理念　异步、双馈发电机，通过变频器将转子功率传输到电网当中。定子绕组与电网同步，这样可以直接进行软并网。

②额定功率　Ne＝约 1000 kW，在 n＝1800r/min 时。

③速度范围　n ＝ 1000～1800r/min（动态到 2000r/min）。

存在一个与各转速相关的，特殊情况下的最大功率值，通常因为设计原因不能超过此功率值。

④类型　四极、三相、异步、双馈发电机。

⑤样式　1001(B3)。

⑥大小　500。

⑦保护　IP 54。

⑧冷却　表面安装的空-空热交换器。

⑨传感器　用于监控轴承的温度 PT 100，用于监控线圈的温度 PT 100，电刷磨损警告。

以上参数可以用于海拔 1000m、环境温度 35℃。如果高于此值，必要时应当降容运行，以保护电气系统。

(5)雷电保护

①安全等级要求　根据国际标准 IEC 61024-1，对轮毂高度超过 60m 的风力机要求达到Ⅱ级安全等级。风力机组所实施的雷电保护方法是基于面向雷电保护区域的 EMC 原理。整个系统在安全分类确定后再分成各种防雷区。防雷区的任务是要把传导干扰和磁场干扰降低到规定限值内。要求对各个防雷区交界处应用较严格的保护区。

②外部雷电保护　每只叶片上安装一组接闪器，并通过叶片轴承的内齿圈连接到轮毂。雷电电流从轮毂传导至主轴锁紧盘，再通过碳刷和火花间隙传导至机架。通过另外的两个碳刷和火花间隙使雷电电流从机架传导至偏航轴承齿圈。塔筒连接法兰（机舱与塔筒连接法兰除外）间安装有柔性连接器，作为Ⅱ级防雷通道。塔筒的基础法兰通过三点与环状接地电极相连，这样能保证安全地将雷电流导入地下。按照Ⅱ级雷电保护等级的要求，主要的雷电电流通路上设计雷电电流峰值为 150 kA。

③内部雷电保护　系统中使用的闭式开关柜金属排与就地的等电位连接导体相连，和雷电保护装置中的等电位连接导体相连。特别是将有危险的电缆屏蔽，并与就地的等电位连接导体连接在一起。所有在雷电保护区域 LPZ0$_A$ 和 LPZ1 之间的过渡位置，来自外部的电缆也与雷电保护等电位连接导线相连。预计出现在该区域内的雷电电流通过避雷器泄掉。就地的等电位连接导体必须安装在各个附加的雷电保护区域界面上。所有的金属物体，比如开关配电箱、驱动电动机和发电机，都要与就地的等电位连接导体相连。根据各区域内潜在危险的大小来选择雷电保护元件。

过压保护包含在低压系统中。过压保护包括变压器中的基本保护措施和与之相匹配的变频器内的中间保护。由于变压器与变频器之间的电缆很短，塔筒系统中使用了特殊设计的基本保护。这样，中压系统电气设备和风力机电气系统都有了可靠的过压保护。

(6)接地　接地系统的作用是将雷电电流安全地引入地下，并提供等电位连接。接地系统应该在建造地基时进行安装。至少要从地基的接地极引出了 3 个接头，连到塔筒的基础法兰。这些接头分布在基础法兰的圆周，与法兰电气连接。在基础法兰和等电位连接片之间以低电阻连接。此外，将两个环状接地电极，三点连接到基础接地电极上。

设计和安装接地系统时，必须考虑风场当地的土壤电阻率。接地网用闭环导体制成。当异种金属接触时，应检查是否存在电化学腐蚀。如果接地系统的接地电阻超过要求，应通过增加额外的接地棒扩大接地系统范围，这些接地棒连接到环状接地体的终端。

通过环状接地电极可以大大降低跨步电压和接触电压。当发生雷电侵袭时有人接近塔架基础，可以避免遭雷击而触电的危险。接地体能够保证整个接地系统远处的接地电极工作可靠、低电阻。

风力机强电、弱电、防雷接地三电共地，接地电阻不大于 2Ω。

7.2.1.4 控制系统

(1)控制系统原理和功能　风力机的所有功能都是通过微处理器控制系统来进行控制的。该控制系统使用多处理器，以实时方式进行工作，它通过光纤连接到多个传感器上。这保证了在最高安全性下达到最大的信号传输速度，同时还能保护它不受杂散电压或雷击破坏。操作计算机确定风轮转速和叶片变桨距的设定值，并作为轮毂的变桨电气系统和机械系统的控制操作用。控制算法的运算根据"MPP（最大功率点）跟踪"原理，并在设备上不会强加不必要的动荷载。

风力机电网电压/频率/相位、风轮/发电机转速，温度、振动水平、油压、刹车片磨损以及电力电缆缠绕等，这些参数都被持续监控。对于关键的故障监测功能的检测，通过内置冗余实现。遇到紧急情况时，可以通过硬接线的安全链触发设备迅速停机，即使在没有操作控制器和外部电源的情况下，也能保证迅速停机。

所有的运行数据可以通过电话线用微机进行查询。系统可以在任何时候向操作者和维修小组提供关于设备状况的详尽信息。此系统也提供了不同等级的密码保护。通过适当的访问权限，允许对设备进行远程控制。

控制系统可以在机舱内和塔基平台就地操作，以及风场中央监控中心集中监控操作。

控制系统可以实现运行参数设置、风力机状态监测、故障记录查询、事件日志查询。风力机监控系统可以检测气象参数，如风速、风向；风力机桨叶参数，如桨叶位置、状态；增速齿轮箱状态参数；偏航系统状态参数；发电机状态参数；变频器状态参数以及电网（风力机接入处）的参数。该系统提供有中央监控的通讯接口以及远程监测通讯的能力。

(2)风场组网形式　风力机在风场按照图 7-10 的树状结构进行组网。

风力机之间采用 TCP/IP 协议进行数据传输。物理连接采用光纤通路。在风场中央监控中心可以实时监视风力机状态，按照电网调度的要求对风力机进行启动、停机操作。在中央监控中心还可以进行报表输出，如风场月发电量、风场年发电量、单台风力机发电量等报警记录输出，运行日志查询，跳机记录查询，可利用率统计，功率曲线输出，故障时间查询、运行时间查询等。风场中央监控中心可以将上述信息存放在数据库中，供浏览和查询。数据库容量至少可以保证 2 个检修周期的数据。

(3)风电场远程监视网络　除了风场中央监控外，风力机的控制系统还提供有远程监视的通讯接口，如图 7-11 所示。如果需要，可以借助于互联网络、ISDN、MODEM 等构建远程监视网络，以实现对风力机的远程状态监视。

控制系统具有多重安全保护功能。正常运行时，超速保护考虑了硬件和软件两大系统。硬件系统超速分别设置了两个超速保护以及机械过力矩保护；软件保护分别设定了二级保护。偏航系统中设置了三级电缆防缠绕保护；变桨系统分别设置了两级保护；塔筒设置了两

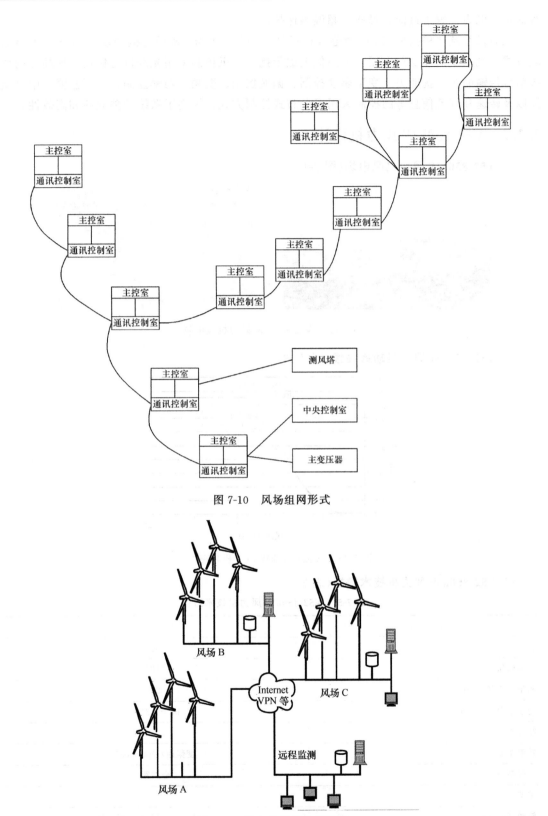

图 7-10　风场组网形式

图 7-11　风电场远程监视网络

级保护；电力设置了过流、过压、超温等保护。

风力机系统严格按照 EMC 规范进行设计，与发电机定/转子连接的动力传输采用导电轨方式。既减少谐波反射电压，又降低电磁干扰。通讯控制采用光纤进行传输，提高控制系统信号传输的抗干扰能力。变桨驱动控制、偏航控制、变频器功率控制、电网监测、中央监控以及转速和气象信息等的控制采用了分布式控制方式，提高了系统的独立性和高效性。

7.2.2　V52-850kW 风力机设计

(1) V52-850kW 风力机风电场（图 7-12）

图 7-12　V52-850kW 风力机风电场

(2) V52-850kW 风力机功率曲线（图 7-13）

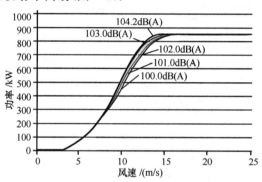

图 7-13　V52-850 kW 风力机功率曲线

(3) V52-850kW 风力机技术数据（表 7-5）

表 7-5　V52-850kW 风力机技术数据

转　　子	数　　值
直径/m	52
扫风面积/m²	2124
额定转速/(r/min)	26
转速范围/(r/min)	14.0～31.4
叶片数量	3
功率调节	变桨距/OptiSpeed
空气制动	全桨距
塔架	
轮毂高度/m	40，44，49，55，60，65，74
运行数据	

转　　子	数　　值
切入风速/(m/s)	4
额定风速/(m/s)	16
切出风速/(m/s)	25
发电机	
类型	OptiSpeed®异步发电机
额定输出/kW	850
运行数据	50 Hz/60 Hz,690 V
齿轮箱	
类型	1行星步/2步平行轴齿轮
控制	
类型	微处理器监控所有风机功能桨距调节
重量	
机型	IEC IA
轮毂高度/m	40
塔身重量/t	39
机舱重量/t	22
转子重量/t	10
总重量/t	71

7.2.3　1200kW 级风力机设计

(1) 设计技术数据　1200kW 风力机的转子直径为 62m，设计转速为 15.5r/min，设计功率为 1200kW。典型设计数据见表 7-6。

表 7-6　1200kW 风力机典型设计数据

风　力　机		1200kW 风力机	风　力　机		1200kW 风力机
转子	直径/m	62	叶片	扫风面积/m²	3019
	设计风速/(m/s)	12		转向(从上风看)	顺时针
	最大抗风速/(m/s)	59.5	发电机	类型	交流永磁同步发电机
	设计寿命/a	20		额定功率/kW	1200
	可用率/%	95		电压/V	620
叶片	制造商	LM29.1P		周波/Hz	50
	材料	玻璃纤维增强树脂		转速/(r/min)	
	数目	3		功率因素	0.98
	转速范围/(r/min)	11～20		绝缘等级	F
	设计转速/(r/min)	15.5		润滑方式	自动加注润滑脂
	叶尖速度/(m/s)	35.7～64.9		润滑脂型号	SKF

（2）1200kW 风轮机特性 1200kW 风力机叶尖速比图见图 7-14。

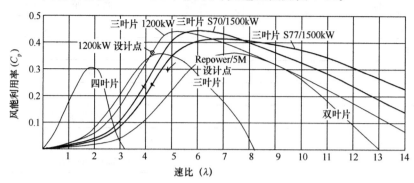

图 7-14　1200kW 风力机叶尖速比图

（3）1200kW 风力机特性分析

① 已知设计风速　根据风场，计算给出设计风速 $V_{W0}=7.06\mathrm{m/s}$（相当年平均风速）。

② 核算单位面积功率

$$\overline{P^*}=\frac{1200000}{3019}=397.5(\mathrm{W/m^2})（属二类风区）$$

③ 核算设计工况叶尖速比 λ

$$\lambda=\frac{\pi Dn}{60V_{W0}}=\frac{\pi\times62\times15.5}{60\times7.06}=7.1$$

④ 根据叶尖速比曲线，查设计工况风能利用系数 $C_P=0.395$。

⑤ 核算设计工况功率

$$P=\frac{1}{2}\rho AV_{W0}^3C_P=\frac{1}{2}\times1.21\times3019\times7.06^3\times0.395=254(\mathrm{kW})$$

⑥ 核算额定工况风能利用系数

$$C_P=\frac{2P^*}{\rho AV_W^3}=\frac{2\times1200000}{1.21\times3019\times12^3}=0.38$$

⑦ 核算额定工况叶尖速比

$$\lambda=\frac{\pi Dn}{60V_W}=\frac{\pi\times62\times15.5}{60\times12}=4.2$$

与图 7-14 相符。

7.3　1500kW 级风力机设计

7.3.1　FD70A／FD77A 风力机设计

7.3.1.1　风力机技术数据

FD70A/FD77A 两种型号的 1500kW 风力发电机组主要技术数据见表 7-7。

表 7-7　FD70A/FD77A 风力机技术数据

项　　目	FD70A	FD77A
基本设计参数		
额定风速/(m/s)	13.0	12.5
切入风速/(m/s)	3.5	3.5
切出风速/(m/s)	25.0	20.0
风轮		
直径/m	70	77
扫风面积/m²	3850	4657
叶片数	3	3
材料	玻璃纤维增强材料 GRP	
转速范围/(r/min)	10.6～19(+12%)	9.6～17.3(+12%)
风轮轴倾度/(°)	5	5
旋转方向	顺时针	顺时针
风轮位置	对风	对风
变桨距角系统	单个叶片电力驱动	
最大叶片安装角/(°)	91	90
传动装置	带备用蓄电池的同步直流电动机	
齿轮箱	一级行星＋两级圆柱螺旋齿轮	
额定功率/kW	1615	1615
速比	94.7	104
电气系统		
额定功率/kW	1500	1500
发电机类型	双馈滑环四极异步电机	
变频器类型	脉冲带宽调节 IGBT 式变频器	
保护等级	IP54	IP54
转速范围/(r/min)	1000～1800(±10%)	1000～1800(±10%)
电压/V	690	690
频率/Hz	50	50
塔架	圆锥钢筒式	
轮毂高度/m	65、80、85、90	61.5、80、85、90、100
顶部法兰直径/m	约 $\phi 3.0$	约 $\phi 3.0$
底部法兰直径/m	约 $\phi 4.0$	约 $\phi 4.0$
偏航系统	四套电驱动齿轮,10 套偏转制动器	
偏转速度/[(°)/s]	0.5	0.5
轴承	外齿式 4 点接触滚珠轴承	
控制器	微处理机	
信号传输	光纤	光纤
远程控制	PC 机/图形界面	PC 机/图形界面

续表

项目	FD70A	FD77A
重量		
风轮叶片(单片)/t	约 5.5	约 6.3
轮毂全封闭系统/t	约 15.5	约 15.5
机舱(不含风轮)/t	约 56	约 56
塔架/t	约 100/轮毂高 65m	约 175/轮毂高 85m

注：基座为钢筋混凝土基座。

7.3.1.2 FD70A 风力机设备

FD70A 风力机主要设备及各系统如下。

(1) 风轮轴承装置和风轮轴

①风轮轴承为摆动滚柱轴承，用润滑脂润滑，有定时自动加脂系统。

②风轮轴用优质钢锻件，有小的应力集中。

(2) 雷电保护装置

①避雷装置设计符合 IEC 的规定，有内外避雷保护装置。

②外部避雷保护是通过叶片接收器和气象架上的避雷针实现的。

③通过确定雷电传导路径来对轴承进行可靠的保护。

④由玻璃纤维增强塑料制成的联轴器可以切断发电机系统和齿轮箱之间的电流传导。

⑤过压防护放电器用于保护电气系统。

⑥有绝缘作用的轴承套用于保护发电机。

(3) 变桨距系统

①变桨距电气装置几乎无需保养。高质量的大型叶片轴承轴承圈经过持久润滑处理，安装在轮毂盖内的转向器不受气候影响。

②有两个独立测量系统的叶片角度探测装置提供了最高的可靠性。

③每块叶片都配有一套单独的操控和调节装置，可进行故障保护。

(4) 风轮轮毂

①径向结构紧凑，采用刚度和稳定性设计。

②从轮毂能方便安全地进入机舱。

(5) 环境

①有效防止润滑脂从轮毂或机器间往外泄漏的装置有：a. 毂盖内的密封式密封；b. 安装在设备支座上的油脂缸和油池；c. 机毂护体防渗凸缘；d. 位于系统啮合下方的油脂缸。

②叶片轴承的中央润滑装置采用密封设计。

③遮蔽所有外露电缆，使用导电轨以保护操作人员和机器。

(6) 齿轮箱

①行星齿轮和两级平行齿轮（螺旋式）或者选择多级行星齿轮和一级平行齿轮（螺旋式）。

②符合东方汽轮机厂齿轮箱设计规范，确保使用寿命和运转稳定性达到最高要求。

③优化工作效率。

④用弹性支架有效阻止机舱内噪声传播和振动。

⑤有高效的冷却油系统，确保齿轮低温。

⑥带旁路过滤器的两级滤油系统，保证润滑油质量。

(7) 制动刹车装置

①宽大的刹车盘，使风轮的制动稳定安全。

②有软刹车功能，使齿轮箱不易损坏。

(8) 发电机/变频装置

①转速灵活可变，利于高效风能利用。

②变频系统耗功小，约占总功率的20％，提高总风力机效率。

③全封闭式发电机，装有空气热交换器，即使外部温度升高，发电机内部仍然保持许可的温度水平。

(9) 方位系统

①采用外齿盘啮合，四支点轴承，由 4 台大型齿轮/电机装置驱动。

②有故障保护功能的制动刹车装置。通过液压蓄压器消除驱动装置在空转状态下受到的负荷，并发挥稳定机舱的作用。

③4 支点轴承极少摩擦，刹车装置通风降温，减少驱动装置的耗功。

(10) 导电轨

①可以避免设备内产生干扰辐射。

②发生短路或火灾时，有最佳的保护功能。

(11) 塔架

①刚性设计，塔架的固有频率高于风轮的转动频率。造型结构坚固，将塔架和设备受到的负荷降至最低。

②由于塔架频率高于风轮的转动频率，因此可以在整个转速范围内安全运行。

③采用 L 形法兰和性能优化的截面刚性，确保塔架有最高的安全性。

(12) 维修

①在机舱内留有足够的空间用于维修，满足人类环境学的要求。

②不离开机舱就能方便地进入轮毂，不受气候影响。

③所有零部件具有最佳的可互换性。

④所有的旋转构件都密封起来，以保证安全可靠的维修。

⑤在必要的情况下，可以对设备进行大范围的拆卸。

7.3.1.3　设计描述

(1) 设计总原则　FD70A 风力发电机组的设计原则是基于兆瓦级要求设计研制的，在设计过程中强调了创新性。设计者把重点放在优化设计结构，增加适用性方面。这些设计来源于生产实践经验和长期对不同型号风力机的大量测试数据的收集分析。

FD70A 型风力机建立了第二代兆瓦级发电厂的新标准。采用模块化结构，允许产品系列不断改进。在不同的现场和工作环境下可以选用不同的风轮直径、轮毂高度、电气系统、控制系统和操作方式，来满足不同用户的不同要求。

(2) 风轮设计　风轮在 10.6～19.0 r/min 的转速范围变速运转，它与变桨距控制系统相连，能够提供最佳的风能利用和最大的电能产出，同时优选匹配的电网要求和达到最低的噪声干扰。

叶片的外形符合最新的空气动力学研究成果制作高精度。风轮轮毂在风轮和传动系统间形成了方便的接合界面，风轮叶片直接用螺栓连接在风轮轮毂上。变桨距传动装置的法兰面和相应的控制装置也是一体化的。风轮轮毂是按照带有星形和球形相结合的铸造结构来生产的。这种风轮轮毂的配置实现了最佳装载路径，保证零部件重量轻以及外部尺寸紧凑。高等级球墨铸铁材料为 GGG 40.3，有优良的机械性能和延展性。

（3）控制和安全设计　当风机工作时，叶片桨距和风轮速度控制装置共同协调工作，以实现最大的风能利用。

低风速工况，风机在恒定的叶片桨距和可变的转速下工作，使其在最佳风轮空气动力学范围内工作，达到最佳的风能利用效率。风轮在低风速下的低转速，视感舒服并有最低限度的噪声。

在额定功率风速较高的工况，速度控制系统和变桨距控制系统将一起工作，以保持风轮在恒定的功率输出下工作。阵风开始使风轮加速，叶片变桨距的调节会重新使其减速。这种先进的控制理念使得风机上的负载大大降低的同时，风力机功率仍可提供给电网，不受阵风影响。

风轮叶片通过双低、4 点滚柱轴承连接到风轮轮毂上，各叶片能够进行独立调节。使叶片转动的传动系统是通过 4 点轴承上的内齿和一个带有小齿轮的低速运转行星齿轮来驱动的。直流电动机使用一个非常精确的响应同步控制器来实现与叶片的同步。

在变桨距电源或控制机组中电网损耗或发生故障的情况下，仍能保持叶片变桨距，各风轮叶片有其自身的备用蓄电池，该电池与叶片一起旋转。变桨距传动装置、电池充电器和控制系统固定在风轮轮毂上，以便被完全遮蔽保护起来。这种方式提供了对天气影响或雷电袭击最大程度的保护。

除了控制功率输出以外，变桨距机构还起到主要安全系统的作用。在正常制动操作时，叶片的前缘旋转进入风中，各叶片的变桨距机构独立工作。如果变桨距传动装置在两叶片上失灵，第三块叶片仍然能在数秒内将风轮从各种可能的不正常情况下恢复到安全转速条件。这提供了一个带有三重冗余度的安全系统。

当设备关闭时，风轮叶片移动进入 90°的导键连接位置。这使得设备上的载荷，尤其是塔架上的载荷，在遇到暴风雨的情况下能显著降低。

（4）传动系统设计　传动系统中荷载传递机构的几何构型采用了"倾斜圆锥"原理，并具有专利保护。它将风轮的载荷用最佳方式传递进入塔架，保证高效的荷载传递。传动系统被塔架主法兰正上方的三个支点支撑。风轮转轴的倾斜度和风轮的锥度共同使得在风轮中心和塔架轴之间出现合适的外伸段。

风轮上的载荷通过三点支撑装置从转子轴转移到机架。风轮侧的自动校准滚柱轴承作为固定支承直接安装在机架上。可移动轴承系统整合在齿轮箱内，该齿轮箱通过一个伸缩盘片与风轮轴相连接。齿轮箱上工作的轴承载荷反过来又通过簧片支撑扭矩轴承悬架转移到机架上。

风轮侧的自动校准滚柱轴承由一个特别的轴承箱来支撑，并与风轮锁定装置整合为一体，这样能使转子在维修过程中被螺栓固定得很牢固。轴承箱采用由球墨铸铁 GGG40.3 材料铸造结构。自动校准滚柱轴承需要采用油脂润滑，并且能有效地通过迷宫式密封和 V 形环来保护其不受外界因素影响。

风轮轴用 30CrNiMo8 不锈钢锻件。转子轴的端部直接插入齿轮箱的行星齿轮架上，并通过伸缩盘片安全可靠地与齿轮箱连接在一起。

三级齿轮箱带有一个行星齿轮级和两个正齿轮级。齿轮箱中齿轮传动效率高和噪声传播低。弹性衬套与齿轮箱悬置设备中的扭矩轴承元件整合在一起，并反过来通过机架的支撑件完成安装。齿轮箱上的弹性悬置装置，不仅运用了活动支承，同时也减小了从机架到齿轮箱的声音和振动耦合。特别要注意在弹性体轴衬中使用的材料的质量，以便延长其使用寿命。

在齿轮箱和发电机之间的连接器上有一个制动装置。遇到紧急停机情况，该制动装置有较大的热容量。此连接器还补偿了齿轮箱和发电机之间的位移，而该位移是由于齿轮箱的弹性悬置产生的。此外，在连接器上还装有一个安全离合器，用于在可能发生的发电机短路情况下阻止出现瞬时力矩转移来保护齿轮箱。

还设有机械盘片制动器，可以起到附加安全系统的作用。它只在其中一个主要的安全系统（叶片变桨距机构）发生故障的情况下启动，起到 3 个独立变桨距系统外的第四安全措施。此盘片制动器也设定成为自动防故障装置，它通过弹簧弹力启动，通过液压解除制动。

所有的传动系统零件都是从可靠的供应商采购，他们的产品以高质量和可靠性著称。零件有完全符合图纸设计要求的腐蚀保护，所有主要零件在发货前都要经过广泛的测试。

(5) 电力系统设计 电力系统是风力机的关键系统。用双线式馈送异步发电机使得风机可在变转速下工作，不需要大功率电子设备的转换器。好的风力特性（低启动风速、高效率），低噪声传播，特别是低风速特性以及电网供电特性都得到了明显改善。

变速发电机提供了在部分载荷条件下大的功率波动滤波以及在额定功率工作条件下完全滤波，使风力机运转噪声明显减小，并大大降低结构上的动力载荷。阵风使风轮加速得到缓冲，传送入电网的电压和频率保持绝对的恒定。

该发电机采用完全封闭式包装，并保护其不受大气效应的影响（保护等级为 IP 54）。废热通过吸声通道传到热交换器中。

变频器配备有最新的 IGBT 技术，并通过脉冲宽度调制电子微处理器控制。

(6) 机架和机舱罩设计 "倾斜圆锥"结构内的传动系统用三点轴承支撑（前风轮轴承和两个支撑齿轮箱的合成橡胶轴承），需要机架具有一个十分紧凑和轻巧的结构。因为它是一个钢制的焊接组装件，因此刚度极高。刚性机架有很高的阻抗，齿轮箱中的发散退耦装置就非常有效。

机舱罩设计紧凑、精致和美感。设备中的制冷和风道已被合适地设在机舱内。旋转部件的尺寸设计留有余地，轮毂中的变桨距装置能直接从机舱进入，以方便维修。整个机舱盖都采用绝缘设计，以便保证达到吸声的目的。

(7) 偏航系统设计 FD70A 风力机配有两个风向标，它们通过交互核对保证信号的真实性并能非常准确地判定瞬时风向。风轮对风准确非常重要，以保证最大的能量产出，并同时避免由于倾斜来风引起的附加负载。

机舱通过带有外啮合齿的 4 点轴承连接到塔架上，机舱的偏航系统通过四齿轮电动机完成。机舱的偏航运动通过 10 个偏转制动器进行锚定，以便偏航轴承环不受外部偏航力矩的作用。在偏航运动过程中，制动压力减小，以便防止在往返移动过程中出现啮合反转，从而起到保护机构的作用。

偏航制动装置通过液压装置提供必要的制动压力，同传动系统中的安全制动装置一样。为了在各种情况下保证安全操作，液压系统配有多个压力容器，这些容器能保证在万一出现电力供应故障的情况下仍具有必要的制动压力。

(8) 塔架设计 塔架采用锥形钢圆筒结构，根据轮毂重量不同，可由 3 个或 4 个部分组成，在塔架的底部开有一扇门。各塔段配有平台和应急照明装置。

转换器控制系统、操作控制系统和主电源装置安装在塔架底部的独立平台上，方便对重要设备的功能进行控制。发电机的电流通过动力轨道转移进塔架底部，安装光纤以便所有控制信号能从操作计算机传送到塔架顶部。

塔架用多层喷涂达到最佳的防腐蚀效果，所有的金属板和焊缝都采用超声波和X光进行探伤测试。

（9）控制系统设计　风力机的所有功能都是通过微处理器控制系统来实现的，该控制系统使用多处理器机构按实时方式进行工作。它通过光纤连接到很多控制传感器上。这保证了在最高安全性下达到最大的信号传输速度，同时还能保护它不受杂散电压或雷击破坏。操作计算机确定风轮转速的设定值和叶片变桨距，用于电力系统和轮毂上的变桨距机构的控制。控制算法根据"MPP（最大功率点）跟踪"原理并优选，使设备上不会强加不必要的动荷载。

栅极电压/频率/相位、风轮/发电机转速，不同温度、振动、油压、制动衬里磨损以及电力电缆扭曲等都被实时监控。对于关键的缺陷，探测功能检测是通过内置冗余来实现的。遇到紧急情况时，可以通过硬接线的安全环触发设备迅速停机，即使在没有操作电脑和外界电源的情况下也能保证迅速停机。所有的数据可以通过电话线从家里的PC机进行查询，可以在任何时候向操作者和维修小组提供关于设备状况的详尽信息。此操作也提供了不同等级的密码保护。通过适当的访问权限，允许对设备进行远程遥控。

风力机现场安装实例见图7-15，FD77A和FD70A功率曲线见图7-16、图7-17。

图7-15　风力机现场安装实例

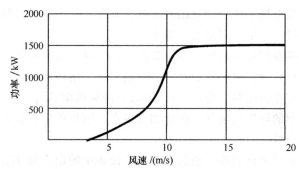

图7-16　FD77A风力机功率曲线

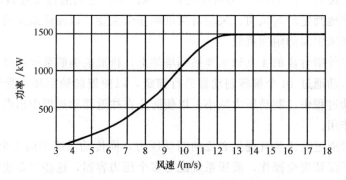

图7-17　FD70A风力机功率曲线

7.3.2　S70/S77 风力机设计

S70/S77 风力机也可用于海上风电场，如图 7-18 所示。

(a)

(b)

图 7-18　S70/1500kW（a）、S77/1500kW（b）风力机

(1) 风力机典型技术数据　S70/1500kW 风力机额定功率为 1500kW，额定风速为 13m/s，转子直径为 70m，额定转速为 14.8r/min，3 片叶片，叶片长 34m，重约 5.6t。用行星齿轮增速，双回路异步电机，空气冷却。S77/1500kW 风力机与 S70 功率相同，转子直径略大，额定功率为 1500kW，额定风速为 13m/s，转子直径为 77m，额定转速为 13.6r/min，3 片叶片，叶片长 37.5m，重约 6.5t。用行星齿轮增速，双回路异步电机，空气冷却。典型技术数据见表 7-8。

表 7-8　S70/1500kW、S77/1500kW 风力机参数

型　号		S70/1500kW	S77/1500kW
风轮转子	风轮叶片数	3	3
	转速/(r/min)	10.6~19.0	9.9~17.3
	转子直径 /m	70	77
	迎风面积 /m²	3848	4657
	功率调整	变桨距	变桨距
	启动风速/(m/s)	3	3
	安全风速/(m/s)	56.3(在 65m 叶高处)	50.1(在 85m 叶高处)
	桨距调整	单个电驱动调桨距	单个电驱动调桨距
	总质量/kg	32000	34000
风轮叶片	长/m	34	37.5
	材料	GRP	GRP
	质量/kg	5400~5900	6500
增速箱	型式	行星和正齿圆柱齿轮	行星和正齿圆柱齿轮
	增速比	1∶94	1∶104
	质量/kg	14000	14000
	油量/L	350	350
	主轴轴承	自对中滚柱轴承	自对中滚柱轴承

型 号		S70/1500kW	S77/1500kW
发电机	功率/kW	1500(可调)	1500(可调)
	电压/V	690	690
	型式	双回路异步电机,空气冷却	双回路异步电机,空气冷却
	转速/(r/min)	(1000~1800)±10%	(1000~1800)±10%
	绝缘等级	IP54	IP54
	联轴器	复合钢质叶轮	复合钢质叶轮
	效率	95%(全负荷)	95%(全负荷)
	质量/kg	7000	7000
	功率因素	0.9~0.95	0.9~0.95
控制系统	型式	信息微机处理	信息微机处理
	网络连接	1GBT转换	1GBT转换
	控制范围	遥控,配温度、液压、桨距、振动、转速、电机扭矩、风速、风向等传感器	遥控,配温度、液压、桨距、振动、转速、电机扭矩、风速、风向等传感器
	记录	实时数据、列表、追记	实时数据、列表、追记
偏航系统	偏航轴承	四针式轴承	四针式轴承
	刹车	带10个测径器的液压轮刹车	带10个测径器的液压轮刹车
	偏航驱动	4个感应电动机	4个感应电动机
	速度	0.75°/s	0.75°/s
刹车系统	设计	三个独立系统	三个独立系统
	运行刹车	叶片节距	叶片节距
	第二重刹车	叶轮刹车	叶轮刹车
铁塔	型式	带聚氨酯涂层锥型管子钢塔,桁架结构	带聚氨酯涂层锥型管子钢塔,桁架结构
	管塔高/m	65	61.5
	桁架塔高/m	98	96.5

(2) 功率-风能利用系数特性（表 7-9）

表 7-9 S70/S77 功率-风能利用系数（根据风力机试验的测量值）

风速 /(m/s)	S70/1500kW			S77/1500kW		
	功率/kW	λ	C_P	功率/kW	λ	C_P
4	24	13.6	0.159	44	13.7	0.24
5	86	10.8	0.292	129	10.97	0.36
6	188	9.0	0.369	241	9.14	0.39
7	326	7.7	0.403	396	7.83	0.40
8	526	6.8	0.436	594	6.85	0.41
9	728	6.0	0.424	846	6.09	0.41
10	1006	6.4	0.427	1100	5.48	0.39
11	1271	4.9	0.405	1318	4.98	0.35
12	1412	4.5	0.347	1467	4.56	0.30
13	1500	4.2	0.290	1502	4.22	0.24

风速 /(m/s)	S70/1500kW			S77/1500kW		
	功率/kW	λ	C_P	功率/kW	λ	C_P
14	1500	3.87	0.232	1508	3.92	0.19
15	1500	3.62	0.189	1514	3.66	0.16
16	1500	3.39	0.155	1515	3.43	0.13
17	1500	3.19	0.130	1504	3.23	0.11
18	1500	3.01	0.109	1509	3.05	0.09
19	1500	2.85	0.093	1511	2.89	0.09
20	1500	2.71	0.080	1511	2.74	0.09
21	1500	2.58	0.069			
22	1500	2.47	0.060			
23	1500	2.36	0.052			
24	1500	2.26	0.046			
25	1500	2.17	0.041			

(3) 风能利用系数曲线图 风能利用系数图见图 7-19～图 7-21。

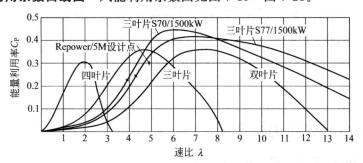

图 7-19 S70/S77 风能利用系数图

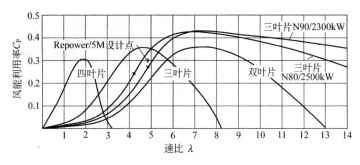

图 7-20 N80/N90 风能利用系数图

(4) S70 型风力机特性分析

① 已知设计风速 根据风场，计算给出设计风速 $V_{w0} = 7.65\text{m/s}$（相当年平均风速）。

② 核算单位面积功率

$$\overline{P^*} = \frac{1500000}{3848} = 390(\text{W/m}^2)（属二类风区）$$

③ 核算设计工况叶尖速比 λ

$$\lambda = \frac{\pi D n}{60 V_{w0}} = \frac{\pi \times 70 \times 14.8}{60 \times 7.65} = 7.1$$

④ 根据叶尖速比曲线，查设计工况风能利用系数 $C_P = 0.43$。

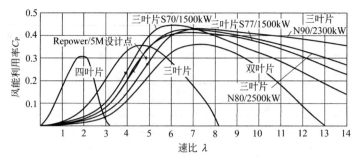

图 7-21　S70/S77 和 N80/N90 风能利用系数比较图

⑤ 核算设计工况功率

$$P = \frac{1}{2}\rho A V_{W0}^3 C_P = \frac{1}{2} \times 1.21 \times 3848 \times 7.65^3 \times 0.43 = 448(\text{kW})$$

⑥ 核算额定工况风能利用系数

$$C_P = \frac{2P^*}{\rho A V_W^3} = \frac{2 \times 1500000}{1.21 \times 3848 \times 13^3} = 0.293$$

⑦ 核算额定工况叶尖速比

$$\lambda = \frac{\pi D n}{60 V_W} = \frac{\pi \times 70 \times 14.8}{60 \times 13} = 4.2$$

与图 7-19　相符。

7.3.3　V82-1650kW 风力机设计

(1) V82-1650kW 风力机风电场（图 7-22）

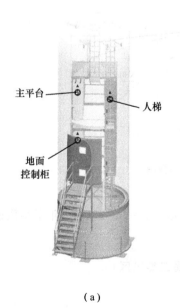

（a）　　　　　　　　　　　　　　（b）

图 7-22　V82-1650kW 风力机塔架和风电场

(2) V82-1650kW 风力机特性曲线（图 7-23、图 7-24、表 7-10）

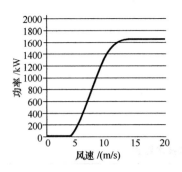

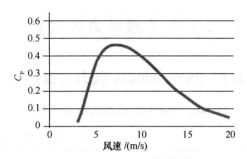

图 7-23　Vestas V82-1650kW 风力机功率曲线　　图 7-24　V82-1650kW 风力机风能利用系数图

表 7-10　V82-1650kW 风力机技术数据

转子	数据
直径/m	82
扫风面积/m²	5281
额定转速/(r/min)	14.4
转速范围	
叶片数量	3
功率调节	变桨距/OptiSpeed
空气制动	全桨距
塔架	数据
50Hz,230V 轮毂高度/m	78
60Hz,110V 轮毂高度/m	70,80
运行数据	数据
切入风速/(m/s)	3.5
额定风速/(m/s)	13
切出风速(10s)/(m/s)	20
发电机	数据
类型	水冷
额定输出/kW	1650
运行数据	50/60 Hz,690/600V
齿轮箱	数据
类型	1 行星步/2 步平行轴齿轮
控制	数据
类型	微处理器监控所有风机功能桨距调节
重量	数据
机型 IEC IIA 50Hz,230V	
轮毂高度/m	78
塔身重量/t	115
机舱重量/t	52
转子重量/t	43

7.4 2000kW 级风力机设计

7.4.1 R82/2000kW 风力机设计

(1) R82/2000kW 风力机技术数据（表 7-11）

表 7-11 R82/2000kW 风力机技术数据

额定功率/kW	2000
额定风速/(m/s)	12.0
切入风速/(m/s)	3.0
切出风速/(m/s)	25
叶轮直径/m	82
扫风面积/m²	5281
叶片数量	3
叶轮转速/(r/min)	8.5/17.1
型号	
机舱设计	单独设计
齿轮箱型号	直齿轮与行星齿轮混合
级数	3
变速比	1：105.4
发电机类型	异步双馈
数量	1
转速/(r/min)	900/1800
容量/V	690
电网连接	通过变流器
功率控制	变桨距控制
转速控制	通过微处理，主动变桨控制
主刹车系统	独立叶片变桨控制
第二刹车系统	盘刹车
偏航控制系统	4 个电动齿轮电机

(2) R82/2000kW 风力机技术数据（表 7-12）

表 7-12 R82/2000KW 风力机技术数据

额定功率/kW	2000
叶片数量	3
转动面积/m²	5027
叶轮雷电保护	有
启动风速/(m/s)	3
公称风速/(m/s)	13.5

停机风速/(m/s)	25
可承受风速/(m/s)	57.4
公称转速/(r/min)	18.0
转速范围/(r/min)	11.1～20.7
转速控制	变桨、主动调整叶片
转速限制	变桨
变速箱	三级行星正齿轮传动
速比	1：94.4
主刹车系统	液压中央变桨装置
紧急刹车系统	液压单个叶片变桨装置
停车刹车系统	圆盘制动器
发电机	感应，双反馈
滑差范围	±30%
额定电压/V	690
上网频率/Hz	50
变频器	IGBT-变频器
调制类型	脉冲宽度调制
偏航系统	由伺服电机主动调节
气象传感器	风向、风速和环境温度传感器
远程监控	自动数据传输
塔架	钢管塔架
轮毂高/m	80/100
总高/m	120/140
上网电压	10/20,其他根据要求
公称电流/A	1675
功率因子(标准)	1.0
功率因子(可选)	可调
闪变系数 c	9
非线性失真系数/%	1
Kimax＝Imax/Ing	1.1
过/低电压	参数可调
过/低频率/Hz	±1,参数可调
启动时间	参数可调
固体传声去耦	在传动装置中使用弹性零件
声优化运行	可选

7.4.2　V90-1800/2000kW 风力机设计

(1) V90-1800/2000kW 风力机功率曲线 （图 7-25）

(2) V90-1800/2000kW 风力机技术数据 （表 7-13）

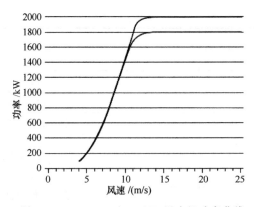

图 7-25   V90-1800/2000kW 风力机功率曲线

表 7-13   V90-1800/2000kW 风力机技术数据

运行数据	IEC ⅡA	IEC ⅢA
额定功率/kW	1800	2000
切入风速/(m/s)	4	4
额定风速/(m/s)	12	12
切出风速/(m/s)	25	25
周波/Hz	50/60	50/60
运行温度(标准状态)/℃	−20～40	−20～40
运行温度(低温运行)/℃	−30～40	−30～40
主要尺寸		
叶片长/m	44	
最大弦长/m	3.5	
叶片重量/kg	6700	
轮毂		
最大直径/m	3.3	
最大宽度/m	4	
长度/m	4.2	
重量/t	18	
转子		
直径/m	90	
扫风面积/m²	6362	
额定转速/(r/min)	14.5	
转速范围/(r/min)	9.3～16.6	
叶片数量	3	
塔架	IEC ⅡA	
轮毂高度/m	80/95/105	
发电机/Hz	50	60
类型	4 极变速恒频	6 极变速恒频
额定输出/kW	1800/2000	1800

续表

运行数据	IEC ⅡA	IEC ⅢA
齿轮箱		
类型	三级圆柱齿	
机舱		
运输高度/m	4	
安装高度/m	5.4	
机舱长/m	10.4	
机舱宽/m	3.4	
机舱重/t	70	
塔架重量		
塔架 80m/t	148	
塔架 95m/t	206	
塔架 105m/t	245	
塔架 125m/t	335	
噪声等级/dB(A)	轮毂高 80m,空气密度为 1.225 kg/m³;地面上 10m	
风速 4 m/s	94.4	
风速 5 m/s	99.4	
风速 6 m/s	102.5	
风速 7 m/s	103.6	
风速＞ 8 m/s	104	

7.4.3　V80-2000kW 风力机设计

(1) V80-2000kW 风力机风电场 (图 7-26)

图 7-26　V80-2000kW 风力机风电场

(2) V80-2000kW 风力机功率曲线 (图 7-27)

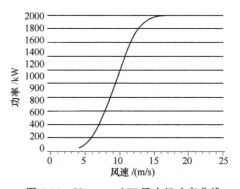

图 7-27　V80-2000kW 风力机功率曲线

（3） V80-2000kW 风力机技术数据（表 7-14）

表 7-14　V80-2000kW 风力机技术数据

运行数据		风级 IEC IA
额定功率/kW		2000
切入风速/(m/s)		4
额定风速/(m/s)		16
切出风速/(m/s)		25
周波		
运行温度(标准状态)/℃		−20～40
运行温度(低温运行)/℃		30～40
主要尺寸	叶片长/m	39
	最大弦长/m	3.5
	叶片重量/kg	6500
轮毂	最大直径/m	3.3
	最大宽度/m	4
	长度/m	4.2
转子	直径/m	80
	扫风面积/m²	5027
	额定转速/(r/min)	16.7
	转速范围/(r/min)	10.8～19.1
	叶片数量	3
塔架	轮毂高度/m	60/67/78/100
发电机	类型	4 极变速恒频
	额定输出/kW	2000
	周波/Hz	50/60−690 V
齿轮箱	类型	三级圆柱齿
机舱	运输高度/m	4
	安装高度/m	5.4
	机舱长/m	10.4
	机舱宽/m	3.4
	机舱重/t	69

运行数据	风级 IEC IA
塔架重量	IECIA 风区
塔架高度/塔架重量	60m/137t
塔架高度/塔架重量	67 m/116t
塔架高度/塔架重量	78 m/ 153t
塔架高度/塔架重量	80 m/148t
塔架高度/塔架重量	100 m/198t

7.5　2500kW 级风力机设计

7.5.1　FD90/2500kW 型风力机设计

(1) FD90 风力机外形尺寸（图 7-28）

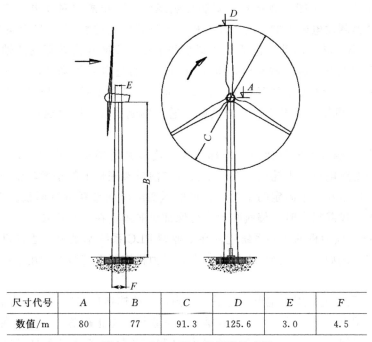

尺寸代号	A	B	C	D	E	F
数值/m	80	77	91.3	125.6	3.0	4.5

图 7-28　FD90 风力机外形尺寸图

(2)　主要设备和系统

① 风轮　FD90 型风力机采用三叶片上风向风轮，转速由叶片的变桨控制限定。变桨控制的优点是在高风速时仍能处于低峰载荷。在高湍流强度的风场（陆上风力机）风力机也承受较低的动态载荷。变桨控制系统使风轮有高可靠性和更长的寿命。

② 变桨系统　变桨系统可将叶片调整到离开风轮平面大约 90°，这时叶片可作为空气动力刹车。在常规运行中，变桨电机通过驱动叶根安装的环齿（变桨轴承）来调整叶片到某个确定的位置。通过电机调整桨叶，应用空气动力刹车。发生故障时（例如电网故障），变桨电机由电池系统供电，仍可以进行变桨控制。如果一个变桨驱动不能工作（例如电缆损坏，

轮毂供电切断），其他两支叶片仍能回到顺桨位置。此外，"安全锁"系统可使叶片在变桨驱动全部失效的情况下回到顺桨位置。所以风力机可以在任何时间，甚至是在轮毂断电的情况下自动停止。

③ 轮毂　铸铁轮毂通过法兰连接到驱动链上，3个变桨驱动装置安装在轮毂内叶根法兰旁边，维护方便。

④ 驱动链　驱动链包括主轴和齿轮箱。轮毂通过螺栓连接到转子法兰。齿轮箱含三级齿轮，包括两级行星减速齿轮，一级平行齿轮。螺旋行星齿轮和螺旋平行齿轮有最优化的外形和齿痕补偿。为了补偿负载，行星太阳轮是自调的。齿轮箱是强制润滑的。通过传感器监测齿轮油温，当油温过高时，自动通过独立的油/空气冷却器及机舱内的过滤单元进行冷却。迷宫式密封在确保密封性的同时，也保证了耐磨性。

风轮控制器电缆通过滑环系统进入轮毂。输入轴侧的转子锁紧装置可使驱动链在维护状态时机械锁紧。

⑤ 联轴器　齿轮箱和发电机通过柔性轴进行连接，该柔性轴补偿了对中公差。

⑥ 发电机和电气元件　该风力机采用三相双馈感应电机。先进的IGBT变频器确保发电机在整个转速范围内都能高效运转。安装加热绕组，防止潮湿对发电机造成的损坏。另外，通过传感器监测发电机内的温度。发电机和电气元件通过水/空气热交换器进行冷却。

⑦ 转子制动器　转子制动器包括盘式刹车和卡钳，安装在齿轮箱高速轴上。当刹车释放，液压系统压力上升。启动刹车时，卡钳内的油压通过电磁阀降低，通过弹簧压紧刹车片。一个智能的刹车系统控制刹车顺序。刹车可通过升高液压回路的压力来释放。

⑧ 前机架　前机架铸件把驱动链的负载传递到偏航系统，同时通过螺栓支座固定发电机和控制柜。

⑨ 偏航系统　偏航系统包括一个外部环齿，连接到塔架顶部法兰上以及一个球轴承。偏航系统由4个变频电机、齿轮箱以及一个安装在前机架底板上的小齿轮驱动。附加的偏航刹车确保风力机停留在一个固定的位置，直到根据实际风向重新进行调整。当机舱转动时，刹车断开，当偏心风载很大时，偏航驱动也可保证机舱固定在一个位置。

⑩ 控制系统　风力机的控制系统建立在工业型PLC系统基础上。通过机舱控制柜的显示屏来显示状态，例如，可看到风力机的状态。风力机控制系统装在专用柜内，并安装在轮毂和机舱中。

⑪ 塔架　该风力机采用圆锥形钢筒塔架，内部螺栓连接顶部法兰，具有高维护安全性。塔架内部上下采用电梯和人梯。人梯具有攀登保护系统，防止跌落。塔架内在法兰连接处有工作平台。每段塔架有一个休息平台，有工作灯和应急灯。塔筒底部的钢门可上锁，保证安全。

（3）主要技术数据　FD90型2500kW技术数据见表7-15。

表7-15　FD90型2500kW技术数据

类型，型号	FD90型，2500kW，50Hz
切入风速/(m/s)	3.5
额定风速/(m/s)	12.0
额定转速/(r/min)	15.7

续表

类型,型号		FD90 型,2500kW,50Hz
转速范围/(r/min)		8~20.42
额定功率/kW		2500
切出风速/(m/s)		25.0
生存风速/(m/s)		59.5
风区类型		TCⅡA
系统寿命/a		20
运行温度范围	非运行时环境温度/℃	−40~50
	运行时环境温度/℃	−30~40,超过+35℃时降容运行
风轮设计数据	叶片数量	3
	转轴	水平
	相对塔筒位置	上风向
	风轮直径/m	91.3
	扫风面积/m²	6547
	转速范围/(r/min)	8~20.42
	额定转速/(r/min)	15.7
	旋转方向(朝下风向看)	顺时针
	功率控制方式	叶片变桨控制
	风轮倾角/(°)	4.5
风轮叶片数据	叶片长度/m	44
	最大弦长/m	4.145
	叶根直径/m	2.39
	扫掠角/(°)	0.0
	锥角/(°)	−2.0
	材料	环氧玻璃纤维
	雷电传导器	集成
变桨调节	最大变桨限速/[(°)/s]	9
	变桨轴承类型	双列球轴承
驱动链	额定驱动力矩/(kN·m)	1640
	最大静力矩/(kN·m)	约为6000
	齿轮类型	行星/平行轴齿轮
驱动链	传动比	76.4
	齿轮润滑	强制润滑
	齿轮和发电机的连接	柔性联轴器
支撑部分	轮毂类型	刚性
	轮毂材料	铸铁 EN-GJS-400-18U-LT
	前机架类型	铸件结构
	前机架材料	铸铁 EN-GJS-400-18U-LT

类型,型号		FD90 型,2500kW,50Hz
刹车系统	运行刹车	独立叶片变桨
	结构类型	齿轮/伺服电机
	转子制动器	碟式刹车
	激活方式	主动式
发电机和电气元件	发电机类型	双馈感应发电机
	变频器类型	IGBT,4 象限
	额定功率/kW	2500
	额定电压	3 相 / 690 V AC / 50 Hz ＋/－10％
	功率因数	－0.9 ～ ＋0.9
	力矩控制	矢量控制
机舱罩	结构类型	封闭式
	材料	聚酯/玻璃纤维
偏航系统	风向调整类型	主动式
	偏航轴承类型	单列球轴承
	驱动单元	齿轮电机
	驱动单元数量	4
	刹车	主动式刹车加电气刹车
控制系统	结构类型	PLC,自由编程
	远程监控	通过调制调解器
塔架	结构类型	圆锥形钢筒塔架
	塔架高度/m	共 77
	防腐保护	涂层保护

FD90 型 2500kW 风力机结构见图 7-29。

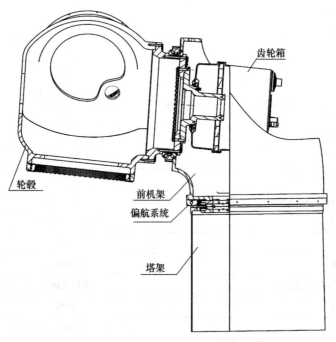

图 7-29 FD90 型 2500kW 风力机结构图

7.5.2　N80、N90 风力机设计

N80/2500kW、N90/2300kW 风力机也主要用于海上风电场，见图 7-30。

（1）风力机典型技术数据　N80/2500kW 风力机额定功率为 2500kW，额定风速为 15m/s，转子直径为 80m，转速为 15r/min，3 片叶片，叶片长 38.8m，重约 8.7t。用行星齿轮增速，双回路异步电机，空气冷却。N90/2300kW 风力机额定功率为 2300kW，转子直径为 90m，额定风速为 13m/s，转速为 13.3r/min，3 片叶片，叶片长 43.8m，重约 10.4t。用行星齿轮增速，双回路异步电机，液体冷却。典型数据见表 7-16。

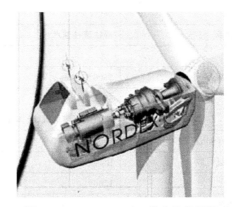

图 7-30　NordexN80/90 风力机外形图

表 7-16　风力机设计技术数据

型　号	N80/2500kW	N90/2300kW
风轮转子		
风轮叶片数	3	3
转速/(r/min)	10.9～19.1	9.6～16.9
转子直径/m	80	90
迎风面积/m²	5026	6362
功率调整	变桨距	变桨距
启动风速/(m/s)	4	3
停机风速/(m/s)	25	25
额定功率风速/(m/s)	15	13
安全风速/(m/s)	65	55.3
桨距调整	单个电驱动调桨距	单个电驱动调桨距
总重/kg	50000	54000
风轮叶片		
长/m	38.8	43.8
材料	GRP	GRP
重/kg	8700	10400
增速箱		
型式	行星和正齿圆柱齿轮	行星和正齿圆柱齿轮
增速比	1:68.1	1:77.44

续表

型　号	N80/2500kW	N90/2300kW
重/kg	18500	18500
油量/L	360	360
主轴轴承	圆柱滚柱轴承	圆柱滚柱轴承
发电机		
功率/kW	2500	2300
电压/V	660	660
型式	双回路异步电机，液体冷却	双回路异步电机，液体冷却
转速/(r/min)	700～1300	740～1310
绝缘等级	IP54	IP54
重/kg	12000	12000
控制系统		
型式	PLC 远程现场控制(RFC)	PLC 远程现场控制(RFC)
网络连接	1GBT 转换	1GBT 转换
控制范围	遥控、配温度、液压、桨距、振动、转速、电机扭矩、风速、风向等传感器	遥控、配温度、液压、桨距、振动、转速、电机扭矩、风速、风向等传感器
记录	实时数据、列表、追记	实时数据、列表、追记
偏航系统		
偏航轴承	球轴承	球轴承
刹车	液压轮刹车	液压轮刹车
偏航驱动	2 个感应电动机	2 个感应电动机
速度/[(°)/s]	0.5	0.5
刹车系统		
设计	3 个独立系统	3 个独立系统
气动刹车	单独变叶片节距	单独变叶片节距
机械刹车	叶轮刹车	叶轮刹车
铁塔		
型式	环氧树脂涂层锥形管子钢塔，桁架结构	环氧树脂涂层锥形管子钢塔，桁架结构
管塔高/m	60	80
桁架塔高/m	105	105

(2) 功率-风能利用系数数据（表 7-17）

表 7-17　功率-风能利用系数数据

风速 /(m/s)	N80/2500kW			N90/2300kW		
	功率/kW	λ	C_P	功率/kW	λ	C_P
4	15	15.7	0.076	70	15.7	0.281

风速 /(m/s)	N80/2500kW			N90/2300kW		
	功率/kW	λ	C_P	功率/kW	λ	C_P
5	120	12.57	0.312	183	12.57	0.376
6	248	10.47	0.373	340	10.47	0.404
7	429	8.98	0.406	563	8.98	0.421
8	662	7.85	0.420	857	7.85	0.430
9	964	6.98	0.430	1225	6.98	0.431
10	1306	6.28	0.424	1607	6.28	0.412
11	1658	5.71	0.405	1992	5.71	0.384
12	1984	5.24	0.373	2208	5.24	0.328
13	2269	4.83	0.335	2300	4.83	0.269
14	2450	4.49	0.290	2300	4.49	0.215
15	2500	4.19	0.241	2300	4.19	0.175
16	2500	3.93	0.198	2300	3.93	0.144
17	2500	3.70	0.165	2300	3.70	0.120
18	2500	3.49	0.139	2300	3.49	0.101
19	2500	3.31	0.118	2300	3.31	0.086
20	2500	3.14	0.102	2300	3.14	0.074
21	2500	2.99	0.088	2300	2.99	0.064
22	2500	2.86	0.076	2300	2.86	0.055
23	2500	2.73	0.067	2300	2.73	0.048
24	2500	2.62	0.059	2300	2.62	0.043
25	2500	2.51	0.052	2300	2.51	0.038
	根据风力试验测量和气动计算			根据气动计算		

(3) N80 型风力机特性分析

①已知设计风速　根据风场，计算给出设计风速 $V_{W0}=8.82\mathrm{m/s}$（相当年平均风速）。

②核算单位面积功率

$$\overline{P^*}=\frac{2500000}{5026}=497(\mathrm{W/m^2})(属一类风区)$$

③核算设计工况叶尖速比 λ

$$\lambda=\frac{\pi D n}{60 V_{W0}}=\frac{\pi\times80\times15}{60\times8.82}=7.1$$

④根据叶尖速比曲线，查设计工况风能利用系数 $C_P=0.43$。

⑤核算设计工况功率

$$P=\frac{1}{2}\rho A V_{W0}^3 C_P=\frac{1}{2}\times1.21\times5026\times8.82^3\times0.43=918(\mathrm{kW})$$

⑥核算额定工况风能利用系数

$$C_P=\frac{2P^*}{\rho A V_W^3}=\frac{2\times2500000}{1.21\times5026\times15^3}=0.243$$

⑦核算额定工况叶尖速比

$$\lambda = \frac{\pi D n}{60 V_W} = \frac{\pi \times 80 \times 15}{60 \times 15} = 4.2$$

与表 7-15 相符。

7.6　3000kW 级风力机设计

7.6.1　W90/3000kW 风力机设计

W90/3000kW 级风力机设计技术数据见表 7-18。

表 7-18　风力机设计技术数据

额定功率/kW		3000
额定风速/(m/s)		12.5
切入风速/(m/s)		3.0
切出风速/(m/s)		25.0
叶轮直径/m		90.0
扫风面积/m²		6362
叶片数量		3
叶轮转速/(r/min)		7.7/25.6
型号	机舱设计	集成设计
齿轮箱	型号	行星齿轮
	级数	1
	变速比	
发电机	类型	永磁
	数量	1
	转速/(r/min)	940/1985
	容量/V	690
	电网连接	通过变流器
	功率控制	变桨控制
	转速控制	主动叶片变桨控制
	主刹车	独立叶片变桨控制
	第二刹车系统	盘刹车
	偏航控制系统	电动齿轮电机

7.6.2　V90-1-3000kW 风力机设计

（1）V90-1-3000kW 风力机功率曲线（图 7-31）

（2）V90-1-3000kW 风力机技术数据（表 7-19）

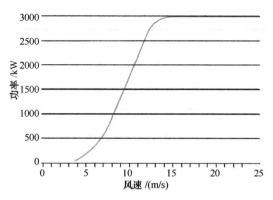

图 7-31 V90-1-3000kW 风力机功率曲线

表 7-19 V90-1-3000kW 风力机技术数据

运行数据	额定功率/kW	3000
	切入风速/(m/s)	3.5
	额定风速/(m/s)	15
	切出风速/(m/s)	25
	风区级别	IEC IA
	运行温度(标准状态)/℃	−20~40
	运行温度(低温运行)/℃	−30~40
噪声等级 /dB(A)	(轮毂高 80m,空气密度为 1.225 kg/m³,地面上 10m) 风速 4 m/s	97.9
	风速 5 m/s	100.9
	风速 6 m/s	104.2
	风速 7 m/s	106.1
	风速 8 m/s	107
	风速 9 m/s	106.9
转子	直径/m	90
	扫风面积/m²	6362
	额定转速/(r/min)	16.1
	转速范围/(r/min)	8.6~18.4
	叶片数量	3
主要尺寸	叶片长/m	44
	最大弦长/m	3.5
	叶片重/kg	6700
机舱	运输高度/m	4
	安装高度/m	3.85
	机舱长/m	9.65
机舱	机舱宽/m	3.65
	机舱重/t	70

续表

轮毂	直径/m	3.6
	最大宽度/m	4.2
	长度/m	4.4
	重量/t	22
塔架	高度/m	80/90/105
发电机	型式	4 极异步电机
	额定功率/kW	3000
	运行参数/Hz	50
齿轮箱	型式	一级行星＋两级圆柱
重量	塔架（轮毂高）/t	145(80m)
	塔架（轮毂高）/t	205(90m)
	塔架（轮毂高）/t	255(105 m)

7.6.3　V112-1- 3000kW 风力机设计

(1)V112-1-3000kW 风力机功率曲线(图 7-32)

Power curve V112-300MW

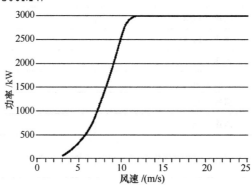

图 7-32　V112-1-3000kW 风力机功率曲线

(2)V112-1-3000kW 风力机技术数据　风力机技术数据见表 7-20，V112-1 风力机见图 7-33。

表 7-20　V112-1-3000kW 风力机技术数据

运行数据	额定功率/kW	3000
	切入风速/(m/s)	3
	额定风速/(m/s)	12
	切出风速/(m/s)	25
	风区级别	IEC IIA/IIIA
	运行温度(标准状态)/℃	−20～40
	运行温度(低温运行)/℃	−30～40

噪声等级 /dB(A)	风速7 m/s	100
	风速8 m/s	102.8
	风速10 m/s	106.5
转子	直径/m	112
	扫风面积/m²	9852
主要尺寸	叶片长/m	54.6
	最大弦长/m	4
	叶片重	
机舱	运输高度/m	3.3
	安装高度/m	3.9
	机舱长/m	14
	机舱宽/m	3.9
轮毂	直径/m	3.2
	高度/m	3.9
塔架	高度/m	84/94/119
	截面长/m	32.5
	最大直径/m	4.2

 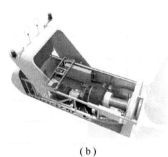 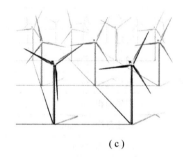

(a) (b) (c)

图 7-33　V112-1 风力机

7.7　5000kW 级风力机设计

7.7.1　FC/5000/126-136 风力机设计

(1)FC/5000/126-136 风力机设计技术数据（表 7-21）

表 7-21　FC/5000/126-136 风力机设计技术数据

类型,型号	FC/5000/126
切入风速/(m/s)	4.0
额定风速/(m/s)	13.0
额定转速/(r/min)	12.27
转速范围/(r/min)	4~14.1

类型，型号		FC/5000/126
额定功率/kW		5000
切出风速/(m/s)		25.0
生存风速/(m/s)		70.0
风区类型		TC IB 离岸
系统寿命/a		20
类型，型号（台风方案）		FC/5000/136
切入风速/(m/s)		4.0
额定风速/(m/s)		13.0
切出风速/(m/s)		20.0
生存风速/(m/s)		70.0
风区类型		TCIIIB 特殊离岸
系统寿命/a		20
温度范围		
非运行环境温度/℃		−20～50
运行环境温度/℃		−10～40
温度高于+35℃负荷减低		
风轮	风轮叶片数目	3
	转轴	水平
	相对塔筒位置	上风向
	风轮直径/m	126.2
	扫风面积/m²	12509
	转速范围/(r/min)	4～14.1
	额定转速/(r/min)	12.27
风轮	旋转方向（朝下风向看）	顺时针
	功率控制方式	变桨控制
	风轮倾角/(°)	5
	锥角/(°)	−2.0
风轮叶片	叶片长度/m	61.5
	叶片螺栓圆周直径/m	3.2
	材料	环氧玻璃纤维
	雷电传导器	集成
	类型，型号	LM 61.5 P2 S12
	制造商	LM Glasfiber
风轮叶片变桨驱动	最大变桨限速/[(°)/s]	7
	叶片轴承类型	双列球轴承
	叶片驱动机构制造商	AMSC Windtec GmbH

类型,型号		FC/5000/126
驱动系统	额定驱动转矩/kN·m	4200
	最大静力矩/kN·m	约为 6300
	齿轮箱类型	行星和平行轴齿轮
	传动比	1∶89
	齿轮润滑	被动润滑
	齿轮箱和发电机的连接	柔性联轴器
	设计者	Romax
机械支撑部分	轮毂类型	刚性
	轮毂材料	铸铁 EN-GJS-400-18U-LT
	前机架类型	铸造结构
	前机架材料	铸铁 EN-GJS-400-18U-LT
刹车系统	运行刹车	独立叶片变桨
	结构类型	齿轮箱/伺服电机
	机械刹车	碟式刹车
	激活方式	主动式
发电机和电气元件	发电机类型	永磁同步发电机
	变频器类型	IGBT4 象限
	额定功率/kW	5000
	额定电压/周波	[3~690VAC(±10%)]/[50/60Hz(±2%)]
	功率因素	0.9
	力矩控制	矢量控制
机舱罩	结构类型	封闭式
	材料	聚酯/玻璃纤维
偏航系统	风向调整类型	主动式
	偏航轴承类型	单列球轴承
	驱动单元	齿轮电机
	驱动单元数量	8
	刹车	主动式刹车加电气刹车
控制系统	结构类型	PLC
	远程监控	是
	制造商	AMSC Windtec GmbH
塔筒	结构类型	圆锥形钢筒塔架
	TC I 塔筒高度/m	76.5
	防腐保护	涂层保护

(2) FC/5000/126 型风力机特性分析

①已知设计风速　根据风场,计算给出设计风速 $V_{w0}=7.65\mathrm{m/s}$(相当年平均风速)。

②核算单位面积功率

$$\overline{P^*} = \frac{5000000}{12509} = 400(\text{W/m}^2)(\text{属二类风区})$$

③核算设计工况叶尖速比 λ

$$\lambda = \frac{\pi Dn}{60V_{W0}} = \frac{\pi \times 126.2 \times 12.27}{60 \times 7.65} = 10.6$$

④根据叶尖速比曲线，查设计工况风能利用系数 $C_P = 0.41$。

⑤核算设计工况功率

$$P = \frac{1}{2}\rho A V_{W0}^3 C_P = \frac{1}{2} \times 1.21 \times 12509 \times 7.65^3 \times 0.41 = 1389(\text{kW})$$

⑥核算额定工况风能利用系数

$$C_P = \frac{2P^*}{\rho A V_W^3} = \frac{2 \times 5000000}{1.21 \times 12509 \times 13^3} = 0.30$$

⑦核算额定工况叶尖速比

$$\lambda = \frac{\pi Dn}{60V_W} = \frac{\pi \times 126.2 \times 12.27}{60 \times 13} = 6.2$$

7.7.2　R-5M 风力机设计

R-5M 风力机是用于海上风电场，见图 7-34。

图 7-34　R-5M 海上风电场

5M 风力机额定功率为 5000kW，额定风速为 13m/s，转子直径为 126m，额定转速为 9.5r/min，3 片叶片，叶片长 61.5m，重 17.7t。用行星齿轮增速，双回路异步电机，6 级。典型技术数据见表 7-22。

表 7-22　R-5M 风力机典型技术数据

设计	额定功率/kW	5000
	启动风速/(m/s)	3.5
	额定风速/(m/s)	13
	停车风速/(m/s)	海上 30，陆上 25
转子	直径/m	126
	扫风面积/m²	12469
	桨叶数目	3
	额定运行的转速范围/(r/min)	6.9~12.1/9.5
	额定转速/(r/min)	9.5

续表

	类型	LM61.5P
	功率控制	变桨距
	长/m	61.5
	型线面积/m²	183
叶片	重/t	17.74
	最大弦长/m	4.6
	螺栓数	128
	螺栓尺寸	M36
	螺栓圆周直径/mm	3200
控制	原理	控制桨叶角和转速,电驱动变节距
安全系统		3 个独立的桨叶节距系统
		转子刹车
增速箱	设计	行星/圆柱齿轮系统
	传递比	
发电机	设计	双回路异步电机,6 级
	转速范围/(r/min)	670~1170
重量/t	转子(桨叶、轮、法兰、轴承、联轴器)	110
	桁架(不含转子)	240

7.7.3 R 系列大型风力机

(1) R 系列大型风力机特性表 R 系列大型风力机见表 7-23。

表 7-23 R 系列大型风力机性能简表

风力机系列		48/750	MD70	MD77	MM70	MM82	5M
基本设计参数	额定功率/kW	750	1500	1500	2000	2000	5000
	额定风速/(m/s)	14.0	13.5	12.5	13.5	13.0	13.0
	切入风速/(m/s)	3.5	3.5	3.5	3.5	3.5	3.5
	切出风速/(m/s)	20.0	26.0	20.0	26.0	26.0	30.0
风轮	直径/m	48.4	70.0	77	70.0	82.0	126.5
	扫风面积/m²	1840	3850	4657	3850	5281	12469
	转速/(r/min)	22.0	10.6~19	9.6~17.3	10~20	8.5~17.1	6.9~12.1
	叶片长/m	23.2	34	37.3	34	40	61.5
	材料	GRP	GRP	GRP	GRP	GRP	GRP
偏航系统	设计	外齿 4 点接触轴承					
	齿轮箱	2 级驱动		4 级驱动电动机			
	稳定性	液压刹车	刹车轮	刹车轮	刹车轮	刹车轮	
齿轮箱	设计	行星	行星+两级直齿				
	速比	68	95	104	90	105.4	97

风力机系列		48/750	MD70	MD77	MM70	MM82	5M
电气系统	发电机类型	异步电机	4 极双馈异步电机				6 极双异
	设计功率/kW	750	1500	1500	2000	2000	
	设计电压/V	690	690	690	690	690	
	转速/(r/min)	1521	1000～1800		900～1800	900～1800	670～1170
	保护等级	IP54	IP54	IP54	IP54	IP54	
控制系统	原理	变桨距角转速控制					
塔架	设计	管钢型	管钢型	管钢型	管钢型	管钢型	
	轮毂高度/m	50/65/75	85/98/114.5	96.5/111.5	65/80	59/69/80/100	

MD70、MD77 风能利用系数图见图 7-35。最大的风能利用系数达 48%，对应的叶尖速比 $\lambda \approx 8$。如果偏离最佳速比 λ，风能利用系数将降低。

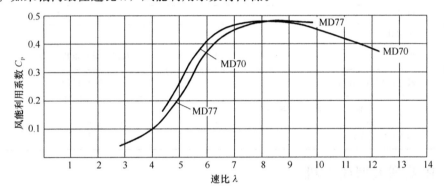

图 7-35　MD70、MD77 风能利用系数图

（2）MD70 风力机特性分析

①已知设计风速　根据风场，计算给出设计风速 $V_{W0} = 7.94\text{m/s}$（相当年平均风速）。

②核算单位面积功率

$$\overline{P^*} = \frac{1500000}{3850} = 390(\text{W/m}^2)（属二类风区）$$

③核算设计工况叶尖速比 λ

$$\lambda = \frac{\pi Dn}{60V_{W0}} = \frac{\pi \times 70 \times 17}{60 \times 7.94} = 7.85$$

④根据叶尖速比曲线，查设计工况风能利用系数 $C_P = 0.48$。

⑤核算设计工况功率

$$P = \frac{1}{2}\rho AV_{W0}^3 C_P = \frac{1}{2} \times 1.21 \times 3850 \times 7.94^3 \times 0.48 = 560(\text{kW})$$

⑥核算额定工况风能利用系数

$$C_P = \frac{2P^*}{\rho A V_W^3} = \frac{2 \times 1500000}{1.21 \times 3850 \times 13.5^3} = 0.262$$

⑦核算额定工况叶尖速比

$$\lambda = \frac{\pi D n}{60 V_W} = \frac{\pi \times 70 \times 17}{60 \times 13.5} = 4.6$$

与图 7-35 相符。

7.8　超大型风力发电机设计

7.8.1　西门子 6.0MW 海上风力发电机

西门子直驱式 6.0MW 海上风力发电机(SWT-6.0-154)，集坚固性和轻量化于一体，显著降低了基础设施、安装和维修成本。先进的诊断系统，可提供全面、实时的性能数据和维修要求。并能对风力发电机的终身使用，及其总体资产状况进行跟踪。风轮叶片采用西门子 IntegralBlade 工艺生产。包括 120m 和 154m 两种规格。154m 风轮叶片的气动和结构设计，是基于西门子的 QuantumBlade 技术。图 7-36 显示了西门子 6.0MW 海上风力发电机的外部构造。表 7-24 列出了 SWT-6.0-154 风力发电机的部分技术资料。

图 7-36　西门子 6.0MW 海上风力发电机构造
1—风机叶片；2—直驱式发电机；3—机舱；4—冷却系统

表 7-24　SWT-6.0-154 风力发电机的技术资料

风轮类型	三叶片、水平轴	风轮类型	三叶片、水平轴
风轮直径	154m	发电机类型	同步、PMG、直接驱动
扫掠面积	18600m²	切入风速	3~5m/s
速度范围	5~11r/min	额定风速	12~14m/s
叶片长度	75m	切出风速	25m/s
叶片材料	GRE	塔头估重	360000kg

7.8.2 三菱重工 7 MW 海上风力发电机

2010 年，三菱重工收购了阿蒂米斯智能电源公司。三菱重工欧洲公司推出的 SeaAngel™7MW 海上风力发电机，采用阿蒂米斯的数字位移技术（DDT）。该技术的应用有如下优点：①高品质电力输出；②驱动系统高度可靠和强大；③维修费用更低；④复杂程度较低，制造材料简单。图 7-37 显示了 SeaAngel™风力发电机机舱的内部构造。表 7-25 列出了该风力发电机的一些技术信息。

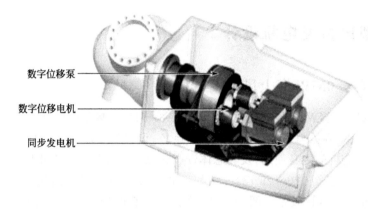

数字位移泵

数字位移电机

同步发电机

图 7-37　SeaAngel 机舱的内部结构

表 7-25　SeaAngel 风力发电机的技术数据

额定输出	7MW 级	额定输出	7MW 级
风轮直径	超过 165m	发电机	无刷同步发电机
驱动系统	液压传动系统	换流器	不要求

7.8.3 美国超导 10MW 海上风力发电机

美国超导 SeaTitan™10MW 海上风力发电机机，使用了高温超导体（HTS）发电机。高温超导体发电机较之采用传统技术的发电机更小、更轻。HTS 叶轮使用 Amperium 线材，而不是铜线。与相同尺寸的铜线相比，该线材可运送超过 100 倍的电力，因此成为低成本和轻量化的关键。直驱技术的应用，降低了维护需求。先进的 wtCMS 状态监测系统，用于关键系统组件的连续监测。为运营商提供风力发电机状态相关的实时信息，及详细而全面的分析工具以优化维修方案。图 7-38 显示了 SeaTitan™风力发电机的内部构造。表 7-26 列出了该风力发电机的部分技术数据。

图 7-38　SeaTitan 风力发电机的内部结构

表 7-26　SeaTitan-10MW 风力发电机的技术数据

类型	wt10000dd	类型	wt10000dd
电网频率	50Hz/60Hz	冷却方式	低温冷却和水冷却
轮毂高度	125m	传动装置类型	直接驱动
风轮直径	190m	切入风速	4m/s
发电机类型	高温超导同步	额定风速	11.5m/s
额定驱动功率	12000kV·A	切出风速	30m/s
发电机额定转速	10r/min	操作温度	−10～+40℃

7.8.4　超大型风力发电机概念设计

(1) 5MW 海上风力机

表 7-27 是 5MW 海上风力机的技术参数，表 7-28 列出其叶片气动特性分布，图 7-39 是其特性。

表 7-27　5MW 海上风力机（NREL 5-）技术参数

额定功率	5MW	额定功率	5MW
风向，叶片数目	上风，3 片	额定叶尖速度	80m/s
控制	变速，可调节距	悬距、主轴倾角、预锥角	5m,5°,2.5°
驱动	高速多级齿轮箱	转子质量	110000kg
转子直径、轮毂直径	126m,3m	机舱质量	240000kg
轮毂高度	90m	塔质量	347460kg
切入，额定，切出速度	3m/s,11.4m/s,25m/s	整体质量中心坐标位置	(−0.2m,0.0m,64.0m)
切入，额定转速	6.9r/min,12.1r/min		

表 7-28　叶片气动特性分布

截面号	截面位置/m	扭角/(°)	截面间距/m	弦长/m	翼型数据文件
1	2.8667	13.308	2.7333	3.542	Cylinder1.dat
2	5.6000	13.308	2.7333	3.854	Cylinder1.dat
3	8.3333	13.308	2.7333	4.167	Cylinder2.dat
4	11.7500	13.308	4.1000	4.557	DU40-A17dat
5	15.8500	11.480	4.1000	4.652	DU35-A17dat
6	19.9500	10.162	4.1000	4.458	DU35-A17dat
7	24.0500	9.011	4.1000	4.249	DU30-A17dat
8	28.1500	7.795	4.1000	4.007	DU25-A17dat
9	32.2500	6.544	4.1000	3.748	DU25-A17dat
10	36.3500	5.361	4.1000	3.502	DU21-A17dat
11	40.4500	4.188	4.1000	3.256	DU21-A17dat
12	44.5500	3.125	4.1000	3.010	NACA64-A17dat
13	48.6500	2.319	4.1000	2.764	NACA64-A17dat
14	52.7500	1.526	4.1000	2.518	NACA64-A17dat
15	56.1667	0.863	2.7333	2.313	NACA64-A17dat
16	58.9000	0.370	2.7333	2.086	NACA64-A17dat
17	61.6333	0.106	2.7333	1.419	NACA64-A17dat

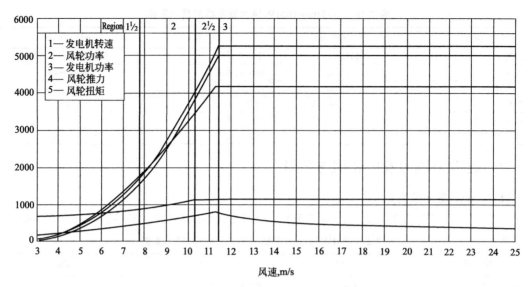

图 7-39　NREL5 海上风力机特性

1—发电机转速，r/min；2—风轮功率，kW；3—发电机功率，kW；4—风轮推力，kN；5—风轮扭矩，kN·m

（2）7.5MW/10MW 风力机

表 7-29 是 7.5MW/10MW 风力机的概念设计参数。

表 7-29　7.5MW/10MW 风机力参数

风力机功率/	MW	7.5	10.0
风轮直径/	m	178.4	206.0
功率密度/	(kW/m²)	0.3	0.3
风轮方向		上风向	上风向
叶片数	[—]	3	3
叶片材料	[—]	玻璃钢	玻璃钢
最大叶尖速/	(m/s)	100	100
设计叶尖速度比	[—]	9	9
齿轮箱类型	[—]	二级	二级
发电机类型	[—]	永磁发电机	永磁发电机
基础类型	[—]	导管架	导管架
成本率/	(£/MW·h)	117.34	119.05

（3）5MW/10MW/20MW 风力机概念设计

表 7-30 是 5MW/10MW/20MW 风力机概念设计参数，图 7-40 是大型风力机设计进展。

表 7-30　5MW/10MW/20MW 风力机概念设计

风力机预测设计功率		参考 5MW	预测 10MW	预测 20MW
额定功率/	MW	5.00	10.00	20.00
适用风区		IEC I B	IEC I B	IEC I B
叶片数目		3	3	3
风轮风向		上风向	上风向	上风向

续表

风力机预测设计功率		参考5MW	预测10MW	预测20MW
控制方式		变速变桨	变速变桨	变速变桨
风轮直径/	m	126	178	252
轮毂高度/	m	90	116	153
最大风轮转速/	(r/min)	12	9	6
风轮质量	t	122	305	770
机舱质量	t	320	760	880
塔架质量	t	347	983	2780
理论年发电量/	GW·h	369	774	1626

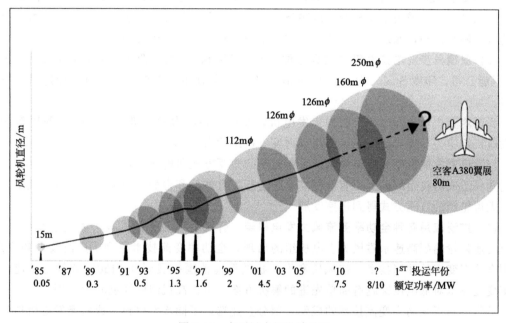

图7-40 大型风力机设计进展

7.9 我国大型风力发电机组发展趋势

(1) 产业集中化 2012年，全国累计装机容量前10名制造商的容量比例之和达到83.2%，新增装机容量前10名制造商的容量比例之和达到81.2%。可以看出：全国风电设备市场，由10多家大型风力发电机组制造企业垄断的局面，仍然没有明显变化。

(2) 水平轴风力发电机组仍然是主流 水平轴风力发电机组，因其具有风能转换效率高、转轴较短，在大型风力发电机组上更显出经济性等优点，使水平轴风力发电机组仍然是国内大型风力发电机组发展的主流机型，并占到100%以上的市场份额。大型垂直轴风力发电机组的优点是能全风向对风，变速装置及发电机都位于风轮下方，便于维修。近年来，相关研究和开发，也在不断进行并取得一定进展。单机试验示范正在进行，还没有机组产品在风电场批量应用。

(3) 单机容量不断提高 近年来，国内风电制造商开发的风力发电机组的单机容量在持续增大。随着单机容量不断增大和利用效率提高，国内主流机型已经从 2005 年的 750～850kW，增加到 2013 年的 1.5～2.5MW。

同样，国内风电场中风力发电机组的单机容量也在持续增大。2012 年新安装的机组的平均单机容量达到了 1.65MW，而 2013 年新安装的机组的平均单机容量已经达到了 1.73MW。2013 年我国风电场安装的最大风力发电机组已达 6MW。

近年来，3MW 海上风力发电机组，已经在海上风电场批量应用。3.6MW、4MW、5MW、5.5MW 和 6MW 海上风力发电机组已经陆续下线，并投入试运行。

(4) 广泛采用变桨距、变速功率调节技术 由于变桨距功率调节方式具有载荷控制平稳、安全和高效等优点，近年在大型风力发电机组上得到了广泛采用。结合变桨距技术的应用，以及电力电子技术的发展，大多数风力发电机组制造厂商采用了变速恒频技术。并开发出了变桨变速风力发电机组，在风能转换效率上有了进一步提高。2012 年，在全国安装的风力发电机组全部采用了变桨变速恒频技术。2MW 以上的风力发电机组，大多采用三个独立的电控调桨机构，通过三组变速电机和减速箱，对桨叶分别进行闭环控制。

(5) 双馈异步发电技术仍占主导地位 丹麦 Vestas 公司、西班牙 Gamesa 公司、美国 GE 风能公司、印度 Suzlon 公司以及 Nordex 公司等都在生产双馈异步发电型变速风力发电机组。

我国内资企业也在生产双馈异步发电机，变速恒频风力发电机组。2013 年我国新增风力发电机组中，双馈异步发电型变速风力发电机组约占 69％的比例。

(6) 迅速发展直驱式风电技术 无齿轮箱的直驱方式风电技术，能有效地减少由于齿轮箱问题而造成的机组故障。可有效提高系统运行的可靠性和寿命，减少风电场维护成本。因而，无齿轮箱的直驱方式得到迅速发展。

(7) 广泛应用各种全功率变流风力发电机组 伴随着直驱永磁式风力发电机组的增多，以及高速齿轮箱配高速永磁风力发电机组的出现，全功率变流技术得到了广泛发展和应用。应用全功率变流的并网技术，使风轮和发电机的调速范围扩展到 0～150％的额定转速。全功率变流技术对低电压穿越有简单先进的解决方案，可提高机组的风能利用范围。

近年，由于全功率变流技术的成熟，部分企业选择了同步发电机，或鼠笼发电机搭配齿轮箱，和全功率变流器的传动链形式。

一些企业选择了永磁同步电机，或鼠笼电机搭配齿转箱，和全功率变流器的传动链形式。全功率变流风力发电机组，代表了今后的发展趋势。

(8) 研发低风速地区风电设备 针对我国大多数地区处于低风速区的实际情况，国内企业通过技术创新，研发出具有针对性的风力发电机组产品及解决方案。最为明显的特征为风轮叶片更长、塔架更高，捕获的风能资源更多。以 1.5MW 风力发电机组为例，2012 年新增机组中，60％以上为风轮直径 86m 及以上的风力发电机组。有的 1.5MW 机组甚至采用了直径 93m 以上的风轮。2MW 低速风力发电机组的风轮直径达到 115m 以上；2.5MW 低速风力发电机组的风轮直径，甚至达到了 121m。这些低速风力发电机组，在我国南部省份的分散式风电场中，能发挥较好的作用。

(9) 大型风力发电机组关键部件的性能日益提高 我国在大型风力发电机组关键部件也取得明显进步。

国内已能生产长达 48.8m。与 3MW 风力发电机组配套的大尺寸叶片，与 6MW 风力发电机组配套的叶片也已经下线。我国在某些基础结构件、铸锻件等领域已经具有优势，不仅能满足国内市场需求，而且已经向国际市场供货。

(10) 叶片技术发展趋势　随着风力发电机组尺寸的增大，叶片的长度也变得更长。为了使叶片的尖部不与塔架相碰，设计的主要思路是增加叶片的刚度。为了减少重力和保持频率，则需要降低叶片的重量。好的疲劳特性和好的减振结构，有助于保证叶片长期的工作寿命。

额外的叶片状况检测设备将被开发出来，并安装在风力发电机组上。可以在叶片结构中的裂纹发展成致命损坏之前，或风力发电机组整机损坏之前警示操作者。对于陆上风力发电机组，这种检测设备不久就会成为必备品。

为了增加叶片的刚度，防止它由于弯曲而碰到塔架，在长度大于 50m 的叶片上，将广泛使用强化碳纤维材料。

为了方便兆瓦级叶片的道路运输，某些公司已经研究把叶片制作成两段的技术。例如使叶片由内、外两段叶片组成，靠近叶根的内段由钢制造，外包玻璃钢壳体形成气动形状表面。

(11) 日益提高风电场建设和运营的技术　随着投资者对风电场建设前期评估，和建成后运行质量的高要求，国外已经针对风资源的测试与评估，开发出了许多先进测试设备和评估软件。在风电场选址方面，已经开发了商业化的应用软件。在风力发电机组布局及电力输配电系统的设计上，也开发出了成熟软件。国外还对风电场的短期及长期发电量预测做了很多研究，取得了重大进展，预测精准度可达 90% 以上。

(12) 改善恶劣气候环境下的风力发电机组可靠性　由于中国的北方具有沙尘暴、低温、冰雪、雷暴，东南沿海具有台风、盐雾，西南地区具有高海拔等恶劣气候特点，恶劣气候环境已对风力发电机组造成很大影响。包括增加维护工作量，减少发电量，严重时，还导致风力发电机组损坏。

因此，在风力发电机组设计和运行时，必须具有一定的防范措施，以提高风力发电机组抗恶劣气候环境的能力，减少损失。近年来，中国的风力发电机组研发单位，在防风沙、抗低温、防雷击、抗台风、防盐雾等方面，已开发了适应恶劣气候环境下的风力发电机组。可以确保风力发电机组在恶劣气候环境下的风电场可靠运行，提高发电量。

(13) 重点发展海上风力发电技术　在我国，随着海上风电场规划规模的不断扩大，各主要风力发电机组整机制造厂，都积极投入大功率海上风力发电机组的研制工作。已有 3MW 海上风力发电机组，在上海东海大桥海上风电场批量投入并网运行。5MW 海上直驱永磁风力发电机组，已经完成研发和投入运行。6MW 海上风力发电机组，已经下线和投入运行。

第8章 风力机发电系统

风力发电包含了由风能到机械能和由机械能到电能两个能量转换过程，风力机发电系统承担后一种能量转换。发电系统直接影响这个转换过程的性能、效率和供电质量，还影响前一个转换过程的运行方式、效率和装置结构。因此，研制和选用适合于风电转换用的发电系统是风力发电技术的一个重要部分。

本章介绍恒速/恒频发电机系统和变速/恒频发电机系统，以及小型离网型风力机的直流发电系统。

8.1 风力机对发电系统的一般要求

8.1.1 风力机发电系统的特殊性

风速和风向是随机变化的，为了高效转化风能，要求风轮转速随风速相应变化，保持最佳的叶尖速比，因此有不同的发电系统。

恒速/恒频发电机系统是较简单的一种，采用的发电机有两种：同步发电机和鼠笼型感应发电机。另一种是变速/恒频发电机系统，这是 20 世纪 70 年代中期以后逐渐发展起来的一种新型风力发电系统。风轮可以变转速运行，可以在很宽的风速范围内保持近乎恒定的最佳叶尖速比，从而提高了风力机的运行效率，从风中获取的能量可以比恒转速风力机高得多。与恒速/恒频系统相比，风/电转换装置的电气部分变得较为复杂和昂贵。

8.1.2 一般要求

在考虑发电机系统的方案时，应结合它们的运行方式重点解决以下问题：
① 将不断变化的风能转换为频率、电压恒定的交流电或电压恒定的直流电；
② 高效率地实现上述两种能量转换，以降低每度电的成本；
③ 稳定可靠地同电网、柴油发电机及其他发电装置或储能系统联合运行，为用户提供稳定的电能。

8.2 恒速/恒频发电机系统

恒速/恒频发电机系统一般来说比较简单，所采用的发电机主要有两种：同步发电机和鼠笼型感应发电机。前者运行于由电机极对数和频率所决定的同步转速，后者则以稍高于同步速的转速运行。

8.2.1 同步发电机

风力发电中所用的同步发电机绝大部分是三相同步电机，其输出连接到邻近的三相电网或输配电线。三相电机一般比相同额定功率的单相电机体积小、效率高而且便宜，所以只有在功率很小和仅有单相电网的少数情况下，才考虑采用单相发电机。

(1) 三相同步发电机的原理 普通三相同步发电机的结构原理如图 8-1 所示。在定子铁心上有若干槽，槽内嵌有均匀分布的、在空间彼此相隔 120°电角的三相电枢绕组 aa'、bb' 和 cc'。转子上装有磁极和励磁绕组，当励磁绕组通以直流电流 I_T 后，电机内产生磁场。转子被风力机带动旋转，则磁场与定子三相绕组之间有相对运动，从而在定子三相绕组中感应出三个幅值相同、彼此相隔 120°电角的交流电势。

图 8-1 三相同步发电机
结构原理图

(2) 三相同步发电机交流电势频率 这个交流电势的频率决定于电机的极对数 p 和转子转速 n，即

$$f = \frac{pn}{60} \tag{8-1}$$

每相绕组的电势有效值为 $\qquad E_0 = k_1 \tilde{\omega} \phi \tag{8-2}$

式中，$\tilde{\omega} = 2\pi f$；ϕ 是励磁电流产生的每极磁通；k_1 是一个与电机极对数和每相绕组匝数有关的常数。

(3) 同步发电机的优点 同步发电机的主要优点是可以向电网或负载提供无功功率，一台额定容量为 125kV·A、功率因数为 0.8 的同步发电机可以在提供 100kW 额定有功功率的同时，向电网提供 +75kW 和 −75kW 之间的任何无功功率值。它不仅可以并网运行，也可以单独运行，满足各种不同负载的需要。

同步发电机的缺点是它的结构以及控制系统比较复杂，成本比感应发电机高。

8.2.2 感应发电机

(1) 感应发电机原理 感应发电机也称为异步发电机，有鼠笼型和绕线型两种。在恒速/恒频系统中一般采用鼠笼型异步电机，它的定子铁心和定子绕组的结构与同步发电机相同。转子采用鼠笼型结构，转子铁心由硅钢片叠成，呈圆筒形，槽中嵌入金属（铝或铜）导条，在铁心两端用铝或铜端环将导条短接。转子不需要外加励磁，没有滑环和电刷，因而其结构简单、坚固，基本上无需维护。

(2) 感应发电机作为电动机运行 感应电机既可作为电动机运行，也可作为发电机运行。当作电动机运行时，其转速 n 总是低于同步转速 n_S（$n < n_S$），这时电机中产生的电磁转矩与转向相同。若感应电机由某原动机（如风力机）驱动至高于同步速的转速时（$n > n_S$），则电磁转矩的方向与旋转方向相反，电机作为发电机运行，其作用是把机械能转变为电能。有人把 $S = \dfrac{n_S - n}{n_S}$ 称为转差率，则作电动机运行时 $S > 0$，而作发电机运行时 $S < 0$。

(3) 感应发电机的功率特性 感应发电机的功率特性曲线如图 8-2 所示。

由图 8-2 可以看出，感应发电机的输出功率与转速有关，通常在高于同步转

速 3%～5%

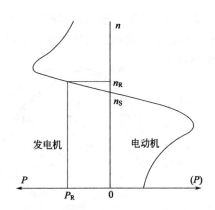

图 8-2　感应发电机的输出功率特性曲线

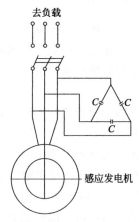

图 8-3　感应发电机单独运行的自励磁电路

的转速时达到最大值。超过这个转速，感应发电机将进入不稳定运行区。

（4）感应发电机的运行方式　感应发电机可以有两种运行方式，即并网运行和单独运行。在并网运行时，感应发电机一方面向电网输出有功功率，另一方面又必须从电网吸收落后的无功功率。在单独运行时，感应发电机电压的建立需要有一个自励过程。自励的条件，一个是电机本身存在一定的剩磁；另一个是在发电机的定子输出端与负载并联一组适当容量的电容器，使发电机的磁化曲线与电容特性曲线交于正常的运行点，产生所需的额定电压，如图 8-3 所示。

在负载运行时，一方面由于转差值 $|S|$ 增大，感应发电机的优点维持频率 f 不变，必须相应提高转子的速度。另一方面，还需要补偿负载所需的感性电流（一般的负载大多是电感性的）以及补偿定子和转子产生漏磁通所需的感性电流。因此，由外接电容器所产生的电容性电流必须比空载时大大增加，也即需要相应地增加其电容值。上述两个要求如果不能满足，则电压、频率将难以稳定，严重时会导致电压的消失，所以必须有自动调节装置，否则负载变化时，很难避免端电压及频率的变化。

（5）感应发电机与同步发电机的比较　感应发电机与同步发电机的比较如表 8-1 所示。

表 8-1　感应发电机与同步发电机的比较

项　目		感应发电机	同步发电机
优点	结构	定子与同步发电机相同,转子鼠笼型,结构简单牢固	转子上有励磁绕组和阻尼绕组,结构复杂
	励磁	由电网取得励磁电流,不要励磁装置及励磁调节装置	需要励磁装置及励磁调节装置
	尺寸及质量	无励磁装置,尺寸较小,质量较轻	有励磁装置,尺寸较大,质量较重
	并网	强制并网,不需要同步装置	需要同步合闸装置
	稳定性	无失步现象,运行时只需适当限制负荷	负载急剧变化时有可能失步
	维护检修	定子的维护与同步机相同,转子基本上不需要维护	除定子外,励磁绕组及励磁调节装置要维护

续表

项　目		感应发电机	同步发电机
缺点	功率因数	功率因数由输出功率决定,不能调节。由于需要电网供给励磁的无功电流,导致功率因数下降	功率因数可以很容易地通过励磁调节装置予以调整,既可以在滞后的功率因数下运行,也可以在超前的功率因数下运行
	冲击电流	强制并网,冲击电流大,有时需要采取限流措施	由于有同步装置,并网时冲击电流很小
	单独运行及电压调节	单独运行时,电压、频率调节比较复杂	单独运行时可以很方便地调节电压

8.3　变速/恒频发电机系统

变速/恒频系统风力机除有高的能量转换效率外,在结构上和实用中还有很多的优越性,利用电力电子装置是实现变转速运行最佳化的最好方法之一,与恒速/恒频系统相比,可能使风/电转换装置的电气部分变得较为复杂和昂贵,但电气部分的成本在中、大型风力发电机组中所占比例并不大,因而发展中、大型变转速/恒频风电机组受到很多国家的重视。变转速运行的风力发电机有不连续变速和连续变速两大类。

8.3.1　不连续变速系统

一般来说,利用不连续变速发电机也可以获得连续变速运行的某些好处,但不是全部好处。主要效果是比以单一转速运行的风电机组有较高的年发电量,因为它能在一定的风速范围内运行于最佳叶尖速比附近。但它面对风速的快速变化(湍流)实际上只起一台单速风力机的作用,因此不能期望它像连续变速系统那样有效地获取变化的风能。更重要的是,它不能利用转子的惯性来吸收峰值转矩,所以,这种方法不能改善风力机的疲劳寿命。

不连续变速运行常用的几种方法有。

(1) 采用多台不同转速的发电机　通常是采用两台转速不同、功率不同的感应发电机,在某一时间内,只有一台被连接到电网,传动机构的设计使发电机在两种风轮转速下,运行在稍高于各自的同步转速。

(2) 双绕组双速感应发电机　这种电机有两个定子绕组,嵌在相同的定子铁心槽内。在某一时间内,仅有一个绕组在工作,转子仍是通常的鼠笼型。电机有两种转速,分别决定于两个绕组的极对数,比起单速机来,这种发电机要重一些,效率也稍低一些,因为总有一个绕组未被利用,导致损耗相对增大。它的价格当然也比通常的单速电机贵。

(3) 双速极幅调制感应发电机　这种感应发电机只有一个定子绕组,转子同前,但可以有两种不同的运行速度,只是绕组的设计不同于普通单速发电机。它的每相绕组由匝数相同的两部分组成,对于一种转速是并联,对于另一种转速是串联,从而使磁场在两种情况下有不同的极对数,导致两种不同的运转速度。这种电机定子绕组有 6 个接线端子,通过开关控制不同的接法,即可得到不同的转速。双速单绕组极幅调制感应发电机可以得到与双绕组双速发电机基本相同的性能,但质量轻、体积小,因而造价也较低。它的效率与单速发电机大致相同。缺点是电机的旋转磁场不是理想的正弦形,因此产生的电流中有不需要的谐波分量。

8.3.2 连续变速系统

连续变速系统可以通过多种方法得到，包括机械方法、电/机械方法、电气方法及电力电子学方法等。机械方法可采用可变速比液压传动或可变传动比机械传动；电/机械方法可采用定子可旋转的感应发电机；电气式变速系统可采用高滑差感应发电机或双定子感应发电机等。这些方法虽然可以得到连续的变速运行，但都存在这样或那样的缺点和问题，在实际应用中难以推广。

最有前景的是电力电子学方法。这种变速发电系统主要由两部分组成，即发电机和电力电子变换装置。发电机可以是市场上已有的通常电机，如同步发电机、鼠笼型感应发电机、绕线型感应发电机等，也可以是近来研制的新型发电机，如磁场调制发电机、无刷双馈发电机等；电力电子变换装置有交流/直流/交流变换器和交流/交流变换器等。下面结合发电机和电力电子变换装置介绍三种连续变速的发电系统。

(1) 同步发电机交流/直流/交流系统　其中同步发电机可随风轮变转速旋转，产生频率变化的电功率，电压可通过调节电机的励磁电流进行控制。发电机发出的频率变化的交流电首先通过三相桥式整流器整流成直流电，再通过线路换向的逆变器变换为频率恒定的交流电输入电网。

变换器中所用的电力电子器件可以是二极管、晶闸管（SCR）、可关断晶闸管（GTO）、功率晶体管（GTR）和绝缘栅双极型晶体管（IGBT）等。除二极管只能用于整流电路外，其他器件都能用于双向变换，即由交流变换成直流时，它们起整流器作用，而由直流变换成交流时，它们起逆变器作用。

在设计变换器时，最重要的考虑是换向。换向是一组功率半导体器件从导通状态关断，而另一组器件从关断状态导通。在变速系统中可以有两种换向，即自然换向（又称线路换向）和强迫换向。当变换器与交流电网相连，在换向时刻，利用电网电压反向加在导通的半导体器件两端使其关断，这种换向称为自然换向或线路换向。而强迫换向则需要附加换向器件（如电容器等），利用电容器上的充电电荷，按极性反向加在半导体器件上强迫其关断。这种强迫换向逆变器常用于独立运行系统，而线路换向逆变器则用于与电网或其他发电设备并联运行的系统。一般说来，采用线路换向的逆变器比较简单、便宜。

开关这些变换器中的半导体器件通常有两种方式：矩形波方式和脉宽调制（PWM）方式。在矩形波变换器中，开关器件的导通时间为所需频率的半个周期或不到半个周期，由此产生的交流电压波形呈阶梯形而不是正弦形，含有较大的谐波分量，必须滤掉。脉宽调制法是利用高频三角波和基准正弦波的交点来控制半导体器件的开关时刻，如图 8-4 所示。这种开关方法的优点是得到的输出波形中谐波含量小且处于较高的频率，比较容易滤掉，因而能使谐波的影响降到很小，已成为越来越常见的半导体器件开关控制方法。

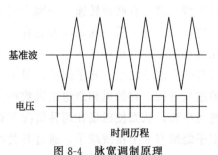

图 8-4　脉宽调制原理

这种由同步发电机和交流/直流/交流变换器组成的变速/恒频发电系统的缺点是，电力电子变换器处于系统的主回路，因此容量较大，价格也较贵。

(2) 磁场调制发电机系统　这种变速/恒频发电系统由一台专门设计的高频交流发电机

和一套电力电子变换电路组成，图 8-5 示出磁场调制发电机单相输出系统的原理框图及各部分的输出电压波形。

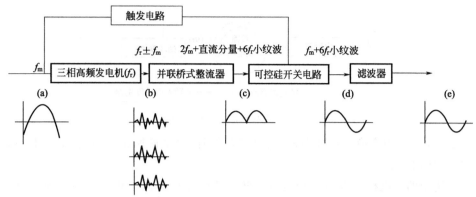

图 8-5　磁场调制发电机单相输出系统原理框图及各部分输出电压波形

　　发电机本身具有较高的旋转频率 f_r，与普通同步电机不同的是它不用直流电励磁，而是用频率为 f_m 的低频交流电励磁（f_m 即为所要求的输出频率，一般为 50Hz），当频率 f_m 远低于频率 f_r 时，发电机三个相绕组的输出电压波形将是由频率为 (f_r+f_m) 和 (f_r-f_m) 的两个分量组成的调幅波（图中波形 b），这个调幅波的包络线的频率是 f_m，包络线所包含的高频波的频率是 f_r。将三个相绕组接到一组并联桥式整流器，得到如图中波形 c 所示的、基本频率为 f_m（带有频率为 $6f_r$ 的若干纹波）的全波整流正弦脉动波。再通过晶闸管开关电路使这个正弦脉动波的一半反向，得到图 8-5 中的波形 d。最后经滤波器滤去纹波，即可得到与发电机转速无关、频率为 f_m 的恒频正弦波输出（波形 e）。

　　与前面的交流/直流/交流系统相比，磁场调制发电机系统的优点有以下几个。

　　①由于经桥式整流器后得到的是正弦脉动波，输入晶闸管开关电路后基本上是在波形过零点时开关换向，因而换向简单容易，换向损耗小，系统效率较高。

　　②晶闸管开关电路输出波形中谐波分量很小，且谐波频率很高，很易滤去，可以得到相当好的正弦输出波形。

　　③磁场调制发电机系统的输出频率在原理上与励磁电流频率相同，因而这种变速/恒频风力发电机组与电网或柴油发电机组并联运行十分简单可靠。

　　这种发电机系统的主要缺点与交/直/交系统类似，即电力电子变换装置处在主电路中，因而容量较大，比较适合用于容量从数十千瓦到数百千瓦的中小型风电系统。

　　(3) 双馈发电机系统　双馈发电机的结构类似于绕线型感应电机，其定子绕组直接接入电网，转子绕组由一台频率、电压可调的低频电源（一般采用交-交循环变流器）供给三相低频励磁电流，图 8-6 给出这种系统的原理框图。

　　当转子绕组通过三相低频电流时，在转子中形成一个低速旋转磁场，这个磁场的旋转速度（n_2）与转子的机械转速（n_r）相叠加，使其等于定子的同步转速 n_1，即 $n_r±n_2=n_1$，从而在发电机定子绕组中感应出相应于同步转速的工频电压。当风速变化时，转速 n_r 随之变化。在 n_r 变化的同时，相应改变转子电流的频率和旋转磁场的速度，以补偿电机转速的变化，保持输出频率恒定不变。

　　系统中所采用的循环变流器是将一种频率变换成另一种较低频率的电力变换装置。半导体开关器件采用线路换向，为了获得较好的输出电压和电流波形，输出频率一般不超过输入

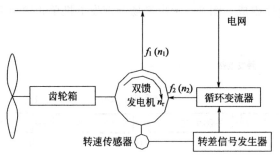

图 8-6　双馈发电机系统原理框图

频率的 1/3。由于电力变换装置处在发电机的转子回路（励磁回路），其容量一般不超过发电机额定功率的 30%。

这种系统中的发电机可以超同步运行（转子旋转磁场方向与机械旋转方向相反，n_2 为负），也可以次同步速运行（转子旋转磁场方向与机械旋转方向相同，n_2 为正）。在前一种情况下，除定子向电网馈送电力外，转子也向电网馈送一部分电力；在后一种情况下，则在定子向电网馈送电力的同时，需要向转子馈入部分电力。

上述系统由于发电机与传统的绕线式感应电机类似，一般具有电刷和滑环，需要一定的维护和检修。目前正在研究一种新型的无刷双馈发电机，它采用双极定子和嵌套耦合的笼型转子。这种电机转子类似于鼠笼型转子，定子类似单绕组双速感应电机的定子，有 6 个出线端，其中 3 个直接与三相电网相连，其余 3 个则通过电力变换装置与电网相连。前 3 个端子输出的电力，其频率与电网频率一样，后三个端子输入或输出的电力，其频率相当于转差频率，必须通过电力变换装置（交/交循环变流器）变换成与电网相同的频率和电压后再联入电网。这种发电机系统除具有普通双馈发电机系统的优点外，还有一个很大的优点就是电机结构简单可靠，由于没有电刷和滑环，基本上不需要维护。

双馈发电机系统由于电力电子变换装置容量较小，很适合用于大型变速/恒频风电系统。

8.4　小型直流发电系统

直流发电系统大都用于 10kW 以下的微、小型风力发电装置，与蓄电池储能器配合使用。虽然直流发电机可直接产生直流电，但由于直流电机结构复杂、价格贵，而且带有整流子和电刷，需要的维护也多，不适于风力发电机的运行环境。所以，在这种微、小型风力发电装置系统中，所用的发电机主要还是交流永磁发电机和无刷自励发电机，经整流器整流后输出直流电。

8.4.1　交流永磁发电机

交流永磁发电机的定子结构与一般同步电机相同，转子采用永磁结构。由于没有励磁绕组，不消耗励磁功率，因而有较高的效率。永磁发电机转子结构的具体形式很多，按磁路结构的磁化方向基本上可分为径向式、切向式和轴向式三种类型。

采用交流永磁发电机的微、小型风力发电机组常省去增速齿轮箱，发电机直接与风力机相连。在这种低速交流永磁发电机中，定子铁耗和机械损耗相对较小，而定子绕组铜耗所占比例较大。为了提高发电机效率，主要应降低定子铜耗，因此采用较大的定子槽面积和较大的绕组导体截面，额定电流密度取得较低。

启动阻力矩是微、小型风电装置的低速交流永磁发电机的重要技术指标之一，它直接影响风力机的启动性能和低速运行性能。为了降低切向式永磁发电机的启动阻力矩，必须选择合适的齿数、极数配合，采用每极分数槽设计，分数槽的分母值越大，气隙磁导随转子位置越趋均匀，启动阻力矩也就越小。

永磁发电机的运行性能是不能通过其本身来进行调节的，为了调节其输出功率，必须另加输出控制电路，但这往往与对微、小型风电装置的简单和经济性要求相矛盾，实际使用时应综合考虑。

8.4.2 无刷爪极自励发电机

无刷爪极自励发电机与一般同步电机的区别仅在于它的励磁系统部分，其定子铁心及电枢绕组与一般同步电机基本相同。

由于爪极发电机的磁路系统是一种并联磁路结构，所有各对极的磁势均来自一套共同的励磁绕组，因此与一般同步发电机相比，励磁绕组所用的材料较省，所需的励磁功率也较小。对于一台 8 极电机，在每极磁通及磁路磁密相同的条件下，爪极电机励磁绕组所需的铜线及其所消耗的励磁功率将不到一般同步电机的一半，故具有较高的效率。另外，无刷爪极电机与永磁电机一样均系无刷结构，基本上不需要维护。

与永磁发电机相比，无刷爪极自励发电机除了机械摩擦力矩外，基本上没有别的启动阻力矩。另一个优点是具有很好的调节性能，通过调节励磁可以很方便地控制它的输出特性，并有可能使风力机实现最佳叶尖速比运行，得到最好的运行效率。这种发电机非常适合用于千瓦级的微、小型风力发电装置。

第9章 特殊用途风力机设计

常规的风力机发电装置安装在大陆上，由增速齿轮箱增速后带动发电机发电。这种风力机发电装置工作在常温下，按常温条件设计风力机零部件。增速齿轮箱有大的增速比，体积大，是发生噪声和故障的源头。因此研制一种不要增速齿轮箱的直接驱动式风力机的技术关键转为低速发电机的设计问题。

我国风力资源丰富的地区在三北地区，这些地区风力大，冬天气温低，按常温条件设计的风力机零部件不能保证风力机安全可靠运行，因此必须对运行在低温地区的风力机的问题进行研究，特别设计零部件。海上风力大、风速风向稳定，开发海上风力发电场也是目前的新技术。

本章简要讨论海上风力机、低温风力机、高原风力机和直接驱动式风力机等特殊用途的风力机。

9.1 海上用风力机设计

海上风电场风速高且稳定，是国际风电发展的新领域。在欧洲北部海域，60m 高度处的平均风速超过 8m/s，比沿海好的陆上场址的发电量高 20%～40%。近海区域空气密度高，风速平稳，风资源丰富且容易预测。陆地、海上风速剖面图比较见图 9-1。

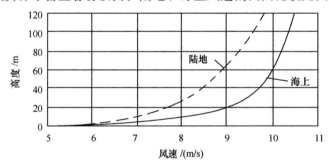

图 9-1 陆地、海上风速剖面图比较

根据海上特点，一些风力机公司都对海上风电机组进行了特别的设计和制造。对海上风电场的建设也做了很多研究，包括对海上风电场的风力资源测试评估、风场选址、基础设计及施工、风电机组安装等，并开发出专门的海上风资源测试设备及海上风电机组的海上安装平台集成。

海上风电发展大致可分为 5 个时期：1977～1988 年，欧洲对国家级海上风电场的资源和技术进行研究；1989～1990 年，进行欧洲级海上风电场研究，并开始实施第一批示范计划；1991~1998 年，开发中型海上风电场；1999~2005 年，开发大型海上风电场和研制大型风力机；2005 年以后，开发大型风力机海上风电场。

1990 年，瑞典安装的 2.2MW 海上风电机是世界上第一台海上风力发电机组。2002 年，丹麦建设了 5 个海上风电场，海上风电总装机容量达 250MW。2006 年，德国海上风机装机容量达 500MW，2010 年装机容量将增至 300 万千瓦，2030 年的长期目标是装机容量将达到 2500 万千瓦。

海上风电场见图 9-2。

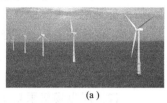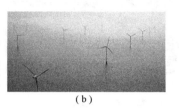

(a)　　　　　　　　　　　　(b)

图 9-2　海上风电场

选择在海上建造风电场的理由是海上有广阔的空间，解决陆上大型风电场场地问题和保护生态、自然景观；海上风力大，沿海岸线的浅海区域是建造海上风电场的理想场地。海上的风力不会受到山脉或建筑物的影响，海上风力比陆地上风力更易预测，湍流较少。建造总效益不比陆地风电场小。建设海上风电场的成本要比陆地风电场昂贵，但海上风机寿命长，年发电量多，因此总效益不比陆地风电场小。

海上风力机设计可以采用与陆地风力机类似的技术。但海上的气候环境严峻，对风机的基础、塔架和控制系统等有特殊的设计要求。

海上风电场通常建造在沿海岸线的海域，这里平均风速较高，离港口较近，同时海床坚固，满足风电场的并网需要。这些区域通常位于海岸线的两公里范围内。海上风力机的运输只能通过小船、驳船或直升飞机运输，因此耗时较多，如图 9-3 所示。

图 9-3　海上风力机运输

海上风力机安装要在驳船上进行。如果场地及风机都准备就绪，在一年的时间内可完成安装和调试 100 台海上风力机。安装一台海上风力机大约要 3 个月左右的时间。海上风力机安装见图 9-4。

9.1.1　近海风电场技术

9.1.1.1　近海风电场的关键技术

(1) 近海风电场开发的基础工作　近海风电场建设基础工作包括海上风电场风能资源测试与评估、风电场选址、基础设计及施工、风电机组安装等。开发专用的海上风能资源测试设备及安装海上风电机组的海上施工平台。其中，海上风电场场址选择包括宏观海上选址和

图 9-4 海上风力机安装

微观选址两个方面。海上风电场规划基于评估、研究地区风能资源、综合考虑电力需求、入网方法和系统状况，以及地质、地貌、航道、鱼类生产等因素，综合进行技术经济分析，达到最优规划目的。

在风电场的开发过程中，前期的风资源评估尤为重要。到目前为止，风资源评估大都是用丹麦实验室开发的 Riso WAsP 软件，该软件主要是基于欧洲地形条件设计的。应用于评估我国近海或海上风资源，仍需做大量的研究工作。

（2）风电场极限功率数学模型 建立近海风电场极限功率计算的数学模型是当前国内外研究的热点。建模时如何考虑电网结构、负荷水平和入网方式等因素的相关研究较少。

（3）风力发电机组并网方式 风力发电机组并网方式有交流并网与直流并网等。交流并网主要研究实现风电场和电网频率一致、动态无功补偿器、防止电缆电容和电网电抗之间出现谐振现象，避免电网故障，影响风电场运行。输电电缆等电气接入系统投资费用高（占16%），且电缆能量损失大。风电场规模较小时，接入电网主要以地区低压配电为主，现在也逐步开始接入 110kV 和 220kV 电网。输电系统导线较细，R/X 比值较大，与系统联系紧密程度的短路容量较低，严重影响风电场的供电质量，并制约风电场规模的进一步发展。

风电场的总体规模与系统短路容量之比与风电场电压的波动密切相关，为了保证电网电压质量，风电场的装机容量不能超过连接点短路容量的某一个百分值。直流联网方式需要配置大容量电力变换器，固定资产投资高，适合长距离输电，与交流输电相比，其高容量的电缆投资和损失都比较小。针对风力发电特点，采用轻型高压直流输电技术可满足输送近海风电到公共电网。

研究近海风电场电网接入和稳定运行并网技术，分析风电场对电力系统的影响，尤其是分析在单机和装机容量不断增加的情况下风机系统较频繁地切入和切出对电力系统的影响。如电网稳定性、可靠性、电能质量，涉及频率稳定性、功角稳定性、电压稳定性等。采取电容器组提供无功功率补偿方式，因容量固定，在风力发电机组输出改变的情况下提供的无功功率补偿势必出现过多或不足现象，也可采用可控静态无功补偿装置提供可变的无功补偿。

（4）飓风影响 对于抑制飓风影响造成电网剧烈波动不理想的情况，采用可控静态无功补偿装置与蓄电池储存装置的组合方式可以同时提供系统所需有功和无功补偿，但增加了一个全容量变频器，引起高次谐波。蓄电池储存装置提供的有功补偿还受到化学反应时间的限制，不可能迅速地提供所需的有功补偿。

9.1.1.2 近海风电研究课题和关键技术

大型风电场正从陆地向海上发展，因为海洋风资源丰富，不占用土地，机位选择空间大，有利于选择场地，受环境制约少，且海上风速高、湍流强度小、风电机组发电量多、风能利用更加充分，其能量收益比沿海陆地风机高 20%～40%。

近海风电投资成本是陆地的一倍，其中，风机（含塔架）占 58%，基础占 20%，电气系统占16%，项目管理占4%，其他占2%。

海上风力发电已引起世界各国重视。德国计划2010年近海风电装机达3000MW，2030年装机达23GW。荷兰计划2020年近海风电装机达6000MW。瑞典计划2019年近海风电装机为3300MW。欧洲规划到2020年近海风电装机达到2.4亿千瓦。

(1) 研究课题　发展近海风电要研究的课题见表9-1。

表9-1　近海风电研究课题

项目名称	主要研究内容
近海风电场建设关键技术	围绕近海风电机组基础结构、环境载荷对基础作用力计算、基础强度设计、基础损伤检测与评价技术、近海风电场选址、近海风电场电力输送技术、近海风电机组的选型、安装、运行和维护技术等开展研究
近海风电机组安装及维护专用设备的研制	围绕近海风电场建设的专用安装及维护设备和专用工具的研制，近海风电场建设所需设备的运输、安装及维护技术开展研究
近海风电场技术、经济分析及对环境的影响评估	针对近海风电场建设作技术、经济分析，对近海风电场对当地生态环境的影响进行评估
近海风电场建设技术手册	针对近海风电场选址，近海风电场基础施工方法，近海风电场风电机组设计技术、选型原则、安装方法，近海风电场电力传输方法开展研究

(2) 近海风电场的关键技术　近海风电场涉及关键技术见表9-2。

表9-2　近海风电场关键技术

关键技术	关键技术内容及特点
1. 基础结构	(1)承受水动力、空气动力双重载荷作用，需要综合考虑风及波浪载荷、支撑结构和风电机组机头的动力学特性以及风电机组控制系统的响应等因素。 (2)基础类型： ①重力基础，如钢筋混凝土重力沉箱，建造、安装技术成熟，属塔筒基础，适合0～10m水深，不足是需要整理海床、体积和重量大、拆除困难； ②单桩基础，无需整理海床，制造相对简单，适合0～30m水深，不足是需要专用安装设备； ③多脚架基础，无需或只需少量整理海床，适合大于20m水深场合，不适合浅海域，同时因增加了冰载荷，船只难以靠近。 (3) 依据为IEC61400-3(海上风电机组的设计要求)
2. 场址选择	考虑因素： ①风资源情况； ②项目建设许可； ③获得场址海域使用权； ④附近电网基本情况，包括陆地变电站位置、电压等级、可接入的最大容量以及电网规划等； ⑤场址基本情况，包括范围、水深、风能资源以及海底地质条件； ⑥环境制约，包括当地旅游业、水中生物、鸟类、航道、渔业和海防等负面影响等
3. 测风	(1)风资源初步评价：借助气象站、石油钻井平台、卫星以及船只的观测资料初步估算发电量。 (2)在场址安装50～80m高测风塔或10m高浮标测风设备，通过综合浮标测得长期数据与测风塔测得短期数据，经相关性分析，减少风能资源评估的不确定性。另外，还可以采用超声波雷达测风仪、激光雷达测风仪测风，特点是安装在低平面、流动平台上测量高空风能资源

关键技术	关键技术内容及特点
4. 现场勘查	(1)采用声呐计全面测量场址和拟定送出电缆路线等区域的水深,绘制等水深地图,为微观选址和送出路线的设计提供依据。 (2)收集场址各处的海底表层土壤数据。 (3)海底钻孔勘查,深度在 20～40m,了解海底地质情况。 (4)现场测量波浪、潮汐和海流等数据,用于计算基础等水下建筑物的水动力学载荷
5. 海上风电机组	(1)同等额定功率机组的风轮直径更大,降低额定风速。 (2)风速随高度的变化率小,轮毂高度降低。 (3)叶尖速比高,因不受噪声限制,机组转速提高 10%～35%,增加发电量,降低转矩,减少传动系统的重量和成本。 (4)提高防腐保护标准,如内部采用密封措施,齿轮箱和发电机的空冷系统的空气通过再循环来实现热交换,避免外界空气的进入,同时在机舱和塔架内安装除湿装置。通过增加塔架壁厚、采用电极防护和镀层措施加强外部防腐保护。 (5)新型结构形式,包括二叶片、下风向、柔性叶片,高压发电机(输出电压为 10kV)和高压输电,如由支流取代交流以减少损耗
6. 吊装	吊装船目前主要采用改装船,投入运行的有 A2SEA 改装船,五月花"决意"号,"跳爆竹"号。其中,五月花"决意"号是世界首艘海上风电机组吊装船,由中国山海关造船厂建造,有六条可以伸缩的支架,作业水深可以超过 35m,还可以安装基础,无需其他船只协助,一次可以装载 10 台风电机组达到指定地点。也有采用机组整体提升和安装的方法
7. 电气传输技术	(1)海上风电机组按一定规律排布,串联在一起形成若干独立的组,分别与海上升压变电站相连接,如 35kV/150kV,还开发专用的硅树脂冷却变压器,密封性好,无需特殊外壳就能够在恶劣环境(潮湿和盐雾)中运行。 (2)采用新型直流输电技术(HVDC)联网,降低网损耗,改善电能质量等
8. 系统接入与稳定运行	近海风电场电网接入和并网技术,包括电网稳定性、可靠性等以及风电场并网控制策略

(3) 近海风电场系统优化设计关键技术

①近海风电场优化配置与评估　采用数据挖掘及智能聚类处理技术,综合多种预测方法,建立风速组合预测模型。

a. 风能资源评估分析。进行技术和经济性评估,以正确地选择风电场场址,包括测风数据的处理、统计、预测及数据反演分析方法、风资源评估、风力发电机组和风电场年发电量评估。

b. 建立近海风电场极限穿透功率计算的数学模型。确定近海风电场极限穿透功率与电网结构、负荷水平和入网方式之间的函数关系。

c. 近海风电场可靠性分析。建立风能资源对风电场可靠性影响的数学模型。

d. 建立各种发电形式并存时最佳比例计算的数学模型。确定风电比例不当对电网造成影响的量化指标。

e. 建立考虑近海风电资源分布与电网结构的近海风电场最优规划数学模型。

② 近海风电场电气传输技术

a. 综合研究交流并网、基于轻型 HVDC 的发电机集中控制并网和基于轻型 HVDC 的发电机分散控制并网三种并网方案，结合经济、技术比较，提出近海风电场电气传输设计方案。

b. 风电场的最大安装容量和风电机组的控制方式、功率因数与并网点电压等级等相关。通过稳态分析及暂态分析，针对不同近海风电场辅助确定风电机组运行控制方式、并网点电压等级，研究风电场的动态优化，确定最优化模型。

c. 针对风电场电压波动、闪变和谐波等电能质量采取无功、电压控制等方式，改善风电场并网运行电能质量。

③ 近海风电场系统接入与稳定运行

a. 近海风电场电网接入和并网技术包括电网稳定性、可靠性等，如频率稳定性、功角稳定性和电压稳定性。风电场并网运行的电压稳定性属于小干扰电压稳定性问题，通常作为静态问题来分析。

b. 风电场并网控制方案研究。与固定转速风电机组相比，变速/恒频风电机组对改善风电场并网运行电压稳定性有一定的作用。通过研究风电场的无功、电压调节、频率控制方案及方法，确保风电场并网运行时电压稳定和可靠，并提高并网成功率和风电场故障穿越能力。

(4) 海上风电技术关键

① 采用数据挖掘及智能聚类处理技术，综合多种预测方法，建立风速组合预测模型。

② 研究建立近海风电场极限穿透功率计算最优数学模型，采用高效子群优化技术求解该模型，并定量研究风电穿透功率极限与电网结构、负荷水平和入网方式之间的关系。

③ 研究近海风电场可靠性及经济性指标。建立风资源对风电场可靠性影响的数学模型，考虑电网结构、入网方式等，利用蒙特卡罗仿真研究风能参数对风电场可靠性及经济性影响。

④ 建立多种发电形式并存时风电最佳比例计算数学模型，确定风电比例不当对电网造成影响的量化指标。

⑤ 建立考虑近海风资源分布与电网结构的近海风电场最优规划数学模型。

⑥ 综合研究交流并网、基于轻型 HVDC 的发电机集中控制并网和基于轻型 HVDC 的发电机分散控制并网三种并网方案。结合经济、技术比较，提出近海风电场电气设计方案。

⑦ 风电场最大安装容量和风电机组的控制方式、功率因数与并网点电压等级等相关。通过稳态分析及暂态分析，针对不同近海风电场确定风电机组运行控制方式、并网点电压等级。研究风电场动态优化潮流，确定最优潮流模型。以有功网损最小为目标，假设分析周期由 n 个时段组成，确定目标函数。

建立等式约束，对于动态优化潮流，要满足各时段节点潮流方程。建立不等式约束，包括发电机出力、节点电压、支路功率以及风电场无功补偿容量等约束，还考虑发电机组爬坡速率约束。内点法具有收敛迅速、稳定性强、对初值不敏感等特点。风电场的优化潮流计算是一个多时段优化问题，对计算精度和计算速度有较高要求。为弥补以前算法不足，改进内点算法求最优潮流。

⑧ 风电场电压波动、闪变和谐波等电能质量问题一直存在。通过对无功、电压控制方

式以及风电场方式的研究，可改善风电场并网运行的电能质量。风电场输出可变功率会影响电力系统运行，引起系统不稳定、带来许多问题。包括线路传输容量越限、频率和电压不稳定、发电量和用户耗电量不平衡等。

并网系统的功率不仅与近海风电场的注入功率有关，还与系统运行方式、风电场与系统联络线的电抗与电阻的比值大小有关。因此，改变风电场与系统联络线的电抗与电阻比值能改变注入并网系统的功率。特别是在风速变化时，同步地改变线路电抗与电阻的比值可以保持并网系统功率的恒定。静止同步串联补偿器（简称 SSSC）在并网系统中对抑制风电场功率波动有作用。

⑨ 研究近海风电场电网接入和并网技术。分析近海风电场对电力系统的影响，包括电网稳定性、可靠性等，根据所研究的扰动大小及时域范围，将电压稳定性分为小干扰、暂态和长期电压稳定性。小干扰电压稳定性是指系统遭受任何小干扰后，负荷电压恢复到扰动前电压水平的能力。暂态电压稳定性是指系统遭受大扰动后，负荷节点维持电压水平的能力。长期电压稳定性是指系统遭受大扰动或者负荷增加、传输功率增大时，在 $0.5 \sim 30 \text{min}$ 内负荷节点维持电压水平的能力。

风电场并网运行的电压稳定性属于小干扰电压稳定性问题，通常作为静态问题分析。采用基于潮流分析的电压稳定 $P\text{-}V$ 分析方法和 $Q\text{-}V$ 曲线法。

⑩ 风电场并网控制方案研究。变速/恒频风电机组对改善风电场并网运行电压稳定性有一定作用。通过研究风电场的无功及电压调节、频率控制策略及方法，实现风电场并网运行。确保电压稳定、可靠，并提高并网成功率、风电场故障穿越能力。近海风电场功率由风速决定，可调度性差，需要研究风电场系统调度问题。

结合负荷变化情况以及气象预报等信息，合理、科学安排风电场发电，预测风电场出力、研究风力发电机组组合等问题。采用非线性控制、模糊控制、神经网络等智能控制算法，用 Digsilent、PSCAD/EMTDC、PSS/E、Matlab/Simulink 等软件建立近海风电场并网模型，研究风电场并网控制策略等。

风能的规模化、低成本利用需要解决大功率风电机组与近海风能规模化利用中的关键技术问题，实现高效率、高可靠性和低成本，近海风能利用潜力极大。

近海风电机组容量大，现已商业运行的海上风力发电机组单机容量已达 5MW。要解决风力机防腐（盐雾引起）、海上风机基础建设等问题。随着近海风电规模化发展，基础设计建造以及吊装等技术的成熟，近海风电成本可降低 20% 以上。

9.1.2　浅海风电场投资概算

(1) 风电上网电价分析　风力发电成本一般由两部分构成：一部分是风电场建设成本，即投资额，这是构成风电成本的主要部分；另一部分是运行维护成本，主要取决于风电设备的可靠性及风电场管理水平。

风电成本 C（元/kW·h）可由下式计算：

$$C = \frac{A+M}{E_C} = \frac{A}{E_C} + m \tag{9-1}$$

式中，E_C 为每千瓦装机年发电量，kW·h/kW；M 为年运行维护费，元；m 为每度电运行维护费，元；A 为年投资等额折旧，元。

A 可由下式计算：

$$A = P \frac{i(1+i)^n}{(1+i)^n - 1} \tag{9-2}$$

式中，P 为每千瓦投资，元/kW；i 为贷款利率，%；n 为折旧年限，年。

考虑到国产化、规模扩大对成本的递减效应及国家政策支持，取浅海风电场单位千瓦投资额 $P = 10000$ 元/kW，$i = 5\%$，$n = 20$，$E_c = 365 \times 24 \times 0.72$ kW·h，可得：

$$C = \frac{10000 \times \dfrac{5\%(1+5\%)^{20}}{(1+50\%)^{20} - 1}}{365 \times 24 \times 0.27} + 0.005 \approx 0.335 \text{（元）} \tag{9-3}$$

(2) 浅海风电场成本　如果浅海风电场中的机组发电量全部并网，则容量系数可达 0.34，预计风电机成本为 2000 元/kW。再加上相应的管理成本和基础建设投资，运行后的整个浅海风电场实际成本为 3500 元/kW。由式（9-1）～式（9-3）可得在并网情况下风电电价为：

$$C = \frac{3500 \times \dfrac{5\%(1+5\%)^{20}}{(1+50\%)^{20} - 1}}{365 \times 24 \times 0.34} + 0.005 \approx 0.099 \text{（元）}$$

如果浅海风电场有 5/6 的发电量用于非并网直接应用，加上风能利用区间从 3～12m/s 扩大到 3～14m/s，则容量系数可达 0.40。浅海风电场实际成本为 3200 元/kW，由式（9-1）～式（9-3）可得在并网情况下风电电价为：

$$C = \frac{3200 \times \dfrac{5\%(1+5\%)^{20}}{(1+50\%)^{20} - 1}}{365 \times 24 \times 0.40} + 0.005 \approx 0.07 \text{（元）}$$

若风机风能完全利用区间从 3～12m/s 扩大到 3～16m/s，容量系数可达 0.60，浅海风电场实际成本仍设定为 3200 元/kW，风电电价可以达到：

$$C = \frac{3200 \times \dfrac{5\%(1+5\%)^{20}}{(1+50\%)^{20} - 1}}{365 \times 24 \times 0.60} + 0.005 \approx 0.054 \text{（元）}$$

9.1.3　海上风力发电技术

(1) 海上风力机设计技术　海上风力机的特点是离岸并在海中。离岸产生的额外成本主要包括海底电缆和风力机基础成本。额外成本取决水深和离岸的距离，与风力机的尺寸关系不大。因此，对选定功率的风场宜采用大功率风力机，以减少风力机个数，从而减少基础和海底电缆的成本。

海上风力机是在陆地风力机基础上，针对海上风场环境，适当改进设计，具有以下特点。

①高翼尖速度　陆地风力机优化设计着重降低噪声，而海上风力机优化设计则以极大化空气动力效益为目标。采用高翼尖速度、小桨叶面积，使海上风力机的结构和传动系统设计较简单。

②变桨速运行　高翼尖速度桨叶设计有高的启动风速和大的气动损失，采用变桨速设计可改善气动性能，风力机在额定转速附近有最大效率。

③减少桨叶数量　现在大多数风力机采用 3 桨叶设计，存在噪声和视觉污染。采用二桨叶设计可降低制造、安装等成本，但会产生附加气动力损失。

④新型高效发电机　研制结构简单、高效的发电机，如直接驱动同步环式发电机、直接驱动永磁发电机、线绕高压发电机等。

⑤海洋环境下风力机的其他部件设计　海洋环境下要考虑风力机部件在海水和高潮湿气候环境下的防腐问题。塔筒应具有升降设备满足维护需要；变压器和其他电器设备可安放在上部吊舱或离海面一定高度的下部平台上；控制系统要具备岸上重置和重新启动功能；备用电源用来在特殊情况下使风力机能安全停机。

(2) 风力机基础支撑技术　海上风力机基础支撑主要有底部固定式支撑和悬浮式支撑两类。底部固定式支撑有重力沉箱基础、单桩基础、三脚架基础等三种方式，见图9-5。

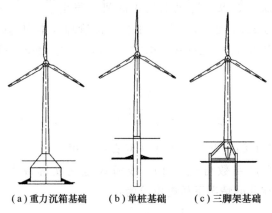

（a）重力沉箱基础　　（b）单桩基础　　（c）三脚架基础

图9-5　海上风电场底部固定式支撑方法

①重力沉箱基础　重力沉箱基础见图9-6。重力沉箱基础用沉箱自身质量使风力机矗立在海面上。在风场附近的码头，用钢筋混凝土建造沉箱，然后使其漂至安装位置。用沙砾装满，以获得必要的质量，继而将其沉入海底。海面上基础呈圆锥形，可减少海上浮冰碰撞。一般海上风电场的海水深变化范围为2.5～7.5m，每个混凝土基础的平均质量为1050t。进一步用圆柱钢管取代钢筋混凝土沉箱，将其嵌入到海床里。该技术适用于水深小于10m的浅海地区。

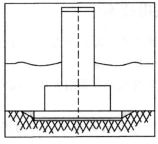

图9-6　重力沉箱基础

②单桩基础　单桩基础（图9-7），由直径5～4.5m、厚30～60mm钢管构成，有一个过渡段固定在单桩上部，在海底钻孔将桩打入。

钢桩安装在海床下18～25m的地方，深度由海床地面的类型决定。单桩基础有力地将风塔伸到水下及海床内，这种基础的优点是不需整理海床，但需要重型打桩设备，还需要防止海流对海床的冲刷。该技术适用范围是海水深小于25m的海域。

③三脚架基础　三脚架基础（图9-8）吸取了海上油气工业中的一些经验，采用了质量

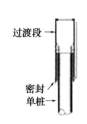

图 9-7　海上风电场单桩基础

图 9-8　海上风电场三脚架基础

轻、价格低的三脚钢套管。

风塔下面的钢桩焊在钢架上，这些钢架承担和传递塔身载荷。钢桩被埋置于海床下10～20m 的地方。

悬浮式支撑有浮筒式和半浸入式两种，主要应用于水深 75～500m 的范围，见图 9-9。

①浮筒式支撑　浮筒式基础被 8 根缆索固定在海面上，缆索与海床相连，风力机塔筒通过螺栓固定在浮筒上。

②半浸入式支撑　主体支撑结构浸在海水中，通过缆索与海底的锚锭连接。该形式受波浪干扰较小，可以支撑 3～6MW、旋翼直径为 80m 的大型风力机。

9.1.4　漂浮式海上风电场

(1) 漂浮式海上风力机基础　漂浮式海上风力发电机的成本比火电厂的发电成本更低。漂浮式风力发电机安置在海边的强风区域，成本低、无方向性，用漂浮式垂直轴风力发电机来发电。

漂浮式风力机的基础有三种：流体静态平衡式、重力摆锤式和水下锚系式，见图 9-10。漂浮式海上风力机基础概念见图 9-11。

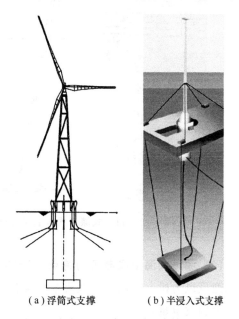

（a）浮筒式支撑　　　（b）半浸入式支撑

图 9-9　海上风电场悬浮式支撑方式

（a）流体静态平衡式　　　（b）重力摆锤式　　　（c）水下锚系统

图 9-10　漂浮式风力机基础

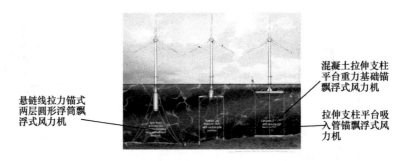

图 9-11　漂浮式海上风力机基础概念

还有一些新的漂浮式风力机的基础设计，如图 9-12、图 9-13 所示。

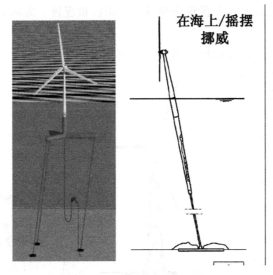

图 9-12　TLP 式漂浮式海上风力机　　　图 9-13　柱形浮筒漂浮式海上风力机

（2）漂浮式海上风电场的特点　新的安装方法可以显著降低海上风电的安装成本：a. 不用迎风风力机，使用一种低成本的漂浮式垂直轴风力机；b. 把风电场置于强风区域，将大大增加发电量。

通过上述两种方法可以有效地降低海上风电的成本。

在世界上许多地区，海上的平均风速超过 10m/s。而风能与风速的 3 次方成正比，因此如果风速增加 58.7％时，风力将增加 3 倍。但是强风往往出现在离岸较远的深海，因此必须研发一种能用于深海的漂浮式垂直轴风力机。漂浮式垂直轴风力机概念图见图 9-14。整台垂直轴风力机技术加上海上平台技术完全可以实现漂浮式垂直轴风力机设想。

运行表明，漂浮式垂直轴风力机的成本低、耐用性好。美国加州两家大型风力发电厂已安装、运行了 500 多台低成本的漂浮式垂直轴风机。

9.1.5　海上风力机

（1）850kW 海上风力机　是德国引进技术，按德国劳氏船级社规范设计，并通过认证，

图 9-14　漂浮式垂直轴风力机概念图

已在风电场正常运行 7 年。850kW 海上风力机各项数据见表 9-3 和表 9-4。

表 9-3　850kW 海上风力机技术数据

项　　目		参　　数
叶轮	叶轮直径/m	56.3
	扫风面积/m²	2490
	轮毂高度/m	70
	转速/(m/s)	13～25
	功率调节方式	变桨变速
	切入风速/(m/s)	3
	切出风速/(m/s)	25
	额定风速/(m/s)	11.5
发电机	型式	4 极,同步,IP54
	额定输出功率/kW	850
	电压/V	690
发电机	频率/Hz	50
	转速/(r/min)	1000～2000
	满载功率因素	1.0
齿轮箱		一级行星,二级平行轴
塔架形式		锥形
刹车系统	空气刹车	全顺桨
	机械刹车	液压盘式
安全等级		IEC TC3A
安全风速(3s)/(m/s)		52.5

表 9-4   850kW 海上风力机功率和风能利用系数

风速 V/(m/s)	功率 P_e/kW	风能利用系数 C_P
3		
4	22.9	0.23
5	67.1	0.35
6	121.9	0.39
7	213.7	0.41
8	326.7	0.42
9	466.1	0.42
10	629.6	0.41
11	831.9	0.41
12	850	0.32
13	850	0.25
14	850	0.2
15	850	0.16
16	850	0.13
17	850	0.11
18	850	0.09
19	850	0.08
20	850	0.07
21	850	0.06
22	850	0.05
23	850	0.04
24	850	0.04
25	850	0.03

850kW 海上风力机（叶轮直径为 92.8m）的功率曲线见图 9-15。850kW 海上风力机年发电量曲线见图 9-16。

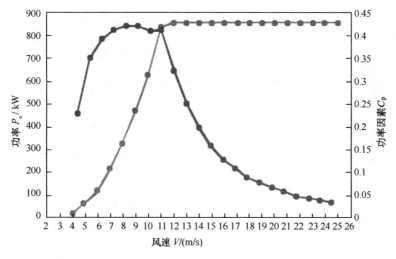

图 9-15　850kW 海上风力机（叶轮直径 92.8m）的功率曲线

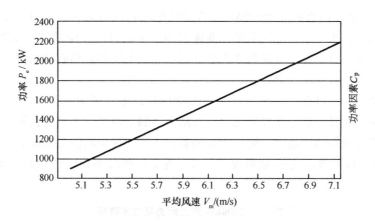

图 9-16　850kW 海上风力机年发电量曲线

（2）1500kW 海上风力机　1500kW 海上风力机技术数据见表 9-5。

表 9-5　1500kW 海上风力机技术数据

	机型	SL1500/60	SL1500/70	SL1500/77	SL1500/82
机组	风区类型	IECS	IEC Ⅰ/Ⅱ	IEC Ⅱ/Ⅲ	IEC Ⅱ/Ⅲ
	额定功率/kW	1500			
	切入风速/(m/s)	3			
	切出风速/(m/s)	25		20	
	额定风速/(m/s)	14	12	11	10.5
	生存风速/(m/s)	80	70/59.5	59.5/52.5	59.5/52.5
	运行环境温度/℃	常温型－15～＋45，低温型－30～＋45			
	生存环境温度/℃	常温型－25～＋45，低温型－45～＋45			
叶轮	叶轮直径/m	60	70.4	77.4	82.9
	叶片长度/m	29	34	37.5/38	40.25
	叶片数量	3			

齿轮箱	结构型式	2级行星轮＋1级平行轴齿轮			
发电机	型式	双馈异步感应电机，水冷却方式			
	额定输出电压/V	690			
	频率/Hz	50/60			
	功率因数	容性0.95～感性0.9			
	额定转速/范围/(r/min)	1800/1000～2000(50Hz) 2096/1200～2400(60Hz)			
变桨系统	驱动控制	电机＋减速机			
偏航系统	型式	主动式			
	驱动控制	电机＋减速机			
控制系统	控制方式	PLC＋远程监控			
塔筒	型式	钢制锥形塔筒			
	轮毂高度/m	65	65	65/70/80	65/70/80/100

（3）2000kW海上风力机 2000kW双馈式风电机组由海装公司与外国公司合作开发。三叶片式、上风向、水平轴、电气变桨、变速恒频、主动对风、传动链采用两点支撑原理，可适应积雪、结冰、沙尘和低浓度盐雾等恶劣环境。最大优势是拥有超高的发电量，高的安全可靠性、技术先进性及设计合理性。

产品主要特点有：机组的发电量高、电能质量高；适应低温和高海拔环境；防沙尘设计；电网适应性好、具有低电压穿越能力；采用集中润滑系统；先进的齿轮箱油过滤及冷却系统；双轴承支撑结构的传动链；膜片式联轴器；完善的保护功能；完善的控制系统功能。

2000kW海上风力机的各项数据见表9-6、表9-7和图9-17、图9-18。其外形图见图9-19。

表9-6 2000kW海上风力机技术数据

项 目		参 数	
叶轮	叶轮直径/m	82.4	92.8
	轮毂高度/m	80	100
	功率调节方式	变桨变速	
	切入风速/(m/s)	3	
	切出风速/(m/s)	25	
	额定风速/(m/s)	12	10.5
发电机	型式	双馈异步发电机	
	额定输出功率/kW	2068	2068
	电压/V	690	
	频率/Hz	50	
齿轮箱传动比		103.3	117
塔架形式		锥形	
刹车系统	空气刹车	全顺桨	
	机械刹车	高速轴刹车盘	

项　目	参　数	
安全等级	IEC TC2A＋	IEC TC3A
安全风速(50年,3s)/(m/s)	70	52.5

表 9-7　2000kW 海上风力机功率和风能利用系数

风速 V/(m/s)	功率 P_e/kW	风能利用系数 C_P
3.0	13.2	0.448
4.0	67.5	0.474
6.0	186.5	0.474
6.0	352.3	0.474
7.0	591.3	0.474
8.0	907.3	0.474
9.0	1309.5	0.474
10.0	1786.9	0.467
11.0	2000.0	0.391
12.0	2000.0	0.301
13.0	2000.0	0.236
14.0	2000.0	0.189
16.0	2000.0	0.154
16.0	2000.0	0.127
17.0	2000.0	0.106
18.0	2000.0	0.089
19.0	2000.0	0.076
20.0	2000.0	0.065
21.0	2000.0	0.056
22.0	2000.0	0.049
23.0	2000.0	0.043
24.0	2000.0	0.038
26.0	2000.0	0.033

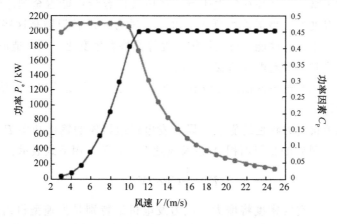

图 9-17　2000kW 海上风力机功率曲线

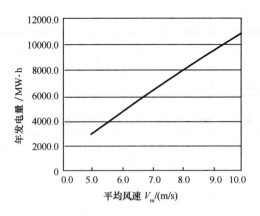

图 9-18　2000kW 海上风力机年发电量曲线图

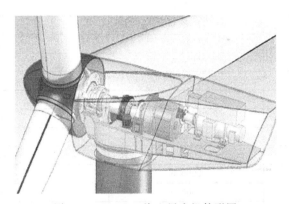

图 9-19　2000kW 海上风力机外形图

9.2　低温地区风力机设计

9.2.1　低温环境对风力发电机组的影响

风力资源非常丰富的地区往往气温也低。风电装机容量可能占全国总装机容量的 76% 强。这些地区冬季温度低，最低温度低于 −30℃。风力机低温问题是这些风电场的共同问题，低温机组运行、零部件性能、机组可维护性等都将发生变化，可能造成风力发电机组超设计能力，情况严重时会引起严重的安全事故。

目前，低温风力发电机组的设计还没有标准，一般按标准设计加上专项技术措施，以保持机组低温安全运行。

(1) 低温对风力机出力特性的影响　风力发电机组风轮的输出功率 P 与风轮的气动效率 C_p、空气密度 ρ、风轮的扫风面积 A 以及风速 V_W 有关，用下式表示：

$$P=\frac{1}{2}C_\mathrm{P}\rho A V_\mathrm{W}^3 \tag{9-4}$$

随冬季温度降低，空气密度将增大。风力发电机组特别是失速型机组的额定出力将增加，可能出现过载现象。夏天气温上升，空气密度将下降，将导致机组的出力下降。在冬夏温度变化比较大的地区，需要对影响出力的叶片安装角等参数进行优化设置和必要的处理，尽量降低因空气密度变化带来的不利影响。

叶片翼型的气动力也受到表面粗糙度和流体雷诺数的影响。冬季容易出现雾凇，在叶片表面"结晶"，粗糙度增加，会降低翼型的气动性能。在风雪交加的气候，空气的黏性和雷诺数都将发生很大变化，翼型的最大升力系数和失速临界攻角等特性均会发生较大变化。

（2）低温对主要零部件的影响

①低温对金属机件的影响　不同种类材料的零部件受低温的影响是不同的，对于金属机件，应根据载荷、应力予以区别。例如，传动系统中的齿轮箱、主轴等承受冲击载荷，这类零部件需重点防止低温时的脆性断裂，提高材料和机件的多次冲击抗力。材料的化学成分、冶炼方法、晶粒尺寸、轧制方向、应变时效以及冶金缺陷等是影响冲击韧度和冷脆转变温度的主要因素，在设计时应重点考虑。

采取适当的热处理方法（淬火＋中温回火）能显著提高材料多次冲击抗力。避免应力集中、表面冷作硬化和提高零件的表面加工质量等措施均能提高多冲载荷下的破断抗力。还要避免在低温情况下出现较大的冲击载荷，例如在风速较高时机组频繁投入切出、紧急制动等工况对机组的影响就非常不利，应采取措施，降低发生的概率。

承受循环载荷的部件，如机舱底板和塔架，一般是大型焊接件，此类零件在高寒地区环境温度下存在低温疲劳问题。试验结果表明，所有的金属材料的疲劳极限均随温度的降低而提高，缺口敏感性增大。因此，焊缝将成为影响低温疲劳强度的关键环节。焊缝的抗疲劳能力主要取决于焊接质量和焊缝型式，焊缝中存在大的缺陷非常容易引起低温脆断破坏。

因此，在考虑低温塔架的设计选材时，如果过分强调材料的低温冲击性能，选择 D 等级甚至 E 等级的钢，而焊缝仍按常规设计，就达不到预期效果。采用价格贵的高韧性钢也不经济。中等韧性的低合金结构钢，如 16Mn 及 Q345C，低温性能和焊接性能都好，用途广泛、大批量生产、质量稳定可靠，已广泛应用在重要的大型焊接结构和设备上。

选择这个等级的钢材制作塔架等结构件能够满足我国低温环境的要求。但焊缝要采取防止低温脆断的技术措施，包括避免焊缝应力集中，采取预热和焊后热处理等，以改善焊缝、热影响区、熔合线部位的性能，避免未焊透，加强无损探伤检验，定期检查等技术措施，保障设备的安全工作。

②低温对复合材料机件的影响　复合材料如玻璃纤维增强树脂具有较好的耐低温性能，选用适合低温环境的结构胶生产叶片就能满足叶片在 -30℃ 运行的要求。但要注意，由不同材料制作的零部件由于热膨胀系数不同，在低温时配合状态会发生变化，可能影响机构的正常功能，在设计时要考虑胀差。

③低温对电子电气器件的影响　电子电气器件功能受温度影响也大，选用耐低温的元器件成本昂贵甚至难做到。采取在柜体内加热、保持局部环境温度的方法简单有效。

④低温对油品性能的影响　风力发电机组所使用的油品受到温度的影响也较大。一般要求润滑油在正常的工作温度条件下需具备适当的黏度，以保持足够的油膜形成能力。温度越低，油的黏度越大。例如，XMP320 润滑油 40℃ 的黏度为 320cSt，-38℃ 低温时油的流动性很差，机组在这种情况下难以运转。需要润滑的部位得不到充分的润滑油供给，会危及设备的安全运行。可以通过加热，使油温维持到正常水平。

⑤低温对基础性能的影响　基础需要考虑的低温影响主要是冻土问题。冻土中因有冰和未冻水存在，故在长期载荷下有强烈的流变性。长期载荷作用下的冻土极限抗压强度比瞬时载荷下的抗压强度要小很多倍，且与冻土的含冰量及温度有关。这些情况应在基础设计施工

时考虑。

9.2.2 低温对风轮机叶片的影响

风电场风力发电机组面临特殊自然环境条件，如高温、低温、台风、雷击、风沙和各种腐蚀等的影响，给风力发电机组的设计、制造、运行和维护等带来很多特殊问题。

风轮机叶片是风力机组核心部件，成本高、工作环境恶劣和维护困难，特别是低温环境，对风轮机叶片的影响更大。由低温诱导失速，风轮机叶片产生失速振动，导致叶片破坏、影响机组正常运行等。

(1) 定桨距失速控制型风力机叶片损坏和原因分析 对于定桨距失速控制型风力发电机组，如果风电场的环境温度低于−20℃，风速超过额定点以后（大约16～18m/s），在风力发电机组会发生无规律的、不可预测的叶片瞬间振动现象，即叶片在旋转平面内的振动。这种振动有时会发散，导致机组振幅迅速增加，造成机组停机，影响机组正常发电。这种振动对叶片有害，它会导致叶片后缘结构失效，产生裂纹。这种叶片损坏占总量的1％左右。600kW风力机叶片也发生过这种损坏。

通过大量计算、试验分析认为，横振方向振动的根源是由于失速运行时的气动激振力产生的。原因是叶片失速后气动阻尼变为负值，振动系统总阻尼为负值，系统发作不稳定的气动弹性振动。这种振动是发散的，它与叶片翼型的静态、动态空气动力特性、叶片型线分布、叶片结构特性（结构阻尼）等有关。复合材料叶片在低温时材料的阻尼也下降，最后导致总的阻尼下降。

通过全尺寸气动弹性分析计算和实测比较显示，机组的支撑机构（如机舱和塔架等）特性对叶片横振方向的振动也很重要。振动叶片与支撑结构交换能量，在这种能量交换过程中，叶片固有频率相对于机组俯仰-偏航耦合模态频率影响大。

(2) 解决措施 横振方向上的振动是由失速运行时的空气动力产生的，气动阻尼变负，结构阻尼下降。因此，解决此问题的主要措施就是要增加系统的阻尼，通过阻尼消耗掉这部分能量。

① 增加叶片结构阻尼 阻尼是减振的最有效措施。研究表明，如果叶片结构阻尼达到5％以上时，可以有效减缓横振方向上振动的发生。因此，最根本的办法是提高复合材料叶片结构本身在低温时的结构阻尼。低温对复合材料叶片结构阻尼影响较大，特别是环境温度低于−20℃时，叶片自身的结构阻尼会下降。必须用特殊的阻尼材料提高复合材料叶片低温时的结构阻尼。

对不同的阻尼材料、阻尼结构、阻尼位置等，对叶片结构阻尼的影响进行了大量的试验分析，最终证明，通过选用合适的阻尼材料、阻尼结构及合理的阻尼结构，可以有效提高叶片的结构阻尼，结构阻尼在3％～5％范围，这种形式的阻尼结构证明是有效的。

② 改变叶片气动阻尼 改变翼型局部形状，使翼型的气动性能发生改变，来增加翼型的气动阻尼。最有效的方法是在叶片局部前缘加装失速条。这种方法可以有效降低叶片横振方向振动，使叶片横振方向振动延迟到切出风速以后。安装失速条同时也降低了风轮的功率输出，可以利用涡流发生器来提高风轮的输出功率。

③ 叶片内部加装阻尼器 也可以利用在叶片内部安装阻尼器的方式来降低叶片横振方向的振动。这种阻尼器可以是机械的，也可以是流体的。缺点是结构复杂，而且这种结构阻尼器只能在很窄的频率范围内起作用。

④利用减振器消除机舱横振 利用在机舱尾部加装机械减振器的方法消除或降低叶片横振方向的振动，但结构较复杂。

⑤合理设计支撑结构 机组总体设计时，合理确定支撑结构特性，以达到避免横振方向振动的目的。使用同样型号叶片的不同机组，对低温失速导致的振动也可能是不同的。有的定桨距失速型机组就没有低温失速导致的振动。

9.3 高原高寒地区风力机设计

西藏境内，地势高，地形复杂，台地、山峰、河谷、湖泊等众多，为世界最高、最大的高原主体。特殊地理位置、地形地貌形成了独特的西藏高原气候。大力开发西藏较丰富的风能和太阳能资源是解决西藏电力供应需求的重要途径。西藏这样一个环境气候条件十分恶劣，风力发电的应用有很多待研究问题。

9.3.1 高原环境空气密度对风力发电的影响

(1) 空气密度随海拔高度的变化 根据气体状态方程式求得空气密度与海拔高度的关系为：

$$\rho_H = \rho_0 \left(1 - \frac{\alpha H}{T_0}\right)^{4.26} \tag{9-5}$$

式中，ρ_H 为海拔高度为 H 时的空气密度；ρ_0 为标准状态下的空气密度，海平面在摄氏零度气温条件下空气的密度是 1.292 kg/m³；H 为海拔高度，m；T_0 为绝对温度，为273℃；α 为空气温度梯度，约为 6.5 K/km。

大气压力和空气密度随海拔高度的变化见表 9-8。

表 9-8 大气压、空气密度与海拔高度的关系

海拔高/m	0	1000	2000	3000	4000	5000
空气密度/(g/m³)	1292.0	1166.7	1050.4	943,2	843.7	753.2
相对空气密度	1	0.9	0.81	0.73	0.65	0.58

(2) 空气密度对风力发电的影响 由贝兹理论，叶轮从风源吸收的理想最大功率为：

$$P_{\max} = \frac{8}{27}\rho A V^3 \tag{9-6}$$

由常温标准大气压力下空气密度值为 1.225kg/m³，在海拔 4000m 以上的地区，相对空气密度只有 0.65，对相同参数的风轮机，在两种空气密度下所获得的最大功率对比为：

$$\frac{P_{(1)\max}}{P_{(0)\max}} = \frac{\rho_1}{\rho_0} = 0.65 \approx \frac{2}{3} \tag{9-7}$$

式中，ρ_1 为海拔 4000 m 处空气密度；ρ_0 为常温标准大气压力下空气密度。

即相同参数的风轮机叶轮在相同风速下在西藏地区只能获得内地地区最大功率的 2/3。由此可见，在西藏地区，空气密度对风轮机提取能量的影响十分显著，风力机在西藏地区应用时，必须考虑空气密度随高度变化的影响。

9.3.2 高原环境大气温度对风力发电的影响

(1) 大气中温度随海拔高度的变化 温度随海拔高度的增加而降低是大气对流层的特

征。根据观测记录，可以认为竖直温度梯度等于 5℃/1000m。气温与海拔高度的关系见表9-9。

表9-9　气温与海拔高度的关系

海拔高/m	1000	2000	3000	4000
最高温度/℃	40	35	30	25
最低温度/℃	20	15	10	5

（2）大气温度变化对风力发电的影响

① 温度变化对功率输出的影响　根据风能转换原理，风力发电机组的功率输出主要取决于风速，气压、气温和气流扰动等因素也显著地影响其功率输出。由于功率曲线是在空气标准状态下测出的，这时空气密度 $\rho = 1.225$ kg/m³。当气压与气温变化时，空气密度 ρ 会跟着变化，一般当温度变化为 ±10 ℃时，相应的空气密度变化为 ±4%。

定桨距风力发电机组的桨叶失速性能只与风速有关。只要达到叶片气动外形所决定的失速风速，不论是否满足输出功率，桨叶失速性能都要起作用，影响功率输出。通常在内陆地区冬季与夏季对桨叶的安装角作一次调整，便可适应变化。由于西藏地区大气温度日差大，平均约为 15℃左右，引起空气密度变化显著，风力发电机组输出功率波动较大。因此，定桨距风力发电机组不适于在西藏地区应用。

② 风电机组的覆冰　西藏地区气候变化急剧，温差幅度较大。除喜马拉雅山南坡外，其余各地都有不同程度的霜冻现象，藏北高原最为严重，无霜期不超过 70 天。喜马拉雅山北麓及丁青、索县等海拔 3800～4200 m 之间的地区次之，无霜期只有 100 天左右。

处于临界状态的雨、雪、雾、露遇到低温的设备和金属结构表面会结冰，覆冰对电力系统安全运行危害较大。风轮机桨叶的覆冰会带来风轮运行的不平衡，风速、风向仪和风速平衡装置的覆冰将影响机组的运行和控制。

③ 对发电机的影响　温差大易引起发电机绕组表面冷凝，可在发电机内部安装电加热器。

9.3.3　高原雷暴的影响

（1）雷击危害　雷击是影响风力发电机组运行安全的重要因素。德国风电部门对该国风电机组的故障情况进行了统计，结果显示，德国风电场每年每百台风机的雷击率基本在 10% 左右。在所有引发风电机组故障的外部因素（如风暴、结冰、雷击以及电网故障等）中，雷击约占 25%。我国风机叶片的雷击年损坏率达 5.56%。

对风电机组危险性最大的是峰值较低的雷电流，这些快速变化的雷电流将产生暂态磁场，而暂态磁场可以通过感应和辐射，对周围的电子系统造成危害。

（2）解决措施　加强对风力发电机防雷接地设施的研究与开发，做好对防雷设备的保养与检修。

9.3.4　其他因素的影响

除以上的影响风力发电机性能的因素外，日照强度、空气湿度、流沙尘埃、地形等对风力发电机也有一定的影响，需要给予必要的重视。

（1）日照的影响　发电机位于室外高空狭小而封闭的机舱内，通风条件较差，而电机又应是密闭结构，靠电机的外壳散热，因此风力发电机的散热条件比通常使用情况下的条件差。西藏地区日照时间长、辐射强，太阳直晒机舱外壳（多数为金属外壳），使机舱内空气温度升高，需要对发电机耐高温的绝缘等级予以必要的考虑，应该选用较高等级的绝缘材料。

（2）空气湿度的影响　发电机位于室外高空的机舱内，虽然机舱是封闭的，但并不十分严密，机舱外的风雨、雾、沙等仍有漏泄而进入机舱的可能。由于西藏地区气候变化迅速，雨季明显，使机舱经常处在云雾之中，舱内湿度很大，因此也要求有耐湿热性较好的绝缘材料。

9.3.5　高原风力机设计改进措施

（1）修正输出功率曲线　空气密度越低，风轮机输出功率就越小。由风轮机生产厂家提供风电机组的标准功率曲线，是在标准大气压下的空气密度测定的。西藏地区空气密度与标准空气密度差别显著，因而风电机组的实际输出功率曲线与标准功率曲线会有显著不同，需要对风电机组的功率曲线进行修正。可以采用对风电机组的标准功率曲线乘以修正系数的方法。

标准空气密度条件下，风电机组的输出功率与风速的关系曲线称为风电机组的标准功率特性曲线。在安装地点条件下，风电机组输出功率与风速的关系曲线称为风电机组的实际输出功率特性曲线。设 $x(V)$ 和 $x_0(V)$ 分别为风电机组的实际功率特性曲线和标准功率特性曲线，则它们之间的变换关系为：

$$x(V) = x_0(V/\alpha) \qquad 0 \leqslant V < \infty \tag{9-8}$$

式中，V 为风速；α 为风速变换系数。

$$\alpha = (\rho_0/\rho)^{1/3} \tag{9-9}$$

式中，ρ_0 为标准空气密度，取 $1.225\ \text{kg/m}^3$；ρ 为风电场的空气密度。

在西藏地区可取 $\alpha = (1/0.65)^{1/3} \approx 1.147$

对不同空气密度条件下理想风轮机输出功率特性曲线进行仿真，结果如图 9-20 所示。

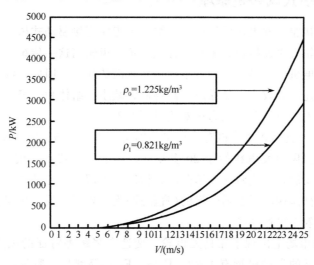

图 9-20　理想风轮机输出功率特性曲线

（2）改进风轮设计　标准空气密度 ρ_0 条件下，风轮直径的估算公式为

$$D_0 = [8P / (C_P \rho_0 V_1^3 \pi \eta_1 \eta_2)]^{1/2} \tag{9-10}$$

式中，P 为叶轮从风源吸收的功率（W）；ρ_0 为标准空气密度，取 1.225 kg/m³；V_1 为设计风速（风轮中心高度处），如取 7.8 m/s；D_0 为风轮直径，m；η_1 为发电机效率，取 0.72；η_2 为传动效率，取 1.0；C_P 为风能利用系数，取 0.4。

其余参数不变，当空气密度从标准空气密度 ρ_0 变化为 ρ_1 时，为获得相同的功率，风轮直径变化为：

$$D_1 = [8P / (C_P \rho_1 V_1^3 \pi \eta_1 \eta_2)]^{1/2} \tag{9-11}$$

与标准空气密度条件下求得的风轮直径相比，有

$$D_1/D_0 = (\rho_0/\rho_1)^{1/2} \tag{9-12}$$

西藏地区 $\rho_0/\rho_1 \approx 1/0.67 \approx 3/2$

有 $D_1/D_0 = (\rho_0/\rho_1)1/2 = (3/2)^{1/2} \approx 6/5 = 1.2$

即在其他条件相同的情况下，用于西藏地区风力发电的风轮直径要增大 1.2 倍，才能获得相同的功率。

(3) 采用浓缩风能型风力发电机　浓缩风能型风力发电机的设计思想是为了克服风能能量密度低这一弱点，把稀薄的风能浓缩后利用。在浓缩风能的过程中，还有效地克服风能的不稳定性这一弱点，从而实现提高风轮机的效率和可靠性及降低风力发电成本的目的。

(4) 适当增加风轮机叶片安装高度　由于风速会随着高度的变化而变化，所以适当增加风轮机叶片的安装高度可以使风轮机获得更多的风能，从而提高发电功率。

9.4　免齿轮箱式直接驱动型风力机设计

9.4.1　直接驱动式风力机原理

一种由风力直接驱动发电机的发电方式称为无齿轮直接驱动式风力发动机。这种发电机采用多极电机与叶轮直接连接进行驱动的方式，免去齿轮箱这一传统部件。由于齿轮箱是目前在兆瓦级风力发电机中属易过载和过早损坏率较高的部件，因此，没有齿轮箱的直驱式风力发动机具备低风速时高效率、低噪声、高寿命、减小机组体积、降低运行维护成本等诸多优点。齿轮传动风力机与直驱式风力机对比见图 9-21。

由图 9-21 可见，直驱式风力机有小得多的轴向长度，但是直驱式发电机体积要大得多。

直驱式（无齿轮）风力发电机始于 20 多年前，由于电气技术和成本等原因，发展较慢。随着近几年技术的发展，其优势才逐渐凸现。德国、美国、丹麦都是在该技术领域发展较为领先的国家，其中德国西门子公司开发的（直驱式）无齿轮同步发电机安装在世界最大的挪威风力发电场，最高效率可达 98%。

1997 年的风机市场上出现了兼具无齿轮、变速变桨距等特征的风力发电机，这些高产能、运行维护成本低的先进机型有 E-33、E-48、E-70 等型号，容量从 330kW 至 2MG，由德国 ENERCONGmbH 公司制造，它们的研制始于 1992 年。2000 年，瑞典 ABB 公司成功研制了 3MW 的巨型可变速风力发电机组。永磁式转子结构的高压风力发电机 Wind former

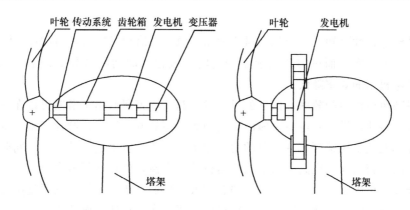

图 9-21　齿轮传动风力机与直驱式风力机对比

容量为 3MW、高约 70m、风扇直径约 90m。

(1)免齿轮箱式直接驱动风力机　风力机齿轮箱是风力机中过载和损坏率较高的部件之一。国外已开始研制一种直接驱动型的风力机(亦称无齿轮箱式风力机)。这种机组采用多级异步电机与叶轮直接连接进行驱动的方式,免去齿轮箱这一传统部件。有提高机组寿命、减小机组体积、降低运行维护成本、较低的噪声、低风速时高效率等多种优点。

风力发电机用一种新型可变磁阻式发电机,用磁性装置取代了机械的齿轮箱。该发电机设计的特点在于有大量的极对数,有一个比 6 对极造价还便宜的卷绕结构。

风力机中的齿轮箱较易受损坏,若使用一个和风力机转速相同的发电机,就可以免去齿轮箱。水电站用的就是直驱式低转速发电机。直驱式风力机仍有一些问题需要研究:例如,风力机中电机的重量;最适合的发电机型(同步、永磁、可变磁阻等型式)选择;电流和电压波动所导致的最高扭矩密度;联网用变流器的选择;噪声水平控制等。永磁式发电机由于高效、高扭矩密度而越来越多地被采用。

(2)非并网直驱式风力机　目的是取消齿轮箱,优化异步发电机结构。非并网风电用于氯碱、电解铝等特殊产业,所要求的工作电压是直流电压,对电流无频率高低要求,因而在风力机制造可以取消沉重的增速齿轮箱。发电机轴直接连接到风力机轴上,转子的转速随风速而改变,其交流电的频率也随之变化。经过置于地面的大功率电力电子整流变换器,将频率不定的交流电整流成直流电,再输送到企业,直接用于工业生产。取消齿轮箱减少了传动环节和传动损失,可提高约 8% 的输出功率。还减少电网电流的线路损耗。

在非并网风电应用中,不存在并网电流控制的问题,发电机发出的交流电经过整流变成直流后,可以直接应用于产业。因此,所有电力电子器件可以简化。

非并网直接驱动式风电的应用,对风电机组以及相关设备特别是晶闸管提出了新的要求。晶闸管在大功率的电力电子变流装置(从交流→直流或从直流→交流)中用作为功率开关器件。晶闸管在工作时,在其阳阴极施加正向电压,在阴极施加正向触发脉冲,晶闸管才可触发导通,因此,晶闸管类电力电子变流装置中触发器是必不可少的。承担交流→直流变换的晶闸管整流装置,交流电源的频率多为固定频率。新近出现了一种新型晶闸管直流电源,运行时供电电压频率可 80～120Hz 范围,能满足非并网风电应用的要求。

(3)并网运行的直驱式风力机　并网运行的现代风电场应用最多的是异步发电机。通常异步发电机在输出额定功率时滑差率是恒定的,约在 2%～5% 之间。风力机从空气中吸收的风能随风速大小在不停地变化。风力机的设计,在额定功率时风能利用系数(C_p 值)处于

273

最高数值区内。

按照风轮的特性可知，风力机的风能利用系数（C_p 值）与风力机运行时的叶尖速比（λ）有关。因此，当风速变化而风力机转速不变化时，风轮风能利用系数 C_p 值将偏离最佳运行点，导致风电机组的效率降低。

为了提高风电机组的效率，国外的风力发电制造厂家研制出了滑差可以在一定的风速范围内以变化的转速运转，发电机则输出额定功率，不必调节风力机叶片桨距来维持额定功率输出。这样就避免了风速频繁变化时的功率起伏，改善了输出电能的质量。同时也减少变桨距控制系统的频繁动作，提高了风电机组运行的可靠性，延长使用寿命。

在异步发电机中，有一种允许滑差率有较大变化的异步发电机。它通过由电力电子器件组成的控制系统调整绕线转子回路中的串接电阻值，来维持转子电流不变。所以，这种滑差可调的异步发电机又称为转子电流控制，简称为 RCC 异步发电机。

当风速变化时，风力机转速降低，异步发电机转子转速也降低。转子绕组电流产生的旋转磁场转速将低于异步发电机的同步转速 n_s。定子绕组感应电动势的频率 f 低于 f_1（50Hz）。转速降低的信息反馈到电流频率的电路，使转子电流频率增高，则转子旋转磁场的转速又回升到同步转速 n_s。这样定子绕组感应电势的频率 f 又恢复到额定功率 f_1（50Hz）。

9.4.2 变速直驱永磁发电机控制系统

目前的风力机组有恒速/恒频和变速/恒频两种类型。恒速/恒频风力机组不能有效利用不同风速的风能，而变速/恒频风力机组可以在很大的风速范围内工作，能有效地利用风能。一种双馈风力机在低风速下风轮机转速也很低，直接用风轮机带动双馈电机转子，将满足不了双馈发电机对转子转速的要求，必须引入齿轮箱升速后，再同双馈发电机转子连接进行风力发电。

随着发电机组功率等级的升高，齿轮箱体积增大，成本高，且易出现故障，需要经常维护，可靠性差。当低负荷运行时，效率低。同时，齿轮箱也是风力发电系统噪声污染源。齿轮箱的存在严重限制了风力机单机容量的增大，直驱永磁风力发电系统可以不用齿轮箱，直接由风轮驱动。

(1)永磁同步发电机设计方案 永磁同步发电机采取较多的极对数，使得转子可在转速较低时运行。直驱永磁风力发电系统风轮与永磁同步发电机转子可直接耦合，省去齿轮箱，提高了效率，减少了发电机的维护工作，并且降低了噪声。直驱永磁风力发电系统还不需要电励磁装置，具有重量轻、效率高、可靠性好的优点。

随着电力电子技术和永磁材料的发展，直驱永磁风力发电系统的开关器件（IGBT 等）和永磁体成本也正在不断下降。促进了直驱永磁风力发电系统的快速发展。

(2)最大风能追踪控制原理 根据贝兹理论，风力机的功率与风速的三次方成正比，即

$$P = \frac{1}{2}\rho A C_P V^3 \tag{9-13}$$

$$\lambda = \frac{\omega R}{V} = \frac{\pi R n}{30V} \tag{9-14}$$

式中，ρ 为空气密度，kg/m^3；V 为风速，m/s；A 为风力机扫掠面积，m^2；C_P 为风力机风能利用系数（一般 $C_p = 1/3 \sim 2/5$）最大可达 $16/27 = 0.59$；ω 为风轮角速度；R 为风轮

半径。

当 α 保持不变时，风力机输出功率系数 C_p 将仅由桨叶尖速度与风速之比 λ 决定。图 9-22 为风力机 C_P-λ 关系曲线。

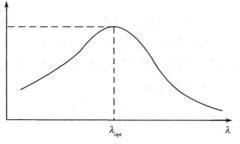

图 9-22　风力机 C_P-λ 关系曲线

可以看出，对于一台确定的风力机，桨叶不变时，节距角不变，总有一个对应着最佳功率系数 C_Pmax 的最佳叶尖速比 λ_opt。此时风力机转换效率最高。这时需要始终保持 $\lambda = \lambda_\text{opt}$，那么风力机的转速将与风速一一对应。对于一个特定的风速 V，风力机只有运行在一个特定的转速 ω_m 下，才会有最高的风能转换效率。将各个风速下的最大功率点连成线，即可得到最佳功率曲线，如图 9-23 所示。

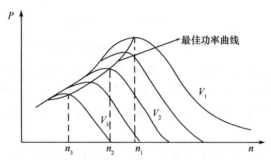

图 9-23　不同风速下功率曲线及最佳功率曲线图

风力机获得最佳功率与转速的关系式如下：

$$P_\text{max} = kn^3 \tag{9-15}$$

式中，$k = \dfrac{1}{2}\rho A\left(\dfrac{R}{\lambda_\text{opt}}\right)^3 C_\text{Pmax}$。

图 9-23 是一组在不同风速（$V_1 > V_2 > V_3$）下风力机的输出功率特性。P_opt 曲线是各风速下最佳输出功率点的连线，即最佳功率曲线。从图 9-23 中可以看出，在同一个风速下，不同转速会使风力机输出不同的功率。要想追踪 P_opt 曲线，保持最佳叶尖比，即最大限度地获得风能，就必须在风速变化时及时调节风轮机的转速 n（在直驱永磁风力发电系统中即为发电机的转速）。这就是变速/恒频发电技术的原理。

通过变速/恒频发电技术，理论上可以使风力机组在输出功率低于额定功率之前输出最佳功率，效率最高。在达到额定功率以后，保持额定功率不变，如图 9-24 所示。

最大功率输出工作方式为：在额定风速以下，风力机按优化桨距角定桨距运行，由变频器控制系统来控制转速。调节风力机叶尖速比，从而实现最佳功率曲线的追踪和最大风能的捕获。

恒功率输出工作方式为：在额定风速以上，风力机变桨距运行。由风力机控制系统通过调节桨距角改变风能利用系数，

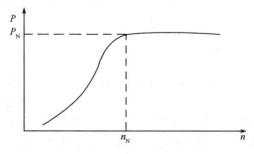

图 9-24　变速/恒频风力发电系统功率曲线

从而控制风电机组的转速和功率。防止风电机组超出转速极限和功率极限运行而可能造成的事故。

大部分时间风场中风速较低，因而额定风速以下运行时变速/恒频发电运行的主要方式也是经济高效的运行方式。这种情况下变速/恒频的风力发电系统控制目标就是追踪捕获最大风能，直驱永磁同步发电系统的控制也是针对这一目标提出来的。

(3)控制策略

① 系统描述　直驱永磁风力发电系统示意图如图 9-25 所示。

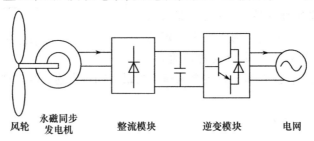

风轮　　永磁同步　　整流模块　　　逆变模块　　　电网
　　　　发电机

图 9-25　直驱永磁同步发电系统示意图

变桨距风轮机直接耦合永磁同步发电机的转子，发电机输出经不可控整流后由电容滤波，再经逆变器将交流电能量馈送给电网。由于采用不可控整流，所以恒压/恒频输出由逆变器完成。同时，当风速低于额定风速时，还必须通过控制逆变器来控制发电机转速，使叶尖速比保持在最优值。

② 直流电压控制方案　以控制直流电压为目标的控制方案目前研究的比较成熟。通过控制直流电压来控制发电机转速，进而获得最大风能。因为发电机的转速（即风轮的转速）是由原动力的转矩和发电机的电磁转矩决定的，只要根据原动力的转矩控制好发电机的电磁转矩就可以控制转速。控制发电机整流后的电压和电流可以改变发电机的输出电流，即改变电磁转矩。当直驱永磁风力发电系统应用的环境和选用的发电机确定后，风场和发电机的特性是确定的，所以可以根据已知的风场特性和选用的发电机的特性得到功率、直流电压和直流电流和转速对应的最佳工作曲线，如图 9-26 所示。

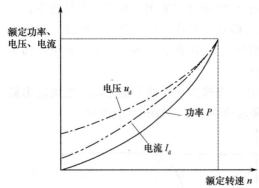

图 9-26　最佳功率获取曲线

运行于该曲线上的直驱永磁发电系统，在额定功率前可以最大限度地利用风能。不难发现，风场特性决定的转速对应的功率，因而以直流电压为控制信号，通过调节逆变器来实现对直流电压的控制，从而控制转速，获得最优叶尖速比。

③ 逆变器控制电压电流　在获得最大风能的同时，希望获得更好的并网电压和电流的波形。可以根据最大功率曲线确定逆变器输出的电网电压和电流曲线，调节逆变器输出电压、电流。跟踪这一理想电压、电流曲线不但能使发电机最大限度地获得风能，同时还可以抑制电网电压波动，减少注入电网电流谐波。考虑到需要并入的电网电压已知，逆变器输出电压的频率、幅值和相位跟踪电网电压，逆变器输出电压和电网电压存在一定的向量关系。无论何种情况，对于已知的电网电压，都可以得到

逆变器输出电压每相波形。

　　a. 并网前。当风速和电机转速不断变化时，逆变器并不以获得最大风能为控制目标，而是希望逆变器输出各相电压跟踪电网各相电压。用电压传感器检测电网和发电机电压的频率、幅值和相序，采用闭环 PI 控制。电网电压采样信号和逆变器输出电压信号比较后产生控制波，再与三角载波信号比较，产生各桥臂的 PWM 控制信号，来控制逆变器的各桥臂导通和关断，如图 9-27(a) 所示。当检测到两端电压完全一致时，满足并网条件后并网。

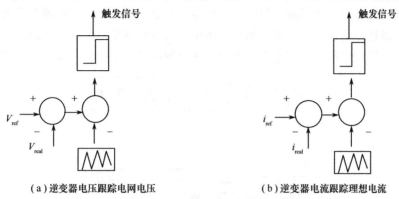

（a）逆变器电压跟踪电网电压　　　　　　　（b）逆变器电流跟踪理想电流

图 9-27　PWM 触发信号获取方法

　　b. 并网后。设定逆变器输出电压跟踪电网电压，此时逆变器应该以获得最大风能为控制目标。对应于每个转速 n，风力机原动力有最大功率输出。去掉功率在发电系统传输过程中的损耗 ΔP（ΔP 包括机械损耗和发电机损耗），得到发电系统馈入电网的有功功率。不需要计算直流母线上的电压和电流，只需通过控制逆变器馈入电网电流的频率、幅值和相位，馈入有功功率跟踪指令，就能实现对发电机转速控制，保持最优叶尖速比，从而获得最大风能。

　　逆变器的输出电流的频率、幅值和相序控制类似于逆变器输出电压的控制，但要确定逆变器输出的电流波形。a)根据电网电压频率确定逆变器馈入电网电流的频率；b)根据发电机不同转速下的有功功率指令 P^* 和电网电压的幅值，确定逆变器馈入电网电流的幅值；c)根据要求的功率因数和电网电压的相位确定逆变器馈入电网电流的相位。这样就可以得到最大功率和逆变器输出电流波形。控制逆变器输出电压的方法，实现对电流的控制，PWM 控制信号产生过程如图 9-27(b) 所示。

　　不难看出，要实现的逆变器输出电流波形是根据转速对应的最大功率和电网电压波形得到的。不同转速对应的有功功率完全由风场情况决定。如果可以使逆变器输出电流波形严格跟踪上面得到的电流波形，那么逆变器的输出电压也会很好地跟踪了电网电压。

　　c. 高风速下。逆变器已经达到额定功率，靠调节桨距降低 C_p，减少从风中捕获的机械能量。闭环控制保持逆变器输出电流不变，从而保持转速不变和维持额定最大输出功率。

　　④ DC-DC 升压电路　为了最大限度地利用风能，使直驱永磁发电系统工作在一个较宽的、包括较低风速、在内的风速范围内，必须引入 DC-DC 升压电路。永磁同步发电机输出电压有效值近似正比于发电机的转速，因而经过不可控整流后，直流电压值和转速也近似成正比。因此当风速较低时，直流电压会很低。而风力发电系统对逆变器的输出电压幅值有一定要求，这样过低的直流电压将引起电压源逆变器无法完成有源逆变过程，进而无法将功率馈入电网。如果没有 DC-DC 电路升压，也会使系统消耗较高的无功功率，引起电网电压波

动，所以需要引入升压电路，并使该电路在一定输入范围内保持输出电压恒定。

9.4.3 离网型低速永磁发电机

对电网涉及不到的边区、山区、牧区、林区、海岛及边防哨所等，仍然需要大量的离网型风力机来供电。

由于风速的变化范围很大，使得风力机（特别是永磁式发电机）的输出电压波动大。因此，这种离网型发电机往往不能直接与负载相连，而是先通过整流器给蓄电池充电，将电能储存起来。再通过蓄电池由逆变器转换成交流电，再给负载供电。也可以通过一个可控的整流调节器使发电机同时给负载和蓄电池供电。这两种系统的基本框图如图 9-28 所示。

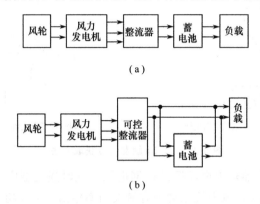

（a）

（b）

图 9-28 离网型风力机的利用形式

小型离网型风力机多采用永磁式发电机，可提高发电机的效率，降低成本，增加可靠性。

(1)风力机设计要求 离网型风力机大多为单机运行，发电机输出的三相交流电经整流稳压后向蓄电池充电，再给负载供电。

风力机设计时应注意以下几点：

① 发电机的运行环境恶劣，要求发电机的安全可靠性高，能防雨雪、防沙尘；

② 发电机由风轮直接驱动的场合（不用增速齿轮箱）要求发电机的额定转速与风轮转速相同，特别低；

③ 要求发电机的起始建压转速低，以提高风能利用系数；

④ 发电机的启动阻力矩尽量小，以使发电机在较低风速下能启动，提高风能的利用程度。

(2)低速永磁风力机设计特点

①定子 永磁发电机的定子结构与一般电机类似。该类发电机的电负荷较大，发电机的铜耗较大，因此应在保证齿、轭磁通密度及机械强度的前提下，尽量加大线槽面积、增加绕组线径、减小铜耗、提高效率。

定子绕组的分布影响风力机启动阻力矩的大小。启动阻力矩是永磁式风力机设计中一个重要的设计参数。启动阻力矩小，发电机在低速风时就能发电，风能利用程度高。启动阻力矩是永磁发电机在启动时引起的磁阻力矩受齿槽效应影响。降低齿槽效应和阻力矩的方法主要是：采用定子斜槽、转子斜极以及定子分数槽绕组。根据实践经验，采用分数槽绕组是降低磁阻力阻最有效的办法。而且在分数槽绕组中，每极槽数为：

$$Z = Q/2p = A + C/D \tag{9-16}$$

式中，Q 为定子槽数；p 为发电机的极对数；A 为整数；C/D 为不可约分的分数。

实践证明，D 越大，发电机的启动阻力矩越小。D 的大小还影响发电机的其他电气性能，也不宜过大。

例如，5kW、150r/min 永磁式风力机的定子结构参数如表 9-10 所示。

表 9-10　发电机定子结构参数

定子冲片	标准 Y 系列冲片
斜槽因数	0.9643
每极槽数	54/16 = 3 + 3/8
每极每相槽数	54/48 = 9/8
每相串联匝数	306
绕组线径/mm	1.5

②转子　按工作主磁场方向的不同，离网型永磁风力机转子磁路结构分为切向式和径向式两种结构，如图 9-29 所示。

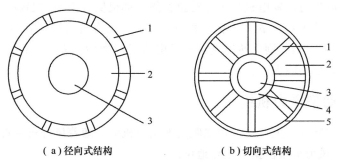

（a）径向式结构　　　　（b）切向式结构

图 9-29　风力机转子结构

1—永磁体；2—硅钢片；3—轴；4—隔磁套；5—套环

图 9-30 是这两种结构对应的实际风力机的磁场分布图。径向式结构的永磁体直接粘在转子磁轭上，见图 9-30（a）。

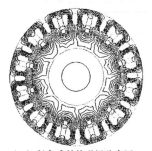 

（a）径向式结构磁场分布图　　　　（b）切向式结构磁场分布图

图 9-30　发电机转子结构磁场分布图

一对极的两块永磁体串联，永磁体仅有一个截面提供每极磁通。所以气隙磁密度小，发电机的体积稍大。永磁体黏结在转子表面，受到转子周向长度的限制，这在多极电机中格外明显。如果增大转子外径，就要加大发电机的体积。

切向式结构是把永磁体镶嵌在转子铁芯中间，固定在隔磁套上。隔磁套由非磁性材料制成（如铜、不锈钢、工程材料等），用来隔断永磁体与转子的漏磁通路，减少漏磁。从图9-30（b）可以看出，该结构使永磁体起并联作用，即永磁体有两个截面对气隙提供每极磁通使发电机的气隙磁密较高。在多极情况下，该结构对永磁体宽度的限制不大，极数较多时，可摆放足够多的永磁体。设计的发电机转速较低，需较多的极数。

③极对数选择　在永磁电机中，永磁体体积的计算公式为：

$$V_{\mathrm{m}} = 51 \times \frac{P_N \sigma_0 k_{\mathrm{ref}}}{f k_{\mathrm{u}} k_{\mathrm{q}} C \ (BH)_{\mathrm{max}}} \times 10^6 \tag{9-17}$$

由式（9-17）可见，电网频率 f 与永磁体体积 V_{m} 成反比，增大电网频率 f 可以线性减少永磁体的体积 V_{m}。

电网频率 f、发电机极对数 p 和发电机转速 n 有下列关系：

$$f = \frac{pn}{60} \tag{9-18}$$

式中，f 为电网频率；n 为发电机转速；p 为电机极对数。

在电网频率 f 一定时（例如50Hz），发电机转速 n 和电机极对数 p 成反比。因此，在设计直驱式风力机发电机时，发电机与风轮转速相同，都很低（例如20Hz），因此直驱式风力机发电机必须有很高的极对数 p。根据技术条件要求，风力机的转速宜不低于20Hz。如果选取风力机的转速为30Hz，则低转速直驱式发电机极对数为100对。极对数受发电机尺寸及加工工艺的限制，也不能太多。

9.4.4　直接驱动型风力机组

早期风力机是三叶片、上风向、定桨距失速调节机型。随着风力机单机容量的增大，变速/恒频、变桨距型风力机型占据了主导地位。

近年，国外又开始研制直接驱动型的风力机组，发电机组采用"多级同步永磁电机"与叶轮直接连接进行驱动的方式，免去齿轮箱，在今后风力机市场中具有很大发展潜力，见表9-11和图9-31、图9-32。

表9-11　变速/恒频、直接驱动型风力机系列

参数	型　号		
	Z72		Z82
额定功率/kW	1500	2000	2000
切入风速/(m/s)	3	3	3
额定风速/(m/s)	12.5	13	12
切出风速/(m/s)	25	25	20
IEC 风区(IEC61400-1)	Ⅱ-B	Ⅰ-B	Ⅲ-A
极限风速/(m/s)	70	70	70
最大平均风速/(m/s)	8.5	10	7.5
最大湍流强度	0.16	0.16	0.18
叶轮			
材料	GFRP	GFRP	GFRP

参数	型号		
	Z72		Z82
叶片长度/m	34	34	40
直径/m	70.65	70.65	82.6
转速/(r/min)	变速	变速	变速
	额定功率时 18	额定功率时 23	额定功率时 19
塔筒			
轮毂高度/m	65/80	65/80	65/80
发电机			
型式	永磁同步发电机(直驱－无齿轮箱)		
电压	660V，50/60Hz	660V，50/60Hz	660V，50/60Hz
控制			
桨距系统	主动变桨	主动变桨	主动变桨
偏航系统	主动偏航,液压制动	主动偏航,液压制动	主动偏航,液压制动
重量			
叶轮/t	36	36	42
机舱/t	19	19	17
发电机/t	49	49	49
塔筒/t	100/轮毂 65m	100/轮毂 65m	100/轮毂 65m
	150/轮毂 80m	150/轮毂 80m	150/轮毂 80m

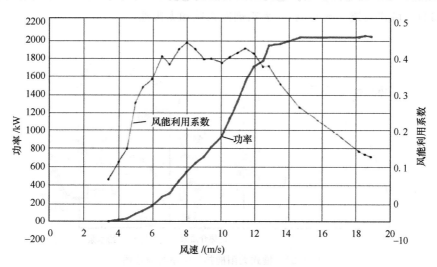

图 9-31　Z72 功率曲线和风能利用系数曲线

（空气密度＝1.225kg/m³）

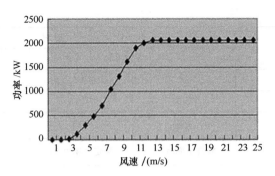

图 9-32　Z82 功率曲线

9.5　太阳能烟囱热能风力发电系统

9.5.1　太阳能发电技术

太阳能是太阳内部超超高温核聚变反应所释放出来的辐射能。在新能源和可再生能源家族中，太阳能是近年开展研究工作最多、最引人注目、应用最广的一种能源。

目前，利用太阳能进行发电的技术主要有两大类，一是"太阳能热发电技术"，二是"太阳能光伏发电技术"。

利用太阳能发电的另一型式是"太空太阳能电力微波电站"。正在研究的这一发电系统在高度 3.6 万千米的卫星静止轨道上，运行一个宽 5km、长 10km 的巨大太阳能光伏电池板太空站，把光伏电池产生的电力变换成微波后传输到地面，传输微波的频率为 2.45～3.50MHz。地面接收站再把微波转换成电力，送到电力用户。该系统的发电能力可达 500 万千瓦。

太阳能热发电技术是指先将太阳辐射能聚集起来，转换为工质热能，通过转换再将热能转换为机械能，带动发电机发电。这类太阳热能发电技术主要包括五种：碟式系统、槽式系统（图 9-33）、塔式系统（图 9-34）、太阳烟囱系统和太阳池。

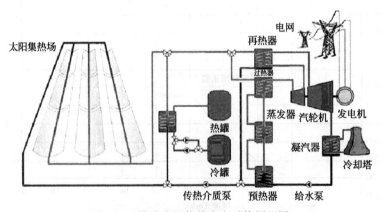

图 9-33　槽式太阳能热发电系统原理图

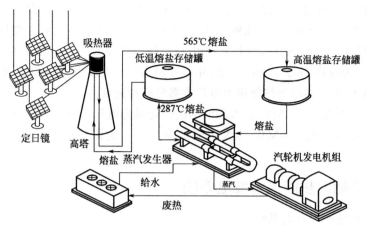

图 9-34　塔式太阳能热发电系统原理图

碟式、槽式、塔式三种太阳能热发电系统，都属于聚光类发电系统。表 9-12 是这类系统性能和特点的比较。

表 9-12　三种太阳能热发电系统性能和特点比较

性能和特点	槽式系统	碟式系统	塔式系统
理想电站规模	100MW 以上	100kW（单台）	100MW 以上
目前电站最大规模	80MW	50kW（单台）	10MW
聚光比	10～30	500～6000	500～3000
吸热器	空腔式、真空管式	空腔式	空腔式、外露式
运行温度/℃	200～400	800～1000	500～2000
工质	油/水、水	油/甲苯、氢气	熔盐/水、水、空气
跟踪方式	单轴	双轴	双轴
可否蓄能	可以	可以	可以
可否有辅助能源	可以	可以	可以
可否全天候工作	有限制	可以	有限制
目前最高效率/%	28	29.4	28
年平均效率/%	17	—	—
最低发电成本（美分/kWh）	8	—	—
应用方式	可并网	可独立可并网	可并网

太阳光伏发电技术，是以太阳电池为核心元件的发电技术。太阳电池是一种能够将光直接转换成电能的半导体器件，它是以光生伏打效应（简称光伏效应）原理制备的。所谓光生伏打效应，是当半导体受到光照时，其内部电荷分布状态发生变化，而产生电动势和电流的一种效应。太阳电池是利用太阳光，与材料相互作用直接产生电，而不需要其他中间能量型式的转换。

目前广泛使用的太阳光伏电池，是以硅半导体材料为基础制造的，硅太阳电池生产已进入了大规模产业化生产。预计 21 世纪中叶，太阳能光伏发电，将发展成为重要的发电方式，在世界可持续发展的能源结构中占有一定的比例。

"太阳能烟囱热能风力发电技术"是一种新型的风力发电技术。最早开始于 20 世纪 80 年代初，西班牙建了一个功率为 50kW 的太阳能烟囱热能风力试验电厂。德国曾建造过一个试验性太阳烟囱热能风力发电厂，烟囱高 195m，烟囱直径为 10m，温室直径 240m，温室中心部分高 8m，边缘高 2m。1986～1990 年间并网运行，共发电 15000h，可靠性 95%。目前 100～200MW 的太阳能烟囱热能风力电厂方案已通过论证。

计算表明，功率大于 100MW 的太阳能烟囱热能风力电厂经济上是合理的。

澳大利亚已准备建造 200MW 的太阳能烟囱电厂。美国将在三个地方建太阳能烟囱电厂。

9.5.2　太阳能烟囱热能风力发电系统

太阳能烟囱热能风力发电系统如图 9-35。

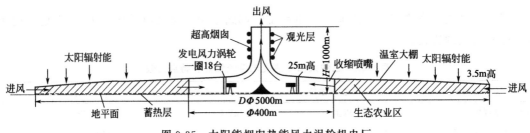

图 9-35　太阳能烟囱热能风力涡轮机电厂

太阳能烟囱热发电系统，是利用太阳能热发电原理的一种发电装置。首先太阳辐射能加热温室大棚内的空气，太阳能转化为空气的热能，空气温度升高；空气的热能，在热能风力涡轮机中转变为转子机械能；机械能带动发电机发电转换为电能。太阳能烟囱热发电系统有一根超高的烟囱，大约 1000m，空气在烟囱流路中形成压差，空气压力能在热能风力涡轮机中通过膨胀，转变为速度能和机械能。

太阳能烟囱发电系统综合了三种效应：温室效应、烟囱压差风力效应和热能风力涡轮机气动效应。这类系统是在一片广阔的平地上，用塑料或玻璃建成一个巨型温室（直径约 5000m），由边沿向棚顶中间向上倾斜（从 3.5m 高到 25m 高）。在中心设置一个超高烟囱，烟囱底部外环一圈（直径 400m），安置一周热能风力涡轮机（例如 18 台）（见图 9-36）。太阳能烟囱电厂外形和集热大棚见图 9-37 和图 9-38。

在阳光照射下，温室内空气被加热。加热了的空气径向运动从外周向中心流动，并通过烟囱迅速上升，排向大气。在这类电厂中，进入热能风力涡轮机的气流速度可达 14～15m/s，温升可达 30～35℃。在烟囱底部周向安装一圈热能风力涡轮机，将热空气的动能、热能、压力能转换为机械能，再继而转变为电能。

这种电厂的容量一般可达 100～200MW。由于温室内土地具有蓄热功能，铺垫蓄热层后，在太阳落山的晚上，电厂也可以发电，从而减少了电能输出的波动。

太阳能烟囱发电，其实质属于太阳能热力发电原理。因烟囱入口空气温度（热源温度）与环境温度（冷源温度）只相差几十度，根据卡诺循环效率计算，其效率一般不会超过 12%。这种系统占地面积巨大，30MW 的电厂，需用地约 700 万 m²。因此，这种系统比较适合地广人稀，太阳光充足的地区使用。

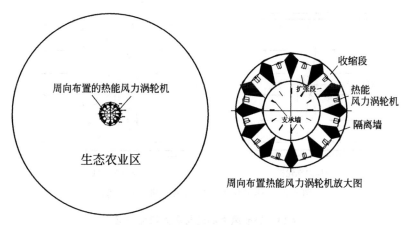

图 9-36　周向布置的热能风力涡轮机

图 9-37　太阳烟囱发电站外观

图 9-38　太阳烟囱发电站集热大棚

　　热能风力涡轮机与一般的风力机不同，它是一种带膨胀的热能风力机，桨叶通道呈收缩型，空气经过桨叶压力降低，热能、压力能转化为热能风力涡轮机的机械功。烟囱愈高，压差愈大，压力能转化就愈大。

　　太阳能烟囱热能风力发电系统的集热大棚（约 10000 亩地）可以用于生态农业，不受四季影响。超高烟囱（约 1000m，300 层楼高）可以设置几个观光层（图 9-35），供游览观光。因此太阳能烟囱热能风力发电系统是一个综合性的生态环保产业。

9.5.3　热能风力涡轮机与风力机

9.5.3.1　能量转换原理

　　目前世界上已投运的最大容量的风力机有 5MW 级，转子直径 125m；6MW 级的转子直径 150m。而热能风力机的尺寸比风力机要小得多，容量 6.25MW 的热能风力机，转子直径只有 25m。这是因为热能风力机与风力机的能量转换原理不同。风力机是利用风速的动能，部分转换成机械能和电能，它取决于风场的风速，利用的是风能。而热能风力机利用的是太阳能和压力势能。首先在集热器里将太阳能转换成空气工质的热能，空气被加温；然后在涡轮机里膨胀做功，将热能和压力势能转换成机械能和电能。

　　(1) 两种涡轮机的流场　如图 9-39 和表 9-13，热能风力涡轮流场是压力场，风力机流场是速度场。

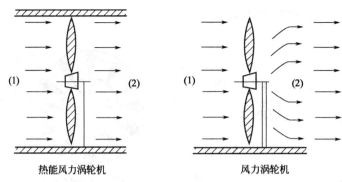

图 9-39　热能风力涡轮与风力机流场区别

表 9-13　热能风力涡轮与风力机流场区别

参数	热能风力涡轮	风力机涡轮
轮前后风速	相当 $v_1 \cong v_2$	降低 v_1、v_2
轮前后压力	降低 $P_1 > P_2$	相当 $P_1 \cong P_2$

（2）两种涡轮机作功比较（表 9-14）

表 9-14　热能风力涡轮与风力机作功比较

参数	热能风力涡轮	风力机涡轮
输出功 P/W	$\eta_{(\text{turb-gen})} \times A \times v_1(P_1 - P_2)$	$\eta_{(\text{turb-gen})} \times 0.5926 \times (\frac{1}{2} \times \rho \times A \times v^3)$
涡轮机、传动轴、电机的总效率 $\eta_{(\text{turb-gen})}$	0.75	0.75
涡轮机进口风速 $v_1/(\text{m/s})$	15	15
涡轮机直径/m	30	30
扫风面积 A/m^2	707	707
$\Delta P = (p_1 - P_2)/P_\text{a}$	800	
$\rho/(\text{kg/m}^3)$		1.2
P/W	6363000=6363kW	636300=636kW

　　可见，相同风速，相通风轮直径、相同扫风面积的两种涡轮机，热能风力涡轮作功能力要大约 10 倍。

　　"风力机"是利用风能转换为机械能的风力机械设备，"热能风力涡轮机"则是借助太阳能转换为热能、风能，风能、热能和压力能共同在涡轮中转换为机械能的一种热力机械设备。在能量转换原理方面有重大不同，热能风力涡轮机的能流密度要大得多，因此相似功率的两种机械，热能风力涡轮机的外径尺寸，叶片长度要小得多，见表 9-15。

表 9-15　风力机与热能风力涡轮机的异同点

项目	单位	热能风力涡轮机	风力机
电厂总功率	MW	112.5	110
烟囱高	m	1000	无
太阳能塔直径	m	120	无
温室大棚直径	m	5000	无
集热器外缘高	m	3.5	无

续表

项目	单位	热能风力涡轮机	风力机
进涡轮处集热器高	m	25	无
风力涡轮台数	/	18	22
风力涡轮布置		圆周均布	行列均布
单台风力涡轮功率	kW	6250	5000
进口风速	m/s	15	13
风轮前后温差	℃	30~35	0
涡轮机轮毂直径	m	8	3
风力涡轮直径	m	25	126
涡轮机叶片长	m	8	61.5
涡轮机叶片材料	/	玻璃纤维增强材料 GRP	玻璃纤维增强材料 GRP
风力涡轮转速	v/min	50~70	9.5
风力涡轮叶片数	/	~10	3
太阳能年辐射量	kWh/m²	1300	
热能风力涡轮能流密度	W/m²	742100	
风能密度/(15m/s)	W/m²		2025
能流倍数	/	366	/

9.5.3.2 结构比较

热能风力涡轮机在原理上与风力机很相似,例如都是叶片机,都基于机翼绕流理论,它们的叶片都用 NASA 对称基本叶型,沿长度方向扭曲。但它们在结构上却有较大不同,例如热能风力涡轮机是在地面,没有超高的支撑塔架。相同功率的涡轮机,风力机叶片要长得多,而热能风力涡轮机的叶片数目则较多等。

两种涡轮机的比较如表 9-16。

表 9-16 热能风力涡轮机和风力机的特点比较

发电方式	太阳能烟囱涡轮	5MW 风力机	1.5MW 风力机
功率/MW	6.25	5	1.5
结构类型	水平轴机翼涡轮	水平轴机翼涡轮	水平轴机翼涡轮
原理	压力级膨胀式	速度级冲动式	速度级冲动式
叶片长/m	8	61.5	34.2
叶片数	10	3	3
高/m	烟囱高 200	叶片最高点 190	104
转子直径/m	25	126	70
转速/(r/min)	75	9.5	15
进口风速/(m/s)	15	13	13
传动	齿轮直接驱动	行星齿轮增速	一级行星+两级圆柱
电机	40 极	双回路异步电机 6 极	双馈异步电机 4 极
工质	有压降空气	空气	空气

9.5.3.3 叶片比较

热能风力机的叶片和风力机叶片叶型相似，沿长度方向扭曲一定角度。它们都是采用数十转的低转速，都采用玻璃纤维，都用变桨距适应攻角变化改善变工况性能等。热能风力机的叶片和风力机叶片的典型结构见图 9-40～图 9-42。

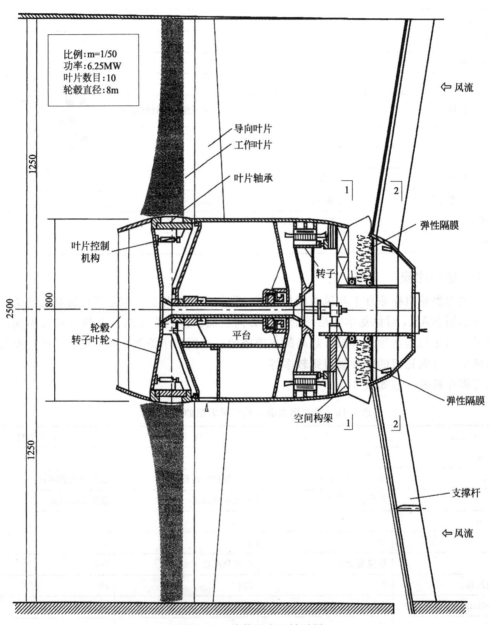

图 9-40 热能风力机转子图

图 9-41　热能风力机叶片

图 9-42　风力机叶片

9.5.4　太阳能烟囱发电系统工程计算方法

9.5.4.1　功率 P 计算

① 按太阳能辐射强度计算电厂总功率

$$P = G_h A_{coll} \eta_{plant} \quad (\text{W}) \tag{9-19}$$

式中　G_h——太阳能水平辐射强度，（W/m^2）；

　　A_{coll}——集热器大棚面积，（m^2）；

　　η_{plant}——系统总效率，是三大部件效率乘积：

$$\eta_{plant} = \eta_{coll} \eta_{turbine} \eta_{tower} \tag{9-20}$$

　　η_{coll}——集热器效率；

　　$\eta_{turbine}$——热能风力涡轮效率；

　　η_{tower}——太阳烟囱效率。

② 按压差计算单台涡轮机功率

$$P = \eta_{(turb\text{-}gen)} \times A \times v_1 \ (P_1 - P_2) \ (\text{W}) \tag{9-21}$$

式中　$\eta_{(turb\text{-}gen)}$——涡轮机、传动轴、电机的总效率；

　　A——涡轮机扫风面积，m^2；

　　v_1——涡轮机进口风速，m/s；

　　$P_1 - P_2$——涡轮机前后压差。

③ 按温室面积、烟囱高计算电厂总功率

$$P = K \frac{\pi D^2}{4} H \ (\text{kW}) \tag{9-22}$$

式中　K——比例因子（5.73×10^{-6}）；

　　D——集热器直径，m；

　　H——烟囱高，m。

④ 按太阳能强度计算电厂总功率　太阳能热能风力发电含三个能量转换过程（图 9-43）。

● 在集热器大棚中，太阳能转换成空气热能（区域 C、B）。

● 在收缩段，空气被加速，空气热能部分转换成空气动能（区域 A3）。

● 在热能风力涡轮机中，空气动能和压力能转换成电能（区域 A2）。

在每次能量转换过程中，都伴有能量损失，用效率表示。集热器大棚、热能风力涡轮机效率和烟囱的效率分别为 η_{coll}，$\eta_{turbine}$，η_{tower}。

系统最大的输出电功率 P_{emax}：

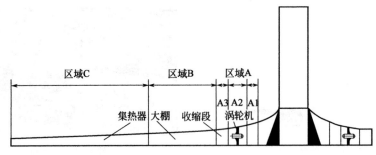

图 9-43   热能风力涡轮机发电站

$$P_{emax} = \frac{2}{3} \eta_{coll} \eta_{turbine} \eta_{tower} A_{coll} G = \frac{2}{3} \eta_{coll} \eta_{turbine} \frac{gH_{tower}}{C_P T_a} A_{coll} G \qquad (9\text{-}23)$$

式中 η_{coll}，$\eta_{turbine}$，η_{tower}——集热器效率、涡轮效率、太阳能烟囱效率，

$$\eta_{tower} = \frac{gH_{tower}}{C_P T_a}$$——太阳能烟囱效率；

G——太阳能辐射强度，(W/m^2)。

9.5.4.2   太阳烟囱效率 η_{tower}

太阳烟囱效率 η_{tower} 可表示为进入太阳能烟囱的气流功率，除以气流流经集热器获得的热量

$$\eta_{tower} = \frac{P_{tot}}{Q} \qquad (9\text{-}24)$$

式中 Q——气流流经集热器获得的热量；

P_{tot}——进入太阳能烟囱的气流动能。

烟囱设为有低摩擦损失的压力管道，由此导得太阳能烟囱效率：

$$\eta_{tower} = \frac{P_{tot}}{Q} = \frac{mgH_{tower}\Delta T}{T_a} \times \frac{1}{C_P m \Delta T} = \frac{gH_{tower}}{C_P T_a} \qquad (9\text{-}25)$$

式中 H_{tower}——太阳能烟囱高；

C_P——空气定压比热容；

T_a——空气进口温度（环境温度）。

9.5.4.3   集热器效率 η_{coll}

集热器大棚传热过程见图 9-44。

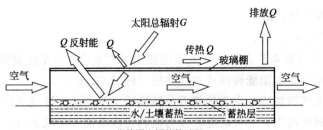

图 9-44   集热器大棚内空气传热过程

集热器大棚效率 η_{coll} 取 $0.55 \sim 0.60$。

9.5.4.4　热能风力涡轮效率 $\eta_{turbine}$

热能风力机是单级反动式涡轮机，既不同于风力机，也不同于汽轮机。在原理上又与两种涡轮机类似，都是基于机翼理论的叶片式涡轮机械。热能风力机效率 $\eta_{turbine}$ 一般取：$0.80 \sim 0.90$。

9.5.4.5　热能风力涡轮机热力计算

热能风力涡轮机热力过程如图 9-45。

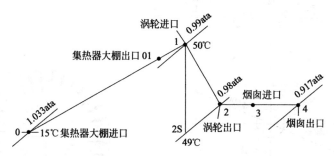

图 9-45　热能风力涡轮机电站和热力过程

① 涡轮机功率 P

$$P = 4.186 \times D_1 \times H_S \times \eta_{turbine} \quad \text{kW} \tag{9-26}$$

式中　D_1——涡轮机进口流量，kg/s；

H_S——涡轮机内等熵焓降，kcal/kg；

$\eta_{turbine}$——涡轮机效率。

② 涡轮前空气流量

$$D_1 = \frac{A_{turbine} W_1}{v_1} \quad \text{kg/s} \tag{9-27}$$

③ 涡轮机等熵焓降计算

涡轮机等熵出口温度

$$T_{2S} = T_1 \left(\frac{P_2}{P_1} \right)^{\frac{k-1}{k}} \quad ℃ \tag{9-28}$$

涡轮机等熵焓降：$H_S = C_P (T_1 - T_{2S})$ kcal/kg

④ 涡轮机功率

$$P = 4.186 \times D_W \times H_S \times \eta_{turbine} \quad \text{kW/Pa} \tag{9-29}$$

⑤ 集热器、烟囱压力损失（见表 9-17）。

表 9-17　集热器、烟囱压力损失

参数	集热器	烟囱	参数	集热器	烟囱
进口压力/ata	1.033	0.98	进出口压差 ΔP/ata	0.043	0.063
出口压力/ata	0.99	0.917	进出口压差 ΔP/Pa	4217	6178
压力比系数 ξ_P	0.967	0.936	压损系数 $\xi_{\Delta P}$/%	4.16	6.87

9.5.5 热能风力涡轮机设计

9.5.5.1 多台涡轮机周向布置设计

一般的大型热能风力机电站宜采用多台涡轮机，圆周向布置在烟囱塔进口处（图 9-46）。

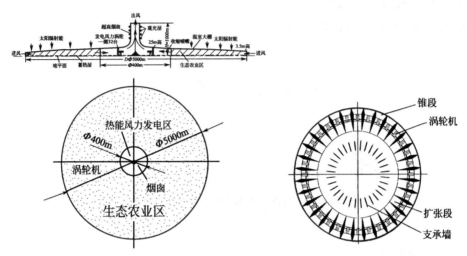

图 9-46 太阳能烟囱电厂热能风力涡轮机圆周向布置图

如果一座 200MW 的太阳烟囱电站，需 32 台 6.25MW 的涡轮机。

9.5.5.2 涡轮机设计参数

热能风力涡轮机设计由涡轮机的压力势能和气流速度的设计值，电站的地区温度，风速，风压，集热器直径和烟囱高决定。如图 9-47、图 9-48。

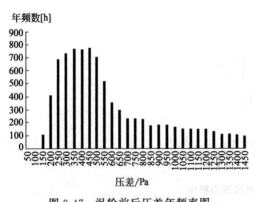

图 9-47 涡轮前后压差年频率图

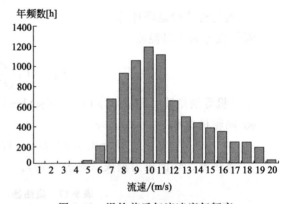

图 9-48 涡轮前后气流速度年频率

大多时间涡轮前后压差年频率为 200～800Pa。

涡轮前后气流速度年频率，大多时间在 7～13m/s。

不同地区，不同集热器直径和不同烟囱高度，其压差和气流速度的数据都将会不同，见表 9-18。

表 9-18　不同地区的压差和气流速度的年频率

参数	澳大利亚某地	另地
压差范围/Pa	100～1450	100～1250
气流速度范围/(m/s)	5～20	4～18

9.5.5.3　涡轮机叶片设计

涡轮叶片是一个三维体，如图 9-41。用调整桨距的方法来调节工况。材料用玻璃纤维，叶片一般为 10 片。

9.5.5.4　转子轴、轴承设计

轴设计成中空。涡轮与电机转子同轴，通过法兰刚性连接。有两个支持轴承和一个推力轴承。

9.5.5.5　导叶片和支撑梁设计

涡轮机机壳由 8 根支撑梁和 17 只成型导叶片支承，被焊在外钢环上（图 9-49）。导叶保证涡轮进口截面最佳流动，排除扰动和涡流。导叶片由型钢制造。

9.5.5.6　发电机设计

采用多极式低转速发电机，极数为 40，与涡轮机转子直接连接，不用增速齿轮箱，仍输出50Hz 电流。

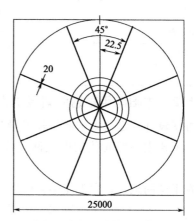

图 9-49　支撑布置图

9.5.6　太阳能烟囱电厂热能风力涡轮机方案

9.5.6.1　可行的热能风力涡轮机参数

热能风力机和叶轮叶片见图 9-40～图 9-45。

表 9-19 给出了三种功率的太阳能烟囱电厂热能风力涡轮机方案。

表 9-19　太阳能烟囱电厂方案

项目	单位	方案一	方案二	方案三
电厂总功率	MW	112.5	200	30
烟囱高	m	1000	1000	800
太阳能塔直径	m	120	130	
温室大棚直径	m	5000	7000	3000
集热器外缘高	m	3.5	3.5	
进涡轮处集热器高	m	25	25	
风力涡轮台数/圆周均布	/	18	32	5
单台风力涡轮功率	kW	6250	6250	6000
涡轮机轮毂直径	m	8	8	
风力涡轮外径	m	25	25	8
涡轮机叶片长	m	8	8	

项目	单位	方案一	方案二	方案三
风力涡轮转速	r/min	50～70～75	50～70～75	50～70～75
风力涡轮叶片数	/	10	10	8
年均气温	℃	15.6	15.6	
年均气压	Pa	1015.8	1015.8	
年均风速	m/s	3.4	3.4	
太阳能年辐射量	kWh/m²	1300	1300	1300
年发电量	MWh	230000	460000	
工程总投资	亿元	36.3	50.5	
发电平均成本	元/kWh	1.53	1.09	2.1
平均投资	元/kW	32270	25250	

9.5.6.2　太阳能年辐射量对经济性的影响

方案设计取定的太阳能年辐射量是 $1300kWh/m^2$。由表 9-19 可见，上网电价高于常规火电，但比太阳能光伏发电上网电价（4.5～5 元/kWh）低。功率愈大的电厂，上网电价愈低。

在不同的地区，太阳能年辐射量不同，有不同的上网电价。见表 9-20。

表 9-20　方案二不同太阳辐射强度下的发电量和上网电价

电厂功率	MW	200		
烟囱高	m	1000		
温室大棚直径	m	7000		
太阳能年辐射量	kWh/m²	1300	2000	2300
年发电量	MWh	460000	700000	800000
上网电价	元/kWh	1.09	0.72	0.63

可见，在太阳能年辐射量大于 $2000kWh/m^2$ 的地区，太阳能烟囱发电的上网电价已与常规火电相当。

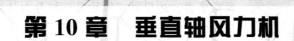

第10章 垂直轴风力机

目前在运的大型风电机组，仍以水平轴风力机为主。这种风电机组的技术构成复杂、造价高。运行限制条件严格，适合运行的风速范围较窄。因此，在短期内难以大幅度降低成本。针对低风速风能利用和噪声要求低的需要，研发新型的风力发电设备，对促进新能源产业技术进步，有重要意义。

垂直轴风力机具有外流空气动力学和内流空气动力学的特点。进行叶片气动设计时，须综合考虑内流与外流的物理条件、流动条件，及其对流型所产生的影响。采用合理的叶片布置方式，即使在低风速下，垂直轴风力机仍可以自启动。

本章简介了垂直轴风力机的基本知识和设计原理，供进一步研究垂直轴风力机参考。

10.1 概述

10.1.1 垂直轴风力机

风力机作为能量转换机械的一种，根据风力机叶轮旋转轴相对地面的位置不同，可以分为水平轴风力机和垂直轴风力机。风力机叶轮旋转轴平行或接近平行于水平面的，称为水平轴风力机。叶轮旋转轴垂直于地表面或来流的，则称为垂直轴风力机，如图 10-1 所示。

(a) 水平轴风力机　　　　　　　　　　(b) 垂直轴风力机

图 10-1　风力机结构型式

垂直轴风力机分为阻力型、升力型和马格努斯效应风轮型。阻力型垂直轴风力机又分为：纯阻力型，例如用平板和杯子做成的风轮；S 型（图 10-2），具有部分升力，但主要还

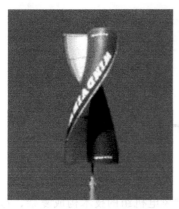

图 10-2　S 型风力机结构

是阻力装置。这些阻力型装置有较大的启动力矩，但叶尖速度比低，在风轮尺寸、重量和成本一定的情况下，提供的功率输出低。升力型（达里厄式）风轮，是法国 G. J. M. 达里厄于 19 世纪 30 年代发明的。在 20 世纪 70 年代，加拿大国家科学研究院对此进行了大量的研究。是水平轴风力机的主要竞争者。达里厄式风轮是一种升力装置，弯曲叶片的剖面是翼型。它的启动力矩低，但叶尖速度比可以很高，对于给定的风轮重量和成本，有较高的功率输出。

达里厄式风力机有多种（图 10-3），如 Φ 型［图 10-3（a）、(b)］，H 型［图 10-3（c）］，Y 型［图 10-3（d）和 △ 型［图 10-3（e）］等。这些风轮可以设计成单叶片、双叶片、三叶片或者多叶片。

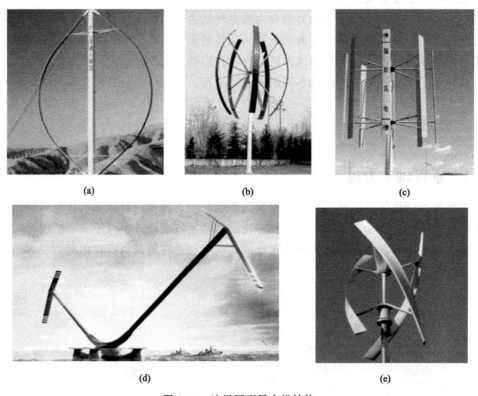

(a)　　　　　　　(b)　　　　　　　(c)

(d)　　　　　　　(e)

图 10-3　达里厄型风力机结构

其他形式的垂直轴风力机有萨窝纽斯效应风轮（图 10-4），这种风轮由自旋的圆柱体组成。当它在气流中工作时，产生的移动力是由于马格努斯效应引起的，其大小与风速成正比。

有的垂直轴风轮使用管道或者漩涡发生器塔，通过套管或者扩压器使水平气流变成垂直气流，可以改变方向和增加速度。还可利用太阳能或者燃烧某种燃料，加速气流，获得更大的输出功率。

10.1.2　垂直轴风力机结构特点

10.1.2.1　基本特点

与水平轴风力机比较，垂直轴风力机有以下结构特点。

(1) 总体结构合理　垂直轴风力机风轮的轴线一般通过支撑塔架的中心，结构呈对称布置，可降低对大型高塔架的强度要求。发电机、传动系统和控制单元等，可安放在比较低的地方，便于安装维护。

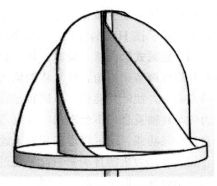

图 10-4　萨窝纽斯效应风轮

(2) 叶片结构简单　垂直轴风力机的叶片，可由形状单一的翼型拉伸成 Troposkien 曲线。特殊的曲线形式，可保证叶片截面只承受拉应力。因此，对叶片的强度要求也相应降低。叶片可以现场组装，能够有效地降低大型叶片的制造成本。

(3) 不需要对风偏航机构　垂直轴风力机的风轮布置，可自动适应风向的变化，避免因偏航机构的频繁动作产生的噪声。同时，也可以有效地提高风力机的运行可靠性。该特征尤其适合低速风能发电，对于海上风力机的开发也十分有利。

(4) 运行条件宽松　一般垂直轴风力机，在 50m/s 的风速下仍可运行。满负荷运行范围要宽得多，可以更有效地利用高风速风能。同时，由于垂直轴风力机的叶片可采用简支梁结构，抗台风能力要强得多。若能发挥上述明显的技术特点，适时开发实用的并网型垂直轴风力机，将有望突破水平轴风力机的技术瓶颈。大幅降低风电成本，促进该领域的技术进步和风电产业的发展。

迄今真正实现商业化的垂直轴风力机，只有 Φ 型叶片的达里厄型风力机。主要原因是垂直轴风力机的设计技术还不够成熟。

10.1.2.2　基本结构形式及技术特征

(1) 一般结构　垂直轴风力机风轮的一般结构有 S 型、达里厄型，还有近年发展起来的旋翼叶片式型（即可变桨距叶片式风轮）。S 型风力机由两个轴线错开的半圆柱形叶片组成，优点是起动转矩较大。缺点是围绕着风轮形成的不对称气流，产生侧向推力。叶尖速度比一般小于 1。对于较大型的风力机，受偏转、安全极限应力以及叶尖速度比的限制，采用这种结构形式是比较困难的。

(2) 风能利用系数　S 型风力机风能利用系数低于高速垂直轴风力机，和水平轴风力机。在风轮尺寸、重量和成本一定的情况下，提供的输出功率较低，因而缺乏竞争力。达里厄（Darrieus）型和旋翼式是典型的升力型垂直轴风力机，是水平轴风力机的主要竞争者。

(3) 风轮叶片形式　达里厄风力机风轮叶片多种形式，基本上是直叶片和弯叶片两种，形成 H 型风轮和 Φ 型风轮。H 型风轮结构简单，但这种结构造成的离心力使叶片在其连接点处，产生严重的弯曲应力。另外，直叶片需要采用横杆或拉索支撑，这些支撑产生气动阻力，降低叶轮效率。

Φ 型风轮所采用的 Troposkien 曲线叶片，将离心力载荷转化为张力，叶片不承受弯曲载荷，从而将弯曲应力减至最小。由于材料可承受的张力比弯曲应力要强，所以对于相同强度的叶片，Φ型叶片比较轻，且比直叶片 H 型达里厄风力机具有更高的叶尖速度比。但是Φ型叶片不便采用变桨矩方法，实现自起动和控制转速。另外，对于高度和直径相同的风轮，Φ型转子比 H 型转子的扫掠面积要小一些。这些缺点可通过扩大风轮直径来弥补。

（4）旋翼式风力机　旋翼式风力机可以看作是达里厄 H 型风力机的改进型。旋翼式风轮叶片可以调节桨矩角，叶片转轴偏离截面几何质心，与气动力作用中心重合。作用在叶片上的离心力，使叶片能根据不同转速自动调节叶片的迎风角，实现恒转速。鉴于翼型俯仰力矩力臂与转轴重合，不会影响叶片攻角的变化，只对风轮的转矩起作用。这种旋翼式风力机的自动变桨功能，还可以适应相对风速的变化，实现自启动。

旋翼式风力机的自动变桨，可通过导杆或凸轮等机构实现。经验证明，此种垂直轴风力机的效率较高。但是，对于大型的并网型风力机，可能会因机构的复杂性，而增加成本和降低可靠性。至今仍然没有成功的技术方案，和实用的设计方法。

10.1.3　升力型垂直轴风力机气动原理

升力型垂直轴风力机具有高效的气动力、较合理的结构布置，有望广泛地应用在并网式大型风力发电上。还有较大的单机容量，是降低风电成本的有效途径之一。所以，本节只分析升力型垂直轴风力机的气动原理。

10.1.3.1　气动力分析

与水平轴风力机叶片一样，垂直轴风力机叶片截面也是由翼型构成。垂直轴风力机是开式旋转机械，风轮一般由多个叶片组成。叶片产生的尾迹会影响下一叶片的来流状态，继而可能导致叶片前缘攻角变化。同时，叶片的自诱导和互诱导尾迹，对叶片前缘攻角也产生影响。所以，垂直轴风力机的流动问题，具有外流和内流空气动力学的双重特点。

对于特定翼型的叶片，相对叶片流动的风在叶片上表面的流速加大，风压降低，形成吸力面；在叶片下表面流速降低，压力升高，形成压力面。由此形成垂直于相对来流的升力 F_1，和平行来流的阻力 F_d。如图 10-5。

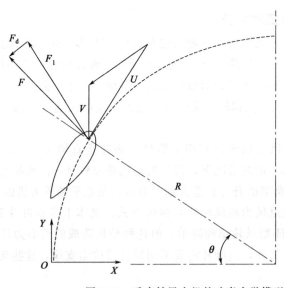

图 10-5　垂直轴风力机的叶素力学模型

考虑风向矢量 $\vec{V}$，分别取垂直和平行风向的两参考轴 X、Y，建立坐标系 XOY，分析作用于叶素上的气动力。

令叶片所处位置角为 θ，并设与风向相同的方位角为 $\theta_0 = 0$，则在叶片厚度中心处的平均线速度

$$U = Rn \tag{10-1}$$

式中，R 为截面到旋转中心距离；n 为转速。

在图 10-5 所示的 XOY 参考系中，风速矢量 $\vec{V} = [0，-V]$，叶片的速度矢量 $\vec{U} = [-U\sin\theta，U\cos\theta]$，风对叶片的相对速度

$$\vec{W} = \vec{V} - \vec{U} \tag{10-2}$$

经矢量运算得到

$$\vec{W} = [U\sin\theta，(-V-U\cos\theta)] \tag{10-3}$$

而 $\vec{W}$ 的长度即是相对风速的模 $|\vec{W}|$。若以 $\vec{w}$ 和 $\vec{u}$ 分别表示 $\vec{W}$ 和 $\vec{U}$ 的单位矢量，可得到相对风速 $|\vec{W}|$、攻角为 α 时，作用在叶片上的升力 F_1 和阻力 F_d

$$F_1 = \frac{1}{2}\rho SW^2 C_1 \quad F_d = \frac{1}{2}\rho SW^2 C_d \tag{10-4}$$

式中，ρ 为空气密度，S 为叶片受风面积，C_1、C_d 分别是叶片的升力系数和阻力系数。F_1 和 F_d 可分解为作用在风轮径向和切向的分力

$$F_{lt} = F_1 \sin\alpha \quad F_{lt} = F_1 \cos\alpha \quad F_{dt} = F_d \cos\alpha \quad F_{dt} = f_d \sin\alpha \tag{10-5}$$

由式（10-5）可得径向分力 F_r 和切向分力 F_t 为

$$F_t = F_{lt} + F_{dt} \quad F_t = F_{lt} + F_d \tag{10-6}$$

其中径向力 F_r 作用在叶片和风轮轴上，而切向力 F_t 则使转子产生转动力矩

$$M = F_t R \tag{10-7}$$

式中，R 为风轮半径；M 是方位角为 θ 的叶片对风力机转子所产生的转矩。对于多叶片构成的叶轮，可以将各叶片相对于参考叶片的夹角 θ 分别代入式（10-7），就可以得到整个叶轮的气动特性。

当然，式（10-7）是做了很大简化的静态结果，式中没有考虑诱导速度对叶片的影响。但通过该式，可以简单了解垂直轴风机叶片的气动原理。对于叶片处于不同方位角时，速度三角形的研究表明，除在叶素翼型的对称面与风向平行或接近平时，几乎在所有的位置上作用力都能产生相应的驱动转矩。考虑到相对风速 $\vec{W}$ 和翼型间的攻角 α 不会超过极限值

$$\alpha_{\max} = \arcsin\left(\frac{V}{U}\right) \tag{10-8}$$

若风轮的圆周速度大于风速，叶片就可以满足小攻角的条件，保证叶片不至于出现完全

失速，能够产生较大的升力使叶轮旋转。但是如果叶轮静止，攻角会很大。在某些位置发生失速，叶片不能产生足够的转矩使叶轮旋转。这是达里厄风力机不能自起动的原因。采用必要的技术措施对达里厄风力机进行改进，同时选用适当的叶片数目配置，使得至少有一叶片满足升力产生条件，使垂直轴风力机能够自启动。

10.1.3.2　叶片的气动特点

从空气动力学角度看，垂直轴风力机具有外流空气动力学和内流空气动力学的特点。因此，在进行叶片的气动设计时，须综合考虑内流与外流的物理条件、流动条件，及其对流型所产生的影响。垂直轴风力机的流动，较水平轴风力机更加复杂。复杂性主要体现在：典型的非定常性，非线性，存在强烈的干扰。风力机尾迹流场存在各种尺度的旋涡，旋转效应隔断大涡向小涡的能量传递，使流动呈现大涡占主导的状态。

从流型产生的条件来看，在外流空气动力学领域，必须具备两个基本条件，才能使机翼前缘产生的分离涡层，能稳定于某一空间位置：①来流的物理条件；②翼型的几何形状足够使翼型前缘卷起的分离涡充分发展直至稳定的空间。

风力机的一次能源是自然风，流经风力机的风具有典型的大气边界层流动结构。在空间上具有不均匀性，在时间上具有随机性。因此，严格来讲，风力机的来流风具有不同的空间和时间尺度的非均匀性。来流风速的大小，影响风力机的来流攻角。来流攻角的变化，对风力机叶片的环量产生很大影响。

对黏性流体，叶片环量沿展向和流向的变化，会导致两个方向的涡量。而尾迹的自诱导效应及与塔架的相互作用，以及动静干扰产生的位势干扰问题，使得叶片前缘攻角产生诱导变化。所以，对风力机的流动结构，和气动性能起主要作用的物理因素，是来流风速在时间和空间上的分布。

10.1.4　垂直轴风力机叶片设计

10.1.4.1　翼型选择

垂直轴风力机叶片可以是直的，也可以是弯曲的。直叶片的垂直轴风力机，如可变几何型风力机。弯曲叶片垂直轴风力机，如 Φ 型达里厄型风力机。由于垂直轴风力机叶轮作圆周运动，其径向力 F_r 和切向力 F_t 成周期性增加和减少。在一周范围内，叶片力矩系数是变化的。为了最大限度提高气动效率，要求叶片的翼型应具备三个特性：升力系数大；阻力系数小；阻力系数与零升力角对称。

一般来说，图 10-5 所示的对称翼型具有上述特性。考虑到大型垂直轴风力机叶片，工作时雷诺数低，可选用低阻力系数的对称翼型（如图 10-6，NACA0009 型）。

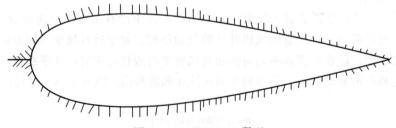

图 10-6　NACA0009 翼型

10.1.4.2　实度选择

直叶片式垂直轴风力机叶片的实度为

$$\sigma = \frac{NCL}{S} \tag{10-9}$$

式中，N 为叶片数；C 为叶片弦长；L 为叶片长度；S 为风轮的扫掠面积。

合理选取实度的原则是，在保证风轮气动特性的条件下，力求使制造叶片的费用最低。为此，要进行各种实度的气动特性的风洞试验。试验在相同雷诺数条件下进行。从试验得出，失速状态的叶尖速度比，随着实度的减少而增加。这样，实度低的叶片能在给定的转速下，在较大的风速变化范围内产生功率。要使功率系数最大，同时，又要兼顾经济性的要求，实度选择建议在 0.5～0.6 范围内较好。

10.1.5　垂直轴风力机与水平轴风力机比较

垂直轴风力机很早就被应用于人类的生活中，中国最早利用风能的形式就是垂直轴风车。但是，垂直轴风力机的发明与推广则要比水平轴晚些。目前水平轴风电技术已经相当成熟，占了当前风力发电的大部分市场。垂直轴风轮的叶尖速度比不能大于 1 的结论，仅仅是针对阻力型风轮。而对于典型的垂直轴风力机-达里厄式的升力型风轮的叶尖速度比，甚至可以达到 6，风能利用率也不低于水平轴。于是，人们的目光逐渐投向大型垂直轴风电机组的研制工作。

垂直轴风力机与水平轴风力机相比，有如下特点。

(1) 设计方法　水平轴风力机的叶片设计，目前普遍采用的是动量-叶素理论。主要的方法有 Glauert 法、Wilson 法等。但是，由于叶素理论忽略了各叶素之间的流动干扰，同时在应用叶素理论设计叶片时，都忽略了翼型的阻力。这种简化处理，不可避免地造成了结果的不准确性。这种简化对叶片外形设计的影响较小，但对风轮的风能利用率影响较大。同时，风轮各叶片之间的干扰也十分强烈，整个流动非常复杂。仅仅依靠叶素理论，不能得出准确结果。

垂直轴风力机的叶片设计，以前也是按照水平轴的设计方法，依靠叶素理论设计。由于垂直轴风轮的流动比水平轴更加复杂，是典型的大分离、非定常流动。不适用叶素理论进行分析、设计。这也是垂直轴风力机长期得不到发展的一个重要原因。

随着计算机技术的不断发展，计算流体力学（CFD）得到了长足的进步。从最初的求解小扰动速势方程，到求解欧拉方程，以及更加复杂的 N-S 方程。

达里厄式 H 型风轮的 CFD 技术，完全能模拟在复杂外形下的复杂流动。对于垂直轴风轮的叶片，已经可以用 CFD 方法来设计。

(2) 起动风速问题　水平轴风轮起动性能好，小型水平轴风力机的风洞实验表明，起动风速一般在 4～5m/s 之间。最大的居然高达 5.9m/s。这样的起动性能，显然不能令人满意。

垂直轴风轮起动性能差。特别是对于达里厄式 Φ 型风轮，完全没有自启动能力。这也是限制垂直轴风力机应用的一个原因。但是，对于达里厄式 H 型风轮，却有相反的结论。根据研究发现，只要翼型和安装角选择合适，完全能得到很好的起动性能。麟风 P2200 垂直轴风力机风洞实验表明，这种达里厄式 H 型风轮的起动风速可以低至 2m/s，优于水平轴风力机。

（3）风轮叶尖速度比 水平轴风轮的叶尖速度比一般在 $5\sim7$，甚至 9 左右。在这样的高速下，叶片切割气流将产生很大的气动噪声。同时，很多鸟类在这样的高速叶片下很难生存。垂直轴风轮的叶尖速度比一般比较小，这样的低转速基本上不产生气动噪声，达到了比较好的静音效果。应用垂直轴风力机的低噪声甚至无噪声，解决了以前因为噪声问题不能在城市公共设施、民宅等地区应用风力机的问题。

（4）风能利用率 目前，大型水平轴风力机的风能利用率，绝大部分是在 0.40 以上。如前所述，由于设计方法本身的缺陷，这样计算所得的风能利用率的准确性很值得怀疑。当然，风电厂的风力机都会根据测得的风速，和输出功率绘制风功率曲线。此时的风速是风轮后部测风仪测得的风速，要小于来流风速，风功率曲线偏高，必须进行修正。应用修正方法修正后，水平轴的风能利用率要降低 $30\%\sim50\%$。对于小型水平轴风力机的风能利用率曾做过相关的风洞实验，实测的利用率在 $0.23\sim0.29$。

叶素理论计算垂直轴风轮的风能利用率，得出了利用率不如水平轴的结论。但是通过 CFD 模拟结果来看，垂直轴风轮的风能利用率，不比水平轴的低。国外实验表明，垂直轴风轮的风能利用率可在 0.4 以上。在实际运行环境中，风向是经常变化的，水平轴风轮的迎风面不可能始终对着风。这就引起了"对风损失"，而垂直轴风轮则不存在这个问题。因此，在考虑了对风损失之后，垂直轴风轮的风能利用率，有可能不比水平轴风轮低。

（5）载荷问题 水平轴风力机叶片在工作过程中，受离心力、惯性力和重力综合作用。惯性力的方向也随时变化。交变载荷，对于叶片的疲劳强度非常不利。垂直轴风轮的叶片在旋转过程中，载荷恒定。同时，垂直轴风力机风轮通常采用 Troposkien 曲线形状，风轮叶片在工作时只受沿展向的张力。因此，疲劳寿命要比水平轴风轮长。

（6）变桨距或偏航对风问题 垂直轴风力机不需要复杂的变桨距，或偏航对风系统，可以实现任意风向下正常运行发电。这样不仅使风力机的控制系统大大简化，而且不会因对风系统的偏差，造成能量利用率系数的下降。研究表明，在风向偏离风轮平面法向 $40°$ 的情况下，水平轴风力机的风能利用系数将下降约 50%。

（7）叶片翼型 垂直轴风力机的叶片，多采用等截面对称翼型。制造工艺简单，造价低。而水平轴风力机通常是变截面的螺旋型叶片，翼型剖面复杂，叶片的制造工艺复杂，造价高。

（8）结构特点 水平轴风力机的叶片在旋转一周的过程中，受惯性力和重力的综合作用。惯性力的方向是随时变化的，而重力的方向始终不变，这样叶片所受的就是一个交变载荷。这对于叶片的疲劳强度，是非常不利的。另外，水平轴的发电机都置于几十米的高空，这给发电机的安装、维护和检修带来了很多不便。垂直轴风轮的叶片，在旋转过程中的受力情况要比水平轴的好得多。由于惯性力与重力的方向始终不变，所受的是恒定载荷。因此，疲劳寿命要比水平轴风轮长。同时，垂直轴的发电机可以放在风轮的下部或是地面，便于安装和维护。

（9）设备安装 水平轴风力机的主要设备，发电机、变速箱、制动系统等，都安置在几十米高的塔架顶部。安装、维护和检修困难，耗费巨大的人力物力。而垂直轴风力机的主要设备都放置在地面，安装与维护费用大幅降低，机组整体稳定性也大大提高。

（10）环保问题 风力发电是清洁能源，能起到很好的环保作用。但随着越来越多大型风电场的建立，一些由风力机引发的环保问题凸显出来。这些问题主要体现在噪声，及对当地生态环境的影响。水平轴风轮的叶尖速度比一般在 5～7。在这样的高速下，叶片切割气流将产生很大的气动噪声。同时，很多鸟类在这样的高速叶片下很难生存。垂直轴风轮的叶尖速度比一般在 1.5～2，这样的低转速，基本上不产生气动噪声，完全达到了静音的效果。

无噪声带来的好处是显而易见的。直轴风力机可以应用于对噪声要求苛刻的区域（如城市公共设施、民宅等）。低叶尖速度比带来的好处，不仅仅是环保的优势，对于风机的整体性能也是非常有利的。从空气动力学上分析，物体速度越快，外形对流场的影响越大。

当风力机在户外运行时，叶片上不可避免地受到污染。这种污染，改变了叶片的外形。水平轴风轮机，即使这种外形变化很微小，也会较大地降低风轮的风能利用率；而垂直轴风轮因为转速低，对外形的改变不敏感。这种叶片的污染，对风轮的气动性能基本上没有影响。

10.2 达里厄风轮叶片型线设计

10.2.1 风轮 Troposkien 曲线方程

风轮叶片的型线，是影响风轮空气动力性能的重要因素。达里厄风轮叶片的形状大多采用 Troposkien 曲线、抛物线、悬链曲线，和 Sandia 型曲线等几种形式。Troposkien 曲线，是这些曲线的最初设计原型。它又可以分为理想型 Troposkien 曲线和修正型 Troposkien 曲线。其中理想型曲线忽略了重力对风轮的影响，而修正型曲线则考虑了重力的影响。对于功率相对较小的风力机，其叶片的重力与风轮旋转产生的离心力相比，可以忽略不计，故一般采用理想型 Troposkien 曲线。而对于兆瓦级及以上的大型风力机来说，由于本身结构巨大，叶片重力的影响，在设计计算时不能忽略。图 10-7 是考虑重力影响的修正型 Troposkien 曲线。

Troposkien 曲线的特点是，其叶片型线和跳绳时绳子形成的曲线形状类似。所以，又称跳绳线。理想状态下，这种曲线形状的叶片，在旋转工作时只承受纯张力，不承受离心载荷。因此，风轮叶片的应力很小，高速转动时，叶片也不容易损坏。

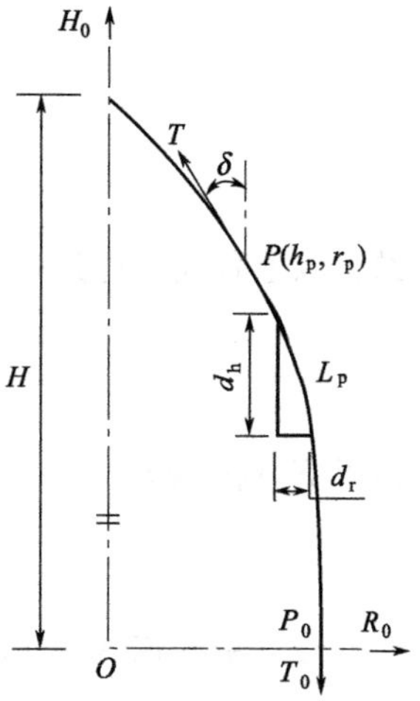

下面给出 Troposkien 曲线方程表达式：

设绳索总长度为 L_0，单位长度上曲线的质量为 m_0。柔性绳索上端固定，并以角速度 ω 绕固定轴 z 旋转。绳索受离心力作用自然弯曲，形成 Troposkien 曲线，如图 10-6 所示。现在取绳索上 PP_0 段为研究对象。P 点处绳索的张力为 T，PP_0 段总重量为 G，离心力为 F_c，将 PP_0 段的载荷进行正交分解，得到

$$\begin{cases} T\sin\delta = F_c \\ T\cos\delta = T_0 + G \end{cases} \qquad (10\text{-}10)$$

图 10-7 1/2 段 Troposkien 曲线

式中，δ 为张力 T 与固定轴 Z 的夹角，取值范围 $\delta \in [0, \pi/2]$。

公式（10-10）中的 F_c 和 G 分别为

$$F_c = \int_0^{L_p} m_0 \omega^2 r \, \mathrm{d}l \tag{10-11}$$

$$G = \int_0^{L_p} m_0 g \, \mathrm{d}l \tag{10-12}$$

此时绳索形成的曲线方程为

$$-\frac{\mathrm{d}r}{\mathrm{d}h} = \frac{F_c}{T_0 + G} = \frac{\displaystyle\int_0^{L_p} m_0 \omega^2 r \, \mathrm{d}l}{T_p + \displaystyle\int_0^{L_p} m_0 g \, \mathrm{d}l} \tag{10-13}$$

微分-积分方程式（10-13）的边界条件为

$$\begin{cases} r = 0 \\ h = H_0 \end{cases}$$
$$\begin{cases} r = R \\ h = 0 \\ \dfrac{\mathrm{d}r}{\mathrm{d}h} = 0 (\delta = 0) \end{cases} \tag{10-14}$$

为了求解公式（10-14），设定 Ω、β 等中间变量，其表达式及其相互关系如下

$$\Omega^2 = \frac{m_0 \omega^2 H_o^2}{T_0} \tag{10-15}$$

$$\beta = \frac{R}{H_0} \tag{10-16}$$

$$\begin{cases} x = \dfrac{\bar{r}}{\beta} \\ k^2 = \dfrac{1}{1 + \dfrac{4}{\Omega^2 \beta^2}} \end{cases} \tag{10-17}$$

$$\beta^2 = \frac{4k^2}{\Omega^2 (1 - k^2)} \tag{10-18}$$

结合以上各式，得到第一类椭圆积分

$$F(\psi; k) = \int_w^{\pi/2} \frac{1}{\sqrt{1 - k^2 \sin^2 \psi}} \, \mathrm{d}\psi \tag{10-19}$$

由于 $F(\psi; k) \mid \psi = 0 = 0$，可得

$$\Omega = \sqrt{1 - k^2} F\left(\frac{\pi}{2}; k\right) \tag{10-20}$$

代入边界条件式（10-14），得到

$$\bar{h} = \frac{h}{H_0} = 1 - \frac{F(\psi; k)}{F\left(\dfrac{\pi}{2}; k\right)} \tag{10-21}$$

式中，k、ψ 为椭圆积分的两个变量，可查表得到。

公式（10-21），为图 10-6 所示的 1/2Troposkien 曲线的数学表达式。代入给定参数值

β，并查询椭圆积分数值表，就可得到任意条件下的 Troposkien 曲线上点的坐标。

10.2.2　风轮 Troposkien 曲线设计

(1) 极限角速度的确定　首先要确定理想情况下，风轮的极限角速度 $\omega_{\max}$。计算方法如下：

假设风轮的最大直径为 D，若考虑伯努利方程在空气上的应用限度，即空气压缩性的修正 $\varepsilon_{\mathrm{P}} \leqslant 2.25\%$。当空气流体的相对速度 $\leqslant 102\mathrm{m/s}$ 时，可不计算空气的压缩性。取安全最大远端风速 $V_{\max} \leqslant 25\mathrm{m/s}$。因此，可初步确定 $\omega_{\max}$ 和极限转速 $n_{\max}$ 的计算如下：

$$\omega_{\max} = \frac{102 - V_{\max}}{D/2} \tag{10-22}$$

$$n_{\max} = \frac{60 \times \omega_{\max}}{2 \times \pi} \tag{10-23}$$

利用上述两式，可以初步计算风轮的最大工作转速值。在完成风轮的结构分析后，可进一步确定 $n_{\max}$ 取值。

(2) 叶片张力的确定　通常叶片的材料多为玻璃纤维，其材料性能指标见表 10-1。

表 10-1　玻璃纤维材料性能实测数据

序号	检测项目	检验依据	单位	检测结果
1	拉伸强度	GB/T 3354—1999	MPa	4.75×10^2
2	弯曲强度	GB/T 1449—1983	MPa	8.12×10^2
3	弯曲模量	GB/T 1449—1983	MPa	2.86×10^2
4	压缩强度	GB/T 1448—1983	MPa	4.78×10^2

玻璃钢缺乏标准的强度值，而且其实测值分散度较大，故在确定安全系数时，要仔细分析酌情处理。一般说来，安全系数 n_{s} 不能低于 6。但也不要取过高的安全系数，避免浪费材料。

材料的许用应力为

$$[\sigma] = 475.0 \text{ MPa} \tag{10-24}$$

按照第一强度理论有

$$\sigma = \frac{T_0}{A} \leqslant [\sigma] \tag{10-25}$$

式中，A 为翼型面积。

由此，可以得到风轮以极限转速以 $\omega_{\max}$ 转动时，叶轮最大直径处的极限张力 $T_{0\max}$ 为

$$T_{0\max} \leqslant [\sigma] \times A \tag{10-26}$$

(3) Troposkien 曲线的确定　整理式（10-15）、式（10-18）和式（10-20），得到式（10-27）、式（10-28）

$$\frac{m_0 \omega^2 H_0^2}{T_0} = (1 - k^2) F^2\left(\frac{\pi}{2}; k\right) \tag{10-27}$$

$$\frac{4k^2}{(1 - k^2)^2 \beta^2} = F^2\left(\frac{\pi}{2}; k\right) \tag{10-28}$$

式中，$\beta = (D/2) / (H/2)$

式（10-28）的解，可以通过求解如下方程组得到

$$
\begin{cases}
f_1(K) = \dfrac{4k^2}{(1-k^2)^2 \beta^2} \\
f_2(K) = F^2\left(\dfrac{\pi}{2}; k\right)
\end{cases}
\tag{10-29}
$$

求解式（10-20）得到 k 值与函数 $f_1(k)$ 和 $f_2(k)$ 的关系曲线。如图 10-8 所示。

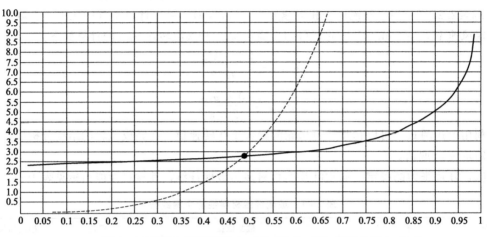

图 10-8　相同 k 取值范围 $f_1(k)$ 和 $f_2(k)$ 函数曲线

由 $f_1(k)$ 和 $f_2(k)$ 函数曲线的交点坐标得到 k 值。将 k 值代入式（10-11），得到风轮转速 Ω。再将计算得到的 k、β、Ω 代入式（10-21），得到 k 值对应的 Troposkien 曲线上点的坐标。进而得到 Troposkien 曲线，形状如图 10-9 所示。

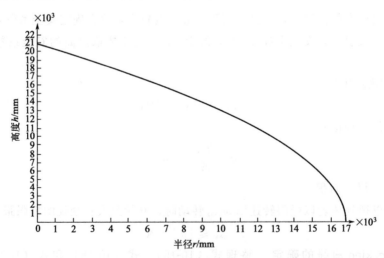

图 10-9　Troposkien 曲线的数值计算结果

10.3　达里厄风轮气动性能计算模型

研究气动模型的目的在于获得诱导速度，并最终确定叶片荷载与输出功率。相比水平轴风力机，垂直轴风力机的气动模型更为复杂。主要有流管模型、涡流模型、湍流模型、动态

失速模型等。流管模型是基于动量理论的、最为常用的垂直轴风力机气动模型，相当于水平轴风力机的叶素动量模型。流管模型又可分为：单流管模型、多流管模型、双向多流管模型。其中双向多流管模型，已经发展成为最成熟的流管模型。

10.3.1　单流管模型

(1) 性能计算　单流管模型是最简单的，用于预测垂直轴风力机气动性能的模型。是由加拿大国家航空实验室 R. J. Templint 提出。模型假设，穿过风轮致动盘的诱导速度保持不变，且与风力机阻力直接相关。因此，可假设风力机迎风与顺风面的诱导速度相等。

根据 Glauert 原理，通过风力机致动盘的速度 V_D 及来流速度 V_∞，和尾迹速度的算术平均值。风力机阻力为

$$D = 2\rho S V_D (V_\infty - V_D) \tag{10-30}$$

式中，ρ 表示流体密度，S 表示致动盘面积。

对于给定几何尺寸和转速 ω 的风力机，其气动特性、功率和转子阻力可运用叶素理论计算。如忽略重力，通常垂直轴风力机转子形状，如同跳绳形状并沿垂直轴旋转。对单位高径比（转子高度与直径比），其形状近似于抛物线。叶片型线可表示为

$$\frac{r}{R} = 1 - \left(\frac{z}{H}\right)^2 \tag{10-31}$$

上式的无因次形式为 $\eta = 1 - \xi^2$，其中 $\eta = r/R$，$\xi = z/H$，r 为局部转子半径，z 为距离转子赤道平面的高度。如图 10-10 所示。

对式（10-31）微分，得到局部叶片倾斜角 δ

$$\delta = \arctan\left(\frac{1}{2\xi}\right) \tag{10-32}$$

这里直接给出转子轴功率，以及风能利用系数的计算式，推导过程略。

转子轴功率 P 由式（10-33）计算

$$P = \omega T_B = \frac{N_c \omega}{2\pi} \int_{z=-H}^{H} \int_{\theta=0}^{2\pi} \frac{q C_T r}{\cos\delta} \mathrm{d}\theta \mathrm{d}z \tag{10-33}$$

式中，N 为叶片数，c 为叶片弦长，q 为相对风速，C_T 为切向力

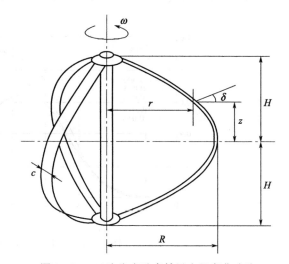

图 10-10　三叶片式垂直轴风力机弯曲叶片

系数。并有 $C_T = C_L\cos\alpha - C_D\sin\alpha$，$C_L$ 为叶素升力系数，C_D 为叶素阻力系数，α 为攻角。风能利用系数 C_p 由式（10-34）计算

$$C_P = \frac{P}{P_{\max}} = \frac{81}{128} \times \frac{1}{2\pi} \times \frac{N_c \omega}{\frac{1}{2}\rho V_\infty R H} \int_{z=-H}^{H} \int_{\theta=0}^{2\pi} \frac{q C_T r}{\cos\delta} \mathrm{d}\theta \mathrm{d}z \tag{10-34}$$

(2) 转子实度 N_c/R 对 C_p 的影响　图 10-11 中，转子实度 N_c/R 从 0.05 增加到 0.5，高径比为 1.0，叶片零升力时的阻力系数 $C_{d0} = 0.01$。结果表明，当实度大于 0.2 时，最大

输出功率基本上不再增加。根据叶尖速度比 $R\omega/V_\infty$，虽然低实度可以扩大风力机的有效运行范围，但同时也降低了最大功率。由于转速较高，低实度叶片的离心力会随之增加。

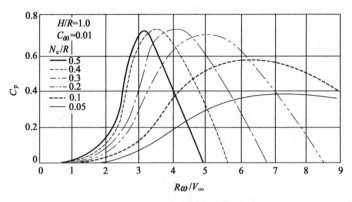

图 10-11 转子实度 Nc/R 的影响

(3) 不同叶片翼型 C_{d0} 对 C_p 的影响 图 10-12 为保持其他所有气动和几何变量不变的情况下，叶片翼型零升力阻力系数变化时的气动性能。由图可见，随着 C_{d0} 的减小，最大功率系数和最大转速比均增大。可以看出，C_{d0} 的值越低越好。C_{d0} 值与叶片的雷诺数有关。因此，风力机的效率将随着风力机大小的增加而有所改善。此外，C_{d0} 还取决于叶片制造及加工质量。理论上建议 C_{d0} 取 0.01 左右，即直径 4.5m 或者更大的风力机。此时最大效率（最大功率系数 C_p）将会达到 0.7 或更大，可与传统的水平轴风力机相媲美。

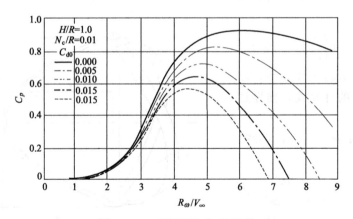

图 10-12 叶片翼型 C_{d0} 的影响

10.3.2 多流管模型

(1) 气动性能计算 为了克服单流管模型扫风面上诱导速度恒定的缺陷，Strickland 在 1975 年首次提出了多流管模型。相比单流管模型，该模型可以更准确地计算流过达里厄转子的风速变化。模型假设一系列相同的流管通过转子，每一个流管作用在叶片翼型上的流向力相等。

图 10-13 给出了 z 高度上的一般流管模型。其高度为 Δh、宽度为 $r\Delta\theta\sin\theta$、局部转子半径为 r、转子相位角为 θ。则自由来流速度 V_∞ 通过流管时受到干扰，通过流管后的速度用 V

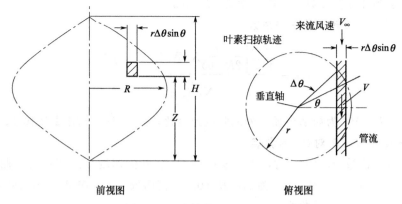

前视图　　　　　　　俯视图

图 10-13　流管前视图和俯视图

表示。根据 Glauert 叶素理论和动量方程，流过流管时作用在叶素上的平均力 $\overline{F}_x$ 为

$$\overline{F}_x = 2\rho A_s V (V_\infty - V) \tag{10-35}$$

式中，ρ 为流体密度，$A_s = \Delta h r \Delta \theta \sin\theta$，为流管截面积。

设转子叶片数为 N，每个叶素流过流管的时间为 $\Delta\theta/\pi$，由于作用于各单叶素上的流向力为 $\overline{F}_x$，则平均作用力 $\overline{F}_x$ 又可表示为

$$\overline{F}_x = N F_x \frac{\Delta\theta}{\pi} \tag{10-36}$$

由式（10-35）和式（10-36）可得，叶素沿来流方向的作用力 F_x 与速比 V/V_∞ 之间的关系式

$$\frac{N F_x}{2\pi\rho r \Delta h \sin\theta V_\infty^2} = \frac{V}{V_\infty}\left(1 - \frac{V}{V_\infty}\right) \tag{10-37}$$

将作用力 F_x 分解为翼型弦长方向，和弦线法向方向，得到切向作用力 F_T 和法向作用力 F_N（图 10-14）。

则来流方向的合力 F_x 为

$$F_x = -(F_N \sin\theta \sin\delta + F_T \cos\theta) \tag{10-38}$$

式中，倾斜角 δ 表示叶片与水平面间的夹角（倾斜度），法向和切向力可以用相对速度 W 和翼型弦长 c 来表示

$$F_N = -\frac{1}{2}C_N\rho \frac{\Delta hc}{\sin\delta}W^2$$

$$F_T = \frac{1}{2}C_T\rho \frac{\Delta hc}{\sin\delta}W^2 \tag{10-39}$$

根据动量理论，可得叶素中心扭矩 T_S

$$T_S = \frac{1}{2}\rho r C_T \frac{c\Delta h}{\sin\delta}W^2 \tag{10-40}$$

作用在整个叶片上扭矩为

$$T_B = \sum_1^{N_S} T_S \tag{10-41}$$

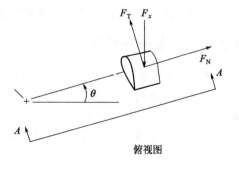

俯视图

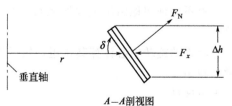

$A-A$ 剖视图

图 10-14　叶素作用力示意图

式中，N_S 为叶片分段数，每段长度为 $\Delta h / \sin\delta$。

根据扭矩可以定义转子的功率系数

$$C_P = \frac{\sum\limits_{1}^{N_S}\sum\limits_{1}^{N_t}\left[\dfrac{N_C}{2R\sin\delta}X(W/V_\infty)^2 C_T\right]}{N_t\sum\limits_{1}^{N_S}\dfrac{r}{R}} \tag{10-42}$$

式中，$X = R\omega/V_\infty$ 为局部半径 r 处的叶尖速度比，$N_t = 19$（θ 增量为 $10°$）。

(2) 转子实度 N_C/R 对 C_P 的影响

图 10-15 为雷诺数 $=3\times10^6$ 时，不同实度的 C_P 随叶尖速度比的变化关系曲线（Nc/R $=0.1$，0.2，0.3，0.4）。图 10-16 为 $Nc/R=0.3$、雷诺数 $=3\times10^6$ 时，不同叶素的功率系数随叶尖速度比 X_{EQ} 的关系曲线。

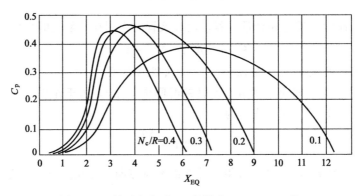

图 10-15　转子实度对 C_P 的影响（$Re=3\times10^6$）

计算表明，当叶尖速度比 $=7$ 时，转子中心部分的 60% 区域，能产生 84% 的输出功率。而该区域对转子产生的阻力，仅为总阻力的 40%。

(3) 风切变的影响　图 10-17 为 $Nc/R=0.3$、雷诺数 $=3\times10^6$ 时，有、无风切变效应时的 C_p 随叶尖速度比的变化关系。

当叶尖速度比 X_{EQ} 大于 2 时，考虑风切变效应后，计算的 C_p 值有少量降低。

10.3.3　双向多流管模型

(1) 气动性能计算　1981 年，Paraschivoiu 提出另一种模型，对垂直轴风力机气动性能进行分析与预测。这就是著名的双向多流管模型，如图 10-18 所示。

在这种模型中，各流管被分为两部分：一部分位于转子旋转周期的上风区域，另一部分则与之相反（下风区域）。各流管的上风区域和下风区域相互独立，并且考虑自由来流风速沿垂直高度的变化。

这里不加证明地给出上风区域与下风区域扭矩，及功率系数的计算公式，具体推导过程略。

在叶素的旋转中心计算其扭矩，然后将各叶素扭矩沿叶片型线积分，可得位置 θ 处的叶片整体扭矩

上风区域

$$T_{up}(\theta) = \frac{1}{2}\rho_\infty cRH\int_{-1}^{1} C_T W^2(\eta/\cos\delta)\,\mathrm{d}\xi \tag{10-43}$$

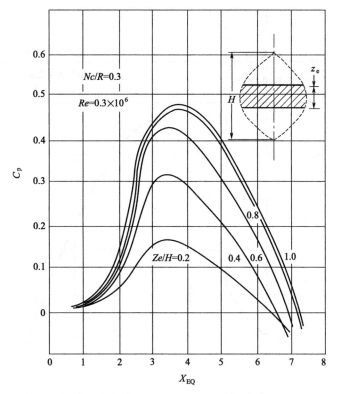

图 10-16　赤道面附近转子区域带对 C_P 的贡献

下风区域

$$T_{dw}(\theta) = \frac{1}{2}\rho_\infty c \, \mathrm{RH}\int_{-1}^{1} C'_{\mathrm{T}} W'^2 (\eta/\cos\delta)\,\mathrm{d}\xi \tag{10-44}$$

设转子叶片数目为 N，则 $N/2$ 个叶片在半个旋转周期中产生的转子上、下风区域上的扭矩分别为

$$\overline{T}_{\mathrm{up}} = \frac{N}{2\pi}\int_{-\frac{\pi}{2}}^{\frac{\pi}{2}} T_{\mathrm{up}}(\theta)\,\mathrm{d}\theta \tag{10-45}$$

$$\overline{T}_{\mathrm{dw}} = \frac{N}{2\pi}\int_{\frac{\pi}{2}}^{\frac{3}{2}\pi} T_{\mathrm{dw}}(\theta)\,\mathrm{d}\theta \tag{10-46}$$

上、下风区域上的平均扭矩系数分别为

$$\overline{C}_{Q1} = \frac{NcH}{2\pi S}\int_{-\frac{\pi}{2}}^{\frac{\pi}{2}}\int_{-1}^{1} C_T \left(\frac{W}{W_\infty}\right)^2 \left(\frac{\eta}{\cos\delta}\right)\mathrm{d}\xi\,\mathrm{d}\theta \tag{10-47}$$

$$\overline{C}_{Q2} = \frac{NcH}{2\pi S}\int_{\frac{\pi}{2}}^{\frac{3}{2}\pi}\int_{-1}^{1} C'_T \left(\frac{W'}{W_\infty}\right)^2 \left(\frac{\eta}{\cos\delta}\right)\mathrm{d}\xi\,\mathrm{d}\theta \tag{10-48}$$

转子在上、下风区域上的功率系数分别为：

$$C_{P1} = (R\omega/V_\infty)\overline{C}_{Q1} = X_{EQ}\overline{C}_{Q1} \tag{10-49}$$

$$C_{P2} = (R\omega/V_\infty)\overline{C}_{Q2} = X_{EQ}\overline{C}_{Q2} \tag{10-50}$$

将上下风向的功率系数加权求和，即可得整个旋转周期的转子功率系数，即

$$C_P = C_{P1} + C_{P2} \tag{10-51}$$

(2) C_p 及功率曲线

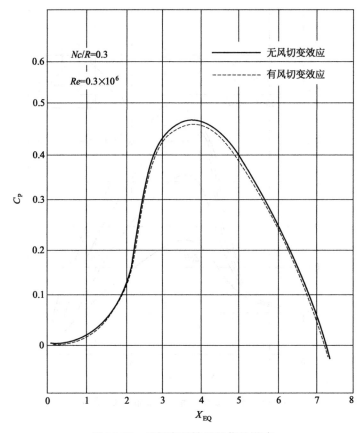

图 10-17　风切变对转子性能的影响

图 10-19 是 Sandia 17m 转子的上、下风区域功率系数以及总功率系数，随叶尖速度比的变化关系。

由图可知，当叶尖速度比≥3.0 时，上风区域转子对下风区域转子具有实质性的影响。在低叶尖速度比工况下，上风区域功率系数 $Cp1$ 大于下风区域功率系数 $Cp2$。这可能是由于动态失速效应引起的。

图 10-20 表明，转子功率系数的计算值与实验值较为一致。图 10-21 是 Sandia 17m 风力机，在 42.2r/min 转速下的功率曲线计算值和实验值。

由图可知，在风速≤11m/s 时，计算值与实验值非常吻合。在高风速时的吻合程度，也是可以接受的。

（3）与多流管模型的比较　图 10-22 是两种多流管模型功率系数的计算结果，与实验数据的比较。实验转子参数为 NACA 0015 翼型、双叶片，Sandia 5m。

由图可知，在叶尖速度比 3.5～8.5 工况范围内，双向多流管模型计算结果，比多流管模型更接近实验数据。

图 10-23 也是两种多流管模型的功率系数计算结果与实验数据的比较。而实验转子的参数变为 NACA 0015 翼型、三叶片，Sandia 5m。

由图可知，在叶尖速度比＜7 时，双向多流管模型比多流管模型更接近实验数据。在叶尖速度比≤3.5 的低叶尖速度比工况下，其预测效果与双叶片转子类似。而多流管模型的最

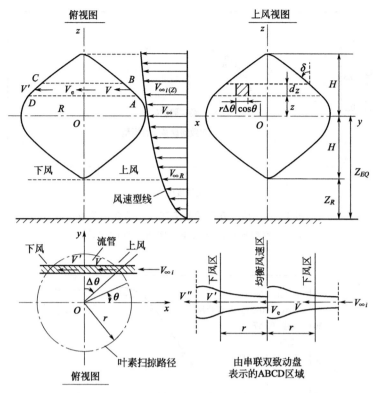

图 10-18　达里厄转子几何定义及串联双致动盘

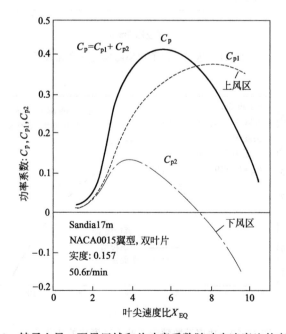

图 10-19　转子上风、下风区域和总功率系数随叶尖速度比的变化关系

大功率系数，与实验数据存在较大差异。

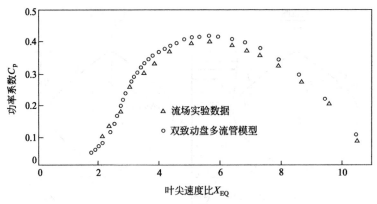

图 10-20　功率系数随叶尖速度比的变化关系
（当前模型计算结果与流场实验数据的比较）

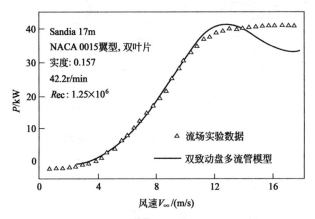

图 10-21　达里厄转子功率随风速的变化关系

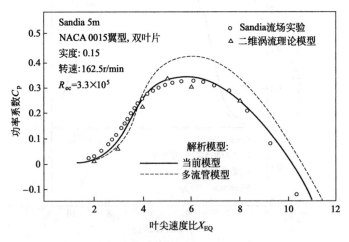

图 10-22　功率系数随赤道叶尖速度比的变化关系
［解析模型计算结果与实验数据比较（Sandia 5m 双叶片转子）］

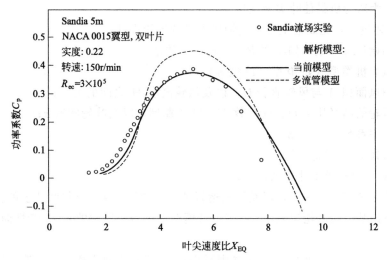

图 10-23　功率系数随赤道叶尖速度比的变化关系

［解析模型计算结果与实验数据比较（Sandia 5m 三叶片转子）］

10.4　达里厄风力机设计

10.4.1　风轮设计

(1) 风轮直径的确定　风轮直径取决于风力机的额定功率，运行地区的海拔高度、风轮功率系数、传动效率以及发电机效率有关，即：

$$P = \frac{1}{2}\rho C_P A V^3 \eta_1 \eta_2 \tag{10-52}$$

式中，P 为风力机的额定输出功率，W；ρ 为空气密度，取 1.225kg/m³；C_P 为风轮功率系数；A 为风轮扫风面积，m²，其为风轮直径 D 以及风轮高度 H 的函数；V 为风力机额定风速，m/s；η_1 为传动效率；η_2 为发电机效率。

(2) 风轮高度的确定　一般情况下，风轮的高径比 HD 与风轮高度 H 以及风轮直径 D 之间存在如下关系式

$$HD = H/D = 0.8 \sim 1.2 \tag{10-53}$$

(3) 叶片数的确定　达里厄垂直轴风力机，叶片数 N 一般取 2～5 片之间。

(4) 叶片翼型的选定　达里厄垂直轴风力机，一般选取对称翼型，常用的有 NACA0012，NACA0015，NACA0018 等。

(5) 叶片弦长的确定　叶片弦长 C 可由下式得出

$$C = R\sigma/N \tag{10-54}$$

式中，R 为风轮半径，m；σ 为叶轮实度；N 为叶片数。

选定叶轮实度 σ（0.1～0.6）后，即可通过式（10-54）得到叶片的弦长。

(6) 风轮额定转速的确定　风轮的额定转速 n（r/min）可由式（10-55）确定

$$n = 60 \frac{V}{\pi D} \lambda_0 \tag{10-55}$$

式中，λ_0 为风力机最佳叶尖速度比。

可通过下述过程，完成达里厄垂直轴风力机的风轮设计：

① 给定初始设计参数（如功率 P、风速 V、效率 η_1，η_2 等）；

② 选定风力机类型（如 Φ 型、H 型等）；

③ 确定扫风面积 A 与风轮直径 D，以及风轮高度 H 之间的关系；

④ 选定风轮的高径比 HD、叶片数 N、叶片翼型，以及叶轮实度 σ；

⑤ 给定功率系数 C_p（0.3～0.4）；

⑥ 由式（10-52）求得风轮直径 D；

⑦ 由式（10-54）求得叶片弦长 C；

⑧ 由叶片弦长 C、风速 V，以及风轮运行的叶尖速度比 λ，求得叶片上的雷诺数；

⑨ 根据雷诺数以及叶轮实度 σ，由多流管模型理论得出风轮的 C_p-λ 特性曲线以及 C_{pmax} 和 λ_0；

⑩ 若 $C_{pmax}>C_p$，则增大 C_p，反之则减小 C_p，然后返回步骤⑥进行迭代计算。直至新计算所得的 C_{pmax} 与所给定的 C_p 相差无几；

⑪ 由式（10-55）求得风轮的额定转速 n。

至此，即可较为精确地得出风轮的几何外形参数，以及与叶轮实度 σ 相匹配的最大功率系数 C_{pmax}，和最佳叶尖速度比 λ_0。若最终计算所得的 C_{pmax} 和 λ_0 仍不能满足设计要求，则返回至步骤②或步骤④重新进行设计计算。

10.4.2 结构设计

垂直轴风力机是由高耸结构和转子系统构成的复杂结构系统。风力机在停机状态下，系统可以按照高耸结构来进行计算和分析；在运行状态下，系统按照机械转子系统进行分析计算。

(1) 高耸桅杆结构 桅杆结构由一根直立的细长杆身和 3-4 个方向斜向张拉的纤绳组成（图 10-24）。

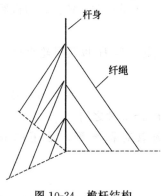

图 10-24　桅杆结构

杆身是主要的承载结构，纤绳则保证杆身的直立和稳定。桅杆是一种高耸构筑物，高度大、横截面小，横向载荷起主要作用。风载荷是桅杆结构的控制载荷。

桅杆结构的柔索纤绳和细长杆身，导致了横向风载作用下结构的大变形。整个结构的非线性，使得结构的静力、动力特性十分复杂。

① 桅杆结构的非线性　纤绳是一种悬索结构，悬挂在杆身和地面之间。其形状随载荷的不同而改变，纤绳张力和弦向变形之间呈非线性关系。可以采用抛物线模型表示纤绳方程

$$\Delta l = -\frac{l^3}{24}\left(\frac{q^2}{S^2}-\frac{q_0^2}{S_0^2}\right)+\frac{l}{E_k A}(S-S_0)+\varepsilon(t-t_0)l$$

(10-56)

式中，S、S_0 为纤绳的张力和初张力；q、q_0 为作用在纤绳上的均布工作载荷与初始载荷；l、Δl 为纤绳跨长和弦向变形；E_k、A 为纤绳弹性模量和截面面积；t、t_0 为纤绳工作

温度和初始温度；ε 为纤绳材料的线膨胀系数。

除此之外，纤绳的斜向张拉还对杆身产生大的轴向压力。同时在风载荷作用下，杆身会产生水平位移。水平位移越大，轴向压力产生的弯矩也越大。因此，桅杆结构的非线性因素很强，需根据二阶矩阵理论进行分析。

② 桅杆结构的风效应　由于桅杆结构的高柔性和风载荷的随机性，对风载荷的作用特别敏感。风载荷主要表现为顺风向的平均风载荷和脉动风载荷。其中平均风载荷可以引起结构静内力和静位移，脉动风载荷将会引起结构振动响应，包括动内力、动位移和振动加速度。

（2）悬臂式转子系统

转子是一个限制在很窄范围内并绕某一轴转动的弹性体，转子系统是许多重大设备中的重要部件（图 10-25）。

悬臂转子系统模型由主轴、2 个圆盘、3 个导轴承和转轮叶片等部分组成。图 10-25 所示模型只考虑转子系统的径向振动，忽略了推力轴承对系统的影响。同时假设转子为刚体，3 个导轴承为无阻尼滑动轴承。

转子系统有很多特性被分析和研究过，包括：临界转速、阻尼固有频率（复特征值）、不平衡响应、轴的热弯曲、瞬态响应、非线性响应等。

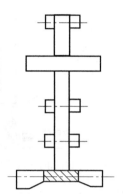

图 10-25　悬臂转子系统

（3）桅杆-转子复合系统设计方法

垂直轴风力机的结构是超静定的空间体系。在载荷作用下，结构的受力很复杂。杆身是一个具有相当刚度的连续弹性体。纤绳则是上端连接于杆身各高度、下端连接于地面的斜向柔索。杆身支撑在纤绳节点上。纤绳节点随着外力而发生非线性位移，因而纤绳节点是杆身的非线性弹性支座。这就给桅杆结构的准确计算带来了很大的困难。除此之外，桅杆结构属于高耸建筑物，主要承受风载荷。风载荷的分布规律及其动力特性也很复杂，进而增加了桅杆准确计算的困难。

基于上述问题，针对桅杆进行结构特性计算时，要对模型做不同程度的简化和合理假设。目前常用的方法主要有：弹性支座连续梁法、考虑空间作用的三向坐标法、杆身为压弯构件的矩阵位移法，和杆身为空间构架的有限单元法。其中弹性支座连续梁法，忽略了纤绳和杆身的变形协调关系，也没有考虑杆身剪切变形后的抗弯刚度变化影响，计算结果误差较大，计算方法简单。

考虑空间作用的三向坐标法，较前一种方法有所进步。但是仍然忽略了前种方法所忽略的影响因素。梁单元矩阵位移法对于截面刚度变化的考虑不够，近似估算抗弯刚度还会带来一定的误差。空间构架有限单元法，是目前最精确的一种计算方法。不仅具有前述几种方法的优点，还考虑到了前述几种方法忽略的影响因素。能够考虑桅杆产生的大位移，从而得到更加精确的结果。

10.4.3　500kW 垂直轴风力发电机设计

10.4.3.1　概述

建造这台垂直轴风力机，是为了检验空气动力学、控制及结构理论。这些理论包括：风力机多叶片翼型断面，锥型、非连续倾斜叶片及变速、恒频技术。

10.4.3.2　风力机的概述

垂直轴风力机风轮圆中心部位直径为34m，高与直径比为1.25，风力机总高度为50m。风轮扫掠面积为955m²。塔架顶用三根双股拉索拉紧，每股拉索直径为63.5mm。风轮安置在5.2m高台上。其重量为17200kg。图10-26为该风力机系统。

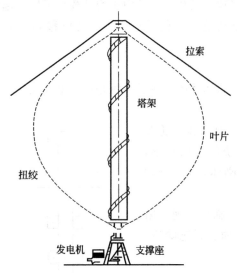

图 10-26　Bushland 试验场的 34m 垂直轴风力机

三根拉索预埋于 6.1m 长、4.3m 宽、4.3m 深的钢筋混凝土基座中。此预埋物可承受约 1290kN 向上方及侧面的拉力，和由 67m/s 风力形成的负荷。风轮通过一个 700kW 转换器驱动一台变速同步电动机，和电流电源负荷变换器。该风力发电机在风速为 12.5m/s 时额定功率为 500kW。

10.4.3.3　结构设计

在结构设计中，关键部位是由叶片和塔架所组成的风轮。其风轮可变速的性质要求风力机在任一固有频率下都不产生共振。由于不清楚今后风轮叶片的潜在振动特性，因此塔架的设计，要求轴向和径向刚性好。

(1) 塔架　塔架是一个直径为 3m 的铝质圆筒，由 13mm 的辗压铝板对焊而成。选择铝质塔架而不选择钢质架，是因为铝架重量轻。铝塔架的固有频率可以避开风力机的运行范围（28～40r/min）。在安装过程中，三段 12.2m 的塔架部分被放置在滑动支架台上摆正，并连接在一起。叶片底座与塔架两端相接，拉索与塔架的顶部相连接，组装的塔架总重量为 68000kg。塔架的负荷设计，可承受单个叶片不平衡产生的径向重力冲击力。

(2) 风轮叶片　风力机由两个曲线型叶片驱动，叶片成形到 37.5r/min 转速时的层流翼型。即在叶片与叶片连接处，包括倾斜的非连续性的或 6～7（°）的扭结。应用这种改进的层流翼型近似技术，使叶片承受的平均应力从 58.6MPa 的最高点，降到 27.6MPa。这台风力机为第一台以多单元翼型断面，和逐渐成锥型的叶片为特色的垂直轴风力机。这些单元翼型断面是由 Sandia 国家实验室，和俄亥俄州立大学特意为这台垂直轴风力机所设计的。

每一个叶片断面应用了 6063-T6 铝挤压而成，并由两个或三个单独挤压螺栓，按翼展方向连接装配。

叶片弯曲的中心部分应用了 910mm 翼弦。其特点是 SAND0018/50 自然层流外形。这种具有小攻角和灵敏的失速特性，有利于在常见风速时获得高功率系数，并提供极好的失速调节。弯曲的相邻断面（过渡断面）应用了此种翼型经轻度修正的变体，其弦长为 1070mm。连接叶片到中心柱的直线部分，采用了 NACA0021 外形，其弦长为 1220mm。选择这一外形是由于该叶片的渐进的和缓慢的失速特性，这些叶片单元运行超过了最大范围的攻角。

(3) 制动器　制动器由四个可控制的独立的传统式卡钳组成。这些卡钳施加扭矩于一个直径为 2.0m、厚为 25mm 的圆盘上。后者安装在紧接风力机支座上部的塔架上。这些卡钳应用弹簧和液压释放装置，以保证当失去液压时仍有制动作用。通常制动分两步进行，首先发电机降低风力机转速到约为 5r/min 之后，两个制动卡钳动作，使风力机完全停止转动。需紧急停车时，四个卡钳同时产生 810kNm 的力矩，足以在风速为 20m/s 情况下，在 10s 内使风力机从 40r/min 的转速停止下来。

(4) 发电机　电力是由一台额定功率为 500kW 的可变速发电机组产生的。发电机是一台转速为 275～1900r/min 的 520kW 同步电动机，并且是以反馈形式工作。这种反馈型允许输出电路的电力，再应用于输入电路。发电机的速度和转矩受控于一个负载变换器（LCI），由变速电机驱动。此负载变换器，和同步电动机均为标准产品。这个可变速发电机系统，可允许风力机转速达 40r/min。

来自发电机的变频功率先转换成直流电，然后再转换成公共电网频率的交流电。公共电网侧的变换器，以系统的电压为依据。而发电机侧的变换器，则以发电机电压为准。负载变换器通过调节发电机的电流，来控制发电机的速度。增加对发电机的励磁电流，可以减弱来自转动风轮的动能，从而使发电机缓慢下来。

10.4.4　兆瓦级垂直轴风力机设计参数

兆瓦级风力机结构主要参数如表 10-2 所示

表 10-2　兆瓦级风力机结构主要参数

参数	参数值	参数	参数值
功率/MW	0.6～1.0	控制模式	变速控制
翼型	NACA0018	叶片支撑类型	Mini rigid
风轮密实比/%	15	结构可靠度	0.999
风轮直径/m	37.5	主轴直径/m	4
高径比	1.35	主轴壁厚/m	0.1
控制范围/r/min	28-38		

兆瓦级方案可采用三叶片 Φ 型达里厄风轮结构，中型叶片中心线满足 Troposkien 曲线条件。叶片翼型选用 NACAO018，叶片材料为玻璃钢。风轮上叶片与主轴之间采用刚性支撑，除叶片外，其余均采用钢结构。塔架使用地脚螺栓，与钢筋混凝土地基连接。主轴结构采用三条钢制缆绳，来保持其直立和稳定性。

10.4.5　垂直轴风力机典型设计数据

10.4.5.1　YLCZ 型垂直轴风力发电机

(1) 型号：YLCZ-200W（图 10-27）

图 10-27　YLCZ-200W 型垂直轴风力机

主要参数如表10-3所示。

表 10-3　YLCZ-200W 主要参数

风轮直径	1.8m	额定风速	8m/s
叶片数量	6	启动风速	2m/s
塔架高度	6m	安全风速	35m/s
塔杆直径	215mm		
电机电压	12V		

（2）型号：YLCZ-30KW（图 10-28）

图 10-28　YLCZ-30KW 型垂直轴风力机　　　　图 10-29　YLCZ-50KW 型垂直轴风力机

主要参数如表10-4所示。

表 10-4　YLCZ-30KW 主要参数

风轮直径	8m	额定风速	10m/s
叶片数量	11	启动风速	3.5m/s
塔架高度	12m	安全风速	35m/s
塔杆直径	500mm		
电机电压	96V		

（3）型号：YLCZ-50KW（图 10-29）

主要参数如表10-5所示。

表 10-5　YLCZ-50KW 主要参数

风轮直径	10m	额定风速	10m/s
叶片数量	11	启动风速	3.5m/s
塔架高度	15m	安全风速	35m/s
塔杆直径	500mm		
电机电压	96V		

10.4.5.2　P型垂直轴风力发电机

（1）型号：P-200（图 10-30）

图 10-30　P-200 型垂直轴风力机

图 10-31　P-300 型垂直轴风力机

主要参数如表 10-6 所示。

表 10-6　P-200 主要参数

风轮直径	80cm	风轮高度	150cm
工作风速	4～25m/s	额定风速	10m/s
安全风速	40m/s	额定功率	200w
输出电压	DC24V/12V	限速类型	电子
刹车类型	自动	塔架高度	5.5m
风机质量(不含塔架)	48kg		

(2) 型号：P-300 (图 10-31)

主要参数如表 10-7 所示。

表 10-7　P-300 主要参数

风轮直径	136cm	风轮高度	130cm
工作风速	4～25m/s	额定风速	10m/s
安全风速	40m/s	额定功率	300w
输出电压	DC24V	限速类型	电子
刹车类型	手动	塔架高度	5.5m
风机质量(不含塔架)	84kg		

(3) 型号：P-500 (图 10-32)

图 10-32　P-500 型垂直轴风力机

图 10-33　P-1000 型垂直轴风力机

主要参数如表 10-8 所示。

表 10-8　P-500 主要参数

风轮直径	136cm	风轮高度	105cm
工作风速	4～25m/s	额定风速	13m/s
安全风速	45m/s	额定功率	500w
输出电压	DC24V	限速类型	电子
刹车类型	手动	塔架高度	5.5m
风机质量(不含塔架)	88kg		

（4）型号：P-1000（图 10-33）

主要参数如表 10-9 所示。

表 10-9　P-1000 主要参数

风轮直径	180cm	风轮高度	200cm
工作风速	4～25m/s	额定风速	12m/s
安全风速	45m/s	额定功率	1000w
输出电压	DC48V	限速类型	电子
刹车类型	手动	塔架高度	5.5m
风机质量(不含塔架)	152kg		

（5）型号：P-3000（图 10-34）

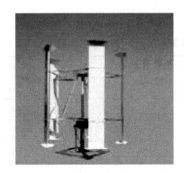

图 10-34　P-3000 型垂直轴风力机

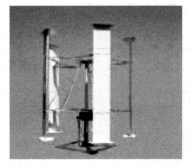

图 10-35　P-5000 型垂直轴风力机

主要参数如表 10-10 所示。

表 10-10　P-3000 主要参数

风轮直径	300cm	风轮高度	360cm
工作风速	4～25m/s	额定风速	12m/s
安全风速	50m/s	额定功率	3000w
输出电压	DC48V	限速类型	气动
刹车类型	手动	塔架高度	5.5m
风机质量(不含塔架)	562kg		

（6）型号：P-5000（图 10-35）

主要参数如表 10-11 所示。

表 10-11　P-5000 主要参数

风轮直径	400cm	风轮高度	460cm
工作风速	4~25m/s	额定风速	12m/s
安全风速	55m/s	额定功率	5000w
输出电压	DC110V	限速类型	气动
刹车类型	自动	塔架高度	5.5m
风机质量(不含塔架)	985kg		

(7) 型号：P-10KW（图 10-36）

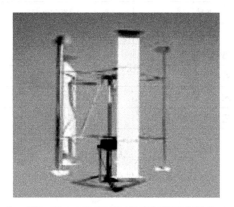

图 10-36　P-10KW 型垂直轴风力机

图 10-37　10KW 垂直轴离网式风力机

主要参数如表 10-12 所示。

表 10-12　P-10KW 主要参数

风轮直径	600cm	风轮高度	620cm
工作风速	4~25m/s	额定风速	12m/s
安全风速	55m/s	额定功率	10kw
输出电压	DC110V	限速类型	气动
刹车类型	自动	塔架高度	5.5m
风机质量(不含塔架)	1905kg		

10.4.5.3　10KW 垂直轴离网式风力机（图 10-37）

主要性能参数如表 10-13 所示。

表 10-13　10KW 垂直轴离网式风力机性能参数

性　能	智能控制充电控制器、逆变器
	风能跟踪系统、攻角控制系统、电子刹车系统、卸荷保护功能
	低转速永磁发电机

续表

技 术 指 标	技术指标	启动风速	2.7m/s（微风）
		工作风速	6～30m/s
		抗风能力	60m/s
		风能利用系数	0.8
	尺寸	风车直径	6m
		叶片高度	2.4m
		叶片面积	3.7m²
		叶片数量	6
		重量	1300kg
		架高	—
	电器指标	发电机额定电压	230VAC
		蓄电池电压	192V
		逆变器输出	三相380V纯正弦波
		逆变器功率	10KW
用 途	船舶、海面平台	四级风下每天可发240度电， 可供一般单位提供动力、照明用电。	
	通信基站		
	部队、机关		

10.4.5.4　HJMY型螺旋式垂直轴风力发电机　（图10-38）

图10-38　HJMY型螺旋式垂直轴风力机

　　HJMY型螺旋式垂直轴风力机，是传统萨窝纽斯式垂直轴风力机的一种变型，主要性能参数如表10-14所示。与水平轴式风力机相比，其特点是不需专门的对风装置。而且电机安装在风机下部，维护较为方便。转速低，噪声小使其特别适合于楼房顶部、市内照明等城市内的场合。其独特的螺旋形造型，外形美观是城市的风景线。

表 10-14　HJMY 型螺旋式垂直轴风力机主要性能参数

型　号	HJMY0.3-400	HJMY-2	HJMY-4	HJMY-30
功率/W	40	200	400	3000
电压等级/V	24	24	24	24
风轮直径/m	0.3	1	1	3
叶片高度/m	1	2	4	10
切入风速/(m/s)	3	2	2	2
额定风速/(m/s)	10	10	10	10
安全风速/(m/s)	50	50	50	50
重量/kg	46	60	70	230
运行方式	离网独立运行			

(性能参数为表格左侧纵向合并单元格)

10.5　垂直轴风力机的应用和发展

10.5.1　垂直轴风力机的应用

10.5.1.1　垂直轴风力机的应用范围

(1) 分布式风光互补发电系统　分布式风光互补发电系统应用范围：边远地区和城市中心附近区域。可在农村、牧区、山区及发展中的大、中、小城市或商业区附近建造，离网或在网运行，解决当地用户用电需求，如图 10-39 所示。

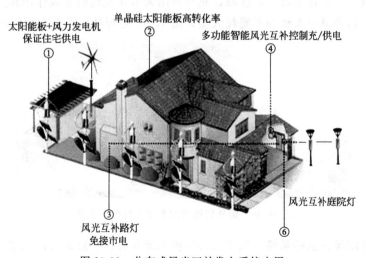

图 10-39　分布式风光互补发电系统应用

由图 10-39 所示的方案，是未来的新能源住宅计划。即：

① 太阳能板＋风力发电机，保证住宅供电；

② 单晶硅太阳能板；

③ 风光互补路灯；

④ 多功能智能风光互补控制器（充/供电）；

⑤ 风光互补庭院灯。

分布式风光互补发电系统，又称分散式发电或分布式供能。是指在用户现场或靠近用电现场，配置较小的风光互补发电系统，以满足特定用户的需求。可以支持现存配电网的经济运行，或者同时满足这两个方面的要求。

分布式风光互补供电系统，由垂直轴风力发电系统和光伏发电系统组成。其基本设备包括垂直轴风力发电机、太阳能电池组件、太阳能方阵支架、直流汇流箱、直流配电柜、并网逆变器、交流配电柜等设备。另外还有供电系统监控装置和环境监测装置。其运行模式是，在夜间和阴雨天无阳光时，由风力发电系统将风能转换为电能输出；或在有太阳辐射时，由光伏发电系统将太阳能转换成电能输出。

当在既有风又有太阳的情况下，两者同时发挥作用，转换电能输出。经过直流汇流箱，集中送入直流配电柜，再由并网逆变器逆变成交流电，供给建筑自身负载。多余或不足的电力，通过联接电网来调节，实现了全天候的发电功能。比单用风机和太阳能发电更经济、科学、实用。

系统相互独立，可自行控制。避免发生大规模停电事故，安全性高。弥补大电网稳定性的不足，在意外发生时继续供电，成为集中供电不可或缺的重要补充。可对区域电力的质量和性能进行实时监控。非常适合向农村、牧区、山区，发展中的大、中、小城市或商业区的居民供电，大大减小环保压力。另外，其输配电损耗低，甚至没有，无需建配电站，降低或避免附加的输配电成本；土建和安装成本低。调峰性能好，操作简单。由于参与运行的系统少，启停快速，便于实现全自动。

(2) 城市中心区域 水平轴风力机由于噪声、对风向等问题，风力机要么用于风电场，要么用于边远地区解决无电问题。这些应用场合都远离城市中心区域。H 型风力机可以扩展新的应用领域，可以在城市中心区域，充分利用大型建筑物的集风作用和大型建筑物顶层的空间、高度，建造风电大楼和零能耗大楼，图 10-40 是野外居民及大型建筑物供电系统。

图 10-40　野外居民及大型建筑物供电系统

(3) 公共照明风光互补系统 城市公共照明系统和高速公路也可以通过风光互补的方式而使用垂直轴风力发电机，如图 10-41 所示。

(4) 工业用途 大量的 H 型垂直轴风机，可以用于靠海边的海水淡化装置、油田采油机和海上钻井平台等。油田采油机和海上钻井平台用 H 型垂直轴风机，如图 10-42、图 10-43 所示。

图 10-41　公共照明系统和高速公路风/光互补系统

图 10-42　油田采油机用 H 型垂直轴风机

图 10-43　海上钻井平台供电用

10.5.1.2　垂直轴风力机的应用实例

(1) 美国路易斯安那州的 3kW 垂直轴风力发电机　安装于美国路易斯安那州的 3kW 垂直轴风力发电机（图 10-44）。经过测试，参数性能与设计相符。

(2) 内蒙古化德县垂直轴风力发电机　与常规的水平轴风力发电机组相比，单位千瓦投资可下降 50%。可地面维护、易检修和寿命长。功率 1.0MW、垂直轴、永磁发电机，已在张家口风电场安装运行，如图 10-45 所示。

图 10-44　美国路易斯安那的 3kW 垂直轴风力发电机

图 10-45　张家口 1.0MW 垂直轴风力机

图 10-46　呼和浩特市金山开发区风电场

该风力机使用变速恒频直联技术，单位造价可节省 40%。

(3) 呼和浩特市金山开发区风电场（图 10-46）

内蒙古索力德公司研发的 50kW 磁悬浮、多柱塔式垂直轴风力发电机组已成功发电。该机组可自动调节风压，对风力的大小没有严格的要求，制造和安装成本低。

(4) 各种应用实例

① 公路照明（图 10-47）

图 10-47　垂直轴风力机应用于公路照明系统

② 风光互补（图 10-48）

③ 大楼屋顶（图 10-49）

10.5.2　垂直轴风力机的缺点

(1) 风能利用率低　目前，大型水平轴风力发电机的风能利用率一般在 0.4 以上，而垂直轴风力发电机的风能利用率，一般在 0.23～0.29。二叶轮的 S 型风力发电机，理想状态下的风能利用系数只有 0.15 左右。达里厄型风力发电机，在理想状态下的风能利用系数也不到 0.4。

(2) 没有自启动能力　水平轴风力发电机的起动风速一般在 3～5m/s 之间。

图 10-48 垂直轴风力机应用于风光互补系统

垂直轴风轮的起动性能差,特别对于达里厄式 Φ 型风轮,完全没有自启动能力。这是垂直轴风力发电机得不到广泛应用的另一个原因。但 H 型风轮,只要翼型和安装角选择合适,起动风速只需要 2m/s。

(3) 产品质量不稳定 目前,企业生产的垂直轴风力发电机组大部分是 1kW 以下,1~20kW 的机组数量少、质量不稳定、没有批量生产。

(4) 增速结构复杂 垂直轴风力机的叶尖速度比低,叶轮工作转速也低。因此,垂直轴风力发电机增速器的增速一般都比较大。结构复杂,增加了垂直轴风力发电机的制造成本,和维护、保养成本。

图 10-49 应用于大楼屋顶的垂直轴风力机

10.5.3 达里厄风力机设计发展趋势

10.5.3.1 设计参数

(1) 扫掠面积 转子扫掠面积由风力机的尺寸决定。转子尺寸的优化,是垂直轴和水平轴风力机首先需要考虑的问题。优化的目的,都是为了提高风力机的经济性。

为了确定达里厄转子的最优尺寸,DAFIndal 机构研究了 1981~1984 年的多种设计方案,以及成本分析,最后认为扫掠面积为 1700m²,功率等级为 1500kW 的风力机方案经济性最好。

由于能量捕获与风轮扫掠面积,和风速的立方成正比,在具有标准垂直风切变的地区,风轮捕获的能量,将随直径的 2.4 次方增加。图 10-50 是垂直轴风力机的扫掠面积逐年发展的过程。

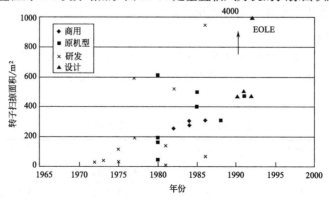

图 10-50 转子扫掠面积的演变

表 10-15 和图 10-51 对不同的风力机，每单位面积的转子质量做了比较。结果表明，随着风轮尺寸的增加，质量比率呈降低的趋势。

表 10-15　转子质量比率和扫掠面积的关系

风力机	扫掠面积/m²	总质量/kg	单位扫掠面积转子质量/(kg/m²)	备注
FloWind 17m	241	7524	26.1	商用
FloWind 19m	315	10962	34.8	商用
Adecon 19m	316	9100	28.8	商用
Magdalen Is 24m	478	14961	31.3	研究
Indal 6400	495	17770	35.9	商用
Sandia 34m	955	72198	75.6	研究
Eole	4000	300 000	75	原型机

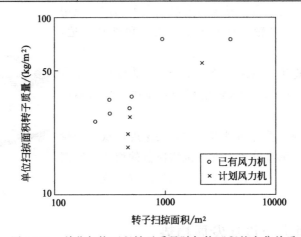

图 10-51　单位扫掠面积转子质量随扫掠面积的变化关系

（2）转子展弦比优化　达里厄转子的展弦比定义为，叶片高度与风力机直径之比。在大多数风场，提高展弦比，增加转子的平均高度，是捕获更多能量的一种方法。然而，必须对增加的转子材料和拉索系统进行平衡，以保持必要的转子刚度。经分析，达里厄转子的最佳展弦比应在 1.3~1.5 之间。

（3）叶片数　此前，大多数达里厄转子都是三叶片的（如 NRC4.3m，Sandia 2m）。但后来人们又意识到，两叶片风力机的材料和安装成本要低得多。

此外，对于给定的实度，采用大弦长的两叶片，比小弦长的三叶片风力机，在结构上更有优势。因为弯曲应力随弦长的平方变化，而气动载荷随弦长的一次方变化。而且，两叶片比三叶片更容易安装。

表 10-16 为两叶片和三叶片风力机的对比。这是一个结构与气动相结合，并以总体经济性为目的的例子。考虑安装质量与成本的最小化，通常情况下，转子实度越小，捕获能量越多。

表 10-16　两叶片和三叶片的对比

项目	三叶片	双叶片	项目	三叶片	双叶片
结构成本	高	低	强度/质量比	较差	较好
装配成本	高	低	扭矩波动	较好	较差
制造技术选择	较好	较差	结构动力学	较好	较差

(4) 叶片翼型　大多数达里厄转子，均采用 NACA 00XX 对称翼型。该翼型具有升力大、失速特性好、阻力低等特点。早期的转子主要采用 NACA 0012 和 NACA 0015 翼型。然而，为了提高叶片展向（垂直于叶片弦长）强度，一些制造商选择了 NACA 0018 翼型。

在过去的十年里，水平轴风力机的功率系数通过翼型改进、变速等措施已可以达到 0.49。这个性能目前达里厄转子还达不到。达里厄的气动效率的改进，可以通过降低翼型阻力系数而实现。这种改进方法，在俄亥俄州立大学所研究的层流叶片上已开始实行，并已应用在 Sandia 34m 风力机上。

(5) 转子转速　转子转速主要由风况、实度和额定功率决定。运用小叶片的风力机可以通过增加转子转速来获取更多的能量。但这可能导致叶片无法承受气动载荷和惯性载荷。

增加转子转速使得低速端扭矩下降，从而可以降低传动机构的成本。典型的设计如 Adecon SL38 和 SL55。

(6) 转子实度　转子实度即：所有叶片曲面展开面积除以扫掠面积。是风力机设计中的关键参数之一。为使成本最小化，转子实度应尽可能低。考虑到结构的完整性，转子实度不应小于 0.1。

(7) 叶片材料及结构　早期的达里厄转子叶片是由钢板拉伸成型，或由铝合金和玻璃纤维挤压合成。拉伸成型的叶片表面并不光滑，而挤压成型的成本非常昂贵。使用多块铝合金整体挤压，是一个很好的综合成型方法。该方法已为大多数风力机所采用。

对于 DOE/Sandia 34m 风力机的转子，其叶片长度超出了任何一块铝合金锻件的长度。因此，需要两个或三个挤压件，通过螺栓拼接而成。叶片拼接处的弦长变化，需要保持一致。

(8) 塔架　塔架类型分为钢管式和露式桁架。早期的风力机常使用三面桁架，这种结构较轻且易加工。自 1975 年始，大多数风力机开始采用钢管式塔架。随着桁架半径的增大，其风阻以及塔影效应会明显增加。

大型风力机大多使用钢管式塔架。但这种塔架随着直径的增大，加工难度变大，成本增加。

在有垂直风切变的地方，通过增加转子高度，可以有效捕获更多的能量。水平轴风力机已经试图利用该方法来提高性能。因此，在设计垂直轴风力机时，在不过度增加总成本的前提下，增加塔架的高度已成为主要的设计目标。

(9) 刹车装置的类型及安装位置　达里厄风力机的刹车类型主要有以下几种：气动式、低速机械式、高速机械式和电气式。

通常达里厄风力机在低速轴布置机械制动器，布置费用约占整个风力机成本的 15%。当然可考虑其他布置方案，比如机械制动器也可应用在高速轴上（如 Adecon 19m）。然而制动力矩必须经过齿轮箱，这在很大程度上又是对低成本刹车系统的否定。

早期的一些风力机还利用了气动刹车。通常在转子中部，安装具有扰流板的叶片。可以在超速时被激活。但是发现很难保证这些设备的可靠性，因此不能用作紧急刹车装置。

(10) 变速箱　变速箱约占 25% 的风力机成本，因此变速箱的选择非常重要。达里厄风力机的变速箱通常安装在地面。因此，在选择上很少受尺寸、质量以及维修等方面的限制。以下为可使用的变速箱或增速器系统：

① 星形或斜齿齿轮箱；

② 平行或直角齿轮箱；

③ 定制大齿轮和小齿轮；

④ 皮带驱动；

⑤ 变速箱与下轴承组合；

⑥ 直接驱动。

(11) 发电机　这里讨论的风力机，是指需要接入到公用电网的风力机。因此，必须在电网特定的电压和频率下发电。最常见的发电机有如下三种：

① 同步发电机；

② 异步（感应）发电机；

③ 直接驱动和使用变频器。

目前，大多数达里厄风力机均采用异步感应发电机。主要原因是，它可以给传动机构提供更大的柔性（相比于同步发电机）。另外，异步发电机的转差率，对双叶片转子是很重要的。因为它可以减小每周期两次的扭矩脉动，这对于传动机构和电网都是十分有利的。

扭矩脉动的问题，也可以通过采用变频器或其他一些变速系统解决。但目前这些系统都还比较昂贵。

(12) 变速运行　变速运行可以增加风力机 5%～10% 的能量捕获。如果能够很经济地实现变速，是极具吸引力的。ProjetEole 和 DOE/Sandia 34m Test Bed 风力机，已经实现了变速运行。但均作为研究用，并未商业化。

许多水平轴风力机通过采用两套绕组的发电机，实现双速运行。这种方法也同样适用于达里厄风力机。

10.5.3.2　概念设计

达里厄风力机概念设计方案，如表 10-17 所示。

通过对各种方案的分析，确定达里厄风力机设计方案和改进措施如下：

① 当限定峰值扭矩和功率时，必须使扫掠面积最大；

② 在保持结构完整性的前提下，使总质量最小；

③ 可以通过减小实度和增加转子速度，使质量和成本最小化；

表 10-17　达里厄风力机可选设计方案

叶片数目	1	2	3	叶片数目	1	2	3
展弦比	2	1.5	1	中心支柱	均匀管柱	锥度管柱	刚桁架
叶片材料/结构	铝挤压	钢板	钢芯	制动	低速,高速	电气	气动
支柱	无支柱	全部支柱	无支柱	支撑	拉索*	悬臂	刚性支架

④ 提高翼型或者翼型组合，以提高气动效率；

⑤ 增高塔架；

⑥ 优化支撑方案，减小疲劳应力；

⑦ 简化传动机构和转子支撑，通过转子形状和速度，优化传动机构；

⑧ 应用气动制动；

⑨ 变速运行。

表 10-18 是达里厄风力机最有效的技术和经济特点。

表 10-18　达里厄风力机的改进评价

特点	装置简化	成本降低	能量增加	总体评价	备注
评价指标	0～+5	−5～+5	−5～+5	−10～15	LavalinTech L24
柔性拉索	3	5	0	8	前景广阔
桁架支柱	4	4	0	8	与柔性拉索结合
拉挤成型玻璃纤维叶片	3	3	0	6	有前途
铰接叶片	3	3	0	6	部分成功
偏置叶片	5	0	1	6	实用,简单
变速箱/轴承组合	4	2	0	6	已使用,有前途
皮带传动	1	5	−1	5	适用于垂直轴风力机,需要研发
涡流发生器	4	−1	2	5	已使用,需对新叶片实验
并联离散式高速发电机	4	−1	1	4	已经测试
变弦长	2	−2	3	3	加工制造困难
泵致阻尼	1	−2	1	0	功率控制,需开发
气动扰流片	1	−2	0	−2	可靠性低
变速	1	−2	1	−2	能量增加 5%,成本高
直接传动	2	3	0	−1	已用于 Eole,昂贵

10.5.4　垂直轴风力机发展对策

为了提高垂直轴风力机的效率和实用性,应利用先进的技术成果解决目前存在的问题。以下是垂直轴风力机存在问题的解决对策。

① 扭矩脉动问题:采用多叶片、变速以及柔性机构进行传动;

② 转子高度低问题:降低功率、载荷;

③ 叶片长问题:改进生产技术;

④ 低叶尖速度比问题:增加展弦比。

另外,可在以下方面对垂直轴风力机进行改进和提高。

① 空气动力学方面:提高最大功率、减小摩擦阻力、采用变截面叶片;

② 材料方面:采用增速器、开发新的叶片材料;

③ 减少质量/扫掠面积比:加强对载荷的研究。

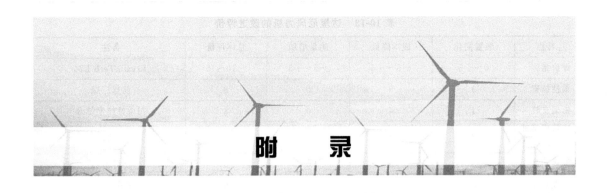

附　　录

附录1　风力等级和风压计算

（1）蒲福风力等级表

风力等级	风速/(m/s)	风力名称	风压/(×10N/m²)	陆地观察到的征象	海面波浪	浪高/m
0	0～0.2	无风	0	炊烟直上	海面平静	0.01
1	0.3～1.5	软风	0.13(1m/s)	炊烟漂动,风向标不转,脸上无风感	微波、峰顶无沫	0.1
2	1.6～3.3	轻风	0.8(2.5m/s)	炊烟倾斜、树叶颤动,脸上有风感	小波、峰顶未碎	0.2
3	3.4～5.4	微风	3.2(5m/s)	树叶及小树枝轻轻摇动,旗帜轻轻飘起	小波、峰顶破裂	0.6
4	5.5～7.9	和风	6.4(7m/s)	细树枝轻轻摇动,草吹成浪状,细土面吹起	小浪、波峰白沫	1.05
5	8～107	清劲风	13(10m/s)	小树枝开始摇动,旗面飘动并哗哗响	中浪、峰群折沫	2.0
6	10.8～13.8	强风	22(13m/s)	大树枝摇动,电线发出啸声,用伞困难	大浪、多个飞沫	3.0
7	13.9～17.1	疾风	33(16m/s)	全树摇动,迎风行走很吃力,尘土吹到天空中	破峰白沫成条	4.08
8	17.2～20.7	大风	52(20m/s)	小树枝被吹断,迎风行走困难,砂土吹起	浪长高、有浪花	5.5
9	20.8～23.4	烈风	69(23m/s)	大树干折断,轻结构受损,轻屋顶被吹走	浪峰倒卷	7.0
10	23.5～28.4	狂风	95(27m/s)	树连根拔起,房屋受严重破坏、电线被吹断	海浪翻滚咆哮	9.0
11	25.5～32.6	暴风	117(30m/s)	建筑物遭重大破坏,大树连根拔起	波峰全呈飞沫	11.5
12	32.7～36.9	飓风	160(35m/s)	陆地少见,通常在海洋,摧毁建筑物	海浪滔天	14.0
13	37.0～41.4	飓风	208(40m/s)			
14	41.5～46.1	飓风	265(45m/s)			
15	46.2～50.9	飓风	325(50m/s)			
16	51.0～56.0	飓风	365(54m/s)			
17	56.1～61.2	飓风	470(60m/s)			

　　（2）风压计算方法　风压是在垂直于气流方向的平面上所受到的风的压力大小。根据伯努利方程,风的动压为：

$$w_p = 0.5 \cdot \rho \cdot V^2 \quad (kN/m^2) \tag{1}$$

　　式中,w_p 为风压,kN/m^2；ρ 为空气密度,kg/m^3；V 为风速,m/s。

　　空气密度（ρ）和重度（r）关系为 $r = \rho \cdot g$,$\rho = r/g$。代入式（1）得到标准风压公式：

$$w_p = 0.5 \cdot r \cdot V^2/g \quad (kN/m^2) \tag{2}$$

　　在标准状态下（气压为 1013 kPa,温度为 15℃）,空气重度 $r = 0.01225 \ kN/m^3$。纬度

为 45°处的重力加速度 $g=9.8\text{m/s}^2$。于是标准状态下，风速与风压关系：

$$w_p = V^2/1600 \quad (\text{kN/m}^2) \tag{3}$$

此式为用风速估计风压的通用公式。

空气重度 r 和重力加速度 g 随纬度和海拔高度而变。一般来说，空气密度 ρ（也就是空气重度 r）在高原上要比在平原地区小，相同样的风速和温度下，其产生的风压在高原上比在平原地区小。

例：10级大风，风速约 $24.5\sim28.4\text{m/s}$，取上限 28.4m/s，得到风压 $w_p=0.5\text{kN/m}^2$。相当于每平方米广告牌承受约 51kgf（1kgf=9.80665N，下同）。

附录2 小型风力机技术数据

表1 小型风力机技术数据（一）

型号/W	100	200	300	500	1000	2000	5000
额定功率/W	100	200	300	500	1000	2000	5000
最大输出功率/W	225	300	450	750	1500	2600	6000
叶片数	3	3	3	3	3	3	3
风轮直径/m	1.8	2.0	2.3	2.6	2.9	4.8	5.8
额定风速 V_W/(m/s)	8	8	8	8	9	9	10
风能利用系数 C_P	0.127	0.206	0.233	0.304	0.343	0.251	0.313
风轮额定转数/(r/min)	600	570	530	459	390	250	200
速比 λ	7.07	7.46	7.98	7.81	6.58	6.98	6.07
输出电压/V	28	28	28	28	56	115	230
支架高度/m	6	6	6	6	6	10.5	10.5
重量/kg	80	85	90	110	150	1000	1200
调速方式	定桨距气动偏侧限速，人工保护				电动，手动保护		
使用方式	不配逆变器		蓄电型/配逆变器输出交流220V				

表2 小型风力机技术数据（二）

参数	150W	200W	300W	400W	500W	800W	1000W
额定功率/W	150	200	300	400	500	800	1000
最大输出功率/W	200	250	400	500	700	1000	1200
风轮直径/m	2	2.2	2.5	2.5	2.7	3.0	3.206
启动风速/(m/s)	3	3	3	4	4	4	4
额定风速 V_W/(m/s)	6	6	7	8	8	8	8
风能利用系数 C_P	0.38	0.38	0.40	0.40	0.40	0.40	0.4
叶片数	2	3	3	3	3	3	3
额定转速/(r/min)	450	450	400	400	400	400	375
速比 λ	7.85	8.64	7.48	6.54	7.07	7.85	7.85
发电机	三相永磁同步						

续表

参数	150W	200W	300W	400W	500W	800W	1000W
充电控制	整流	整流	整流或逆变控制柜			逆变控制器	
输出电压/V	28	28	28/42	28/42	28/42	56	
塔架型式	60钢	60钢	76钢	76钢	76钢	76钢	
塔架高度/m	5.5	5.5	6	6	6	6	
重量/kg	70	75	150	150	175	180	

附录3 风力机技术术语规范和定义

3.1 风力发电机组术语规范

术语	英文名称	术语规范
风力发电机组	wind turbine generator system；WTGS (abbreviation)	将风的动能转换为电能的系统
风电场	wind power station；wind farm	由一批风力发电机组或风力发电机组群组成的电站
机舱	nacelle	设在水平轴风力机顶部,包容电机、传动系统和其他装置的部件
支撑结构	support structure (for wind turbines)	由塔架和基础组成的风力机部分
关机	shutdown (for wind turbines)	从发电到静止或空转之间的风力机过渡状态
正常关机	normal shutdown (for wind turbines)	全过程都是在控制系统控制下进行的关机
紧急关机	emergency shutdown (for wind turbines)	保护装置系统触发或人工干预下,使风力机迅速关机
空转	idling (for wind turbines)	风力机缓慢旋转,但不发电的状态
锁定	blocking (for wind turbines)	利用机械销或其他装置,而不是通常的机械制动盘,防止风轮轴或偏航机构运动
停机	parking	风力机关机后转子不动的状态
静止	standstill	风力发电机组的停止状态
制动器	brake (for wind turbines)	能降低风轮转速或能停止风轮旋转的装置
停机制动	parking brake (for wind turbines)	能够防止风轮转动的制动
风轮转速	rotor speed (for wind turbines)	风力机风轮绕其轴的旋转速度
控制系统	control system (for wind turbines)	接受风力机信息和/或环境信息,调节风力机,使其保持在工作要求范围内的系统
保护系统	protection system (for WTGS)	确保风力发电机组运行在设计范围内的系统
偏航	yawing	机舱绕塔筒的旋转(仅适用于水平轴风力机)

3.2   设计和安全参数术语规范

术语	英文名称	术语规范
设计工况	design situation	设计风力机的各种已知状态,例如设计风速、设计大气温度、大气压力、设计转速等
载荷状况	load case	设计状态与引起构件载荷的外部条件的组合
外部条件	external conditions (for wind turbines)	影响风力机工作的诸因素,包括风况、其他气候因素(雪、冰等),地震和电网条件
设计极限	design limits	设计中采用的最大值或最小值
极限状态	limit state	构件的一种受力状态,如果作用其上的力超出这一状态,则构件不再满足设计要求
使用极限状态	serviceability limit states	正常使用要求的边界条件
最大极限状态	ultimate limit state	与损坏危险和可能造成损坏的错位,或变形对应的极限状态
安全寿命	safe life	严重失效前预期的使用时间
严重故障	catastrophic failure (for wind turbines)	风力机零件或部件严重损坏,导致主要功能丧失,安全受损
潜伏故障	latent fault;dormant failure	正常工作中,零部件或系统存在的未被发现的故障

3.3   风场风特性术语规范

术语	英文名称	术语规范
风速	wind speed	空间特定点周围,气体微团的移动速度
风矢量	wind velocity	被研究点周围,气体微团运动方向,其值等于风速矢量
旋转采样风矢量	rotationally sampled wind velocity	旋转风轮上某固定点经受的风矢量
额定风速	rated wind speed (for wind turbines)	风力机达到额定功率输出时的设计风速
年平均	annual average	规定持续时间(例如一年)的一组测量数据的平均值。供作估计期望值用
年平均风速	annual average wind speed	按照年平均定义确定的平均风速
平均风速	mean wind speed	给定时间内,瞬时风速的平均值。给定时间从几秒到数年不等
极端风速	extreme wind speed	t 秒内平均最高风速。它很可能是 T 年一遇的最大风速
参考风速	reference wind speed	用于确定风力机级别的基本极端风速
风速分布	wind speed distribution	用于描述连续时限内风速概率分布的分布函数
风切变	wind shear	风速在垂直于风向平面内的变化
风廓线	wind profile;wind shear law	即风切变律,是风速随离地面高度变化的数学表达式

术语	英文名称	术语规范
风切变指数	wind shear exponent	用于描述风速剖面线形状的幂定律指数
对数风切变律	logarithmic wind shear law	风速随离地面高度关系，以对数关系表示的数学式
风切变幂律	power law for wind shear	表示风速随离地面高度关系，以幂定律关系变化的数学式
下风向	downwind	主风方向
上风向	upwind	主风方向的相反方向
阵风	gust	超过平均风速的突然和短暂的风速变化
粗糙长度	roughness length	假定垂直风廓线随离地面高度按对数关系变化，平均风速变为 0 时算出的高度
湍流强度	turbulence intensity	标准风速偏差与平均风速的比率。用同一组测量数据和规定的周期进行计算
湍流尺度参数	turbulence scale parameter	纵向功率谱密度等于 0.05 时的波长
湍流惯性负区	inertial sub-range	风速湍流谱的频率区间。该区间内涡流经逐步破碎达到均质，能量损失忽略不计

3.4 风力机叶片和风轮技术术语定义

3.4.1 风场风特性

术语	英文名称	中文定义
风能	wind energy	空气流动产生的动能
空气的标准状态	standard atmospheric state	空气的标准状态是指空气压力为 101.325kPa、温度为 15℃（或绝对温度为 288.15K）、空气密度为 1.225kg/m³ 时的空气状态
风切变影响	influence by the wind shear	风切变对风力机的影响
阵风	gust	风速在相当短的时间内相对于规定时段的平均值的正负偏差
阵风影响	gust influence	阵风对风力机空气动力特性产生的影响
风速频率	frequency of wind speed	一年时间的间距内，相同风速小时数的总和对总间距总时数的百分比
韦伯风速分布	weibull wind-speed distribution	在给出的风速频率里韦伯公式对风速进行的数学描述
瑞利风速分布	rayleigh wind-speed distribution	在给出的风速频率里用瑞利公式对风速进行的数学描述

3.4.2 风力机

术语	英文名称	中文定义
风力机	wind energy conversion system	(WECS)将风能转化为其他有用能的机械
高速风力机	high speed WECS	额定叶尖速度比大于或等于 3 的风力机
低速风力机	low speed WECS	额定叶尖速度比小于 3 的风力机
水平轴风力机	horizontal-axis-rotor WECS	风轮轴线的安装位置与水平面夹角不大于 15°的风力机

术语	英文名称	中文定义
垂直轴风力机	ertical-axis-rotor WECS	风轮轴线的安装位置与水平面垂直的风力机
斜轴风力机	inclined-axis-rotor WECS	风轮轴线的安装位置与水平面夹角在 $15°\sim90°$ 之间（不包括 $90°$）的风力机
上风式风机	up-wind type of WECS	使风先通过风轮再通过塔架的风力机
下风式风力机	down-wind type of WECS	使风先通过塔架再通过风轮的风力机
风力发电机组	wind-generator set	利用风能发电的装置
风力提水机组	wind water-lifting set	利用风能进行提水作业的装置
风力机最大高度	maxinun highness of WECS	在工作状态时风力机的最高点到支撑地平面的距离

3.4.3 风力机风速

术语	英文名称	中文定义
启动风速	start-up wind speed	风力机风轮由静止开始转动并能连续运转的最小风速
切入风速	cut-in wind speed	风力机对额定负载开始有功率输出时的最小风速
切出风速	cut-out wind speed	由于调节器的作用使风力机对额定负载停止功率输出时的风速
工作风速范围	range of effective wind speed	风力机对额定负载有功率输出的风速范围
额定风速	rated wind speed	由设计和制造部门给出的，使机组达到规定输出功率的最低风速
停车风速	shut down wind speed	控制系统使风力机风轮停止转动的最小风速
安全风速	suvrvival wind speed	风力机在人工或自动保护时不致破坏的最大允许风速

3.4.4 风力机特性

术语	英文名称	中文定义
额定功率	rated power out-put	空气在标准状态下，对应于机组额定风速时的输出功率值
最大功率	maximum power out-put	风力机在工作风速范围内能输出的最大功率值
叶尖速度比（高速特性系数）	tip-speed ratio	叶尖速度与风速的比值
额定叶尖速度比	rated tip-speed ratio	风能利用系数最大时的叶尖速度比
升力系数	lift coefficient	
阻力系数	drag coefficient	
升阻比	ratio of liftcoefficient to dragcoefficient	升力系数与阻力系数的比值
推力系数	thrust coefficient	
风能利用系数	rotor powercoefficient	风轮所接受的风的动能与通过风轮扫掠面积的全部风的动能的比值，用 C_P 表示
力矩系数	torque coefficient	风轮的输出力矩与风能对风轮产生的力矩的比值
额定力矩系数	rated torquecoefficient	在额定叶尖速度比时风轮的力矩系数

续表

术语	英文名称	中文定义
启动力矩系数	starting torquecoefficient	叶尖速度比为0时风轮的力矩系数
最大力矩系数	maximum torquecoefficient	风轮力矩系数的最大值
过载度	ratio of over load	最大力矩系数与额定力矩系数的比值
风轮空气动力特性	aerodynamic characteristics ofrotor	表示风轮力矩系数、风能利用系数和叶尖速度比之间关系的属性
风力机输出特性	out-put characteristic of WECS	表示风力机在整个工作风速范围内输出功率的属性
调节特性	regulating characteristics	表示风力机转速或功率随风速变化的属性
调向灵敏性	sensitivity offollowing wind	表示随风向的变化风轮迎风是否灵敏的属性
调向稳定性	stability of following wind	在工作风速范围内反映风力机风轮迎风全过程是否稳定的属性
平均噪声	average noise level	在工作风速范围内测得的风力机噪声的平均值
风力机组效率	efficiency of WECS	风力机输出功率与单位时间内通过风轮扫掠面积的风能的比
使用寿命	service life	风力机在安全风速以下正常工作的使用年限
年能量输出	annual energy out-put	风力机一年(8760h)能量输出的总和,单位(kW·h)
发电成本	cost per kilowatt hour of the electricity generated by WECS	风力发电机组生产实际中平均输出一度电(kW·h)的实际成本
立方米水成本	cost per cubic-meter water discharged by WECS	风力提水机组生产实际中平均输出一立方米水的实际成本

3.4.5　风力机风轮

术语	英文名称	中文定义
风轮	wind rotor	由叶片等部件组成的接受风能转化为机械能的转动件
风轮直径	rotor diameter	叶尖旋转圆的直径,用 D 表示
风轮扫掠面积	rotor swept area	风轮旋转时叶片的回转面积
风轮仰角	tilt angle of rotor shaft	水平轴和斜轴风力机风轮轴线与水平面的夹角
风轮偏角	yawing angle of rotor shaft	风轮轴线与气流方向的夹角在水平面的投影
风轮额定转速	rated turning speed of rotor	输出额定功率时风轮的转速
风轮最高转速	maximum turming speed of rotor	风力机处于正常状态下(负载或空载)风轮允许的最大转速值
风轮尾流	rotor wake	在风轮后面经过扰动的气流
尾流损失	wake losses	在风轮后面由风轮尾流产生的能量损失
风轮实度	rotor solidity	风轮叶片投影面积的总和与风轮扫掠面积的比值
实度损失	soidity losses	由于未完全利用整个风轮扫掠面积而产生的能量损失

3.4.6 风力机叶片

术语	英文名称	中文定义
叶片数	number of blades	一个风轮所有的叶片数目
叶片	blade	具有空气动力形状、接受风能,使风轮绕其轴转动的主要构件
等截面叶片	constant chord blade	在工作长度上沿展向截面等同的叶片
变截面叶片	variable chord blade	在工作长度沿展向截面不同的叶片
叶片投影面积	projected area of blade	叶片在风轮扫掠面上的投影面积
叶片长度	length of blade	叶片在展向上沿压力中心连线测得的最大长度
叶根	root of blade	风轮中连接叶片和轮毂的构件
叶尖	tip of blade	水平轴和斜轴风力机的叶片距离风轮回转轴线的最远点
叶尖速度	tip speed	叶尖的线速度
翼型	airfoil	叶片展向长度趋于无穷小时叫翼型
前缘	leading edge	翼型在旋转方向上的最前端
后缘	trailing edge	翼型在旋转方向上的最后端
几何弦长	geometric chord of airfoil	前缘到后缘的距离
平均几何弦长	mean geometric chord of airfoil	叶片投影面积与叶片长度的比值
气动弦线	aerodynamic chord of airfoil	通过后缘使翼型升力为零的直线
厚度	thickness of airfoil	几何弦上各点垂直于几何弦的直线被翼型周线所截取的长度
相对厚度	relative thickness of airfoil	厚度的最大值与几何弦长的比值
厚度函数	thickness function of airfoil	厚度的一半沿几何弦的分布
中弧线	mean line	厚度中点的连线
弯度	degree of curvature	中弧线到几何弦的距离
弯度函数	curvature function of airfoil	弯度沿几何弦的分布
翼型族	the family of airfoil	由无穷多个翼型圆滑过渡组成的翼型系列
叶片根梢比	ratio of tip-section chord to root-section chord	叶片根部与尖部的几何弦长的比值
叶片展弦比	aspect ratio	叶片长度与叶片平均几何弦长的比值
叶片安装角	setting angle of blade	叶片的翼型几何弦与叶片旋转平面所夹的角度
叶片扭角	twist of blade	叶片尖部几何弦与根部几何弦夹角的绝对值
叶片几何攻角	angle of attack of blade	翼型上合成气流方向与翼型几何弦的夹角
叶尖损失	tip losses	由于气流绕过叶片尖部形成的涡流所产生的能量损失
叶片损失	blade losses	由于叶片表面与气流发生摩擦产生的能量损失
颤振	flutter	风力机风轮叶片在气流中出现的不稳定自激振动

3.4.7　风力机调节机构

术语	英文名称	中文定义
迎风机构	orientation mechanism	使风轮保持最佳迎风位置的装置
尾舵	tail vane	在风轮后面使风轮迎风的装置
尾轮	tail wheel	尾舵上的多叶片风轮
侧翼	side vane	在风轮侧面利用风压使风轮偏离风向的机构
调速机构	regulating mechanism	能调节或限制风轮旋转速度的机构
风轮偏侧式调速机构	regulating mechanism of turning wind rotor out of the wind sideward	使风轮轴线偏离气流方向的调速机构
变桨距调节机构	regulating mechanism by adjusting the pitch of blade	使风轮叶片安装角随风速而变化，并能调节风轮旋转速度或功率输出的机构
制动机构	braking mechanism	使风力机风轮停止工作的机构
整流罩	nose cone	装在风轮前面呈流线形状的罩子
塔架	tower	支撑风力机回转部分及以上部件的支撑物
独立式塔架	free stand tower	没有拉索的塔架
拉索式塔架	guyed tower	有拉索的塔架
塔影响效应	influence by the tower shadow	塔架造成的气流涡区对风力机产生的影响
顺桨	feathering	风轮叶片的几何攻角趋近零升力的状态
阻尼板	spoiling flap	随风速的变化用来阻止风轮转数增加的构件

3.5　与电网的联接术语规范

术语	英文名称	术语规范
互联	interconnection（for WTGS）	风力发电机组与电网之间的电力联接，从而电能可从风力机输送给电网，反之亦然
输出功率	output power（for WTGS）	风力发电机组输出的电功率
额定功率	rated power（for WTGS）	设计工作条件下，风力发电机组的设计要达到的最大连续输出电功率
最大功率	maximum power（for WTGS）	正常工作条件下，风力发电机组输出的最高净电功率
电网联接点	network connection point（for WTGS）	对单台风力发电机组，电网联接点是输出电缆终端。对风电场是全体，电网联接点是电力汇集系统总线点
电力汇集系统	power collection system（for WTGS）	汇集风力发电机组电能，并输送给电网升压变压器的电力联接系统
风场电气设备	site electrical facilities	风力发电机组电网联接点，与电网间所有相关电气装备

3.6　功率特性测试技术术语规范

术语	英文名称	术语规范
功率特性	power performance	风力发电机组发电能力的表述
净电功率输出	net electric power output	风力发电机组输送给电网的电功率值

术语	英文名称	术语规范
功率系数	power coefficient	净电功率输出与风轮扫掠面上,从自由流得到的功率之比
自由流风速	freestream wind speed	通常指轮毂高度处,未被扰动的自然空气流动速度。
扫掠面积	swept area	垂直于风矢量平面上的,风轮旋转时,叶尖运动所生成圆的投影面积
轮毂高度	hub height	从地面到风轮扫掠面中心的高度。对垂直轴风力机,是赤道平面高度
测量功率曲线	measured power curve	用正确方法测得,并经修正或标准化处理的风力发电机组净电功率图和表。功率曲线是风速的函数
外推功率曲线	extrapolated power curve	用估计的方法,对测量功率曲线从最大风速到切出风速延伸部分的功率曲线
年发电量	annual energy production	利用功率曲线,和轮毂高不同风速频率分布,估算得到的一台风力发电机组,一年时间内生产的全部电能总和。计算中假设可利用率为100%
可利用率	availability (for WTGS)	在某一时间内,除去风力发电机组因维修,或故障未工作的小时数后,余下的小时数与这一期间内总小时数的比值。用百分比表示
数据组	data set (for power performance measurement)	在规定的连续时段内,采集到的数据集合
精度	accuracy (for WTGS)	描绘测量误差用的参数值
测量误差	uncertainty in measurement	表征测量造成的量值合理离散的参数
分组处理方法	method of bins	将实验数据按风速间隔分组的数据处理方法
测量周期	measurement period	功率特性试验中,具有统计意义的基本数据时段
测量扇区	measurement sector	测量功率曲线所需数据的风向扇区
日变化	diurnal variations	风力参数以日为基数发生的变化
桨距角	pitch angle	在指定的叶片径向位置(通常在叶顶处),叶片弦线与风轮旋转面间的夹角
距离常数	distance constant	风速仪的时间响应指标。在阶梯变化的风速中,当风速仪的指示值达到稳定值的63%时,通过风速仪的气流行程长度
试验场地	test site	风力发电机组试验地点及周围环境
气流畸变	flow distortion	由障碍物、地形变化,或周围风力机引起的气流改变。其结果是相对自由流产生了偏离,造成一定程度的风速测量误差
障碍物	obstacles	邻近风力发电机组,能引起气流畸变的固定物体。如建筑物、树林等
复杂地形带	complex terrain	风电场周围属地形显著变化的地带,或有能引起气流畸变的障碍物地带
风障	wind break	相互距离小于3倍高度的,一些高低不平的自然环境

3.7 噪声测试技术术语规范

术语	英文名称	术语规范
声压级	sound pressure level	声压与基准声压之比的对数乘以 20。以分贝计(对风力发电机组,基准声压为 20 μPa)
声级	weighted sound pressure level; sound level	已知声压与 20 μPa 基准声压比值的对数。声压是在标准计权频率,和标准计权指数时获得的
视在声功率级	apparent sound power level	在测声参考风速下,被测风力机风轮中心 1pW 点辐射源的 A 计权声级功率级
指向性	directivity (for WTGS)	在风力机下风向,与风轮中心等距离的各不同测量位置上,测得的 A 计权声压级间的不同
音值	tonality	音值与靠近该音值临界波段的遮蔽噪声级间的区别
声的基准风速	acoustic reference wind speed	标准状态下(10 m 高,粗糙长度等于 0.05 m),风速为 8 m/s 的风速。它为计算风力发电机组视在声功率级提供统一的根据

附录4 风力发电装置国家和国际标准

序 号	标 准 号	中 文 名 称
1	GB/T 19115.2—2003	离网型户用风光互补发电系统 第 2 部分:试验方法
2	GB/T 19115.1—2003	离网型户用风光互补发电系统 第 1 部分:技术条件
3	GB/T 19073—2003	风力发电机组 齿轮箱
4	GB/T 19072—2003	风力发电机组 塔架
5	GB/T 19071.2—2003	风力发电机组 异步发电机 第 2 部分:试验方法
6	GB/T 19071.1—2003	风力发电机组 异步发电机 第 1 部分:技术条件
7	GB/T 19070—2003	风力发电机组 控制器 试验方法
8	GB/T 19069—2003	风力发电机组 控制器 技术条件
9	GB/T 19068.3—2003	离网型风力发电机组 第 3 部分:风洞试验方法
10	GB/T 19068.2—2003	离网型风力发电机组 第 2 部分:试验方法
11	GB/T 19068.1—2003	离网型风力发电机组 第 1 部分:技术条件
12	GB/T 18710—2002	风电场风能资源评估方法
13	GB/T 18709—2002	风电场风能资源测量方法
14	GB 18451.2—2003	风力发电机组 功率特性试验
15	GB 18451.1—2001	风力发电机组安全要求
16	GB 17646—1998	小型风力发电机组安全要求
17	GB/T 16437—1996	小型风力发电机组结构安全要求
18	GB/T 13981—1992	风力机设计通用要求
19	GB/T 10760.2—2003	离网型风力发电机组用发电机 第 2 部分:试验方法
20	GB/T 10760.1—2003	离网型风力发电机组用发电机 第 1 部分:技术条件
21	GB 8116—1987	风力发电机组 型式与基本参数
22	GB/T 2900.53—2001	电工术语 风力发电机组
23	DL/T 5067—1996	风力发电场项目可行性研究报告编制规程
24	DL/T 797—2001	风力发电场检修规程
25	DL/T 666—1999	风力发电场运行规程
26	JB/T 10194—2000	风力发电机组风轮叶片
27	JB/T 10137—1999	提水和发电用小型风力机 试验方法
28	JB/T 10300—2001	风力发电机组 设计要求

序号	标准号	中文名称
29	JB/T 9740.4—1999	低速风力机　安装规范
30	JB/T 9740.3—1999	低速风力机　技术条件
31	JB/T 9740.2—1999	低速风力机　型式与基本参数
32	JB/T 9740.1—1999	低速风力机　系列
33	JB/T 7879—1999	风力机械　产品型号编制规则
34	JB/T 7878—1995	风力机　术语
35	JB/T 7323—1994	风力发电机组　试验方法
36	JB/T 7143.2—1993	离网型风力发电机组用逆变器　试验方法
37	JB/T 7143.1—1993	离网型风力发电机组用逆变器　技术条件
38	JB/T 6941—1993	风力提水用拉杆泵　技术条件
39	JB/T 6939.2—2003	离网型风力发电机组用控制器　第2部分:试验方法 T
40	JB/T 6939.1—2003	离网型风力发电机组用控制器　第1部分:技术条件
41	IEC WT 01:2001	规程和方法-风力发电机组一致性试验和认证系统
42	IEC 61400—25	风电场监控通讯
43	IEC 61400—24	风力发电机组防雷
44	IEC 61400—23	风力发电机组叶片满量程试验
45	IEC 61400—22	风力发电机组认证
46	IEC 61400—21	并网风力发电机组功率质量特性测试与评价
47	IEC 61400—13	机械载荷测试
48	IEC 61400—12	风力发电机组　第12部分:风力发电机功率特性试验
49	IEC 61400—11	风力发电机噪声测试
50	IEC 61400—2	风力发电机组　第2部分:小型风力发电机的安全
51	IEC 61400—1	风力发电机组　第1部分:安全要求
52	ASTM E 1240—88	风能转换系统性能的测试方法
53	ASME/ANSI PTC 42—1988	风力机性能试验规程
54	ANSI/IEEE 1021—1988	小型风能转换系统与公用电网互联的推荐规范

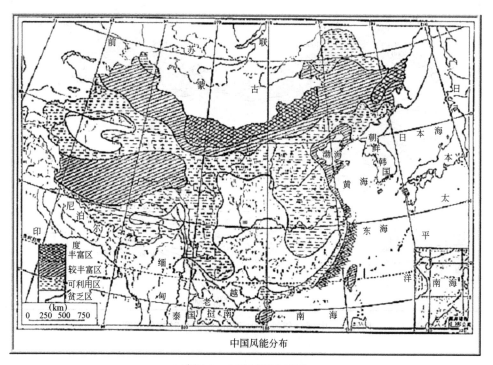

附图1　中国风能分布图

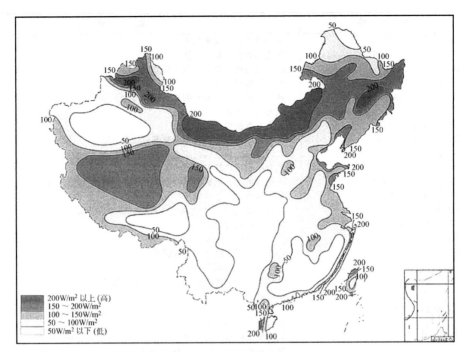

附图 2　风速大于 3m/s 的有效风功率密度分布图

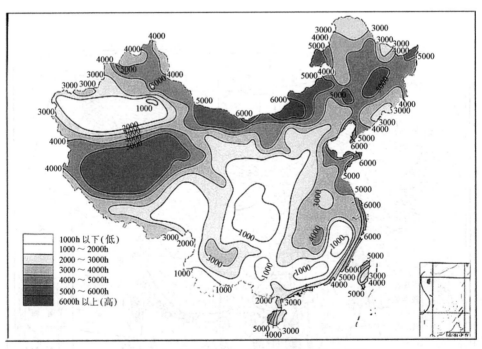

附图 3　中国全年风速大于 3m/s 的小时数分布图

参 考 文 献

[1] 王承询 张源. 风力发电. 北京：中国电力出版社，2003.

[2] 陈听宽等. 新能源发电. 北京：机械工业出版社，1988.

[3] 张希良. 21世纪可持续能源丛书：风能开发利用. 北京：化学工业出版社，2006.

[4] 宫靖远. 风电场工程技术手册. 北京：机械工业出版社，2004.

[5] 规程编写组. 风力发电场项目建设工程验收规程. 北京：中国标准出版社，2004.

[6] 邓兴勇等. 风力机设计软件 WTD1.0分析. 上海工程技术大学学报，2000，(3)：18-22.

[7] 刘万琨. 核电汽轮机功率规范和半转速机. 东方汽轮机，2004，(3)：3-7.

[8] 倪受元. 风力发电讲座第一讲"风力机类型与结构". 太阳能，2001，(3)：1-7.

[9] 张新房等. 风力发电技术的发展及问题. 现代电力，2002，(5)：23-25.

[10] 倪受元. 风力发电讲座第三讲"风力发电用发电机及风力发电系统". 太阳能，2001，(4)：25-27.

[11] 凌志光等. 风力发电机叶轮的数值优化设计法. 工程热物理学报，1999，20 (1)：26-29.

[12] 罗益锋. 世界风能及叶片材料发展概况与趋势. 高科技纤维与应用，2003，28 (5)：19-21.

[13] Anderson J D. Fluid Dynamics. University of Maryland，1989.

[14] Gourieres D L. 施鹏飞译. 风力机的理论与设计. 北京：机械工业出版社，1987.

[15] Goussarov D. General Description on Wind Rotor Design System. FCO report，1994.

[16] 刘万琨. 风能发电与风轮机. 东方汽轮机，2004，(4)：9-11.

[17] 何显富等. 风力机设计、制造与运行. 北京：化学工业出版社，2009.

[18] 风力机械标准化技术委员会. 风力机械标准汇编. 北京：中国标准出版社，2006.

[19] 中国船级社武汉规范研究所. 海上风力发电机组规范. 2009.

[20] 王建录等. 风力机械技术标准精编. 北京：化学工业出版社，2010.

[21] 李春等译. 垂直轴风力机原理与设计. 上海：上海科学技术出版社，2013.

[22] 蒋超奇等. 水平轴与垂直轴风力发电机的比较研究. 上海电力，2007，2.

[23] 芮晓明等. 并网型垂直轴风力机的基本构成与气动特性. 太阳能，2007，2.

[24] 韩非非等. 达里厄型垂直轴风力机风轮设计及性能数值计算. 太阳能学报，2011，32 (10).

[25] 姚英学等. 垂直轴风力机应用概况及其展望. 现代制造工程，2010，3.